高等职业教育教材

水污染控制技术

第二版

崔迎 主编

赵倩倩 武首香 唐艳 副主编

化学工业出版社

·北京·

内容简介

本书以城镇水污染控制为核心，构建“单元任务驱动”的特色体系，涵盖四大知识模块共十一项核心单元，系统阐述水污染治理的理论与实践。全书聚焦水资源与水循环、市政污水处理、工业废水处理及污水再生利用，通过真实企业案例导入任务，将物理化学处理、生物降解工艺、智能运维管理等知识点有机串联，形成“问题-分析-解决方案”的闭环教学链。

本书内容深度融合课程思政，以“生态文明思想”为引领，践行“绿水青山就是金山银山”的理念，深入贯彻党的二十大“协同推进降碳、减污、扩绿、增长”精神，强化绿色低碳技术应用，助力培养具备“监测-治理-运维”全链条能力的高素质环保人才。

本书为高等职业教育本科、专科的环境保护类、市政类专业教材，亦适用于环保企业技术人员培训与技术研发参考。

图书在版编目（CIP）数据

水污染控制技术 / 崔迎主编. —2 版. —北京：化学工业出版社，2025. 7. —（高等职业教育教材）.
ISBN 978-7-122-47718-7

Ⅰ. X520. 6

中国国家版本馆 CIP 数据核字第 202573351P 号

责任编辑：王文峡　周家羽　　装帧设计：韩　飞
责任校对：宋　玮

出版发行：化学工业出版社
（北京市东城区青年湖南街 13 号　邮政编码 100011）
印　　装：北京云浩印刷有限责任公司
787mm×1092mm　1/16　印张 19　字数 482 千字
2025 年 7 月北京第 2 版第 1 次印刷

购书咨询：010-64518888　　售后服务：010-64518899
网　　址：http://www.cip.com.cn
凡购买本书，如有缺损质量问题，本社销售中心负责调换。

定　　价：59.00 元

前言

党的十八大以来，生态文明思想得到了广泛传播和深入贯彻，成为指导我国生态环境保护工作的核心理念。在党的二十大精神的指引下，各地各部门更加积极地响应党中央、国务院的号召，加速推进城镇污水处理设施的建设与升级。通过不懈努力，我国污水处理能力和水平实现了质的飞跃，水环境质量显著改善。新时期背景下快速发展的大规模城镇化进程，不仅对城镇水污染控制提出了更高的要求，也揭示了进一步优化的空间和提升的机会，如区域间污水处理能力的不平衡、设施建设和运维管理方面的短板等复杂情况。为了实现更高标准的环境保护目标，满足人民群众对美好生态环境的需求，进一步加强技术创新和人才培养显得尤为重要。

随着城镇污水处理设施的大规模建设和升级改造，对具备扎实专业知识和实践技能的环保技术人才需求日益增长。高职院校通过系统化的课程设置和实战训练，能够有效填补这一领域的人才缺口，为社会输送大量熟悉现代污水处理技术、掌握先进设备操作与维护技能的专业人才。这不仅有助于提升我国污水处理行业的整体水平，也是推动绿色发展、构建美丽中国的关键举措之一。

本书以促进城镇水污染有效控制为核心目标，对水资源与水循环、市政污水处理、工业废水处理和污水再生利用四个关键领域进行了系统的介绍。教材采用“任务驱动”的模式，将理论知识与实践任务有机结合，通过完成一系列具体任务，帮助读者有效地串联起污水物理、化学及生物处理工艺等相关知识点；强调实践应用，使学习过程更加贴近实际工作需求，培养实际操作能力和问题解决能力。

本书的结构对应技术领域分为四大模块——水资源与水循环、市政污水处理、工业废水处理以及污水再生利用，共计十一个单元。每个模块开篇设有“案例导读”环节，旨在引导学习者了解把握核心概念；通过“学习目标”环节，清晰展示了该模块的重要知识点和技术点。此外，每一单元均围绕实际工程案例展开，使理论与实践紧密结合，便于读者理解并掌握污水处理工艺流程及其操作要点。

为了适应现代教育的需求，本书还融入了丰富的多媒体资源，如视频讲解、动画演示及课件资料，这些资源可通过扫描书中的二维码便捷获取，极大地丰富了学习体验，有助于提高主动学习兴趣。

本书模块一单元一任务一由徐州工业职业技术学院曹倩编写，模块一单元一任务二、模块一单元二由天津渤海职业技术学院赵伟伟编写，模块二单元一、模块二单元二任务三由天津现代职业技术学院高红编写，模块二单元二任务一、任务二由天津渤海职业技术学院崔迎编写，模块二单元三由湖北轻工职业技术学院唐艳编写，模块二单元四、模块三单元三任务一、任务二由天津现代职业技术学院武首香编写，模块三单元一、模块三单元三任务三由天津渤海职业技术学院万方编写，模块三单元二由湖北轻工职业技术学院熊枫编写，模块四单元一、单元二由天津渤海职业技术学院赵倩倩编写。全书四个模块导读由崔迎编写，崔迎担任主编，崔迎、赵倩倩统稿。天津滨海新区环塘污水处理有限公司崔永利参与模块二单元二的编写、天津市生态环境监测中心王琳参与了模块一单元二的编写。同时，本书编写过程中得到了天津滨海新区环塘污水处理有限公司刘强、天津渤化化工发展有限公司李青山等技术指导。

本书可作为高等职业教育本科、专科环境保护类、市政类专业的教材，也可作为相关工程技术人员的参考书及相关企业的培训教材。

由于时间及编者水平所限，教材中难免存在不足之处，希望读者和广大师生提出宝贵意见。

编者

2025 年 1 月

目 录

二维码一览表

续表

续表

序号	名称	类型	页码
97	污泥的调理	PDF 文件	159
98	污泥浓缩	PDF 文件	159
99	重力浓缩池的运行管理	PDF 文件	164
100	板框压滤机工作原理	视频	164
101	离心脱水机运行最佳化	PDF 文件	165
102	污泥脱水单元的运维操作练习题	PDF 文件	166
103	有机物的厌氧分解	PDF 文件	167
104	污泥厌氧消化的应用原则	PDF 文件	167
105	污泥厌氧消化工艺类型	PDF 文件	169
106	沼气的性质	PDF 文件	170
107	沼气柜的维护工作	PDF 文件	171
108	我国典型污泥处置工程举例	PDF 文件	172
109	污泥厌氧消化单元的运维操作练习题	PDF 文件	173
110	污泥热干化的作用	PDF 文件	174
111	污泥干化工艺和设备的选择原则	PDF 文件	174
112	直接加热流化床技术	PDF 文件	176
113	污泥焚烧的影响因素	PDF 文件	177
114	垃圾焚烧系统	PDF 文件	177
115	污泥焚烧污染控制	PDF 文件	178
116	其他类型焚烧炉	PDF 文件	178
117	污泥热干化的监测与检测	PDF 文件	180
118	流化床焚烧炉应急操作	PDF 文件	181
119	污泥流化床的监测与检测	PDF 文件	182
120	污泥干化单元的运维操作练习题	PDF 文件	182
121	《2023 年生态环境统计年报》	PDF 文件	184
122	工业废水处理方法选择的具体流程	PDF 文件	186
123	几种典型的造纸废水处理工艺流程	PDF 文件	186
124	几种比较成熟的印染废水处理的工艺流程	PDF 文件	186
125	几种典型化工废水处理的工艺流程	PDF 文件	187
126	几种典型制药废水处理的工艺流程	PDF 文件	187
127	几种典型冶金废水处理的工艺流程	PDF 文件	187
128	几种典型食品废水处理的工艺流程	PDF 文件	187
129	中和法处理废水	视频	192
130	升流式膨胀中和滤池图片	PDF 文件	194
131	滚筒中和滤池工作过程	视频	194
132	中和池及加药系统运维操作练习题	PDF 文件	196
133	斯托克斯公式	PDF 文件	198
134	隔油池工作过程	视频	199
135	气浮原理介绍	视频	201
136	气浮池运维操作练习题	PDF 文件	205
137	厌氧处理特征菌群	PDF 文件	207
138	厌氧处理技术	视频	209
139	普通消化池在“厕所革命”中的应用	PDF 文件	209
140	UASB 反应器工作原理	视频	215
141	三相分离器示意图	PDF 文件	216
142	UASB 反应器运维操作练习题	PDF 文件	219
143	厌氧生物处理实验	PDF 文件	219
144	《污水排入城镇下水道水质标准》	PDF 文件	222
145	厌氧生物处理单元异常情况处理练习题	PDF 文件	224
146	污水处理工艺流程设计	PDF 文件	224

续表

序号	名称	类型	页码
147	化学氧化法	PDF 文件	228
148	芬顿反应原理	PDF 文件	229
149	芬顿氧化技术	PDF 文件	230
150	流化床—Fenton 法深度处理造纸废水工程应用	PDF 文件	231
151	Fenton 法应用案例	PDF 文件	232
152	芬顿氧化系统运维操作练习题	PDF 文件	233
153	臭氧氧化法	视频	234
154	湿式氧化法	PDF 文件	234
155	臭氧接触氧化设备—机械式	视频	236
156	臭氧接触氧化设备—扩散板式和喷射式	视频	236
157	光化学氧化法和光催化氧化法	PDF 文件	238
158	臭氧氧化系统运维操作练习题	PDF 文件	241
159	吸附法	视频	242
160	活性炭吸附原理图	PDF 文件	242
161	活性炭图片	PDF 文件	244
162	活性炭滤池在工业废水处理中的应用	PDF 文件	246
163	活性炭滤池运维操作练习题	PDF 文件	248
164	污水再生利用各类水质标准	PDF 文件	251
165	城镇污水再生利用技术指南	PDF 文件	251
166	混凝法介绍	视频	256
167	混凝工作原理	视频	257
168	吸附架桥作用	PDF 文件	257
169	苗嘴	PDF 文件	260
170	混凝工程应用	PDF 文件	266
171	混凝—沉淀单元运维操作练习题	PDF 文件	266
172	混凝实验方案	PDF 文件	266
173	过滤原理	视频	267
174	V 型滤池	视频	270
175	滤池反洗	PDF 文件	271
176	滤池运维操作练习题	PDF 文件	274
177	酸性废水中和过滤实验方案	PDF 文件	274
178	液氯消毒工艺	视频	279
179	消毒池运维操作练习题	PDF 文件	281
180	臭氧消毒水处理效果评价实验方案	PDF 文件	281
181	超滤技术介绍	视频	283
182	超滤膜的分类	PDF 文件	283
183	超滤膜的清洗	PDF 文件	285
184	超滤单元运维操作练习题	PDF 文件	286
185	超滤系统清洗方案	PDF 文件	286
186	反渗透技术原理	视频	287
187	反渗透单元运维操作练习题	PDF 文件	293
188	反渗透纯水装置的运行操作	PDF 文件	293
189	巩固知识参考答案	PDF 文件	294

模块一

水资源与水循环

导读　水资源与水环境

水是人类社会经济发展的基础自然资源，也是人们生存、生活不可替代的生命源泉。水，不仅孕育了华夏民族，也在中华文化的演进历程中演绎出丰姿多彩的面貌，形成了历史悠久、博大精深的中华水文化。纵观人类几千年的发展史，无论是古代的文明建设，还是现代的社会经济建设，保护生态环境，构建人水和谐关系，都是促进社会全面协调可持续发展的必由之路。党的二十大报告强调要统筹水资源、水环境、水生态治理，推动重要江河湖库生态保护治理。水是生态系统中最活跃、最基础的因子，是实现中华民族永续发展的战略资源。

人类对水资源的认识和关注程度是随着水资源的日渐紧缺及生态环境的日渐恶化而不断增加的。狭义的水资源是指自然水体中的特有部分，即由大气降水补给，具有一定数量和在人类现有技术条件下直接被利用，且年复一年有限可循环再生的、水质满足特定行业标准的淡水，它们在数量上等于地表水和地下径流的总和。广义的水资源是指地球上一切正在被利用和可能被利用的水，强调水资源具有被人类利用的潜力。据有关资料显示，地球上水的储藏量约 1.4×10^{18} m^3，海水量约占 97.3%，淡水量仅占不足3%，且其中约有73%为极地冰山，还有13.5%深藏于距地表800 m以下的难以开发的地底层，与人类关系密切且能利用的淡水量仅占地球总储量的0.36%。

一、我国水资源现状

1. 江河湖泊众多，水资源总量丰富，但人均占用量少

我国地域辽阔，河流众多，境内包括七大水系为长江、黄河、珠江、淮河、海河、辽河与松花江水系，还包括西北地区的一些内陆河流，总长度约42万千米，其中流域面积在100 km^2 以上的河流有5000多条。此外，我国拥有众多的湖泊和冰川，水面面积在100 km^2 以上的湖泊有130多个，大小冰川面积约6万平方千米。近年《中国水资源公报》显示，我国水资源总量居世界第六位。然而，由于我国人口众多，人均占有水资源量约占世界人均水量的1/4，是全球人均水资源贫乏的国家之一。

2. 幅员辽阔，时空分布不均匀，多水患

我国水资源时空分布不均，水资源总量南多北少，东多西少。另外，由于我国地理

位置面向太平洋、背靠欧亚大陆，具有降雨集中的季风气候特点，加上地貌上由西向东倾斜、落差大，导致了我国水资源年内年际分配不均，易发生水患。大部分地区年内连续四个月降水量占全年的70%以上，连续丰水或连续枯水年较为常见。

《2023年中国水资源公报》

3. 用水量总体缓慢上升，各领域用水量略有变化

新中国成立以来至20世纪90年代，我国的用水总量经历了快速的增长，从1949年的约1.031×10^{11} m^3增长到了1997年的5.566×10^{11} m^3。此后，全国用水总量继续呈缓慢上升的趋势，在2013年后趋于稳定。据统计，2023年我国农业用水占总用水量的62.2%，工业用水占16.4%，生活用水占15.4%，人工生态环境补水则占6.0%。总体来看，生活用水的需求持续增加；工业用水方面，在经历了初期的增长之后，近年来由于节水技术的应用和产业结构的调整，其用水量逐渐趋于平稳，并略有下降；农业用水则受到气候变化及实际灌溉面积变化的影响，表现出一定的波动性。

4. 水污染治理效果显著，水资源利用率显著提升

随着我国经济的持续健康发展，各类工业废水和生活污水排放量不断增加，国家实施了一系列针对水体污染的专项治理措施，致力于打赢“碧水保卫战”，并取得了显著成效。截至2025年初，长江流域水质优良国控断面比例达到了97.1%，干流水质连续三年全线达到Ⅱ类标准；渤海入海河流国控断面也全部消除了劣Ⅴ类水体；全国地表水优良水质断面比例已提升至85%，劣Ⅴ类水质断面比例降至0.4%以下。这标志着我国在水环境保护方面迈上了新台阶。党的二十大报告强调，要坚持精准治污、科学治污、依法治污，持续深入打好蓝天、碧水、净土保卫战，为我国继续深化水环境治理提供了明确指导方针。

根据《中国水资源公报》，1997年以来用水效率明显提高，全国万元国内生产总值用水量和万元工业增加值用水量均呈显著下降趋势，耕地实际灌溉亩均用水量总体上呈缓慢下降趋势，人均综合用水量基本维持在400～450 m^3，体现了节水型社会建设取得的积极成效。这些成就不仅反映了我国在水资源管理和保护方面的进步，也为实现可持续发展目标奠定了坚实基础。

二、城市化与城市水环境

自古以来，人类逐水而居，近水而作。人类聚居的城市更是与水息息相关，水资源的质和量支撑着城市的发展。城市化既是人类社会发展的必然趋势，又是现代化水平和人类社会文明程度的重要标志。改革开放以来，我国城镇化进程发展迅速，2019年，我国常住人口城镇化率60.6%，与2010年相比，人口密度上升24.4个百分点。“十四五”时期，我国进入新发展阶段，在新型城镇化战略的进一步推动下，未来我国的城镇化速度和规模都将继续增大，预计中国总体城市化率将提高到76%以上，大型城市城镇化的比例将会更大。在“节水优先、空间均衡、系统治理、两手发力”治水思路指引下，我国城市与水协调均衡发展的局面将日新月异。

城市化的发展和程度直接和间接影响到涵盖水循环、水资源、水安全、水景观、水生态、水文化等诸多要素在内的城市水环境，直接关系人民群众切身利益、经济社会可持续发展。国家对于城市水问题的重视以及政策、管理、技术、投入等不断增加，使我国目前城镇涉水领域呈现以下几个方面的特点。

1. 城镇供水服务基础普及，城乡统筹区域供水逐步开展

近年来，我国城镇供水迅速发展，城镇供水设施能力不足造成的缺水问题基本得到缓解。从全国层面来看，城镇居民自来水普及率达98%以上，全国绝大部分城市、县城均实现了24小时不间断供水。

此外，在苏锡常、杭嘉湖等城镇密集地区，由当地人民政府统筹规划，将供水管网延伸到周边乡镇和农村，推行城乡统筹区域供水，形成了城乡供水同网、同质、同服务的供水格局，提高了城市周边地区的乡镇和农村供水水质和服务质量。

2. 饮用水安全愈加得到保障，全过程保障和管控成为重点

党中央和国务院对饮用水安全保障工作给予了高度重视，先后出台了一系列政策措施以强调解决水安全问题的重要性。现行《生活饮用水卫生标准》（GB 5749—2022）自2023年4月1日起正式实施。

我国饮用水安全的监督管理制度体系初步形成，在法规制度管理体系中，国家和地方的《城市供水条例》用于总体指导和规范城市供水。集合国家各部门的行政管理综合体系分工明确，涵盖饮用水水源保护、城镇供水设施规划建设改造运行维护、城镇供水服务、应急处置等的标准规范体系不断完善。在水质检测监督体系中，国家建立了水源保护督察制度，对全国饮用水水源保护工作定期开展督查督办。同时，支撑保障体系逐步建立，有关水安全的突发事件应急预案，如国家和地方的《城市供水系统重大事故应急预案》不断出台。此外，进一步注重科技支撑作用，城市供水行业技术进步发展规划等明确了今后发展目标，国家重大科技专项专门设置水体污染控制与治理科技重大专项。

3. 城镇污水处理成效显著，实现规模增长向效率提升

近年来，城镇污水管网建设快速推进，城镇污水处理能力显著提高，基于海绵城市建设理念的降雨径流污染控制积极推行，城镇黑臭水体治理成效斐然。2024年统计数据显示，全国地级及以上城市黑臭水体基本消除，县级城市黑臭水体消除比例也超过70%。城镇污水收集系统建设成效显著，污水处理率达到98.69%，生活污水集中收集率达到73.63%。降雨污染治理取得显著进展，海绵城市建设示范效应全面显现。自2015年试点启动以来，全国已分三批、累计确立90个海绵城市建设试点城市，探索出因地制宜的生态治水路径。

4. 节水型城市不断增加，城镇用水效率大幅提升

我国十分重视节水工作，先后颁布了《城镇节水工作指南》《国家节水型城市申报与考核办法》《国家节水型城市考核标准》等，自2001年住房和城乡建设部会同国家发展和改革委员会启动国家节水型城市创建活动以来，截至2023年，全国已经11批共145座城市获得了国家节水型城市称号，有力地推动了城镇节水工作。节水技术不断提升，如变频供水装置等生产、生活中的节水产品不断得到普及和推广应用；雨水、中水、再生水等水源替代技术在缺水城镇得到初步应用，城镇再生水利用率不断提高。

5. 水务行业平稳发展，智慧水务推动创新升级换代

智慧水务作为智慧城市的重要组成部分，对城市的健康发展具有重要作用。在供水安全领域，目前国内主要城市的水源地和管网系统正在逐步应用水质自动监测技术，多角度保障水质安全；在水环境治理领域，一些地区建设了水环境一体化、网络化、智能化的全方位立体感知系统，大大提升了行业精准治污的水平；在城市排水防涝领域，一些城市已建设内涝智慧监测系统，对排水防涝管理作用明显。

学习目标

知识目标

1. 掌握城镇给排水系统的分类、功能及排水体制特点；
2. 理解排水管渠的构成与运维技术，掌握污水特征及主要污染物危害；
3. 熟悉水环境质量标准与排放标准的核心要求及法规体系；
4. 了解我国水污染防治法规发展历程与标准发展趋势。

能力目标

1. 具备水质指标检测能力（包括感官、有机物、无机物、微生物指标）；
2. 能设计实施水质监测方案，分析数据并提出改进建议；
3. 掌握水处理设备操作维护及规范检测报告编写技能；
4. 熟练运用信息检索获取现行技术标准和行业规范。

素质目标

1. 培养环境保护意识和社会责任感，理解水资源保护的重要性；
2. 具备团队合作精神，能够在多学科团队中有效沟通和协作；
3. 具备持续学习的意识，能够跟踪水处理和水资源管理领域的现行技术和法规。

单元一　城市排水系统

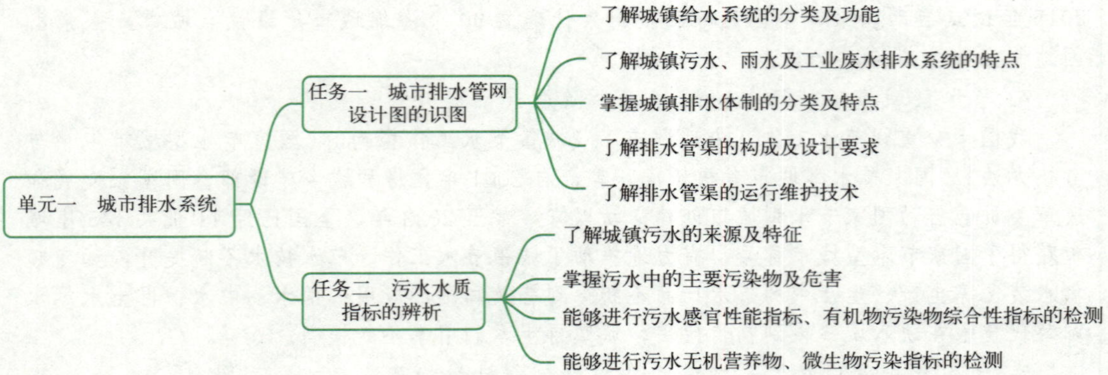
单元一　城市排水系统
任务一　城市排水管网设计图的识图
了解城镇给水系统的分类及功能
了解城镇污水、雨水及工业废水排水系统的特点
掌握城镇排水体制的分类及特点
了解排水管渠的构成及设计要求
了解排水管渠的运行维护技术
任务二　污水水质指标的辨析
了解城镇污水的来源及特征
掌握污水中的主要污染物及危害
能够进行污水感官性能指标、有机物污染物综合性指标的检测
能够进行污水无机营养物、微生物污染指标的检测

工程案例

某城市排水系统介绍

一、工程概况

中部某县城城区人口约55万，建设用地面积59.36 km^2，其中工业仓储用地为848.88

hm^2，综合生活用水量 170 L/(人·d)（单位与国家标准统一），工业企业用水量为 50 m^3/(hm^2·d)。其污水系统的组成如图 1-1 所示。

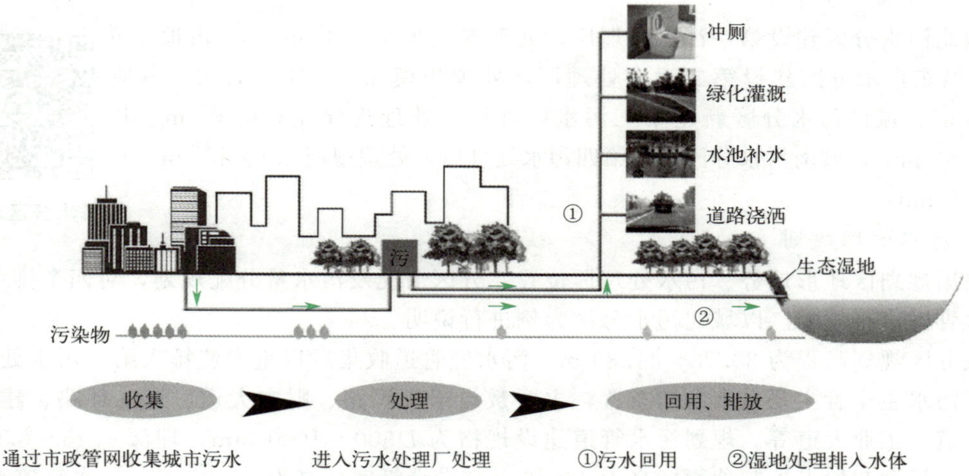

图 1-1　污水系统的组成

二、城市排水系统规划

1. 城市污水量预测

(1) 给水量预测　采用分类用水指标法来预测用水量；分类用水指标法按城市用水量的组成（综合生活用水量、工业用水量、市政用水量、管网漏损量及未预见水量）来预测用水量。结合城市的居民生活水平、工业组成及发达程度，并参照同类、同规模城市用水量情况，确定出恰当的城市综合用水定额，从而预测出城市用水量。该方法具有较高的置信度，宏观上能反映城市用水量的需求。结合该县中心城区的实际情况，现以该方法作为中心城区需水量的预测方法。表 1-1 为分类用水指标法水量预测表。

表 1-1　分类用水指标法水量预测表

序号	类别		用水指标	用水规模	用水量/($\times10^4$ m^3/d)
1	综合生活用水量		170 L/(人·d)	55 万	9.35
2	工业用水		50 m^3/(hm^2·d)	848.88 hm^2	4.24
3	市政用水量	浇洒道路	1 L/(m^2·d)	1127.58 hm^2	0.61
		绿化用水量	1 L/(m^2·d)	875.53 hm^2	
4	管网漏损量		0.10×(1+2+3)		1.42
5	未预见水量		0.10×(1+2+3+4)		1.56
6	合计		—		17.18

(2) 污水量预测　依据《城市排水工程规划规范》(GB 50318—2017)，选取城市污水排放系数为 0.85，污水收集率为 100%，日变化系数 K_d 为 1.2，因此，平均日排污水量 12.18×10^4 m^3/d。

2. 排水体制

已建成区内排水系统排水体制为截流式合流制；城市新建区域全部采用雨污分流制排水体制。

3. 排水分区

根据城市地理、地形特点，按照“大分散小集中”的原则划分为多个排水分区。该城市污水分区主要分为：城北污水分区、城东污水分区、城南污水分区和城西污水分区 4

个污水分区。各分区污水规模分别为 $2.73\times10^4\ m^3/d$、$3.75\times10^4\ m^3/d$、$2.06\times10^4\ m^3/d$、$3.64\times10^4\ m^3/d$。

4. 污水处理厂规划

城北污水分区建设第一污水处理厂，处理规模 $3.0\times10^4\ m^3/d$，占地 3.6 hm^2；城东污水分区建设第二污水处理厂，处理规模 $4.0\times10^4\ m^3/d$，占地 7.33 hm^2；城西污水分区新建第三污水处理厂，处理规模 $4.0\times10^4\ m^3/d$，占地 6.67 hm^2；城南污水分区新建第四污水处理厂，处理规模 $2.1\times10^4\ m^3/d$，占地 4.5 hm^2。

排水分区示意图

5. 污水管网规划

根据规划区地形地势、污水处理厂位置、分区情况及污水量分配规划，对四个排水分区的污水管网进行规划。以城北污水分区为例进行说明。

该分区规划高程为 39.28～41.80 m，污水经管道收集后以重力流排入第一污水处理厂。该分区污水主干管主要呈南北向布置，主要敷设于人民路、财鑫大道、东二环路、建设路、兴业大道、工业大道等。规划污水管道建设规格为 D500～1000 mm，埋深 1.25～8.99 m，污水管道最远起始点控制地面标高为 40.76 m，设计管底标高为 37.91 m，污水管道末端地面标高为 40.48 m，设计管底标高为 31.49 m。

6. 污水提升泵站

规划于世纪大道与五里河交会处东南侧新建一座污水提升泵站，设计流量 Q=170 L/s，设计扬程 H=12 m。

污水管网规划图

三、雨水及防涝建设规划

1. 规划目标

① 发生城市雨水管网设计标准以内的降雨时，地面不应有明显积水；

② 发生城市内涝防治标准以内的降雨时，城市不能出现内涝灾害，主要道路积水深度不超过 15 cm，积水时间不超过 1 h，积水范围不超过道路路线长 50 m；

③ 发生超过城市内涝防治标准的降雨时，城市运转基本正常，不得造成重大财产损失和人员伤亡，地面积水小于等于 70 cm。

2. 雨水及防涝工程规划

(1) 雨水排水标准　该县城镇类型属于"中等城市和小城市"，结合该县城市发展状况，城市雨水系统设计标准取为：中心城区雨水管渠设计重现期 P 为 2 年，重要地区为 3 年。

(2) 暴雨强度公式　暴雨强度公式是在雨量分析的基础上，通过对当地降雨过程多年资料的统计和分析，找出表示暴雨特征的降雨历时、降雨强度与降雨重现期之间的相互关系，作为雨水管渠设计的依据。

该县城暴雨强度 q 的计算选用如式(1-1)：

$$q=\frac{5075(1+0.61\lg P)}{(t+19)^{0.92}} \tag{1-1}$$

式中　t——降雨历时，min；

P——重现期，年，按雨水排水工程建设标准确定，取 2 年及以上。

雨水管渠的降雨历时，按式(1-2) 计算：

$$t=t_1+t_2 \tag{1-2}$$

式中　t_1——地面集水时间，min，应根据汇水距离、地形坡度和地面各类计算确定，该县城城区地面集水时间 t_1 取 15 min；

t_2——管渠内雨水流行时间，min，根据规范要求，应采用雨水渗透、调蓄等措施，从源头降低雨水径流产生量，延缓出流时间。

(3) 排水（雨水）管网规划 根据城市地形地貌、河流水系和城市规划建设用地等，合理确定排水（雨水）分区。将中心城区划分为洛河、引水渠、杨白沟、调水渠、柿园沟、西劳武河、劳武河、东劳武河、五里河、皇姑河 10 个大的排水分区，各排水分区内又以自然冲沟为单位分为若干个小的排水分区。

雨水分区示意图

(4) 雨水管网敷设 结合各排水分区雨水量计算和已有管网情况，合理布局雨水管渠，充分考虑与城市防洪防涝设施的衔接，确保排水通畅。根据现状排水能力评估，对不能满足设计标准的管网提出改造方案。

案例依据各雨水分区内河流水系分布、地面坡向以及规划道路分布设计雨水管道，管径规格 D500 mm，$B\times H=2500$ mm×1800 mm（B 为管涵宽，H 为管涵高），长度合计 425.5 km。以洛河雨水分区为例进行说明。

该分区位于洛河两岸，分区面积约 1429.7 hm^2。其规划高程为 40.00～42.33 m，雨水经管渠收集后以重力流排入洛河。

该分区雨水主干管呈南北向布置，主要敷设于世纪大道、迎宾大道、王子路、府东路、育新路、人民路、支农路、财鑫大道、工业大道等。规划雨水管渠建设规格为 D600 mm，$B\times H=2000$ mm×1800 mm，埋深 1.5～3.8 m，雨水排出口高程在引水渠一线上游不小于 37.6 m，下游不小于 36.6 m。

任务一　城市排水管网设计图的识读

任务描述

通过知识明晰部分的学习，了解城市给水系统的组成、分类及主要构筑物，以及排水系统的组成及主要构筑物；在能力要求部分，要深入掌握城镇排水体制的分类及选取原则，以及组成排水管网的主要构筑物及其水力计算方法；在巩固与拓展中，通过小组任务，完成对城市给排水系统的分析，找到相关实际问题的解决方案，完成知识与技能的融合。

学习本任务可以采取线上、线下相结合的形式，通过理论知识学习强化必备知识掌握，通过针对性实验，提升实践动手能力。

知识明晰

城镇水系统从天然水体取水，为人类生活、生产活动供应各种用水，再将使用后排出的废水收集、输送、处理并最终排放回天然水体。与此同时，城镇水系统还承担着将城镇各处的降水顺利导排，防止水涝灾害的任务。城镇水系统是水体自然循环的人工强化，是人类文明进步和城市化聚居的产物，是现代化城市最重要的基础设施之一，其完善程度是衡量城市社会文明、经济发展和现代化水平的重要标志。依照其具体功能，城镇水系统可分为城镇给水系统和城镇排水系统两个部分。

一、城镇给水系统

城镇给水系统的功能是利用安全适用、经济合理的工艺和工程技术，合理开发和利用水资源，向城镇供给各项合格用水，满足城镇各用户对水质、水量、水压的不同需求。

（一）城镇给水系统的分类

给水系统是保障城镇用水的各项构筑物和输配水管网组成的系统。根据系统性质，有三种不同的分类方法：按水源性质可分为地下水（潜水、承压水、泉水）给水系统和地表水（江河、湖泊、水库、海洋）给水系统；按供水方式可分为重力给水系统、水泵加压给水系统以及混合给水系统；按使用对象可分为生活给水系统、生产给水系统、市政给水系统和消防给水系统。

生活用水是人们在各种生活活动中直接使用的水，主要包含居民生活用水、公共设施用水和工业企业职工生活用水等。其中居民生活用水是指城镇居民家庭生活中饮用、烹饪、洗浴、冲洗等的用水，是保障居民身体健康、家庭清洁卫生和生活舒适的重要条件；公共设施用水是指机关、学校、医院、宾馆、车站、商场、公共浴场等公共建筑和场所的用水（在给水系统水量统计中常常将前述两项合并称为综合用水）；工业企业职工生活用水是指工业企业区域内从事生产和管理的人员在工作时间内饮用、烹饪、洗浴、冲洗等生活用水。

上述三类用水的水质要求大体相同，除冲洗厕所的用水外均应满足国家《生活饮用水卫生标准》要求。三类用户对水量的要求与人口、用水单位数、生产工艺、生产条件及工作时间安排有关，计算方法应参照《室外给水设计规范》执行。

生产用水是指工业生产过程中为满足生产工艺和产品质量要求的用水，又分为产品用水（水成为产品的一部分）、工艺用水（水作为溶剂、载体等）和辅助用水（冷却、清洗）等。由于工业生产企业千差万别，行业、工艺不同，其对水量、水质、水压的要求也各有不同。如设备冷却用水对浊度要求不高，而电子工业的工业用水、食品工业的产品用水则需要用纯水。确定工业生产用水水质要求时，应深入了解用水情况，熟悉用户的生产工艺过程，以确定其对水量、水质、水压的要求。

《生活饮用水卫生标准》

市政用水是指城镇道路清洗、绿化灌溉、公共清洁卫生的用水。该类用水对水质没有特殊要求，水量与道路种类、浇洒及绿化面积、气候条件等有关。

消防用水是指发生火灾时，用于扑灭火灾的用水。消防用水的水质要求不高，但水量一般较大。消防用水的水压要求不尽相同，高压消防系统要求在用水量达到最大且消防水枪位于建筑物最高处时，水枪充实水柱仍不小于 10 m，低压消防系统要求用水量达到最大时最不利消火栓自由水压不小于 10 mH_2O（1 mH_2O＝9.80665 kPa）。我国城镇常采用低压消防系统，灭火时由消防车自室外消防栓或消防水池取水加压。

（二）城镇给水系统的功能

城镇给水系统负责供给城镇各用户的用水，应同时满足用户水质、水量、水压需求。

1. 水量保障

给水系统应向各用水点及时可靠地提供满足用户需求的用水量。为此，需保证取水水源水量充足，取水构筑物设置合理可靠，输配水管网设计、敷设安全，调节构筑物容积确定科学。

2. 水质保障

给水系统应满足用户对水质的要求，不同用户对水质要求存在差异。城镇给水系统的供水水质常采用《生活饮用水卫生标准》的水质要求。因此，净水厂应选择安全合理的处理工艺，保证净水厂出水水质达标；调蓄构筑物应避免水质污染，《室外给水设计规范》要求清水池、调节水池、水塔应保证水的流动，水池周围 10 m 以内不得有污水管道和污染物；输配水管材应符合《生活饮用水输配水设备及防护材料的安全性评价标准》的规定，输配水管道敷设中应做好水质防护等。另外，为了保证净水厂安全运行，城镇给水水源水质也应符合相关要求。

3. 水压保障

给水系统应向用户提供符合标准的供水压力。城镇给水系统的供水压力与城镇总体规划、地形、建筑高度等有关。建筑高度与给水系统服务水头的关系大致为一层建筑 10 m，二层 12 m，以后每层增加 4 m。城镇给水系统水压由水塔和水泵保障，应合理确定水塔安装高度和水泵扬程。另外，输配水管网的阻力损失和城镇地形高差也是影响水压的重要因素。

二、城镇排水系统

城镇给水系统按照用户对水质、水量、水压的不同需求，将合格的成品水输送至各用户使用后，一部分水因使用而消耗掉，另一部分水在使用过程中受到不同程度的污染，改变了其原有的理化性质，这样的水被称为污水或废水。这些污废水常常含有不同来源的污染物质，会对人体健康、生活环境及自然环境造成危害，需要及时收集和处理后才能排放回自然水体中或重复回用。另外，因道路硬化等原因，降水（雨、雪、霜）会使城镇地区的地面积水，甚至造成洪涝灾害。将城镇污水、降水有组织地排放与处理的工程设施就称为城镇排水系统。

排水系统是收集、输送、处理、排放污水的一系列工程设施的组合，主要由管道系统、污水处理系统和污水排放系统共同组成。城镇排水系统接纳对象不同时，其系统构成稍有差别。

故宫排水系统

（一）城镇污水排水系统

城镇污水包括排入城镇污水管道系统的生活污水和工业废水。城镇污水排水系统的组成部分如图 1-2 所示。

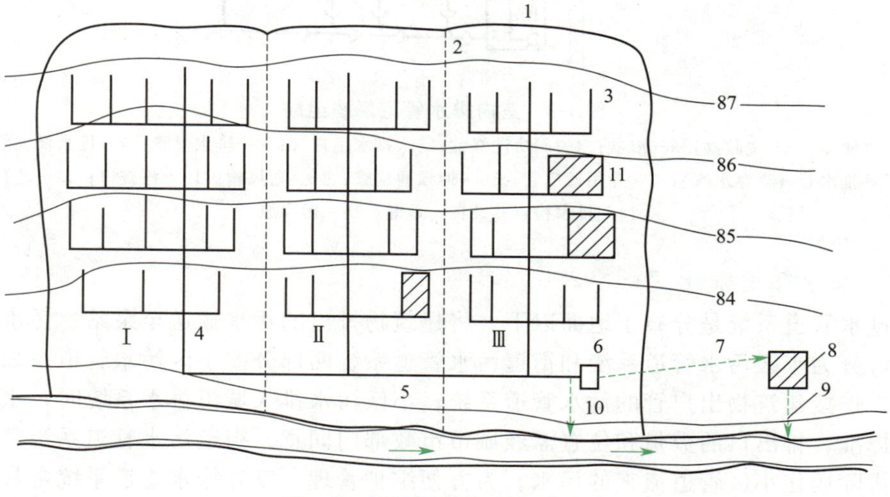

图 1-2　城镇污水排水系统组成

1—城市边界；2—排水流域分界线；3—污水支管；4—污水干管；5—污水主干管；6—污水泵站；7—压力输水管；8—污水厂；9—出水口；10—事故出水口；11—工厂

1. 室内排水系统

室内排水系统的作用是收集生活污水，并将其排送至室外小区的污水管道中。建筑内的各种卫生设备既是人们用水的容器，也是承受污水的容器，在给水系统中用水设备是系统的最末端，但对于排水系统而言其则是系统的起始端。水经这些卫生设备使用后，被收集到排水栓，并依次进入存水弯、横支管、立管、横干管、出户管，经室外检查井与室外排水管网相衔接。室内排水管道系统组成如图 1-3 所示。

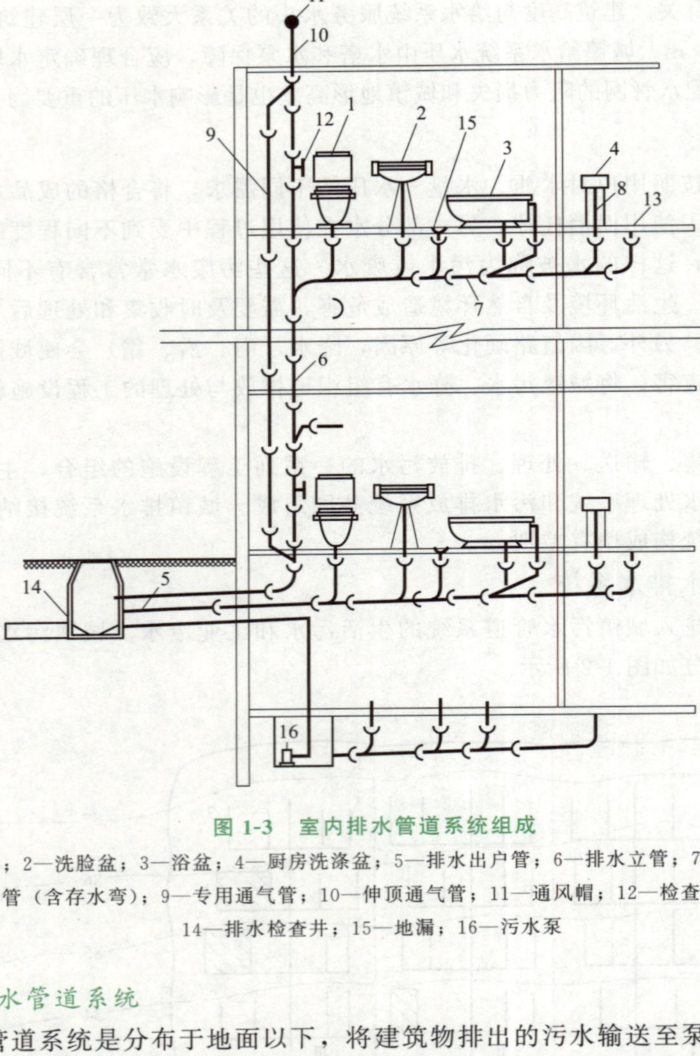

图 1-3　室内排水管道系统组成

1—坐便器；2—洗脸盆；3—浴盆；4—厨房洗涤盆；5—排水出户管；6—排水立管；7—排水横支管；8—器具排水管（含存水弯）；9—专用通气管；10—伸顶通气管；11—通风帽；12—检查口；13—清扫口；14—排水检查井；15—地漏；16—污水泵

2. 室外排水管道系统

室外排水管道系统是分布于地面以下，将建筑物排出的污水输送至泵站、污水厂或水体的管道，可分为小区污水管道系统和街道污水管道系统两部分。小区污水管道系统是指敷设于小区内，连接建筑物出户管的污水管道系统，小区污水排入城市排水系统时，水质应符合相应水质标准，排出口的数量和位置需经城市市政部门同意。街道污水管道系统敷设在街道下，用以排除居住小区管道流来的污水。为方便维护管理，室外排水管道系统常常还包含检查井、跌水井、冲洗井、倒虹管等附属构筑物。小区排水管道系统平面示意如图 1-4 所示。

3. 污水泵站及压力管道

污水大多依靠重力自流排放，但因地形等条件限制，无法实现重力自流排放时，则需要设

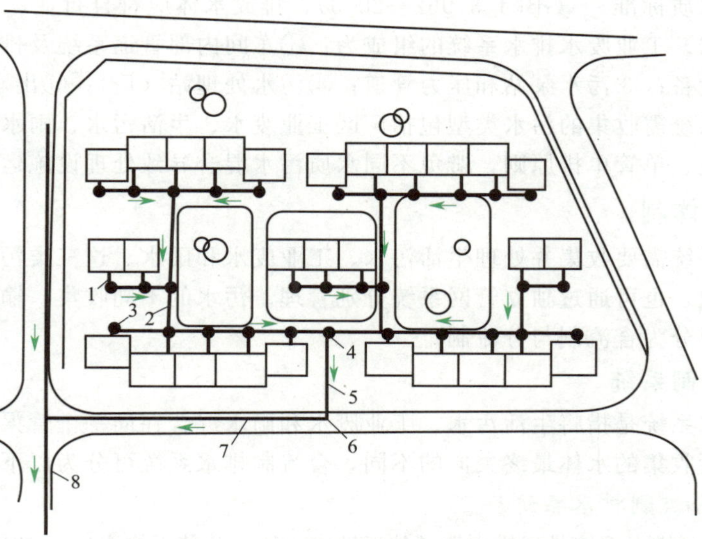

图 1-4　小区排水管道系统平面示意图

1—出户管；2—小区污水管；3—检查井；4—控制井；5—连接管；
6—小区污水检查井；7—小区污水管；8—城镇污水支管

置提升泵站。输送从泵站出来的污水至高地自流管道或至污水厂的承压管道称为压力管道。

4. 污水处理系统

为了去除污水中的各类污染物，减轻环境污染而设置的一系列污水、污泥处理构筑物及其附属构筑物，一般都集中于污水处理厂内。污水厂一般应设置于城市河流的下游，并与居民区或公共建筑有足够的卫生防护距离。

5. 污水排放系统

城镇污水经收集、输送、处理后，最终还要回归水体或者重复利用。污水排入水体的渠道和出口称为出水口，它是城镇污水排放系统的终点。污水排放系统的中途，在某些易于发生故障的部位（如总泵站前）须设置辅助性出水渠，一旦发生故障，上游污水可经此处直接排入水体，这类构筑物称为事故排出口。

（二）雨水排水系统

为防止水涝灾害，须设置一系列工程设施及时导排来自屋面和地面的雨水。屋面的雨水常通过檐沟、天沟、雨水斗及雨落水管收集到地面，随地面雨水一起进入雨水口，经雨水管道排出。雨水排水系统包括如下几个组成部分：①建筑雨水管道系统及设备；②居住小区或厂区雨水管渠系统；③街道雨水管渠系统；④排洪沟；⑤出水口。

雨水一般就近排放至水体，无需水质净化。但近些年也有研究指出，初期雨水中往往会挟带部分污染物，破坏水环境，在很多工业区，这种现象则更为明显，因而在污染严重的地区，还是提倡将雨水统一收集处理后再排入水体。在地势平坦、区域较大的城市或河流洪水位较高、雨水自流排放有困难的情况下，应设置雨水泵站排水。

（三）工业废水排水系统

在企业中，用管道将厂区内各车间及其他排水对象所排出的不同性质的废水收集起来，送至废水回收利用和处理构筑物，处理后的废水可再利用或排出厂外，这样的系统称为工业废水排水系统。工业废水排出厂外须满足相应排放标准，排入市政污水管网应符合《污水排入城镇下水道水质标准》（GB/T 31962—2015），排放水体应符合行业、当地或国家排放标准中的直排要求。工业废水排水系统的组成为：①车间内部管道系统及排水设备；②厂区管道系统及排水设备；③污水泵站和压力管道；④污水处理站（厂）；⑤出水口（渠）。

工业排水系统需收集的污水类型包括厂区工业废水、生活污水、雨水等。排水系统设计须遵循清污分流、单管单排原则，避免不同水质污水混合导致处理设施运行困难。

三、城镇排水体制

城镇排水系统需要收集并处理生活污水、工业废水和雨水。这三类污水可通过同一管网系统收集与输送，也可通过独立管网系统分别管理。污水的不同收集、输送及处理方式称为排水体制，主要分为合流制与分流制。

（一）合流制系统

合流制排水系统是指将生活污水、工业废水和雨水混合在同一个管渠内收集、输送的排水系统。根据所收集的水体最终去向的不同，合流制排水系统可分为以下三种。

1. 直排式合流制排水系统

直排式合流制排水系统是指排水管道就近坡向水体，分若干排出口，混合水体未经处理直接排放至受纳水体，如图 1-5 所示。早期工业不发达，人口不多，生活污水和工业废水的流量不大时，排水系统大多采用这种排水方式。国内外很多城市的旧城区都采用过这种合流制排水系统。但随着现代城镇及工业企业的建设和发展，人们生活水平的提高，污水量不断增加，这类未经处理的混合水体直接导致了受纳水体的严重污染。因此，这种直排式合流制目前不宜采用。

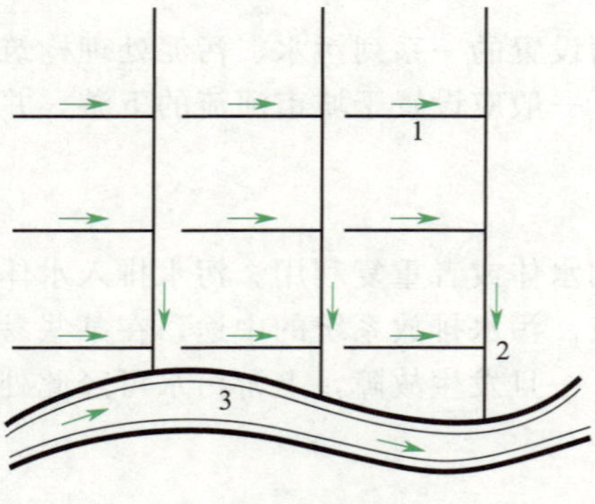

图 1-5　直排式合流制排水系统

1—合流支管；2—合流干管；3—河流

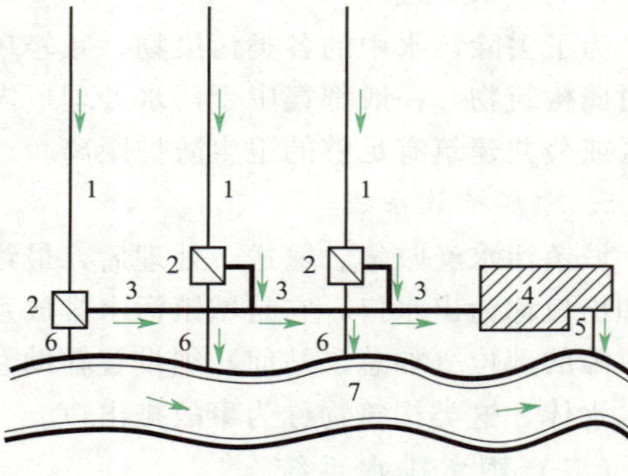

图 1-6　截流式合流制排水系统

1—合流干管；2—溢流井；3—截污主干管；4—污水厂；5—出水口；6—溢流管；7—河流

2. 截流式合流制排水系统

截流式合流制排水系统是针对直排式合流制排水系统严重污染水体的缺点，对直排式合流制进行改造后的一种排水体制，如图 1-6。该排水系统在直排式合流制的基础上，沿河岸边敷设截污干管，截污干管上设置溢流井，截污干管下游建设污水处理厂。晴天和初降雨时，所有污水都排入污水厂进行处理，处理后的水再排入受纳水体或再利用。随着降雨量的增加，雨水径流量随之增加，当混合污水的流量超出截污干管的输水能力后，将会有部分污水经溢流井直接溢流进入水体。截流式合流制排水系统比起直排式合流制，更利于水环境保护，但因为雨天时还是有一部分混合污水未经处理直接排入水体，其仍然会对水体产生污染。国内外对老城区的直排式合流制进行改造时通常采用这种方式。

3. 完全合流制排水系统

完全合流制排水系统是指生活污水、工业废水和雨水集中于一条管渠内收集、输送到污水处理厂，处理达标后排入水体的排水系统形式，如图 1-7。该排水体制卫生条件好，利于保护城市水环境，管道系统简单，但工程量大，初期投资大，污水厂规模大且运行管理不便。目前国内较少采用。

（二）分流制系统

分流制排水系统是指通过独立管渠分别收集和输送生活污水、工业废水、雨水的排水系统形式。其中，污水排水系统负责收集和输送生活污水、工业废水至污水处理厂；雨水排水系统负责收集和输送雨水至调蓄池、渗透设施或自然水体。根据排水方式不同，其又可以分为以下三类。

1. 不完全分流制排水系统

只有污水排水系统，没有完整的雨水排水系统的排水体制称为不完全分流制。在城市建设初期，可优先建设污水收集与输送系统，将生活污水和工业废水送至污水处理厂处理；雨水则通过临时设施（如道路边沟、天然沟渠）排泄，待后期逐步完善雨水管网建设（图 1-8）。

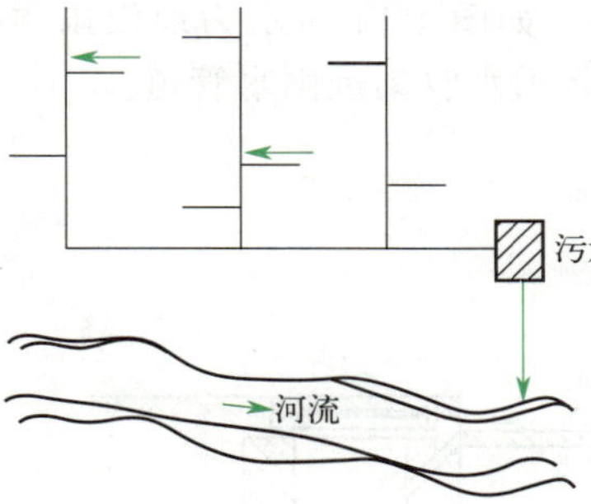

图 1-7　完全合流制排水系统

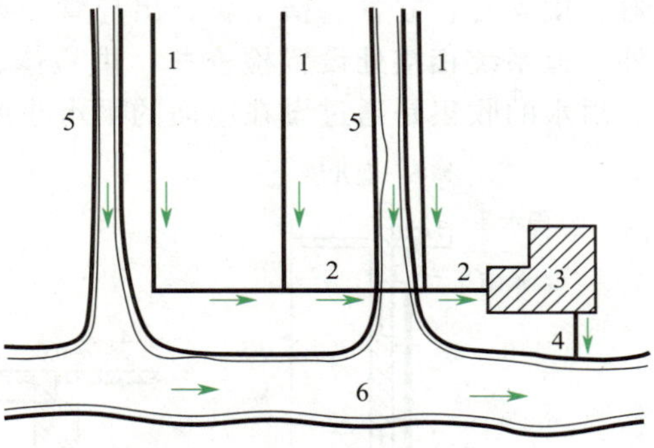

图 1-8　不完全分流制排水系统

1—污水干管；2—污水主干管；3—污水厂；4—出水口；5—明渠或小河；6—河流

2. 完全分流制排水系统

在同一排水区域内，既有污水管道系统，又有雨水管道系统。生活污水和工业废水经污水管渠输送到污水厂处理排放，雨水经雨水管渠就近直排进入水体（图 1-9）。该排水体制符合环境保护要求，但排水管渠的一次性投资较大。

3. 半分流制排水系统

半分流制排水系统既有污水排水系统也有完善的雨水排水系统（图 1-10），与前述完全分流制排水系统的不同在于，半分流制的雨水截流干管上设置了溢流井或雨水跳跃井，可以把初期降雨引入污水管道并送到污水厂一并处理和利用。这种系统能更好地保护环境，但工程费用较大，目前使用不多。

四、排水管渠构成

排水管渠系统承担着污（废）水的收集、输送或压力调节及水量调节的任务。排水管渠系统一般由污水收集设施及室内排水管道、排水管道、水量调节构筑物、提升泵站、污（废）水输水管（渠）和排放口等几个部分共同组成。

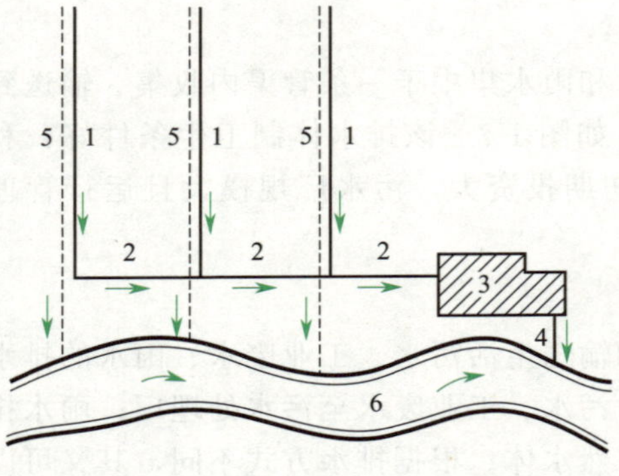

图 1-9　完全分流制排水系统

1—污水干管；2—污水主干管；3—污水厂；

4—出水口；5—雨水干管；6—河流

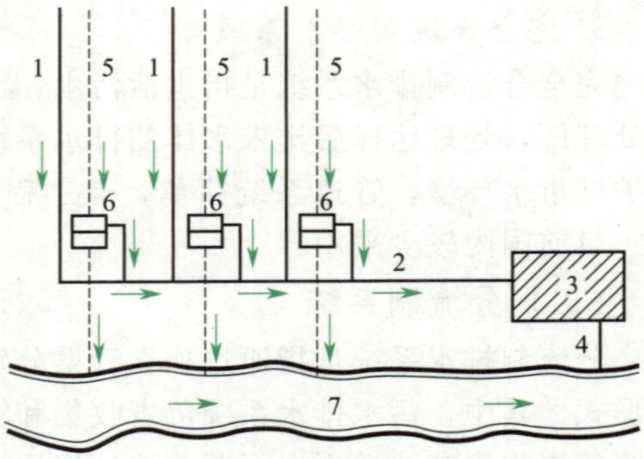

图 1-10　半分流制排水系统

1—污水干管；2—截流干管；3—污水厂；

4—出水口；5—雨水干管；6—跳跃井；7—河流

（一）污水收集设施及室内排水管道

污水收集设施是收集住宅及建筑物内污水的各种卫生设备，既是人们用水的容器，也是承受污水的容器，又是污水排水系统起点设备。污水经卫生设备收集进入室内排水管道（存水弯、横支管、立管、横干管、出户管）再流入室外居住区污水管道系统。每一个出户管与室外管道系统相接处设置检查井，供检修、清通管道之用。如图 1-11 所示为地面雨水口示意。雨水的收集是通过设在屋面的雨水斗或地面的雨水口将雨水收集进雨水管道。

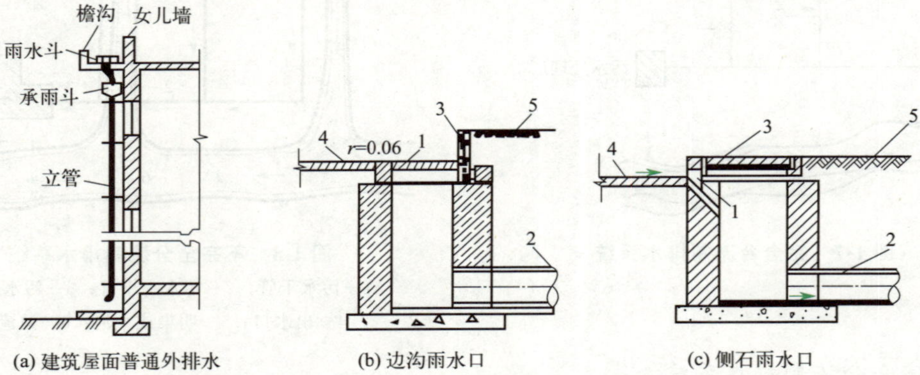

(a) 建筑屋面普通外排水　　(b) 边沟雨水口　　(c) 侧石雨水口

图 1-11　地面雨水口

1—雨水进口；2—连接管；3—侧石；4—道路；5—人行道

（二）排水管道

分布于排水区域内的排水管道，可将收集到的污水、雨水、废水输送到处理地点或排放口，以便集中处理或排放。其可分为居住区管道系统和街道管道系统。

1. 居住区管道系统

居住区管道系统敷设于居住小区内，连接各类建筑物污（废）水出户管和雨水口，分为小区支管和小区干管。小区支管布置在居住分区内与接户管连接，一般敷设在分区内道路下。小区干管接纳居住分区内小区支管流来的废水和雨水，一般布置在小区道路或市政道路下。

2. 街道管道系统

街道管道系统敷设在街道下，用以排除居住小区管道收集来的废水和雨水，由支管、干管、主干管等组成。其一般依照地形由高至低布置成树状管网。

（三）排水管道上的附属构筑物

为保证及时有效地收集、输送、排出城镇污水及天然降雨，保证排水系统正常的工作，在排水系统上除设置管渠以外，还需要设置一些必要的构筑物。排水管道上常设置有雨水口、检查井、跌水井、溢流井、水封井、换气井、倒虹管、防潮门等附属构筑物。

（四）排水调节池

排水调节池是拥有一定容积的污水、废水和雨水贮存设施，用于调节排水管道流量和处理水量的差值。借助水量调节池可以降低下游排水量高峰，从而减少输水管渠或污水处理设施的设计规模，降低工程造价。水量调节池还可作为事故排放池，用于贮存系统检修或事故时的排水，以降低对环境的污染。工业废水排水系统中，因各车间排水水质不同，且随时间变化，不利于废水处理过程的安全运行，设置调节池可以起到均和水质水量的作用。

（五）排水泵站及压力管道

排水一般采用无压重力流，管道沿一定坡度敷设，但随着管网长度递增，下游管道的埋深可能较大，另外因地形等条件限制，有些情况下需要将污水或雨水由低处向高处提升，此时须设置排水泵站。

依据泵站所处位置，可将泵站分为中途泵站、终点泵站；依据输送对象，可分为污水泵站、雨水泵站、合流泵站、污泥泵站等；依据引水方式，可分为自灌式和抽吸式泵站；依据泵房形状，可分为圆形泵站、矩形泵站、组合型泵站；依据集水间和机器间的组合情况，可分为合建式、分建式泵站；依据水泵间与地面的关系，可分为地下式泵站、半地下式泵站；依据水泵操控方式，可分为手动泵站、自动泵站和遥控泵站。

压送污水（雨水）从泵站到高地自流管道的承压管道称为压力管道。

（六）污（废）水输水管渠

长距离输送污（废）水的管道或渠道称为污（废）水输水管渠。为保护环境，污水处理设施往往建设在离市区较远的郊外，排放口也应选在远离城市的水体下游，这些情况下，均需要进行长距离输送污（废）水。

（七）出水口及事故排放口

排水管道的最末端是污（废）水排放口，与接纳污（废）水的水体连接。为保证排水口稳定，或为了保证污（废）水能尽快与接纳水体混合稀释，需要合理设置排放口。事故排放口是指排水系统发生故障时，把污（废）水临时排放到天然水体或事故池的设施，通常设置在易于发生故障的构筑物（如总泵站）之前。

能力要求

一、排水体制的选择

合理选择排水体制，是排水系统设计的重要问题。在工业企业中，由于工业废水的成分和性质很复杂，其不但不宜与生活污水相混合，而且彼此之间也不宜混合，否则容易导致污水和污泥处理更为复杂，给废水重复利用和有用物质的回收利用造成很大困难。所以，工业企业多数采用分质分流、清污分流的几种管道系统来分别排除水体。

在一个城镇中，因为建设时期、地形等因素影响，有的地区采用合流制，有的地区采用分流制，这种体制可称为混合制。这种体制在已具有合流制的城镇需要改扩建排水系统时常常出现。某些大城市中，因各区域自然条件以及修建情况有差异，因地制宜地在各区域采用不同排水体制也是合理的。

排水体制的选择不仅从根本上影响着排水系统的设计、施工和维护管理，而且对城镇和小区的规划和环境保护影响深远，同时也影响着排水系统的工程总投资和初期投资。通常，排水体制的选择，必须符合城镇建设规划，在满足环境保护的前提下，根据当地的具体条件，通过技术经济比较决定。

从城镇规划方面来看，合流制仅有一条管渠系统，地下建筑相互间的矛盾较少，占地少，施工方便，但这种体制不利于城镇的分期发展。分流制管线多，地下建筑的竖向规划矛盾大，占地多，施工复杂，但便于城镇分期发展。

从生态环境的角度来看，直排式合流制不符合卫生要求，新建的城镇和小区已不再采用。完全合流制卫生条件好，利于环境保护，但工程量大，初期投资大，而且污水厂运行管理不便，目前采用较少。在老城市改造中，常采用截流式合流制，以充分利用现有排水设施，相比直排式减小了对环境的污染，但因为部分混合污水未经处理直接排入水体，仍然存在环境污染问题。分流制卫生条件较好，利于环境保护，符合城镇卫生要求，是城镇排水系统发展的方向。不完全分流制初期投资少，利于城镇排水管网的分期建设，在新建城镇可考虑这种体制。半分流制卫生条件好，但管渠数量多，投资费用高，一般仅用于地面污染严重的区域（如某些工业区）。

从投资方面来看，排水管网建设费用一般是排水工程总投资的60%～80%，排水体制的选择对投资影响很大。合流制只敷设一套管渠系统，管道总投资较分流制低20%～40%，但泵站和污水厂投资较分流制高。从总投资来看，完全合流制比分流制要高。不完全分流制因初期只建设污水管网，可节省初期投资费用，又可缩短工期，能快速发挥工程效益。

从维护管理方面来看，合流制管渠在晴天时污水只是部分流、流速低、易沉淀淤积，雨天时，管内沉积物易被暴雨冲走，因此，合流制管渠系统的维护管理费用可以降低。但就污水厂而言，晴天和雨天流入污水厂的水质、水量变化较大，增加了污水厂运行管理的复杂性。分流制排水系统可以保证管渠内流速相对稳定，不致发生沉淀，且进入污水厂的水质水量变化小，污水厂管理运行更容易控制。

总之，排水系统体制的选择，应根据城镇和企业总体规划、当地降雨情况、排放标准、原有排水设施、地形、气象、水文等条件，在满足环境保护要求的前提下，全面规划，通过技术经济比较，综合考虑确定。

二、排水管渠设计

（一）排水管渠水力计算依据

排水管道中，污（废）水借助管道两端的水面高差从高向低流动，大多数排水管道符合重力流特征。污（废）水中往往含有一定数量的有机物和无机物，是气、液、固三相流，但总的来说，污（废）水中的水分含量一般占90%以上。工程中可假定排水管网的水流符合液体流动规律。水流在排水管道中流动，呈现流量、流速不均匀特征，但工程上为了简化计算，常将排水管道内的水流状态近似为均匀流，实践证明，上述工程假定是适用的。

按照水力学原理，污（废）水水力计算按照明渠均匀流公式进行：

流量公式：
$$Q=Av \tag{1-3}$$

流速公式：
$$v=C\sqrt{RI} \tag{1-4}$$

谢才公式：
$$C=\frac{1}{n}R^{\frac{1}{6}} \tag{1-5}$$

联立上述三式可知：

$$Q=A\ \frac{1}{n}R^{\frac{1}{6}}\sqrt{RI}=\frac{1}{n}AR^{\frac{2}{3}}I^{\frac{1}{2}} \tag{1-6}$$

式中　Q——流量，m^3/s；

A——过水断面面积，m^2；

v——流速，m/s；

R——水力半径（过水断面面积与湿周之比），m；

I——水力坡度；

C——谢才系数；

n——管渠粗糙系数，该值依据管渠材料而定。

对圆管非满流，过水断面面积 A 和水力半径 R 不仅与管径 D 有关，还与水流充满度 h/D 有关。因此，式(1-6) 可写为：

$$Q=\frac{1}{n}A(D,h/D)R^{\frac{2}{3}}(D,h/D)I^{\frac{1}{2}} \tag{1-7}$$

式(1-7) 表明在圆管非满流状态下，排水管道的过水能力 Q 与管径 D、坡度 I、管道粗糙度 n、水深 h、流速 v 五个参数相关，任意已知其中三个可求知另外三个。

（二）排水管渠的设计流量

排水管渠设计流量是按照排水来源不同分别计算的。污水流量按照进入市政污水管渠的总污水量计算，雨水流量则根据当地暴雨强度、汇水面积及地面径流系数确定。

1. 污水管渠流量

进入市政排水管网的污水往往包含生活污水和生产污水，其中生活污水流量可按式(1-8) 计算：

$$Q=K_Z\sum\frac{q_iN_i}{24\times3600} \tag{1-8}$$

式中　Q——污水流量，L/s；

q_i——各排水区域内平均日生活污水量标准，L/(cap · d)；

N_i——各排水区域在设计使用年限终期所服务的人口数，cap；

K_Z——污水变化系数，该值是指设计年限内，最高日最高时污水量与平均日平均时污水量的比值。

进入污水管渠内的污水量是时刻变化的，污水管网设计时应以最高日最高时污水排放量作为计算依据。影响污水量变化的因素很多，工程设计阶段往往很难实测 K_Z 值，依据《室外排水设计标准》(GB 50014—2021)，污水总变化系数可按照如下经验公式［式(1-9)］计算确定：

$$K_Z=\frac{2.7}{Q_d^{0.11}} \tag{1-9}$$

式中　Q_d——平均日污水流量，L/s。

总变化系数 K_Z 在 1.3～2.3 之间变化，当 $Q_d\geqslant1000$ L/s 时，K_Z 取 1.3，当 $Q_d\leqslant5$ L/s 时，K_Z 取 2.3。

进入市政排水管渠的工业废水量应根据工业企业生产总值和废水定额计算确定，具体计算方法可参考相关行业标准。城镇污水设计总流量一般可采取直接求和的方法进行，即将进入市政管渠的所有污水量叠加，作为污水管渠设计的依据。

2. 雨水管渠流量

降落在地面或屋面的雨水在沿地面流动过程中，一部分被地面上的植被、洼地、土壤所截留，一部分沿地面坡度汇流并进入雨水管渠。雨水管渠的设计流量是按照进入管渠的雨水量确定的。设计中采用式(1-10) 计算：

$$Q=\psi qF \tag{1-10}$$

式中　Q——雨水量，L/s；

ψ——径流系数；

q——暴雨强度，L/(s·ha)；

F——汇水面积，ha。

（三）排水管渠水力计算参数

排水管渠可通过的流量与流速和过水断面面积有关，而流速则是管道坡度、管壁粗糙度和水力半径的函数。为保证排水管渠的安全运行，《室外排水设计标准》对上述水力计算参数进行控制，在排水管道设计计算时应予遵循。

1. 设计充满度

在设计流量下，污（废）水或雨水在管道中的水深 h 与管道直径 D 的比值（h/D）称为设计充满度，它表示污（废）水或雨水在管道中的充满程度，如图 1-12 所示。

暴雨强度

《室外排水设计标准》

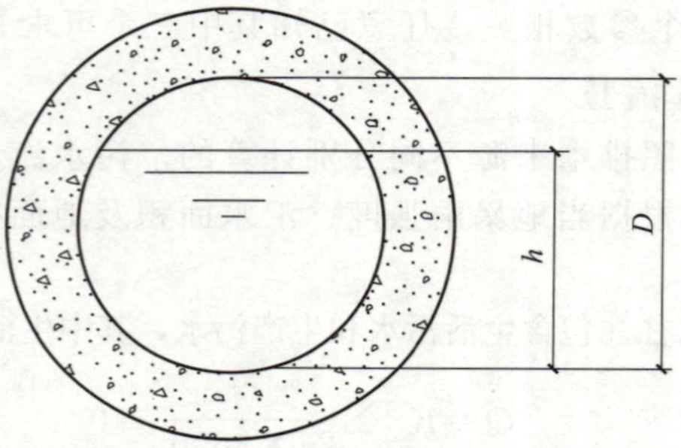

图 1-12　管道充满度示意图

当 $h/D=1$ 时称为满流；$h/D<1$ 时称为不满流。《室外排水设计标准》规定，污水管道按不满流进行设计，其最大设计充满度的规定如表 1-2 所示。

表 1-2　污水管道最大设计充满度

管径或渠高/mm	最大设计充满度	管径或渠高/mm	最大设计充满度
200～300	0.55	500～900	0.70
350～450	0.65	≥1000	0.75

污水管网按照非满流设计有三个原因：

① 污水流量时刻在变化，很难精确计算，而且雨水可能通过检查井盖上的孔口流入，地下水也可能通过管道接口渗入污水管道。因此，有必要预留一部分管道断面，为未预见水量的介入留出空间，避免污水溢出妨碍环境卫生，同时使渗入的地下水能够顺利流泄。

② 污水中有机污染物在管道内沉积形成污泥，在微生物作用下可能分解析出一些有害气体（如 CH_4、NH_3 和 H_2S），故需留出适当的空间，以利于管道的通风，及时排除有害气体及易爆气体。

③ 便于管道的清通和养护管理。在雨水管道设计时，考虑到雨水较污水相对清洁，对水体及环境污染较小，而且暴雨径流量大，而相应较高设计重现期暴雨强度的降雨历时一般不会很长，为减少工程投资，暴雨时允许地面短时间积水。因此，《室外排水设计标准》规定，雨水管渠的充满度按满流来设计，即 $h/D=1$。明渠则应有 0.2 m 的超高，街道边沟应

有不小于 0.03 m 的超高。

2. 设计流速

设计流速是指排水管渠在一定设计充满度条件下，排泄设计流量时的平均流速。设计流速过小，水流流动缓慢，其中的悬浮物则易于沉淀淤积；反之，污水流速过高，可能会对管壁产生冲刷，甚至损坏管道使其寿命降低。为了防止管道内产生沉淀淤积或管壁遭受冲刷，《室外排水设计标准》规定了污水、雨水管道的最小设计流速和最大设计流速。排水管道的设计流速应在最小设计流速和最大设计流速范围内。

最小设计流速是保证管道内不致发生沉淀淤积的流速。污水管道在设计充满度下的最小设计流速为 0.6 m/s。含有金属、矿物固体或重油杂质的生产污水管道，其最小设计流速宜适当加大，其值应根据经验或经过调查研究综合考虑确定。考虑到降雨时，地面的泥沙容易随雨水径流进入雨水管道，为避免这些泥沙在管渠内沉淀下来而堵塞管道，雨水管渠的最小设计流速应大于污水管道，满流时管道内最小设计流速为 0.75 m/s。明渠易于清淤疏通，其设计最小流速一般为 0.4 m/s。

最大设计流速是保证管道不被冲刷损坏的流速。该值与管道材料有关，通常金属管道的最大设计流速为 10 m/s，非金属管道的最大设计流速为 5 m/s。明渠根据其内壁建筑材料的耐冲刷性质不同，其最大设计流速宜按表 1-3 的规定取值。

表 1-3　明渠最大设计流速

明渠类别	最大设计流速/(m/s)	明渠类别	最大设计流速/(m/s)
粗砂或低塑性粉质黏土	0.8	干砌块石	2.0
粉质黏土	1.0	浆砌块石或浆砌砖	3.0
黏土	1.2	石灰岩和中砂岩	4.0
草皮护面	1.6	混凝土	4.0

3. 最小设计坡度

排水管渠一般为重力均匀流，水力坡度等于水面坡度，即管底坡度。由式(1-4)可知，排水管道设计坡度与设计流速的平方成正比，相应于最小设计流速的坡度就是最小设计坡度，即是保证管道不发生沉淀淤积时的坡度。

在排水管道系统设计时，通常使管道敷设坡度与地面坡度一致，以尽可能减小排水管道埋深，从而降低管道系统的造价。但相应于管道敷设坡度的流速应等于或大于最小设计流速，这在地势平坦地区或管道逆坡敷设时尤为重要。为此，应规定污水管道的最小设计坡度，只要其敷设坡度不小于最小设计坡度，则管道内就不会产生沉淀淤积。

由水力学公式还可知，管道设计坡度与水力半径成反比，而水力半径与管径和充满度有关。因此，在给定设计充满度条件下，管径越大，相应的最小设计坡度则越小，只需规定最小管径的最小设计坡度即可。《室外排水设计标准》关于最小坡度的规定详见表 1-4。

表 1-4　最小管径与相应的最小设计坡度

管道类别	最小管径/mm	相应最小设计坡度
污水管	300	塑料管 0.002,其他管 0.003
雨水管和合流管	300	塑料管 0.002,其他管 0.003
雨水口连接管	200	0.01
压力输泥管	150	—
重力输泥管	200	0.01

4. 最小管径

一般在排水管道系统的上游部分，排水设计流量很小，若根据设计流量计算，则管径会很小，极易堵塞。根据排水管道养护经验，管径 150 mm 的支管堵塞概率可能达到管径 200 mm 支管的 2 倍以上，由此可见管径过小会增加管道清通次数，并给用户带来不便。此外，采用较大的管径则可选用较小的设计坡度，从而使管道埋深减小，降低工程造价。因此，为了养护工作的方便，常规定一个允许的最小管径。我国《室外排水设计标准》对排水管道最小管径的规定见表 1-4。

5. 管道埋设深度

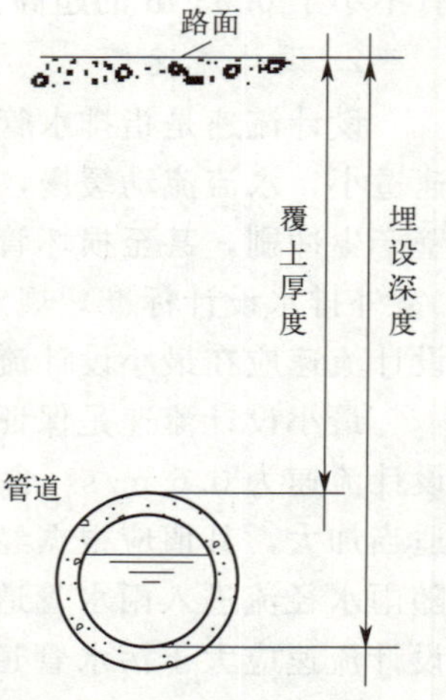

图 1-13 管道埋深与覆土厚度

管道的埋设深度是影响排水管道系统投资的重要因素，是排水管道设计的重要参数。实际工程中，管材、管径、现场地质条件和埋设深度是管道施工造价的四个决定性因素，合理确定管道埋设深度可有效降低管道建设投资。管道埋设深度通常可用覆土厚度和埋深两种参数表达（图 1-13）。覆土厚度是指管道外壁顶部到地面的距离，也称为管顶埋深；埋深一般指管道内壁底部到地面的距离。

为保证管道不受外力和冰冻的影响而受到破坏，管道的覆土厚度不应小于一定的最小限值，即最小覆土厚度。

最小覆土厚度

排水管道内的水流是依靠重力作用自高而低流动的。随着管道延伸，管道系统的埋深会越来越大。这一点在地形平坦或者管道逆坡敷设时更为明显。管道埋深越大，造价越高，施工周期越长。因此，从技术经济角度和施工方法方面考虑，埋深应有最大限值。管道允许埋设深度的最大值称为最大允许埋深。一般情况下，在干燥土壤条件下，最大埋深不超过 7～8 m；在多水、流沙、石灰岩地层中，不超过 5 m。当超过最大埋深时，应考虑设置排水泵站，以减小下游管道埋深。

（四）水力计算方法

排水管渠流量确定以后，即可由上游管段开始，在水力计算参数的控制下，进行各管段的水力计算。水力计算中，通常已知排水管渠的设计流量，需要确定各管段直径和敷设坡度。水力计算应保证在设计流速和设计充满度下，所确定的管道断面尺寸能够排泄设计流量。管道敷设坡度的确定，应充分考虑地形条件，参考地面坡度和保证自净流速的最小坡度确定。一方面使管道坡度尽可能与地面坡度平行，以减小管渠埋深；另一方面也必须保证合理设计流速，使管渠不发生淤积和冲刷。

如水力计算公式(1-7) 所示，排水管道的过水能力 Q 与管径 D、坡度 I、管道粗糙度 n、水深 h、流速 v 五个参数相关，在具体水力计算中，对每一段管道而言，六个水力参数中只有流量 Q 为已知数，直接采用水力计算的基本公式计算极为复杂。为了简化计算，通常把上述各水力参数之间的水力关系绘制成水力计算图，通过该图，在 Q、h/D、I、v 四个水力参数中已知两个即可查知另外两个。

三、排水管渠附属构筑物设计要求

为方便排水管渠检修、清通及维护管理，保障排水系统正常工作，排水系统中常常设有检查井、跌水井、雨水口、溢流井、水封井、冲洗井、倒虹管及出水口等附属构筑物。这些附属构筑物设计是否合理，对排水系统的安全运行影响很大。有些构筑物在排水系统中所需要的数量较多（如每隔约 50 m 设置一个检查井），在排水系统的总造价中占有相当的比例。还有一些构筑物的造价较高（如倒虹管），会对排水工程的总造价和运行维护产生较大影响。如何使这些构筑物在排水系统中建造得经济、合理，并能发挥最大的作用，是排水工程设计和施工中的重要课题之一。

（一）检查井与跌水井

为便于对排水管道系统进行定期检修、清通和连接上、下游管道，必须在管道上设置检查井。据《室外排水设计标准》，检查井的位置应设在管道交会处、转弯处、管径或坡度改变处、跌水处以及直线管段上每隔一定距离处。检查井在直线管段的最大间距应根据疏通方法等的具体情况确定，在不影响街坊接户管的前提下，宜按表 1-5 的规定取值。无法实施机械养护的区域，检查井的间距不宜大于 40m。

表 1-5　检查井在直线段最大间距

管径或暗渠净高/mm	最大间距/m	
	污水管道	雨水（合流）管道
200～400	40	50
500～700	60	70
800～1000	80	90
1100～1500	100	120
1600～2000	120	120

检查井的平面形状一般为圆形（图 1-14），大型管渠的检查井也有方形（图 1-15）和扇形（图 1-16）。按检查井作用的不同可有雨水检查井和污水检查井，其基本构造由基础、井底、井身、井盖和井盖座等部分组成。

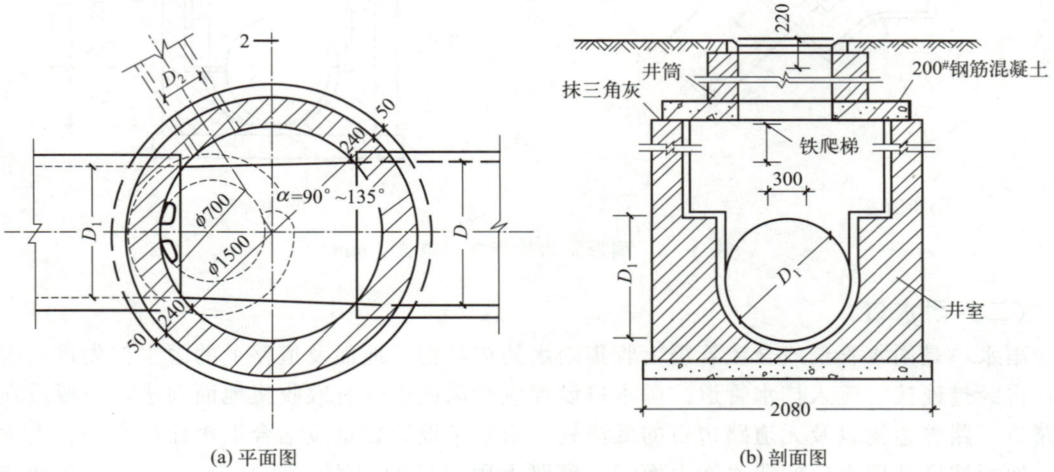

图 1-14　圆形污水检查井（单位：mm）

建造检查井的材料一般是砖、石、混凝土或钢筋混凝土。近年来，出现了钢筋混凝土预制检查井和塑料检查井，目前已在部分工程中得到应用。

当检查井内衔接的上下游管渠的管底标高跌落差大于 1 m 时，为消减水流速度，防止管渠冲刷，应在检查井内设置消能措施，这种检查井称为跌水井。

目前常用的跌水井有竖管式（图 1-17）、溢流堰式（图 1-18）和阶梯式（图 1-19）三种，竖管式常用于直径等于或小于 400 mm 的管道，后两者适用于管径较大的大型管渠。

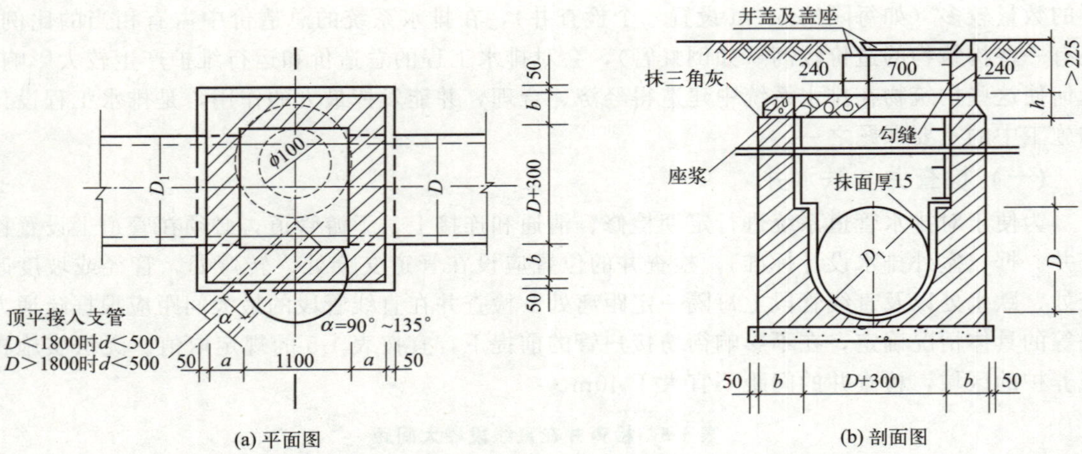

图 1-15　方形污水检查井（单位：mm）

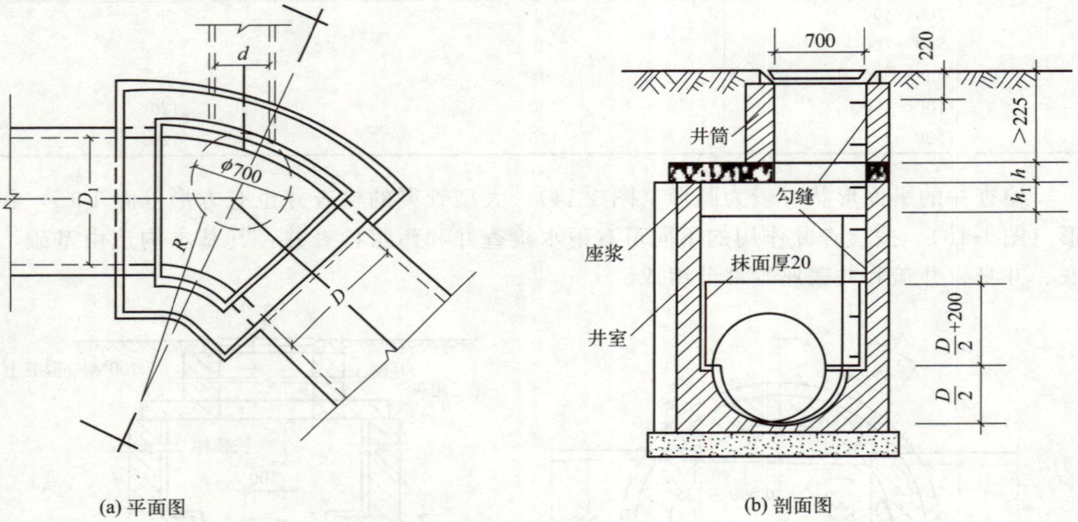

图 1-16　扇形雨水检查井（单位：mm）

（二）雨水口

雨水口是雨水管渠或合流管渠上收集雨水的构筑物。地面及道路上的雨水首先进入雨水口，再经过连接管流入排水管道。雨水口设置应能保证迅速有效收集地面雨水，一般设在交叉路口、路侧边沟以及无道路边石的低洼处。雨水口设置数量应结合汇水面积大小、土壤条件、地面坡度及雨水口的泄水能力而定。道路上雨水口的间距一般为 25～50 m，在低洼和易积水的地段，应根据需要适当增加雨水口的数量。

雨水口由进水篦、井筒和连接管组成。按进水篦在街道上的设置位置可分为三种形式：边沟雨水口、侧石雨水口以及两者相结合的联合式雨水口，如图 1-20 所示。

边沟式雨水口也称平箅式雨水口，进水篦水平放置在道路边沟里，稍低于沟底，适用于道路坡度较小、汇水量较小、有道牙的路面上；侧石雨水口的进水篦垂直嵌入道路边石，适用于有道牙的路面以及箅条间隙容易被树叶等杂物堵塞的地方；联合式雨水口是在道路边沟底和侧边石上都安放进水箅，进水箅呈折角式安放在边沟底和边石侧面的相交处，适用于有道牙的道路以及汇水量较大且箅条容易堵塞的地方。

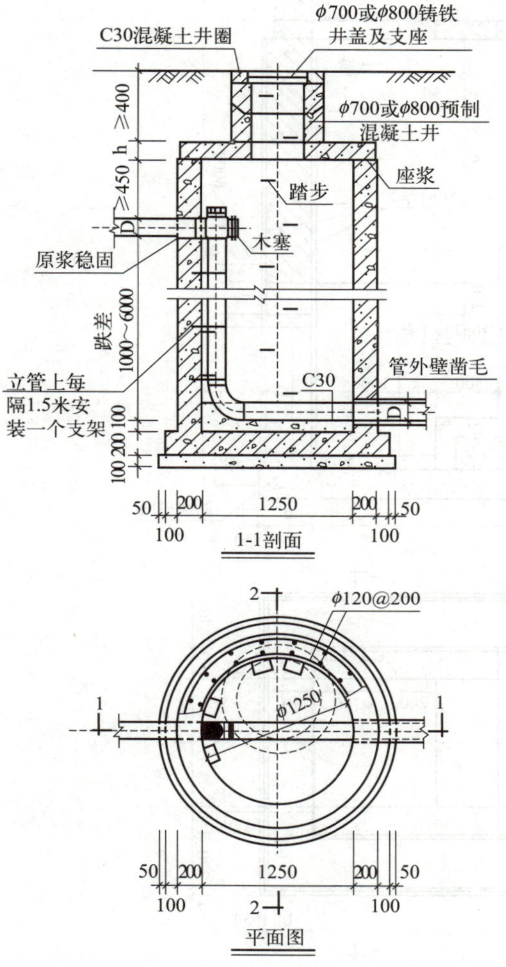

图 1-17　竖管式跌水井（单位：mm）

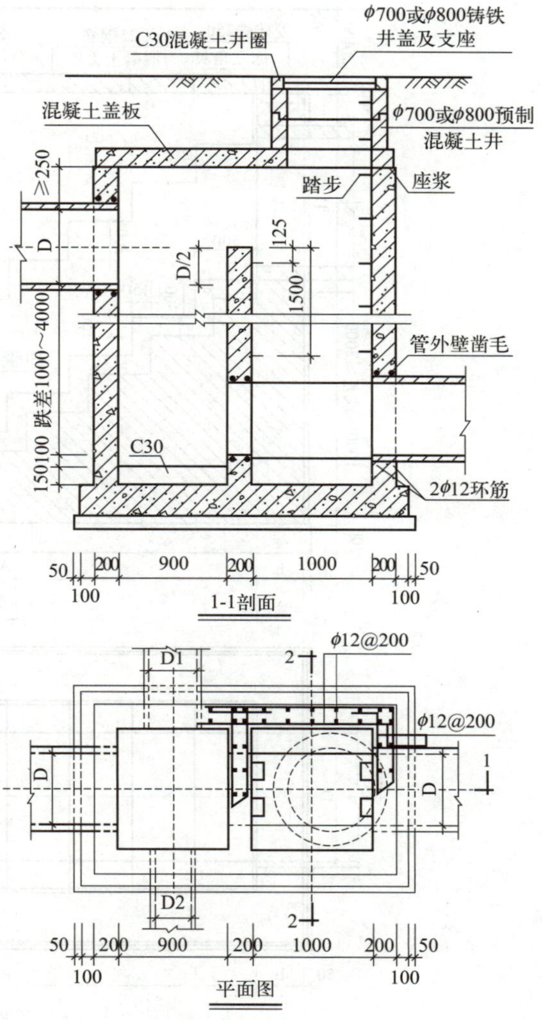

图 1-18　溢流堰式跌水井（单位：mm）

雨水口的井筒可由砖砌或钢筋混凝土预制，深度一般不宜大于 1 m，在北方寒冷地区，为防止冰冻，可根据经验适当加大。雨水口底部根据泥沙量的大小，可做成无沉泥井和有沉泥井两种形式。后者适用于路面较差、地面积秽较多的街道或菜市场等处，以截留雨水所夹带的砂砾等污染物，防止管道堵塞。

雨水口底部由连接管和街道雨水管相连。连接管最小管径为 200 mm，坡度 0.01，连接到同一连接管上的雨水口不宜超过 2 个。

（三）溢流井

溢流井是截流式合流制排水系统最重要的构筑物。晴天时，截流式合流制排水系统管道中的污水全部送往污水厂进行处理，雨天时，管道中的混合污水仅有一部分送入污水厂处理，超过截流管道输水能力的那部分混合污水不作处理，直接排放至受纳水体。这些直接排入水体的混合污水，要借助设置在合流管道与截留干管交汇处的溢流井溢流排出。因此，溢流井的设置位置应尽可能靠近水体下游，减少排放渠道长度，使混合污水尽快排入水体。此外，最好将溢流井设置在高浓度的工业废水进入点的上游，可减轻污染物质对水体的污染程

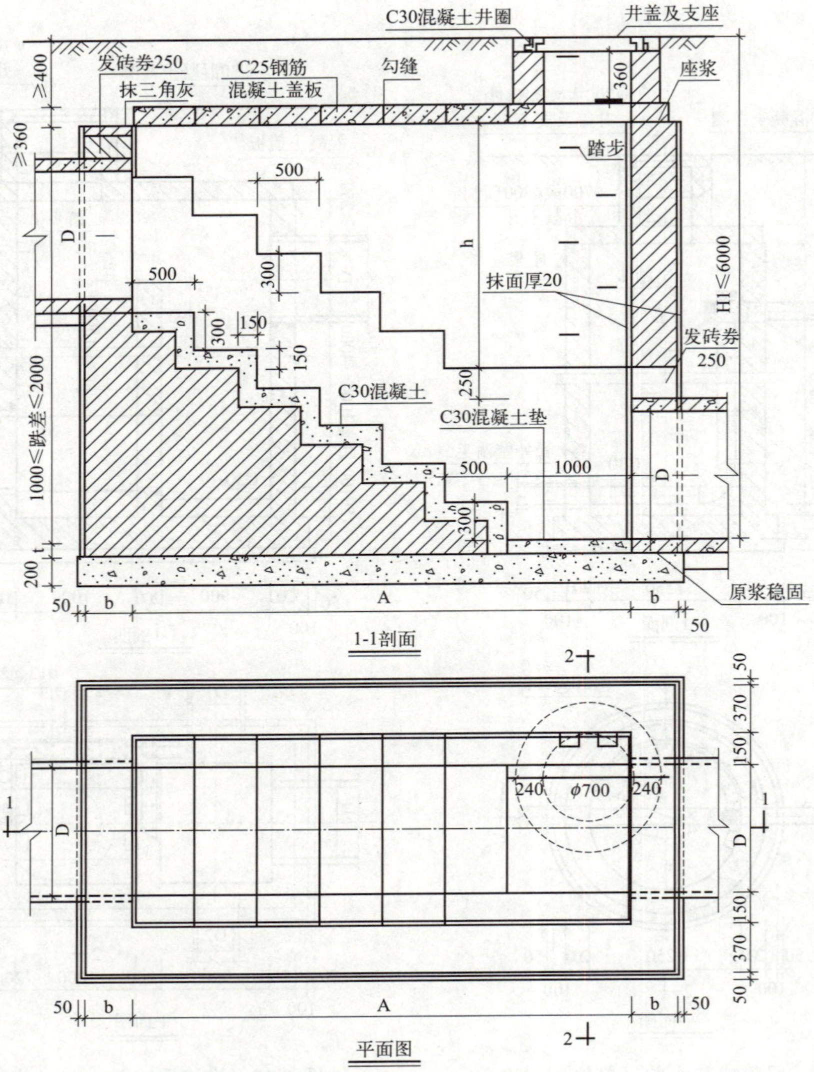

图 1-19　阶梯式跌水井（单位：mm）

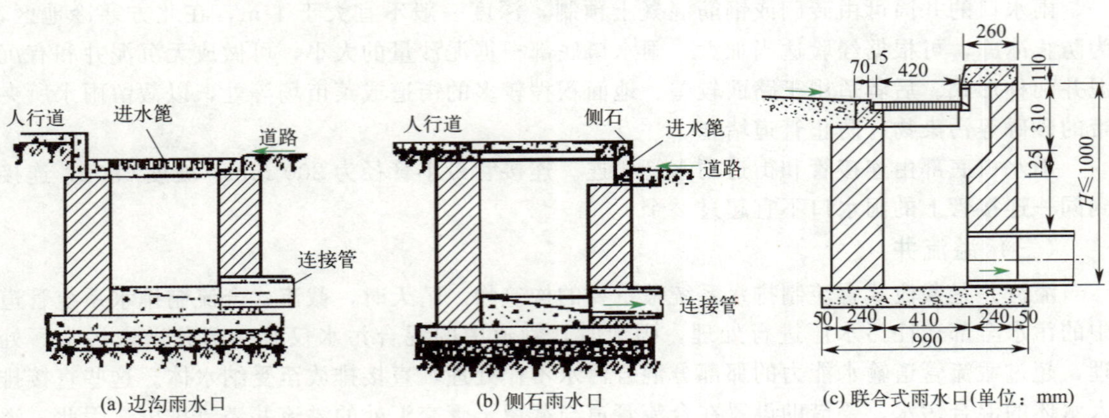

(a) 边沟雨水口　(b) 侧石雨水口　(c) 联合式雨水口(单位：mm)

图 1-20　三种不同形式的雨水口示意图

度。如果系统中设有倒虹管及排水泵站，则溢流井最好设置在这些构筑物的前面。

溢流井按构造可分为：截流槽式、跳跃堰式和溢流堰式等。其中最简单的溢流井是在井中设置截流槽（图 1-21），槽顶与截流干管管顶相平，或与上游截流干管管顶相平。当上游来水过多，槽中水面超过槽顶时，超量的水溢入水体。

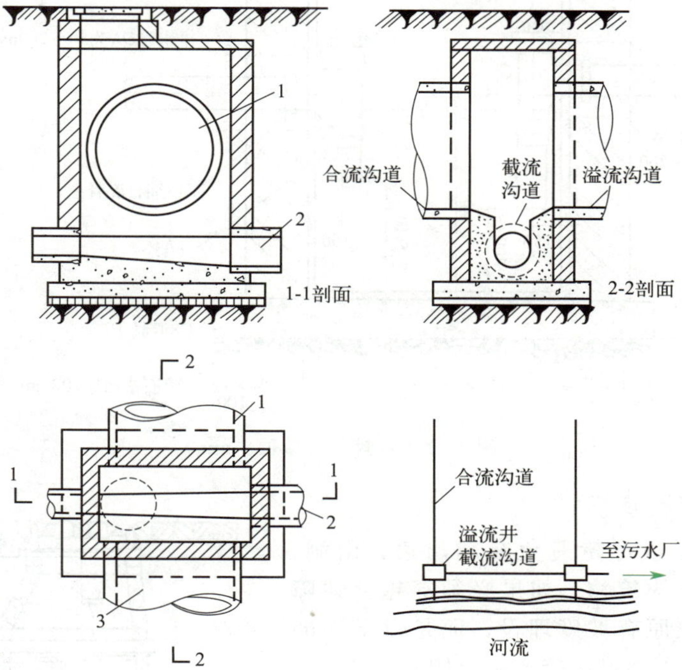

图 1-21　截留槽式溢流井

1—合流管道；2—截留干管；3—溢流管道

（四）水封井

水封井是设有水封的检查井，其目的是阻隔易燃易爆气体进入排水管渠。当生产废水能产生引起爆炸或燃烧的气体时，其废水管道系统中必须设置水封井。水封井的位置常设置于产生上述废水的生产装置、储罐区、原料储运地、成品仓库、容器洗涤车间等废水排出口处。水封井不宜设在车行道或行人众多的地段，并应远离产生明火的场地。水封深度一般采用 0.25 m，井上设通风管，井底设沉泥槽，基本构造见图 1-22。

（五）冲洗井

当污水在管道内的流速不能保证自清时，为防止淤积可设置冲洗井。冲洗井有人工冲洗和自动冲洗两种类型。自动冲洗井一般采用虹吸式，其构造复杂，且造价很高，目前已很少采用。人工冲洗井的构造比较简单，是一个具有一定容积的检查井。冲洗井的出流管上设有闸门，井内设有溢流管以防止井中水深过大。冲洗水可利用污水、中水或自来水。用自来水时，供水管的出口必须高于溢流管管顶，以免污染自来水。

冲洗井一般适合用于管径小于 400 mm 的管段上，冲洗管道的长度一般为 250 m。图 1-23 为冲洗井构造示意图。

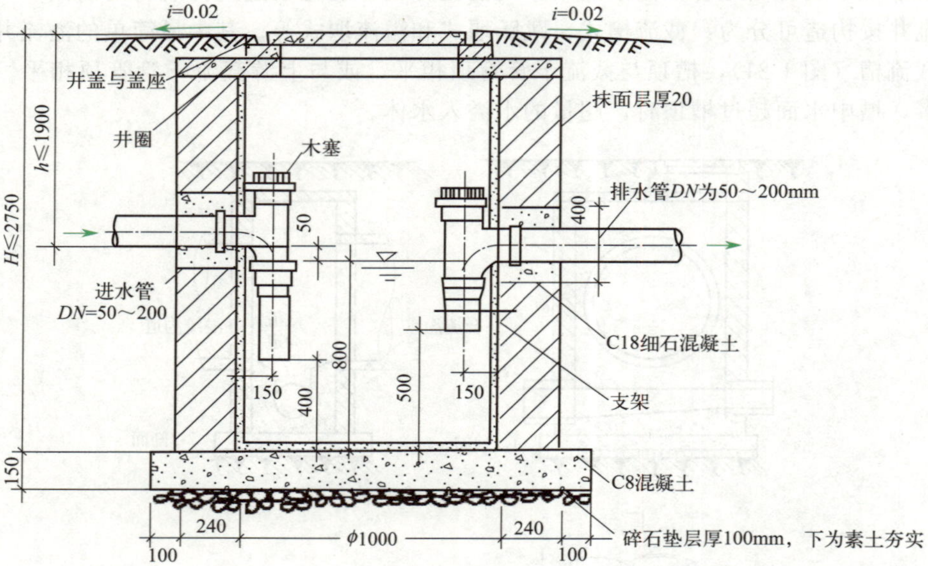

图 1-22　水封井（单位：mm）

（六）倒虹管和管桥

城市排水管道应尽量避免穿越河道、山涧、洼地、铁路及地下构筑物。如果必须穿越上述障碍物，且无法按照原有坡度埋设，而是以下凹的折线方式从障碍物下通过的管道称为倒虹管。

倒虹管由进水井、上行管、下行管、平行管及出水井几部分组成，如图 1-24 所示。倒虹管井应布置在不受洪水淹没处，必要时可考虑排气设施。

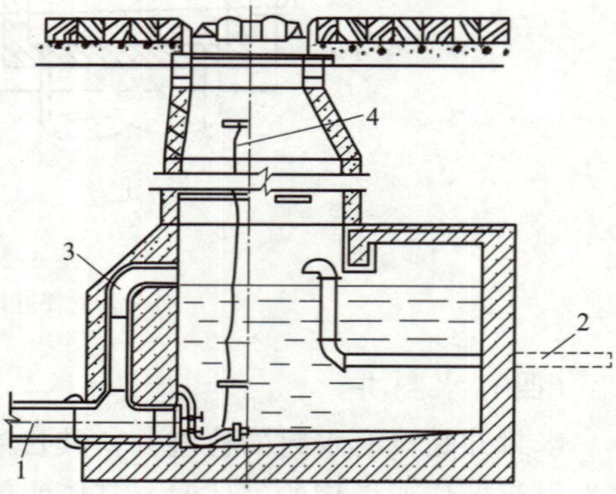

图 1-23　冲洗井

1—出流管；2—供水管；3—溢流管；4—拉阀的绳索

确定倒虹管的路线时，应尽可能与障碍物正交通过，以缩短倒虹管的长度，并应符合与该障碍物相交的有关规定。穿越河流时，应选择通过河道的地质条件好的地段、不易被水冲刷的地段及埋深小的部位敷设，管顶距离规划河底一般不小于 0.5 m。穿越河道的倒虹管，其工作管道一般不宜少于两条，但穿过小河、旱沟和洼地的倒虹管也可单线敷设。通过航运河道时，应与当地航运管理部门协商确定，并设有标志。倒虹管的施工较为复杂，造价较高，应尽量避免使用。

当排水管道穿过谷地时，也可不改变管道的坡度，而采用栈桥或桥梁承托管道，这种构筑物称为管桥。管桥比倒虹管易于施工，检修维护方便，且造价低，但可能影响景观、航运或其他市政设施，其建设应取得城市规划部门的同意。管桥也可作为人行桥，无航运的河道可考虑采用。管道在上桥和下桥处应设检查井，通过管桥时每隔 40～50 m 应设检修口，上游检查井应设有事故出水口。

（七）出水口

排水管渠出水口，是设在排水系统的终点，污水由出水口向水体排放。出水口的位置和

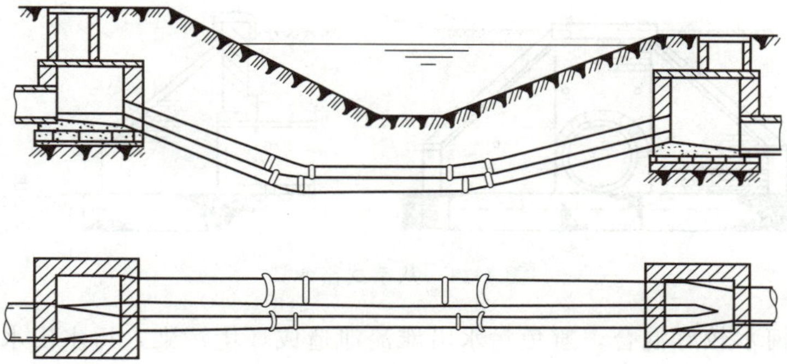

图 1-24　倒虹管

形式，应根据出水水质、水体的流量、水位变化幅度、水流方向、下游用水情况、水体稀释和自净能力、波浪状况、岸边变迁（冲淤）情况和夏季主导风向等因素确定，并要取得当地卫生主管部门和水利、航运管理部门的同意。

图 1-25 至图 1-28 分别是淹没式出水口、江心分散式出水口、一字式出水口、八字式出水口示意图。

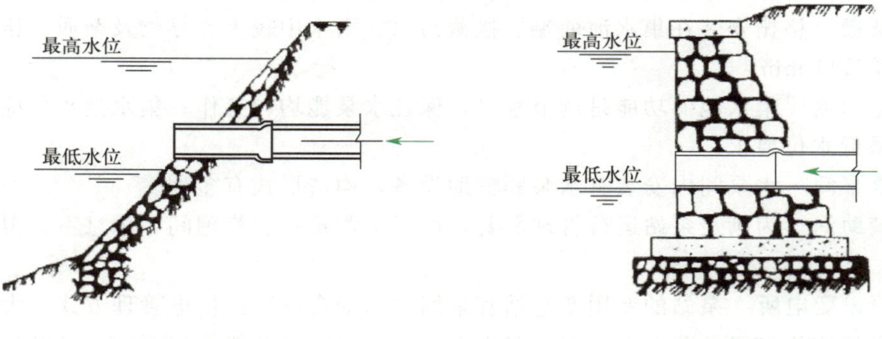

(a) 护坡型淹没式出水口　　(b) 挡土墙型淹没式出水口

图 1-25　淹没式出水口

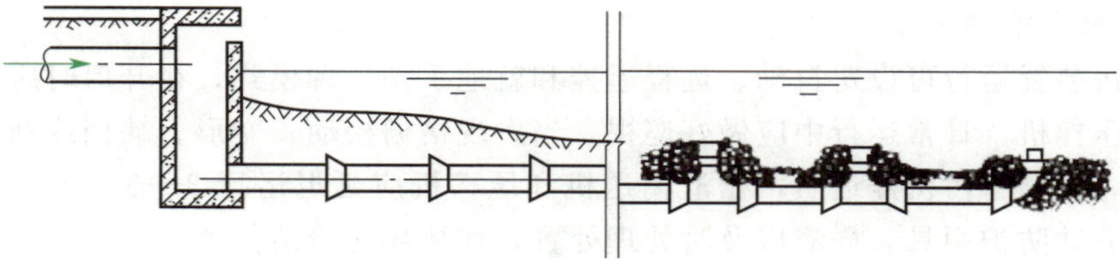

图 1-26　江心分散式出水口

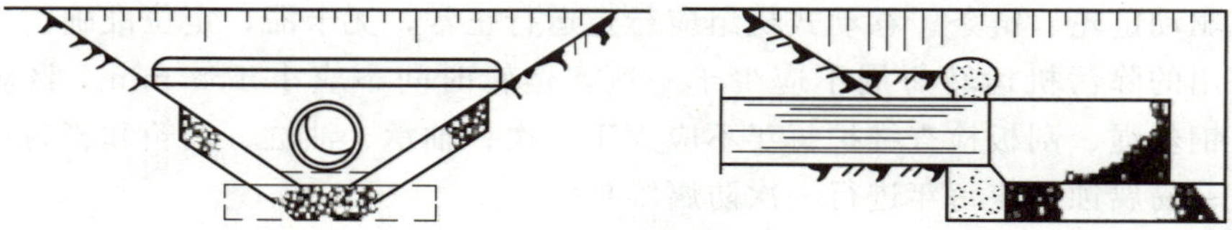

图 1-27　一字式出水口

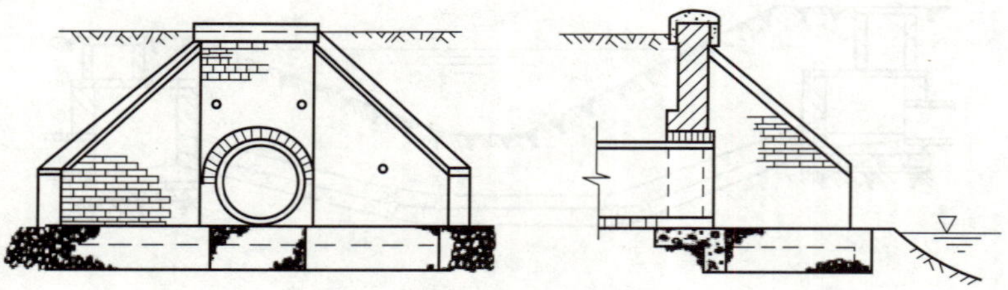

图 1-28　八字式出水口

为使污水与河水较好混合，避免污水沿滩流泄造成环境污染，污水出水口一般采用淹没式，即出水管的管底标高低于水体的常水位。淹没式出水口分为岸边式和河床分散式两种。出水口与河道连接处一般设置护坡或挡土墙，以保护河岸，固定出口管道的位置，底部要采取防冲加固措施。

四、排水泵站运维

（一）排水泵站的组成

排水泵站抽升的是含有杂质的污（废）水，且水量逐日逐时都在变化。排水泵站的基本组成包括机器间、集水池、格栅、辅助间，有时还附设有变电所。

（1）格栅　格栅安装在集水池前端、拦截污水、雨水中较大漂浮物及杂质。格栅前后水位差应小于 200 mm。

（2）集水池　集水池的功能是调节水量，保证水泵能均匀工作；集水池水位应符合水泵启动前的最低水位要求。

（3）水泵间　水泵间内安装有水泵和辅助设备，构造形式有多种。

（4）辅助间　为满足泵站运行管理需要，设置了贮藏室、修理间、休息室、卫生间等辅助用房。

（5）附设变电所　泵站的专用变电站宜采用"站变合一"的供电管理方式。大中型排水泵站负荷等级应为二级负荷，由双回线路供电，每一回路应按能承担泵站全部容量设计；负荷较小的泵站可由一回路 6kV 及以上专用输电线路供电。

（二）排水泵站的运维

1. 格栅的运维要求

格栅除污装置运行可设定自动、远程遥控和就地手动三种模式，在开启时应同时启动栅渣输送机和压榨机。日常运行中应做好巡视，当发现格栅松动、变形、缺档或断裂时，应及时停运检修。格栅除污机停运后，栅渣输送机和压榨机应延迟运行 3～5 min。人工清捞栅渣时应佩戴劳动防护用具，栅渣应及时处理处置，保持场地清洁。

日常运行中应及时清除格栅除污机、电控箱及格栅条上的污物，保持操作平台清洁，无锈蚀；检查巡视格栅片无松动、变形、脱落；轴承、齿轮、液压箱、钢丝绳、传动机构等的润滑良好；驱动链轮、链条、移动式机组应行走运行正常，无卡滞，定位准确。

长期停用的除污机运转每周不应少于一次，运转时间不应小于 5 min。驱动链轮、链条、齿耙、钢丝绳、刮板检查维护每年不应少于一次；轴承、油缸、油箱和密封件应每年检查维护一次；易腐蚀件应每年进行一次防腐维护。

2. 水泵的运维要求

根据排水泵站的不同运行模式，应制定相应的水泵机组运行方案及运行水位。在水泵机组启动前，需对闸、阀门位置，集水井水位，电动机，水泵，配电设备，通风设备进行检查，确认是否具备运行条件。启动时，正确按下启动按钮，机组应逐台开启，并在运行过程中进行定时巡视。水泵机组停运时，正确按下停运按钮，并对配电设备、电动机、水泵、集水井、出水井进行巡查，通过听止回阀或拍门的关闭声响，排除泵室积水的情况。

水泵机组应在规定的电压、电流范围内运行，转向正确，运行平稳，无异常振动和噪声，如发现异常情况，应停机处理。水泵在停止运行时应保证轴封机构不漏水，各类止回阀或出水阀门闭合有效，冷却水及通风系统应停止运行。

在日常养护过程中，应保持水泵轴承润滑良好，轴封处无积水或污垢，填料完好有效，应检查机、泵及管道连接螺栓紧固性。在冰冻期间水泵停止使用时，应放尽泵体、管道和阀门内的积水。

3. 电气设备的运维要求

排水泵站运行过程中应每个班次对电气设备进行巡视检查，填写巡视记录；低压电器设备应每半年检查、清扫一次，高压电气设备应每年检查、清扫一次；电气设备跳闸后，在未查明原因前，不得重新合闸运行。

（1）送电原则　先高压后低压，先总路后分路，先隔离开关后断路器，先母线侧后负荷侧。

（2）停电原则　先低压后高压，先分路后总路，先断路器后隔离开关，先负荷侧后母线侧。

重要的电缆绝缘应至少每年测量一次，一般的电缆绝缘3～5年测量一次；电缆终端连接点要保持清洁，相色清晰，无渗漏，无发热、破损，接地应完好。高压隔离开关应至少每年检查一次，瓷件表面应无积灰、破损，刀片、触头、触指表面应清洁无损，连接隔离开关的母线、断路器的引线应牢固，无过热现象。低压开关应每年检查不少于2次，保证操作机构动作灵活无卡阻，接线螺栓紧固，动静触头接触良好，无过热变色现象。

巩固与拓展

巩固知识：

城镇排水管网设计图识读练习题

拓展训练：排水系统设计计算

请以团队合作形式完成排水系统的设计计算。排水工程是现代化城市和工业企业不可缺少的一项重要设施，是城市和工业企业的一项重要组成部分，以小组为单位，分别根据城市、工业企业的总体规划进行资料搜集，分析排水系统设计规模、设计期限，总结出适合该区域的排水系统设计方案。

任务二　污水水质指标的辨析

任务描述

通过知识明晰部分的学习，了解城镇污水、市政污水和工业废水的主要特征，掌握污水中的主要污染物及危害；通过能力要求的学习，了解污水常用水质指标的检测方法；通过巩固与拓展的训练，根据所学知识进行水样采集及水质指标测定方案的设计，并按照方案完成任务的实施。

学习本任务可以采取线上、线下相结合的形式，通过思维导图梳理掌握理论知识，通过水质指标的检测实验，强化理论知识，提升实践动手能力。

知识明晰

一、城镇污水的来源与特征

（一）城镇污水来源分类

根据污水来源的不同，城镇污水可以分为生活污水、工业废水和被污染的降水三类。

1. 生活污水

生活污水是人们日常生活所产生的污水，主要来自住宅、机关、学校、医院、车站、码头以及工业企业生活间，是人们洗涤、沐浴、洗衣、冲厕等用水活动所排出的各类污水的总称，其中含有人类生活的废料和排泄物。污水的成分及其变化特征与居民的生活状况、生活水平及生活习惯有关。

生活污水中含有大量有机杂质，如蛋白质、动植物脂肪、碳水化合物、尿素和氨氮等，还含有肥皂和合成洗涤剂等，并带有病原微生物和寄生虫卵等，须经污水处理厂处理达标后方可排入水体、灌溉农田或再利用。

2. 工业废水

工业废水是指工业生产过程中产生的废水，来自于生产车间、厂矿等地，依据其污染程度不同可分为生产废水和生产污水。

生产污水是指在使用过程中仅受到轻度污染或水温增高的水，这些水经简单处理即可循环使用或排放至受纳水体，如冷却水。而生产废水是指在使用过程中受到较严重污染的水，这类水中有的含大量有机物，有的含有害和有毒物质，有的含合成有机化学物质，有的含放射性物质等等，简单处理无法恢复水质，若不经妥善处理处置，将会对环境产生严重污染，危害人群健康，如石油化工、食品加工、冶金建材等工业生产过程中所排放的污水。

3. 降水

降水是指雨水或雪、雹、霜等的融化水。城镇污水中的降水是指进入城镇污水管网或合流管网的那部分降水。

（二）市政污水及其特征

市政污水一般是指进入市政污水管网的生活污水和工业废水，实际上是一种混合污水。

在合流制管网中，市政污水中还包含一部分被污染的初期雨水。依据污水管道收集范围和区域不同，所收集的污水水质有所差异。如果市政管道收集的生活污水比例大于工业废水，则市政污水的水质特征会更多体现出生活污水有机杂质多、易生物降解的特征；反之，如果工业废水所占比例高，则更多体现工业废水的特征。目前已建设运行的市政管网，大多数仍以收集生活污水为主要目的，其水量季节性变化大，外观呈现浑浊状，呈黄绿乃至黑色，带腐臭气味。

市政污水需经过污水处理厂处理后才能排入水体、灌溉农田或再利用。污水处理厂的处理工艺需对比市政污水来水水质、水量特征以及排放标准而定。

（三）工业废水的特征

由于工业类型、生产工艺及用水水质、管理水平的不同，各类工业废水的成分与性质千差万别。其中生产废水较为清洁，不经处理或经简单处理即可排放或循环回用；而生产污水则污染严重，必须经严格处理。工业废水往往量大，成分复杂，处理难度大，不易生物降解，危害性大，可呈现出如下几种与生活污水不同的特征：

① 悬浮物含量高，可达 100～30000 mg/L；

② 生化需氧量高，可达 200～20000 mg/L；

③ 酸碱变化大，pH 变化范围为 5～11，甚至低至 2，高至 13；

④ 易燃，常含有低沸点的挥发性液体，如汽油、苯、酒精、石油等易燃污染物，易着火酿成水面火灾；

⑤ 可含有多种有毒有害成分，例如酚、氰、多环芳烃、油、农药、染料、重金属、放射性物质等。

工业废水来源广泛，并根据不同来源而呈现不同的特征。如采矿废水含大量悬浮矿物粉末和浮选剂，金属冶炼废水含重金属离子、呈酸性，焦化废水含酚、氨、硫化物、氰化物、焦油等，石油化工废水含油分和有毒物质，造纸废水含木质素、纤维素、挥发性有机酸，食品加工废水悬浮物含量高、氮磷污染物多，化工废水性质多样、成分复杂等等。

二、污水中的主要污染物及其危害

进入排水系统的各类污水，挟带着很多污染物质，这些污染物质如果未经有效去除就进入天然水体，很容易使水环境恶化，水体功能丧失，引发水污染现象。为此，需要研究污水中各类污染物质的分类和性质，有的放矢地选择水质净化工艺，有效去除污水中的各类污染物。按照污染物的污染特征不同，将污水中的污染成分大体可分为：有机污染物、无机污染物、病原微生物和热污染四类。

（一）有机污染物

生活污水和工业废水中往往挟带大量有机物污染物，这些有机污染物质中，有的会大量消耗水中的溶解氧，使水体恶化变“黑臭”，有的会阻碍水面的透光性，影响植物光合作用，有的是有毒有机物，抑制水体动植物和微生物生长，危害人体健康。

水环境中的有机污染物很多，根据微生物对有机污染物降解的难易和快慢程度可分为三类：可生物降解、难生物降解和不可生物降解有机污染物。

可生物降解有机污染物主要是小分子有机物或天然有机物等生物相容性较好的物质，容易被微生物降解为无机物，如碳水化合物、蛋白质、脂肪等自然生成的有机物。这类有机物性质不稳定，可在有氧或无氧条件下，通过微生物的代谢作用分解为简单的无机物。可生物降解有机污染物是生活污水和部分工业废水中的主要杂质，其生物降解过程会消耗水中的溶解氧，如果消耗量大于水体的复氧量，就会导致水体恶化，故也称耗氧污染物。耗氧污染物是导致水体产生“黑臭”的主要因素之一。

难生物降解有机污染物化学性质稳定，一般是工农业生产中产生的有机物，如纤维素、木质素等植物残体，烃类，农药等。微生物对这些有机物的降解速率很慢，通过对微生物的驯化、筛选，选择适宜的功能菌，可对这些有机污染物进行生物降解。

不可生物降解有机物主要是人工合成的高分子物质，如塑料、尼龙、杂环芳烃等。这些物质化学稳定性极强，可在生物体内富集，多数具有很强的“三致”（致癌、致畸、致突变）特性，对水环境和人类有较大毒害作用。以有机氯农药为例，由于它有很强的化学稳定性，在自然环境中的半衰期可达几十年；它是疏水亲油物质，能够为胶体颗粒所吸附并随之在水中扩散，在水生生物体内大量富集，其富集在水生生物体内的浓度高于水体几千倍甚至几百万倍，然后经食物链进入人体，积累在脂肪含量高的组织中，在达到一定浓度后，即显示出对人体的毒害作用。聚氯联苯、联苯胺多环芳烃，都是较强的“三致”物质。

（二）无机污染物

污水中包含的无机污染物可大致分为如下几类。

1. 颗粒状无机杂质

污水中常常挟带着砂粒、矿渣等无机颗粒物，它们往往和有机颗粒物混在一起，统称为悬浮物或悬浮固体。这些悬浮物在污水中以三种状态存在：部分密度小于水的悬浮物浮于水面，在水面形成浮渣；部分密度大于水的悬浮物沉于池底，又称为可沉固体；还有一部分悬浮物密度接近于水，一直悬浮在水中。浮渣可以通过上浮法打捞去除，可沉固体通过沉淀法去除，悬浮颗粒需要用过滤等方法去除。大部分无机颗粒污染物本身没有直接毒害作用，但影响水体的透明度、流态等物理性质。如使水的色度和浊度增加，影响水体透光性，继而影响水生生物的光合作用，削弱水体自净功能。悬浮固体还可能堵塞鱼鳃，致使鱼类窒息死亡。悬浮固体沉积容易导致管道设备堵塞。悬浮固体还可作为载体，吸附其他污染物质，随水流迁移。

2. 酸碱类污染物

水中的酸碱度以 pH 值反映。生活污水一般呈中性或弱碱性（pH 为 6～9），工业废水则多种多样，其中不少工业废水会呈强酸性或强碱性。酸性废水对金属及混凝土结构材料有腐蚀作用；碱性废水易产生泡沫，使土壤盐碱化。各种动植物及微生物都有各自适应的 pH 值范围，如果环境（水）的 pH 值超过其适应范围，其生化反应将受到抑制，对其造成危害，严重时导致其死亡。

3. 植物营养型无机物

氮、磷是植物的营养物质，是高等植物生长所需的宝贵物质，也是天然水体中的藻类必需的营养物质。在光照等条件适宜的情况下，水中的氮、磷可使藻类过量生长，在随后的藻类死亡和随之而来的异养微生物代谢活动中，水体中的溶解氧很可能被耗尽，造成水体质量恶化和水生态环境结构破坏的现象。

进入水体的氮、磷主要来自生活污水挟带的人体排泄物、含磷洗涤剂，面源性污染的肥料、农药、动物粪便，工业废水等，是导致湖泊、水库、海湾等水体富营养化的主要物质。

水体的富营养化危害很大，对人体健康和水体功能都有损害，损害如下：

① 在水中产生异味。藻类过度繁殖，会使水体产生霉味和臭味。藻类死亡分解时，在放线菌等微生物作用下，可使水藻发出浓烈的腥臭。

② 降低水的透明度。过量繁殖的水藻浮在水面，使水质变得浑浊，透明度下降，水体感官性状差。

③ 降低水中溶解氧含量。一方面，藻类形成的浮渣层使阳光难以透射进入水体的深层，致使深层水体的光合作用受到抑制，减少溶解氧的产生；另一方面，藻类死亡后不断向水体底部淤积、腐烂分解，消耗大量溶解氧，情况严重时可使深层水体的溶解氧消耗殆尽。

④ 向水体释放有毒物质。许多藻类能分泌、释放有毒有害物质，不仅危害动物，对人体健康也有影响。如蓝藻产生的藻毒素，可引起消化道炎症。

⑤ 影响供水水质并增加供水成本。水源水富营养化后，净水处理的难度增加，水处理药剂耗量增大，制水成本增加。同时还会减少产水量、降低供水水质。

⑥ 影响水体生态。水体富营养化后，原有生态平衡被扰动，引起生物种群数量的波动。如藻类过度繁殖后占据的空间越来越大，鱼类活动空间变小；又比如藻类种群由以硅藻和绿藻为主变为以蓝藻为主。

污水中的氮可分为无机氮和有机氮，前者是含氮化合物，如蛋白质、多肽、氨基酸和尿素等，后者指氨氮、亚硝酸态氮、硝酸态氮等，其中大部分直接来自于污水，小部分来自于有机氮在微生物作用下的转化分解。

4. 无机盐类污染物

污水中的无机盐类污染物主要来源于人类生活污水和工矿企业废水，主要有硫酸盐与硫化物、氯化物和砷化物等。

(1) 硫酸盐与硫化物 生活污水中的硫酸盐主要来自人类排泄物，工业废水（如洗矿、化工、制药、造纸和发酵等工业废水）中，可含浓度高达 1500～7500 mg/L 的硫酸盐。污水中的硫酸盐用硫酸根 SO_4^{2-} 表示。在缺氧条件下，经硫酸盐还原菌和反硫化细菌的作用，SO_4^{2-} 可被脱硫还原为 H_2S。

污水中的硫化物主要来自于工业废水（如硫化染料废水、人造纤维废水）和生活污水。硫化物在污水中以 H_2S，HS^- 与 S^{2-} 形式存在。硫化物属于还原性物质，会消耗水中溶解氧，并能与重金属离子发生反应，产生金属硫化物沉淀。

(2) 氯化物 生活污水中的氯化物主要来自于人类排泄物，每人每日排出的氯化物约为 5～9 g。工业废水（如漂染工业、制革工业等）以及沿海城市作为冷却水的海水，都含有很高浓度的氯化物。氯化物含量高时，对管道及设备有腐蚀作用，如灌溉农田，会引起土壤板结。氯化钠浓度超过 4000 mg/L 时对生物处理的微生物有抑制作用。

(3) 氰化物 污水中的氰化物主要来自电镀、焦化、高炉煤气、制革、塑料以及化纤等工业废水。污水中的氰化物常以游离氰（CN^-）和金属络合氰（如铁氰络合物、铜氰络合物）的形式存在，游离氰在 pH 小于 9.2 时以剧毒的 HCN 分子形式存在，易挥发至大气中；金属络合氰在环境中虽然稳定，但在特定条件下会释放 CN^-，可能对生态造成长期影响。

水中氯离子的测定

(4) 砷化物 污水中的砷化物主要来自化工、有色冶金、焦化、火力发电、造纸及皮革等工业废水。无机砷化物主要有三价砷化合物（如亚砷酸、三氧化二砷、亚砷酸盐）和五价砷化合物（如砷酸、五氧化二砷、砷酸盐）。三价砷化合物的毒性是五价砷化合物 3～5 倍。砷中毒会引起人体中枢神经紊乱、腹痛、肝痛等消化系统障碍；砷还会在人体内积累，属致癌物质之一。

还有一些无机盐类污染物会引起水中硬度改变，这些无机盐污染物对某些水处理方法

（如离子交换）的净化效果影响较大。无机盐类污染物还会引起水中物质增加，改变水的渗透压，对淡水生物、植物生长产生不良影响。

5. 重金属

重金属指原子序数在21～83之间的金属或相对密度大于4的金属。污水中重金属主要有汞、镉、铅、铬、锌、铜、镍、锡等。重金属作为有色金属在人类的生产和生活方面有广泛的应用。这一情况使得在环境中存在着各种各样的重金属污染源。采矿和冶炼工业是向环境中释放重金属的最主要的污染源。生活污水中的重金属主要来源于人类排泄物，冶金、电镀、陶瓷、玻璃、氯碱、电池、制革、造纸、塑料等工业废水中，也含有大量重金属离子。重金属以离子状态存在时毒性最大，这些离子不能被微生物降解，通常可以通过食物链在动物和人体内富集，造成中毒现象，特别是汞、镉、铅、铬以及它们的化合物。

受重金属污染的水体，其毒性特征是：①重金属离子浓度在0.01～10 mg/L之间，即可产生毒性效应；②微生物不仅不能降解重金属，还可将其转化为有机化合物，使毒性猛增；③重金属被水生生物摄取后会在体内大量积累，经过食物链进入人体，并可通过遗传或母乳传给婴儿；④重金属进入人体后，能与体内的蛋白质及酶等发生化学反应而使其失去活性，并可能在体内某些器官中积累，造成慢性中毒，这种积累的危害，有时需多年才暴露出来。因此，《污水综合排放标准》《地表水环境质量标准》《农田灌溉水质标准》和《渔业水质标准》等都对重金属离子的浓度作了严格的限制，以便控制水污染，保护水资源。

（1）汞　汞对人体有较严重的毒害作用，可分为金属汞、无机汞与有机汞三类。金属汞又称元素汞，具有挥发性，在室温下会不断释放汞蒸气，可被淀粉类果实、块根吸收并积累，经食物链、呼吸系统或皮肤摄入人体，在血液中循环，积累在肝、肾及脑组织中，导致人体健康受损。

无机汞多呈粉末状，常见的有硫化汞、氯化汞、硝酸汞等，无机汞化合物可经呼吸道、皮肤、消化道吸收。如若摄入高剂量无机汞，不仅会引起肠胃黏膜损伤而大量出血，引发休克，还会伤害肾脏，导致急性肾衰竭，甚至造成死亡。长期食入低剂量无机汞，将会引起慢性肾炎，导致尿毒症。摄入体内的无机汞，可用药物治疗，使汞通过泌尿系统排出。

有机汞主要来自有机汞农药以及由无机汞转化而来。摄入人体的无机汞及水体底泥中的无机汞，在厌氧的条件下，由于微生物的作用，可转化为有机汞，如甲基汞。进入水体中的有机汞，可被贝类摄入并富集，经食物链进入人体，在肝、肾、脑组织中积累，侵入中枢神经，毒性大大超过无机汞，并极难用药物排出。其积累到一定浓度会引发“水俣病”。

（2）镉　镉是典型的富集型毒物。水体中的镉经食物链摄入人体，储存在肝、肾、骨骼中不易排出，镉的慢性中毒会导致肾功能失调，降低机体免疫能力，引起骨质疏松、软化，以及心血管疾病。镉中毒可引起“骨痛病”，这种病的潜伏期可达10～30年，发病后难以治疗。

（3）铬　铬在水体中以六价铬和三价铬的形态存在，前者毒性大于后者。人体摄入后，会引起神经系统中毒。

（4）铅　铅也是一种富集型毒物，成年人每日摄入量少于0.32 mg时，可被排出体外不积累；摄入量为0.5～0.6 mg时，会有少量积累，但不危及健康；摄入量超过1.0 mg时，有明显积累。铅离子能与多种酶络合，干扰机体的生理功能，危及神经系统、肾与脑。儿童比成人更容易受铅污染，造成永久性的脑受损。

除此以外，锌、铜、钴、镍、锡、锰、钛、钼、钴等重金属离子，对人体也有一定的毒害作用。

（三）病原微生物

病原微生物的水污染危害历史最久，至今仍是危害人类健康和生命的重要水污染类型。洁净的天然水体中含细菌很少，病原微生物更少。但污水会带给天然水体大量有机物，提供细菌存活的环境，同时带入大量病原菌、寄生虫卵和病毒等。如生活污水、食品工业废水、制革废水、医院污水、垃圾渗滤液、地面径流等会携带肠道病原菌（痢疾杆菌、伤寒杆菌、霍乱弧菌等）、寄生虫卵（蛔虫、蛲虫、钩虫卵等）、炭疽杆菌与病毒（脊髓灰质炎、肝炎、狂犬、腮腺炎、麻疹等）进入水体，引起各种疾病传播。几个世纪以来，在世界各地都曾发生过，因水污染导致的危险性传染疾病蔓延，如霍乱和伤寒。

病原微生物的特点是数量大、分布广、存活时间较长、繁殖速度很快、易产生抗药性、很难消灭，传统的二级生化污水处理及加氯消毒工艺后，某些病原微生物、病毒仍能大量存活。传统的混凝、沉淀、过滤、消毒给水处理工艺能够去除99%以上病原微生物，但出水浊度若大于0.5，仍会伴随有病毒。因此，此类污染物可通过多种途径进入人体，并在人体内生存，一旦条件适合，就会引起人体疾病。

（四）热污染

污水的水温，对污水的物理性质、化学性质和生物性质都有直接影响。生活污水的水温变化幅度不大，一般在10～20℃之间，但有些工业排出的废水温度较高，如直接冷却水，温度可能超过60℃。这些高温废水排入水体后，使水体水温升高，水的理化性质发生变化，危害水生动、植物的繁殖与生长，称为水体的热污染。热污染对水体的危害表现在以下几个方面：

① 降低水中溶解氧含量。水温升高后，水中饱和溶解氧浓度降低，水体中的氧亏也随之减少，则水体复氧速率减慢；另一方面由于水温升高，水生生物的耗氧速率加快，加速了水体中溶解氧的消耗，造成鱼类和水生生物的窒息死亡，水质迅速恶化。

② 水温升高后，水体中化学反应速率加快（水温每升高10℃，化学反应速率会加快一倍），从而引发水体物理化学性质如电导率、溶解度、离子浓度和腐蚀性的变化。对有毒物质而言，水温升高还可增大它们的毒性。

③ 水温升高使水体中的细菌繁殖加速，如果该水体被作为给水水源时，所需投加的混凝剂与消毒剂量将增加，处理成本增高。特别是投氯量增加，可能导致有机氯化物更快地转化为有致癌作用的三氯代甲烷（氯仿）。

④ 水温升高会加速藻类的繁殖，从而加快水体的富营养化进程。

⑤ 水温过高时会干扰鱼类的正常洄游路线和繁殖活动。

城镇污水的水温与城市排水管网的体制及工业废水所占比例有关，一般而言，污水生物处理的温度范围在5～40℃为宜。

能力要求

一、感官性指标检测技术

（一）浊度

浊度是对光传导性能的一种测量，其值可表征污水中胶体和悬浮物的含量。水中的泥土、粉砂、微细有机物、无机物、浮游生物等悬浮物和胶体物质都可以使水体变得浑浊而呈现一定浊度。浊度是在外观上判断水是否被污染的主要特征之一。在水质分析中规定，1 L水中含有1 mg SiO_2 所构成的浊度为一个标准浊度单位，简称1NTU。测定水质浊度常用的是分光光度法、目视比浊法或浊度计法。分光光度法是将一定量硫酸肼和六亚甲基四胺反应生成的白色高分子聚合物作为浊度标准溶液，再用其配制一系列不同浊度的溶液，在 680 nm 波长处用比色皿测定吸光度，绘制吸光度-浊度标准工作曲线，与水样的吸光度进行对比确定水样浊度。目视比浊法是将水样与用硅藻土（或白陶土）配制的标准浊度溶液进行比较，以确定水样的浊度。此外，还可以用浊度计进行测定。

（二）悬浮物

悬浮物的多少用单位体积中所含悬浮物的质量来表示，单位为 mg/L。测定方法有：把一定量水样在 105～110℃烘箱中烘干至恒重，所得质量即为水样中总固体量（TS）；水样经过滤后，滤液蒸干并在一定温度下烘干后所得的固体质量为胶体和溶解性固体量（DS）；水样过滤后留在过滤器上的固体物质，于 103～105℃烘至恒重后得到的物质为悬浮固体（SS）；将悬浮固体在 600℃温度下灼烧，灼烧残渣是非挥发性悬浮固体（NVSS），灼烧减量为挥发性悬浮固体（VSS）。

（三）色度

水中含有的泥土、有机质、无机矿物质、浮游生物等往往使水呈现出一定的颜色。工业废水中的染料、生物色素、有色悬浮物等也是环境水体着色的主要来源。水的颜色会减弱水的透光性，影响水生生物生长和观赏价值。

水的颜色可分为表色和真色。真色指去除悬浮物后的水的颜色，没有去除悬浮物的水具有的颜色称为表色。水的色度一般指真色，可采用铂钴比色法和稀释倍数法测定。前者以氯铂酸钾与氯化钴配成标准色列，与水样进行目视比色确定水样的色度，并规定每 1 L 水含 1 mg 钴所具有的颜色单位为 1 个色度单位，称为 1 度；后者将水样用蒸馏水稀释至看不到颜色，以稀释倍数表示水样的色度，单位为倍。也可采用分光光度法测定水样色度，以主波长、色调、明度和饱和度来描述水样的色度。

（四）臭味

水中的污染物分解及与之相关的微生物活动往往产生异臭、异味。臭味也是水美学评价的感官指标之一，其主要测定方法有定性描述法和臭阈值法两种。定性描述法需依靠检验人员自己的嗅觉，对水样在 20℃和煮沸两种条件下的气味特征做适当描述，并划分臭强度等级。用无臭水稀释水样，当稀释到刚能闻出臭味时的稀释倍数称为“臭阈值”。因为不同的检验人员对臭的敏感程度不同，检验结果会有差异，故往往选择 5 名以上嗅觉灵敏的检验人员同时检验，取其结果的几何平均值作为代表值。

（五）水温

水温与水的理化性质（如密度、黏度、pH 值、化学反应速率、微生物活动）有密切关联。地下水温度通常为 8～12℃；地表水水温会随季节变化，变化范围为 0～30℃；污水水温随行业、工艺不同有很大差别。水温测定可利用水温计、颠倒温度计、热敏电阻温度计等。

二、有机污染物相关指标检测技术

有机污染物广泛存在于生活污水和工业废水中，是污水中最主要的污染物质之一，有机污染物的含量也是衡量水质污染程度的重要指标。又因其来源广泛、种类繁多，难以分别对其定性、定量分析，因而常利用其可被氧化这一主要特征，用氧化过程所消耗的氧量作为表征有机污染物总量的综合性指标。

（一）生化需氧量（BOD）

生化需氧量是指在有氧条件下，由于微生物的活动，降解有机物所需的溶解氧量，也称生物化学需氧量，常以 BOD 表示，单位为 mg/L 或 kg/m^3。生化需氧量（BOD）代表了可生物降解有机物的数量。生化需氧量越高，表示水中可降解有机物污染越严重。

可生物降解有机物在有氧条件下，通过碳氧化和硝化氧化两个阶段完成其生物降解过程。碳氧化阶段中，由于异养型细菌的作用，含碳有机物被氧化为 CO_2 和 H_2O，这一阶段微生物的耗氧量为 O_a；在随后的硝化阶段中，自养型细菌发挥作用，NH_3 被氧化为 NO_3^-，所消耗的氧量为 O_b。耗氧量 O_a 表示第一阶段生化需氧量，也称总碳化需氧量，用 BOD_u 表示。耗氧量 O_b 表示第二阶段生化需氧量，也称硝化需氧量，用 NOD_u 或硝化 BOD 表示（图 1-29）。

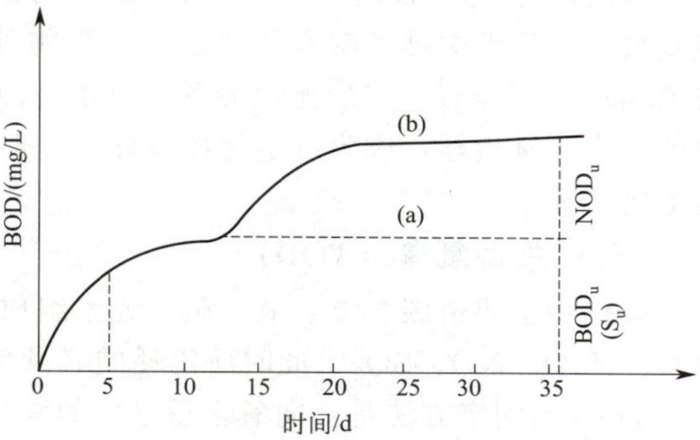

图 1-29　两阶段生化需氧量曲线

生物降解过程在微生物作用下进行，因而耗氧过程与温度、时间有关。在一定范围内温度越高，微生物活力越强，消耗有机物就越快，需氧量越多；时间越长，微生物降解有机物的数量和深度越大，需氧量越多。一般而言，20℃水温条件下，完成上述两个阶段的氧化过程需要 100 d 以上。由图 1-29 可以看出，5 d 的生化需氧量约占总生化需氧量的 70%～80%；20 d 以后的生化过程趋于平缓，因此常用 20 d 的生化需氧量 BOD_{20} 作为总生化需氧量 BOD_u。工程应用中，20 d 的测定时间太长，目前国内外普遍采用在 20℃条件下，培养 5 d 的生化需氧量，作为可生物降解有机物的综合浓度指标，以 BOD_5 表示，称为“五日生化需氧量”。

BOD_5 只能相对反映出可生化有机物的数量，各种废水的水质差别很大，其 BOD_5 与 BOD_{20} 相差悬殊，但对同一种废水而言，此值相对固定，如生活污水的 BOD_5 约为 BOD_{20} 的 0.7 倍。但是，它在一定程度上亦反映了有机物在一定条件下进行生物氧化的难易程度和时间进程，具有很大的使用价值。

（二）化学需氧量（COD）

以 BOD_5 作为有机污染物的综合浓度指标较为准确地反映了污水中可生物降解有机物的含量，但也存在如下缺点：测定时间长，不利于迅速指导生产实践；对难降解有机物含量高的污水，不仅测定结果误差大，而且难以全面反映有机污染物的含量；某些工业废水不含微生物生长所需的营养物质或者含有抑制微生物生长的有毒有害物质，会影响测定结果。

化学需氧量（COD）是指在酸性条件下，用氧化剂将有机物氧化为 CO_2 和 H_2O 所消耗的氧量。COD 值越高，说明污水中有机污染物含量越高，有机污染越严重。目前常用的强氧化剂有重铬酸钾和高锰酸钾。对于污染严重的生活污水和工业废水，常采用重铬酸钾法作为氧化剂，由于重铬酸钾氧化作用很强，所以能较完全地氧化水中大部分有机物和无机性还原物。对于污染物相对较少的地表水、水源水等，常采用高锰酸钾作为氧化剂，测得值称为高锰酸盐指数。

水中 COD 的测定

与 BOD_5 相比，COD 能较精确地表示污水中有机物的含量，测定时间短，不受污水水质影响，因而应用广泛。但 COD 无法反映出可生物降解的有机物的含量，不能直接从卫生学角度说明水被污染的程度。另外，污水中的还原性无机物（如硫化物）被氧化的过程也消耗氧化剂，致使 COD 测定结果存在一定误差。

由此可知，COD 的数值大于 BOD_5，两者的差值在于污水中难降解有机物的含量。差值越大说明污水中难降解有机物越多，生物处理效果越差。如果废水成分相对稳定，COD 与 BOD_5 之间应有一定的比例关系，BOD_5/COD 常被作为污（废）水是否适宜进行生物处理的一个衡量指标，称为可生化性指标。一般认为 BOD_5/COD 大于 0.3 的污水，才适宜采用生物处理。

（三）总需氧量（TOD）

有机物主要由碳、氢、氮、硫等元素组成。在高温燃烧条件下，有机物将被完全氧化为 CO_2、H_2O、NO、SO_2，此时所消耗的氧量称为总耗氧量，用 TOD 表示。

TOD 的测定方法是：向氧含量已知的氧气流中注入定量的水样，并将其送入以铂为催化剂的燃烧管中，在 900℃高温下燃烧，水样中的有机物因被燃烧而消耗了氧气流中的氧，剩余的氧量用电极测定并自动记录。氧气流中原有氧量减去燃烧后的剩余氧量，即为总耗氧量。TOD 的测定只需要几分钟即可完成。

（四）总有机碳（TOC）

总有机碳（TOC）也是一种快速测定有机物含量的方法，通过测定水样中的总有机碳量来表示污水中有机物的含量。其测定原理是：向已知氧含量的氧气流中注入定量水样，并将其送入特殊燃烧器中，以铂为催化剂，在 900℃高温下燃烧，用红外气体分析仪测定燃烧过程中产生的 CO_2 量，再折算出其中的含碳量，就是污水的总有机碳 TOC 值。为排除无机碳酸盐的干扰，水样应先进行酸化，再通过压缩空气吹脱水中的碳酸盐，之后方可注入燃烧管进行测定。TOC 虽能用有机碳元素来反映有机物的总量，但因排除了其他元素，仍不能直接反映有机物的真正浓度。

水质比较稳定的污水，其 BOD、COD、TOD、TOC 之间有一定的相关关系，数值大小的排序为 $TOD>COD>BOD_{20}>BOD_5>TOC$。

难降解有机污染物不能用 BOD 来表征，只能 COD、TOC、TOD 来表征。

三、表征无机营养物的水质指标检测技术

（一）氮指标

污水中含氮化合物有四种：有机氮、氨氮、亚硝酸盐氮和硝酸盐氮。有机氮很不稳定，容易在微生物作用下分解为氨氮。

工程中，几种形态的氮含量均可用来作为衡量氮源污染的水质指标。总氮（TN）表示四种含氮化合物的总量。凯氏氮是有机氮和氨氮含量之和，凯氏氮可以用来判断污水在进行生物法处理时，氮营养是否充分。氨氮是指游离态氨（NH_3）与离子态铵盐（NH_4^+）两者含量之和，生物处理时，氨氮不仅向微生物提供营养，还对污水的 pH 值有缓冲作用。总氮和凯氏氮的差值约等于亚硝酸盐氮和硝酸盐氮。

（二）磷指标

污水中含磷化合物可分为有机磷与无机磷两类。有机磷的存在形式主要有：葡萄糖-6-磷酸，2-磷酸甘油酸及磷酸肌酸等；无机磷都以磷酸盐形式存在，包括正磷酸盐、偏磷酸盐、磷酸氢盐、磷酸二氢盐等。

磷污染程度的表征可用总磷（TP）表示。所有含磷化合物首先转化成正磷酸盐 PO_4^{3-}，再测定其含量，其结果即为总磷。

四、表征微生物污染的水质指标检测技术

受病原微生物污染后的水体，微生物激增，其中许多是致病菌、病虫卵和病毒，它们往往与其他细菌和大肠杆菌共存，工程中通常用大肠菌群数、病毒和细菌总数作为病原微生物污染的间接指标。

（一）大肠菌群

大肠菌群数（大肠菌群值）是指单位体积水样中所含有的大肠菌群的数目，以个/L 计。大肠菌群指数则是指查出 1 个大肠菌群所需的最少水量，以毫升（mL）计。可见大肠菌群数与大肠菌群指数互为倒数。

大肠菌群数作为污水被粪便污染程度的卫生指标，一方面是因为大肠杆菌与病原菌都存在于人类肠道系统内，它们的生活习性及在外界环境中的存活时间都基本相同。另一方面，大肠菌的数量多，且容易培养检验，但病原菌的培养检验十分复杂与困难。故此，常采用大肠菌群数作为卫生指标。大肠菌群的值可表明水样被粪便污染的程度，间接有肠道病原菌（伤寒杆菌、痢疾杆菌、霍乱弧菌等）存在的可能性。

（二）病毒

污水中已被检出的病毒有 100 多种。检出污水中有大肠菌群，可以表明肠道病原菌的存在，但不能表明是否存在病毒和其他病原菌（如炭疽杆菌），因此还需要检验病毒指标。病毒的检验方法目前主要有数量测定法与蚀斑测定法两种。

（三）细菌指标

细菌总数是大肠菌群数、病原菌、病毒及其他细菌数的总和，以每毫升水样中的细菌菌落总数表示。测定时，把一定量水接种于琼脂培养基中，在 37℃条件下培养 24 h 后，数出生长的细菌菌落数，然后计算出每毫升水中所含的细菌数。

细菌总数愈多，表示病原菌与病毒存在的可能性愈大。但细菌总数不能说明污染的来源，必须结合大肠菌群数来判断水体污染的来源和安全程度。

巩固与拓展

巩固知识：

污水水质指标辨析练习题

拓展训练：水样的采集和水质指标的测定

请以团队合作形式，针对校园某一湖水或其他污水，设计一套针对校园污水的水样采集及水质指标测定方案，并按照方案完成水样的采集和水质指标的测定。

单元二 水污染控制技术体系

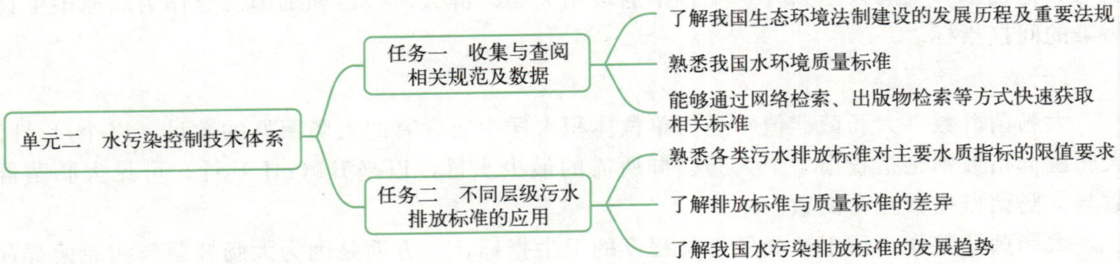
单元二 水污染控制技术体系
任务一 收集与查阅相关规范及数据
了解我国生态环境法制建设的发展历程及重要法规
熟悉我国水环境质量标准
能够通过网络检索、出版物检索等方式快速获取相关标准
任务二 不同层级污水排放标准的应用
熟悉各类污水排放标准对主要水质指标的限值要求
了解排放标准与质量标准的差异
了解我国水污染排放标准的发展趋势

工程案例

华北某污水处理厂提标改造设计

一、工程概况

华北某污水处理厂于2011年10月投产运行，设计规模为$1.5\times10^5\ m^3/d$，污水主要来源为市政污水。原设计采用“A^2O＋深床滤池”处理工艺，出水水质执行《城镇污水处理厂污染物排放标准》(GB 18918—2002) 中的“一级A”标准。其原设计进出水水质指标如表1-6所示。该厂改造前污水处理工艺流程图如图1-30所示。

表1-6 华北某污水处理厂原设计进出水水质

水质指标	COD_{Cr}	BOD_5	SS	TN	TP	NH_3-N
原设计进水水质/(mg/L)	505	225	415	55	7	40
原设计出水水质/(mg/L)	≤50	≤10	≤10	≤15	≤0.5	≤5(8)

注：每年11月1日至次年3月31日执行括号内的排放限制。

二、提标改造工艺设计

为使出水水质达到该市《城镇污水处理厂污染物排放标准》(DB 12/599—2015) A标准，将工艺改造为“五段式生物池＋磁混凝澄清池＋反硝化深床滤池＋臭氧电磁催化高级氧化＋紫外线消毒”工艺。改造后的设计进出水水质指标如表1-7。改造后的污水处理工艺流程图如图1-31。

表1-7 提标改造后设计进出水水质

水质指标	COD_{Cr}	BOD_5	SS	TN	TP	NH_3-N
进水水质/(mg/L)	550	225	350	55	8.0	45
出水水质/(mg/L)	≤30	≤6	≤5	≤10	≤0.3	≤1.5(3)
去除率/%	≥94.5	≥97.3	≥98.6	≥81.8	≥96.25	≥96.7(93.3)

注：每年11月1日至次年3月31日执行括号内的排放限制。

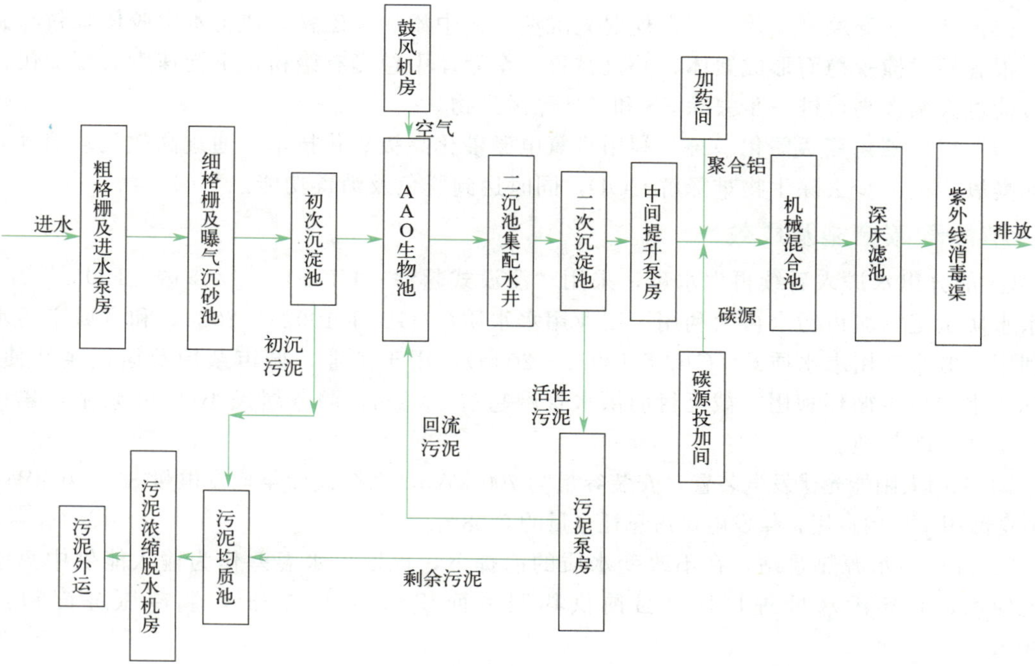

图 1-30　华北某污水处理厂改造前污水处理工艺流程图

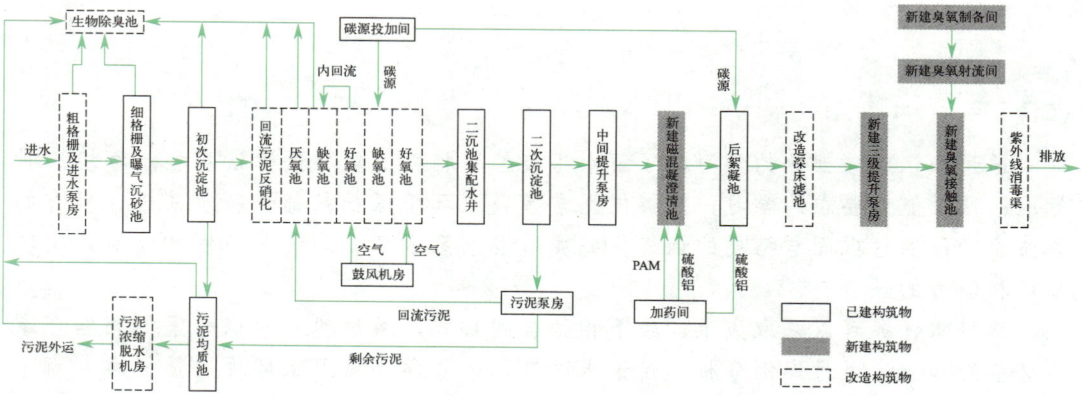

图 1-31　华北某污水处理厂提标改造后污水处理工艺流程图

华北某污水处理厂提标改造后的效果图

具体改造工艺如下：

(1) 将原 A/A/O 池型部分（即“厌氧池-缺氧池-好氧池”改为改良五段池型　即“厌氧池-缺氧池 1-好氧池 1-缺氧池 2-好氧池 2”） 同时通过加大曝气量、提高污泥浓度、调整生物池运行模式、提高碳源的利用率、适当调节回流比等措施，强化生物池的硝化反硝化效果，提高总氮的去除率。

(2) 反硝化深床滤池系统改造 将原滤池由变水位过滤改为恒水位过滤，深床滤池车间由封闭式改为敞开式，使深床滤池兼有生物脱氮及过滤功能。在冬季反硝化速率降低时，此滤池可兼有把关出水 TN 的作用。

(3) 新增磁混凝澄清池　在常规混凝沉淀工艺中添加了磁粉，使得水中胶体颗粒与磁粉颗粒很容易碰撞脱稳而形成絮体，并且在每一个絮体中包裹有磁粉，沉淀速度大幅加快，表面负荷也大幅提高，进一步去除 SS 和 TP 等污染物。

(4) 臭氧催化高级氧化系统　利用臭氧电磁催化高级氧化技术，通过高效臭氧溶气装置投加臭氧，进一步去除生物难降解 COD，同时达到脱色及消毒功能。

三、节能降碳措施及成效

① 部分出水进入后续再生水厂，采用“浸没式超滤（UF-S）＋反渗透（RO）”工艺，出水水质满足《城市污水再生利用　工业用水水质》（GB/T 19923—2024）和《城市污水再生利用　城市杂用水水质》（GB/T 18920—2020），用于工业、城市杂用及居民生活使用，实现污水的再生循环利用。截至目前供水管网超过 60 km，服务居民小区 30 余个，累计供水量 4520.97 万吨。

② 采用太阳能光伏发电装置，安装容量为 700 kWp，系统设计年均发电量 85.7 万 kW·h。发电全部用于厂内自用，年发电量占总耗电量的 2.58%。

③ 自建污水源热泵站，在不改变水质的前提下，提取出水温差作为输入能供中央空调系统使用，服务污水处理厂区。目前供热服务面积约为 9000 m^2，制冷服务面积约为 2600 m^2。

任务一　相关规范及数据的收集与查阅

任务描述

通过知识明晰部分的学习，了解水污染控制相关的重要法律法规和水环境质量标准；通过能力要求的学习，能够依据掌握获取环境保护基础资料及法规、标准的方法途径；通过巩固与拓展的训练，完成地表水系水环境等级分布图的绘制，实现知识和能力的融合。

学习本任务可以采取线上、线下相结合的形式，通过理论知识与案例相结合掌握必备的知识，通过案例分析、讨论巩固知识，并学会应用水环境质量标准判断水环境质量。

知识明晰

一、不断完善生态环境法治建设

党中央、国务院高度重视生态环境保护工作，生态文明思想深入人心，绿色低碳循环发展有力推进，生态环境治理体系不断完善，生态文明建设改革举措落地见效，“绿水青山就是金山银山”的理念已经成为全党、全社会的共识和行动指南。

近年来，中国生态环境法制建设持续深化，法治保障能力显著增强，依法行政的制度刚性约束进一步强化。生态环境部门协同立法机关以“精准治污、科学治污、依法治污”为方针，围绕“蓝天、碧水、净土”三大保卫战和新污染物治理等重点领域，加快构建全链条生态环境法规标准体系。截至 2023 年，现行有效的国家生态环境标准总数突破 2300 项，地方性环境法规已突破 530 件，地方性环境规章达 190 余件。

二、水污染控制的重要法规

我国的环境法体系包括宪法、环境保护基本法、国际条约、环境保护单行法、环境保护行政法规、环境保护部分规章、环境保护地方行政规章和其他环境规范性文件等八个层次。宪法规定了国家在合理开发、利用自然资源，保护自然资源，改善环境方面的基本权利、义务、方针和政策的基本原则。1989 年正式施行的《中华人民共和国环境保护法》是我国的环境保护基本法。几十年来，我国的环境保护立法工作取得了很大进展，制定了“预防为主，防治结合”“谁污染，谁治理”“强化环境管理”的三大环境政策，颁布了一系列环境保护法律法规。

在水环境保护方面，国家颁布了一系列关于水污染控制的法规和政策，如《中华人民共和国海洋环境保护法》《中华人民共和国水污染防治法》以及《城市污水处理及污染防治技术政策》《草浆造纸工业废水污染防治技术政策》《印染行业废水污染防治技术政策》《湖（库）富营养化防治技术政策》等。

三、水环境质量标准

环境标准是对环境要素所作的统一的、法定的和技术的规定，是环境保护工作中最重要的工具之一，它可以用来规定环境保护技术工作，考核环境保护和污染防治的效果。环境标准具有法律效力，也是环境规划、环境管理、环境评价和城市建设的依据。

我国的环境标准可分为环境质量标准、污染物排放标准、监测方法标准、标准样品标准和基础标准。已发布的水环境质量标准有《地表水环境质量标准》（GB 3838—2002）、《海水水质标准》（GB 3097—1997）、《地下水质量标准》（GB/T 14848—2017）、《农田灌溉水质标准》（GB 5084—2021）、《渔业水质标准》（GB 11607—1989）等。这些标准详细规定了各类水体中污染物的最高允许含量，以保护环境质量。

（一）地表水环境质量标准

《地表水环境质量标准》（GB 3838—2002）共包含 109 个项目，其中基本项目 24 项，集中生活饮用水地表水源地补充项目 5 项，特定项目 80 项。该标准依据地表水域环境功能和保护目标，将地表水水域划分为五类：

Ⅰ类　主要适用于源头水，国家自然保护区；

Ⅱ类　主要适用于集中式生活饮用水水源地一级保护区、珍贵鱼类保护区、鱼虾产卵场等；

Ⅲ类　主要适用于集中式生活饮用水水源地二级保护区、一般鱼类保护区及游泳区；

Ⅳ类　主要适用于一般工业用水区及人体非直接接触的娱乐用水区；

Ⅴ类　主要适用于农业用水区及一般景观要求水域。

《地表水环境质量标准》

对应地表水上述五类水域功能，将地表水环境质量标准基本项目标准值分为五类，不同功能类别分别执行相应类别的标准值。水域功能类别高的标准值严于水域功能类别低的标准值。同一水域兼有多类使用功能的，执行最高功能类别对应的标准值。

（二）海水水质标准

《海水水质标准》（GB 3097—1997）按照海域的不同使用功能和保护目标，将海水水质分为四类：

第一类　适用于海洋渔业水域，海上自然保护区和珍稀濒危海洋生物保护区；

第二类　适用于水产养殖区，海水浴场，人体直接接触海水的海上运动或娱乐区，以及与人类食用直接相关的工业用水区；

第三类　适用于一般工业用水区，滨海风景旅游区；

第四类　适用于海洋港口水域，海洋开发作业区。

《海水水质标准》

能力要求

一、生态环境部网站查询

登录中华人民共和国生态环境部网站，在官网首页上查看“环境质量”栏目，可在该栏目中查阅历年来的生态环境状况公报，包括中国生态环境状况公报、生态环境统计年报、中国噪声污染防治报告、大中城市固体废物污染环境防治年报、中国海洋生态环境状况公报、中国移动源环境管理年报等，还可分要素查阅水环境质量、大气环境质量等相关信息。如图 1-32 所示。这些权威发布的环境信息是日常学习和环保工作中经常需要使用的基础资料。

生态环境状况公报

- 中国生态环境状况公报
- 生态环境统计年报
- 中国噪声污染防治报告
- 大中城市固体废物污染环境防治年报
- 中国海洋生态环境状况公报
- 中国移动源环境管理年报

水环境质量　国家地表水水质自动监测实时数据发布系统　国家地表水融合数据发布　国家海水水质监测数据发布

- 全国地表水质量状况
- 海水浴场水质周报
- 地表水水质月报

大气环境质量　全国空气质量预报信息

- 全国空气质量状况
- 空气质量预报
- 城市空气质量状况月报

其他　全国空气吸收剂量率发布系统

- 土壤环境
- 自然生态环境
- 辐射环境

图 1-32　国家生态环境部官网有关环境质量的信息

在国家生态环境部官网首页的“业务工作”栏目，可以查阅环境保护相关的法规标准，该频道又细分为法律、行政法规、规章、标准、环境与健康、环境基准管理、行政复议与执法解释 7 个分栏，可分别对应查阅所需的法规和标准条文。如在“标准”分栏下，可以查阅前文提到的水环境质量标准和水污染物排放标准。

二、出版物查询

如需使用纸质版法规标准，可通过图书馆、专业书店、网络书籍销售通道等途径购置相关标准、规范等正式出版物。

巩固与拓展

巩固知识：

相关规范及数据收集与查阅练习题

拓展训练：地表水系水环境等级分布图绘制

请以团队合作形式，查阅生态环境部的全国地表水水质状况相关材料，并完成我国地表水系水环境等级分布图的绘制。

任务二　不同层级污水排放标准的应用

任务描述

通过本任务的学习，可以了解《污水综合排放标准》、《城镇污水处理厂污染物排放标准》、行业污染物排放标准的相关内容，并学会不同层级污水排放标准的应用。

学习本任务可以采取小组合作的形式，通过案例与知识相结合掌握理论知识，通过小组讨论分析，强化知识应用。

知识明晰

污染物排放标准是确定污水处理程度的依据，也是判断污水处理工艺的出水水质是否达标的判据。已颁布的水污染物排放标准既有《污水综合排放标准》（GB 8978—1996）和《城镇污水处理厂污染物排放标准》（GB 18918—2002）综合性排放标准，也有《化学合成类制药工业水污染物排放标准》（GB 21904—2008）等行业标准。

一、污水综合排放标准

《污水综合排放标准》（GB 8978—1996）适用于现有排污单位水污染物的排放管理，以及建设项目的环境影响评价，建设项目环境保护设施设计、竣工验收及其投产后的排放管理。但对已颁布行业污染物排放标准的排污单位，如造纸、纺织、印染整等行业的企业，应执行其行业污染物排放标准。

《污水综合排放标准》

按照污水排放的去向，《污水综合排放标准》分年限规定了 69 种水污染物最高允许排放浓度及部分行业最高允许排水量。标准中将排放的污染物按其性质及控制方式分为两类。

第一类污染控制项目是指总汞、烷基汞、总镉、总铬、六价铬、总镍、苯并芘、总铍、总银、总α放射性和β放射性等毒性大、影响长远的有毒物质。含有此类污染物的水体，不分行业和污水排放方式，也不分受纳水体的功能类别，一律在车间或车间处理设施排放口采样，其最高允许排放浓度必须达到排放要求。

第二类污染控制项目是指pH、色度、悬浮物、BOD、COD、石油类等指标的含量。此类污染物在排污单位排放口取样，其最高允许排放浓度必须达到标准要求。

《污水综合排放标准》与《地表水环境质量标准》和《海水水质标准》相互关联。排入《地表水环境质量标准》中规定的Ⅲ类水域和排入《海水水质标准》规定的二类海域的污水，执行一级标准；排入《地表水环境质量标准》中Ⅳ、Ⅴ类水域和排入《海水水质标准》三类海域的污水，执行二级标准；排入设置二级污水处理厂的城镇排水系统的污水，执行三级标准；排入未设置二级污水处理厂的城镇排水系统的污水，必须根据排水系统出水受纳水域的功能要求，分别执行一级和二级标准。《地表水环境质量标准》中Ⅰ、Ⅱ类水域和Ⅲ类水域中划定的保护区，以及《海水水质标准》中一类海域，禁止新建排污口。

二、城镇污水处理厂污染物排放标准

为贯彻环境保护法、水污染防治法、大气污染防治法等，促进城镇污水处理厂的建设和管理，加强城镇污水厂污染物的排放控制和污水资源化利用，保障人体健康，维护良好的生态环境，我国制定了《城镇污水处理厂污染物排放标准》(GB 18918—2002)。

该标准根据污染物的来源和性质，将污染物控制项目分为基本控制项目和选择控制项目两类。基本控制项目主要包括影响水环境和城镇污水处理厂一般处理工艺可以去除的常规污染物，以及一部分一类污染物，共19项。选择性控制项目包括对环境有较长期影响或毒性较大的污染物，共计43项。基本控制项目必须执行，选择性控制项目由地方环境保护行政主管部门根据污水处理厂接纳的工业污染物的类别和水环境质量要求选择控制。

《城镇污水处理厂污染物排放标准》

根据城镇污水处理厂排入地表水域的环境功能和保护目标，以及污水处理厂的处理工艺，将基本控制项目的常规污染物标准值分为一级标准、二级标准、三级标准。一级标准又分为A标准和B标准。一类重金属污染物和选择控制项目不分级。

一级标准的A标准是城镇污水处理厂出水作为回用水的基本要求。当污水处理厂出水引入稀释能力较小的河湖作为城镇景观用水和一般回用水等时，执行一级标准的A标准；当城镇污水处理厂出水排入《地表水环境质量标准》地表水Ⅲ类功能水域（划定的饮用水水源保护区和游泳区除外）、《海水水质标准》海水二类功能水域和湖、库等封闭或半封闭水域时，执行一级标准的B标准。当城镇污水处理厂出水排入《地表水环境质量标准》地表水Ⅳ、Ⅴ类功能水域或《海水水质标准》海水三、四类功能海域时，执行二级标准。

三、行业污染物排放标准

工业生产的门类众多、生产工艺各异，行业差别很大，为了针对特定行业的生产工艺、产污、排污状况和对污染控制技术进行管理、评估，我国还发布了多个行业污染物排放标准。如《制革及毛皮加工工业水污染物排放标准》《锡、锑、汞工业污染物排放标准》《铁矿采选工业污染物排放标准》《炼焦化学工业污染物排放标准》《铁合金工业污染物排放标准》《柠檬酸工业水污染物排放标准》《合成氨工业水污染物排放标准》《麻纺工业水污染物排放标准》《毛纺工业水污染物排放标准》《纺织染整工业水污染物排放标准》《钢铁工业水污染物排放标准》《橡胶制品工业污染物排放标准》《发酵酒精和白酒工业水污染物排放标准》《汽车维修业水污染物排放标准》《磷肥工业水污染物排放标准》《陶瓷工业污染物排放标准》

等等。相比综合排放标准，这些行业标准针对性更强，执行中应坚持行业标准优于综合排放标准的原则。

能力要求

一、排放标准与质量标准的差异

1984 年我国首部《中华人民共和国水污染防治法》第二章“水环境质量标准和污染物排放标准的制定”专门规定了国家、地方两级水环境质量标准和水污染物排放标准的制定主体、制定原则。1989 年的《中华人民共和国环境保护法》第九条和第十条将上述规定扩大到所有环境质量标准和污染物排放标准，其中第十条明确规定污染物排放标准的制定根据是国家环境质量标准和国家经济、技术条件。

环境质量标准和污染物排放标准是环境保护标准的核心组成部分，其他的监测方法、标准样品、技术规范等标准是为实施这两类标准而制定的配套技术工具。环境质量标准和污染物排放标准的作用定位不同、制定原理不同。

环境质量标准是具体、明确的环境保护目标，在环境质量标准的引领下保护和改善环境质量，不仅是环保标准工作的基本原则和目标指向，也是环境保护的永恒主题，是从国家到地方、从政府到社会相关各方所有环保工作的根本出发点和落脚点。制定环境质量标准的依据是环境基准研究和环境状况调查，前者是对环境中污染物含量对人体健康和/或生态环境的“剂量-反应”关系研究，后者是对环境中污染物分布情况和发展趋势的调查分析，制/修订环境质量标准就是结合现实环境形势及其对人体健康、生态环境的影响情况拟订下一步环境保护的总体目标。

污染物排放标准是结合环境保护总体形势和行业经济、技术条件提出的污染物排放控制基本要求，是为了实现环境质量标准而对各行业规定的基本环境准入条件。制定污染物排放标准的依据是结合环境形势和产业政策要求，对行业清洁生产工艺、污染治理技术、产排污情况的分析，以及由此得出的全行业排放达标成本效益对比情况。排放标准并不是越严越好，必须考虑产业政策允许、技术上可达、经济上可行，体现的是在特定环境形势下各排污单位均应达到的基本排放控制水平。

因此，污染物排放标准要基于不断发展的行业技术和经济能力，不仅要考虑污染物排放对环境的影响，也要综合考虑标准限值的可达性。这也是近年来随着我国社会经济快速发展，国家对生态文明建设的日益关注，水污染排放标准不断“严苛”的原因所在。

二、我国水污染排放标准的发展趋势

2002 年，国家环境保护总局（现为生态环境部）制定发布的《城镇污水处理厂污染物排放标准》（GB 18918—2002），是污水处理厂污染排放管理的第一个国家标准，也是对《污水综合排放标准》（GB 8978—1996）版的第一次提标。

2006 年，国家环境保护总局发布《城镇污水处理厂污染物排放标准》（GB 18918—2002）修改单，明确了城镇污水处理厂出水排入国家和省确定的重点流域及湖泊、水库等封闭、半封闭水域时，执行一级标准的 A 标准，排入 GB 3838—2002 地表水Ⅲ类功能水域（划定的饮用水源保护区和游泳区除外）、GB 3097—1997 海水二类功能水域时，执行一级标准的 B 标准。

2012 年，环境保护部等四部委联合发布的《重点流域水污染防治规划（2011—2015 年）》要求到 2015 年，重点流域内城镇污水处理厂应确保达到一级 B 排放标准。之后我国多数污水处理厂均达到一级 B 以上排放标准。

2015 年，国务院印发《水污染防治行动计划》，共计十条，简称“水十条”，这是我国水污染防治进程的里程碑事件。“水十条”要求，敏感区域（重点湖泊、重点水库、近岸海域汇水区域）城镇污水处理设施应于 2017 年前全面达到一级 A 标准。我国城镇污水处理厂的提标改造进入了快速推进的时代。

近年来，一些重点城市及环境敏感区域陆续发布更加严苛的地方性水污染排放标准。2012 年，北京市发布地方标准《城镇污水处理厂水污染物排放标准》（DB 11/890—2012），要求进入Ⅱ、Ⅲ类水体的排水执行 A 标准，排入Ⅳ、Ⅴ类水体的执行 B 标准，并且要求自 2015 年 12 月 31 日起，现有城镇污水处理厂执行 B 标准。其中 B 标准已达到了准地表Ⅳ水质标准，而 A 标准则几乎达到了地表Ⅲ类水质标准。

2015 年，天津市地方标准《城镇污水处理厂污染物排放标准》（DB 12/599—2015）提高了天津市城镇污水处理厂出水污染物控制要求：当设计规模大于等于 10000 m^3/d 时，执行 A 标准；设计规模小于 10000 m^3/d 且大于等于 1000 m^3/d 时，执行 B 标准；设计规模小于 1000 m^3/d 时，执行 C 标准。其中 B 标准严于国标中的一级 A 标准，而 A 标准则已达到准地表Ⅳ类水质标准。

2018 年 9 月，河北出台《大清河流域水污染物排放标准》（DB 13/2795—2018），提出为改善白洋淀水生态环境，雄安新区全域污水排放标准将全面提标，由过去的一级 A 提高至Ⅲ类水质标准。

巩固与拓展

巩固知识：

不同层级污水排放标准的应用练习题

拓展训练：出水水质达标情况分析

查阅相关资料，对校园内（或校园附近）的污水处理厂进行出水水质应执行的排放标准进行分析。

新时代智水之行

海绵城市建设，带来“会呼吸”的生活

自古人择水而居，城临水而建、因水而兴。

在全球城镇化进程中，水是一个城市发展重要的制约因素，缺水喊渴和暴雨内涝并存。如何解决城市“缺水内涝水脏”的难题？中国给出的答案是——建设“海绵城市”。

2013 年底召开的中央城镇化工作会议上提出，在提升城市排水系统时要优先考虑把有限的雨水留下来，优先考虑更多利用自然力量排水，建设自然积存、自然渗透、自然

净化的“海绵城市”。从此，“海绵城市”走入了人们的视野。

近年来，我国海绵城市建设从试点探索迈向全域系统化实践，涌现出一批兼具创新性与示范性的项目。

北京城市副中心（通州区）2023年海绵城市达标面积占比达85%，龙潭西湖调蓄工程蓄水5.5×10^4 m^2，保障上游5个街道无内涝。项目集成湿地公园、透水铺装等设施，建成区热岛效应降低2～3℃，并搭建智慧监测平台实时评估设施效能，成为新城建设中生态修复与防灾协同的标杆。

上海市于2023年新增57.7 km^2海绵城市达标区域，重点打造虹口和平公园、桃浦中央绿地等示范项目。和平公园通过“景观湖体+透水铺装+植草沟”组合技术，实现雨水自然下渗与存储利用；桃浦中央绿地则以生态优先原则，构建“积存-渗透-净化”全流程雨水管理系统。同年，出台《上海市海绵城市规划建设管理办法》，将海绵理念深度融入城市更新，成为特大城市全域推进海绵城市的典范。

2024年，天津滨海新区塘沽湾新城完成海河绿地改造，通过下凹绿地（1938 m^2）、雨水花园（1116 m^2）及透水铺装（6497 m^2）等设施，实现年径流总量控制率85%以上。项目创新采用雨水联动收集系统，将公园与道路径流分级调蓄，同时提升水体溶解氧含量30%，吸引鸟类栖息，形成生态与经济双赢模式。同年发布的《滨海新区海绵城市建设全过程管理办法》，构建规划、建设、运维全周期管控体系，为全国提供“五个一”的管理模式经验。

倡导绿色的、低碳的、可持续的城市，摒弃传统的粗放模式，“海绵城市”更像是中国共产党人在践行“美丽中国”进程中派出的一支“先锋队”，精准探索着创新、协调、绿色、开放、共享五大发展理念，“净化”快人一步，“积存”收放自如。

模块二

市政污水处理

导读　市政污水特征及处理系统构成

水资源对城市社会的可持续发展至关重要。随着我国城镇化进程的加速，城镇规模扩大、人口增多，城镇所需的供水量日益加大，排水量也逐年增多，为了保护环境和提升能源利用效率，城镇污水实施集中处理。

我国城镇污水处理起步于20世纪70年代。“十一五”以来，我国城镇污水处理能力持续快速增长，根据住房和城乡建设部“全国城镇污水处理管理信息系统”的数据，截至2018年底，全国95.5%的县城建成了污水处理厂并投入运行；我国累计建成城镇污水处理厂4332座，污水处理能力达1.95×10^9 m^3/d，全年城镇污水处理总量达到606.02亿m^3。以天津市为例，市区建有津沽、北仓、张贵庄、东郊、咸阳路5座污水处理厂，为全面落实国务院水污染防治行动计划和建设生态宜居、文明幸福的现代化天津，提升基础设施水平，提高环境质量，改善民生，5座污水处理厂进行集中改造。改造完成后，5座污水处理厂日处理能力由1.7×10^6 t/d提升到2.05×10^6 t/d，出水水质均达到天津市《城镇污水处理厂污染物排放标准》(DB 12/599—2015)的“A类”标准。

《城镇污水处理厂污染物排放标准》(天津市地方标准)

城镇污水集中处理广泛应用于城镇水环境保护，是城镇污水处理的最后一道防线，直接关系到城镇水环境的安全。城镇污水处理厂建设数量及污染物削减总量分别见图2-1和图2-2。

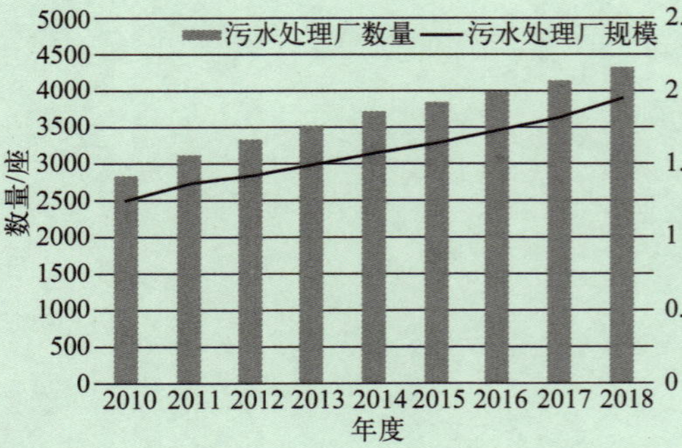

图2-1　城镇污水处理厂建设数量

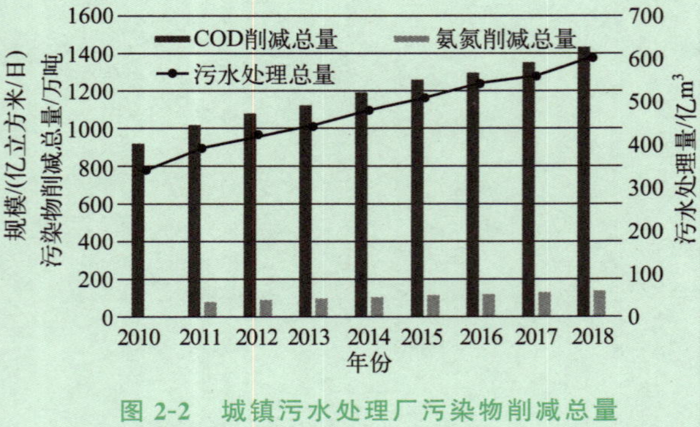

图2-2　城镇污水处理厂污染物削减总量

一、城镇污水的来源与水质

1. 城镇污水的来源

城镇污水为城镇下水道系统收集到的各种污水，通常由生活污水、工业废水和城镇降水径流三部分组成，是一种混合污水。

生活污水是指人们日常生活中的排水，主要指居住区、公共场所（饭店、宾馆、影剧院、体育场、医院、机关、学院、商场、车站等）和工厂的厨房、卫生间、浴室及洗衣房等生活设施排出的水。通常含有泥沙、油脂、皂液、果核、纸屑、病菌、杂物及粪尿等。一般生活污水中有机污染物约占60%，无机污染物约占40%。

工业废水是从工业生产过程中排出的废水。由于使用的原材料和生产工艺不同，工业废水的成分有很大差异。一般工厂建有废水处理系统，用以收集各生产车间的工业废水进行集中处理，其出水主要有两种途径：一是出水满足我国排水标准，就近排入地表水体；二是进行适当的处理后，排入城镇污水系统，成为城镇污水的一种来源。

降雨径流是由降雨或冰雪融化水形成的。初期降雨和冰雪融化水的污染比较严重，对于分流制城镇排水系统，降雨径流汇入雨水管道后直接排入地表水体，而对于合流制城镇排水系统，降雨径流与城镇污水汇合后一同进行处理。

2. 城镇污水中的主要污染物

城镇污水的污染物按物理形态可分为悬浮固体、胶体及溶解性物质；按化学成分可分为无机污染物质和有机污染物质。

无机污染物质包括无直接毒害作用的无机污染物，如砂粒、矿渣，酸、碱、无机盐，氮、磷营养物，以及有直接毒害作用的无机污染物，如氰化物、砷化物、重金属等。

有机污染物质包括易生物降解的有机污染物，如碳水化合物、蛋白质等，以及难于生物降解的有机污染物，如农药、塑料、合成橡胶等。

3. 城镇污水的水质指标

反映城镇污水水质的物理性指标主要有水温、色度、悬浮物SS、氧化还原电位OPR等。

反映城镇污水水质的化学性指标主要有pH值、化学需氧量（COD）、生化需氧量（BOD）、总有机碳（TOC）、总氮（TN）、氨氮（NH_3-N）、凯氏氮（TKN）、总磷（TP）以及非重金属有毒化合物和重金属指标等。

反映城镇污水水质的微生物指标主要有细菌总数、大肠菌群数以及病毒等。

4. 城镇污水的水质

城镇污水的水质与人们的生活习惯、气候条件、生活污水与工业废水所占比例以及所采用的排水体制等有关。例如沿海发达城市和南方城市用水量较大，污水浓度较低；北方城镇特别是西部地区用水量较少，污水浓度相对较高；工业比重大的城镇，污水浓度相对较高。城镇污水水质、水量随季节波动变化亦较明显，以西安市为例，污水水量及COD、SS、NH_3-N等水质指标在7～9月份及春节期间出现高峰。

典型的生活污水，其水质变化大体有一定范围，见表2-1所示。

表2-1 典型的生活污水水质示例

指标	浓度/(mg/L)			指标	浓度/(mg/L)		
	高	中	低		高	中	低
固体TS	1200	720	350	可生物降解部分	750	300	200
溶解性总固体	850	500	250	溶解性	375	150	100
非挥发性	525	300	145	悬浮性	375	150	100
挥发性	325	200	105	总氮	85	40	20
悬浮物SS	350	220	100	有机氮	35	15	8
非挥发性	75	55	20	游离氨	50	25	12
挥发性	275	165	80	亚硝酸盐氮	0	0	0
可沉降物	20	10	5	硝酸盐氮	0	0	0
生化需氧BOD	400	200	100	总磷	15	8	4
溶解性	200	100	50	有机磷	5	3	1
悬浮物	200	100	50	无机磷	10	5	3
总有机碳TOC	290	160	80	氯化物(Cl^-)	200	100	60
化学需氧COD	1000	400	250	碱(以$CaCO_3$计)	200	100	50
溶解性	400	150	100	油脂	150	100	50
悬浮物	600	250	150				

注：该表摘自《给水排水设计手册》。

二、城镇污水的处理方法及典型处理工艺流程

1. 城镇污水的基本处理方法

城镇污水处理的基本目的是选用经济、高效、易于控制的技术与手段，将污水中所含有的各种污染物质分离去除、回收利用，或将其转化为无害物质，使水得到净化。其主要任务是去除污水中的悬浮物、有机物，以及近年来增加的氮、磷等。

因此，依据上述原则和目标，城镇污水处理应用的基本方法主要包括物理处理法、化学处理法、物理化学处理法以及生物处理法。其中物理处理法主要包括筛滤法、沉淀法、上浮法、过滤法等；化学处理法主要包括氧化还原法等；物理化学处理法主要包括混凝等；生物处理法主要包括活性污泥法、生物膜法等。

2. 城镇污水处理技术与工艺

城镇污水处理技术，按处理程度划分，可分为一级处理、二级处理和三级处理。

(1) 城镇污水的一级处理 一级处理主要去除污水中呈悬浮状态的固体污染物质，如树叶、塑料袋、砂粒等。经过一级处理后的污水，SS一般可去除40%～55%，BOD_5一般可去除30%。城镇污水一级处理的工艺流程如图2-3所示，主要构筑物有格栅、沉砂池和初沉池，其中格栅的作用是去除污水中的大块漂浮物，一般设在污水处理厂污水泵站之前；沉砂池的作用是去除相对密度较大的无机颗粒，一般设在初沉池前，或泵站、倒虹管前；初沉池的作用主要是去除污水中的可沉悬浮物。

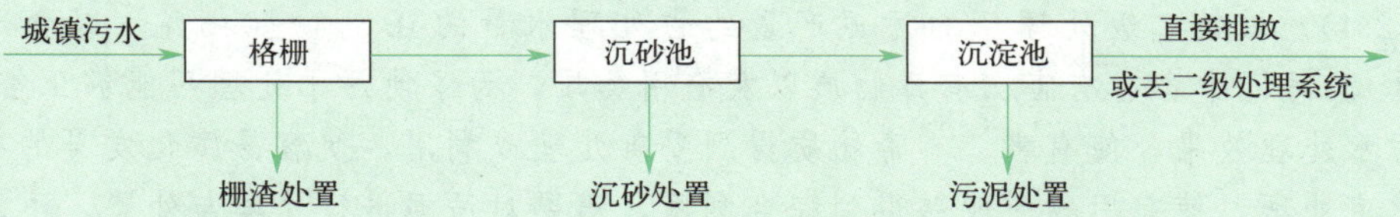

图 2-3　城镇污水一级处理工艺流程

(2) 城镇污水的二级处理　城镇污水二级处理是在一级处理的基础之上增加生化处理方法，其主要目的是去除污水中的胶体和溶解状态的有机污染物质。经过二级处理，城镇污水 BOD_5 的去除率可达到90%以上，SS的去除率达到90%以上，一般出水中的 BOD_5、SS能够达到排放标准。二级处理主要采用好氧生物处理法，以活性污泥法和生物膜法最为常用，并在此基础上演变成多种工艺类型，如完全混合法、SBR、氧化沟工艺、生物滤池、生物接触氧化法等。随着污水排水标准的日益严格，有机物，氮、磷指标的进一步控制，降低能耗、减少污泥产量、减少占地及改善管理条件等的进一步要求，生物脱氮工艺（A-O）、同步脱氮除磷工艺（A-A-O）、膜生物反应器（MBR）等多种工艺不断开发与应用正变得越来越重要。二级处理是城镇污水处理的主要工艺，在全世界范围应用最为广泛，图 2-4 为城镇污水二级处理典型工艺流程。

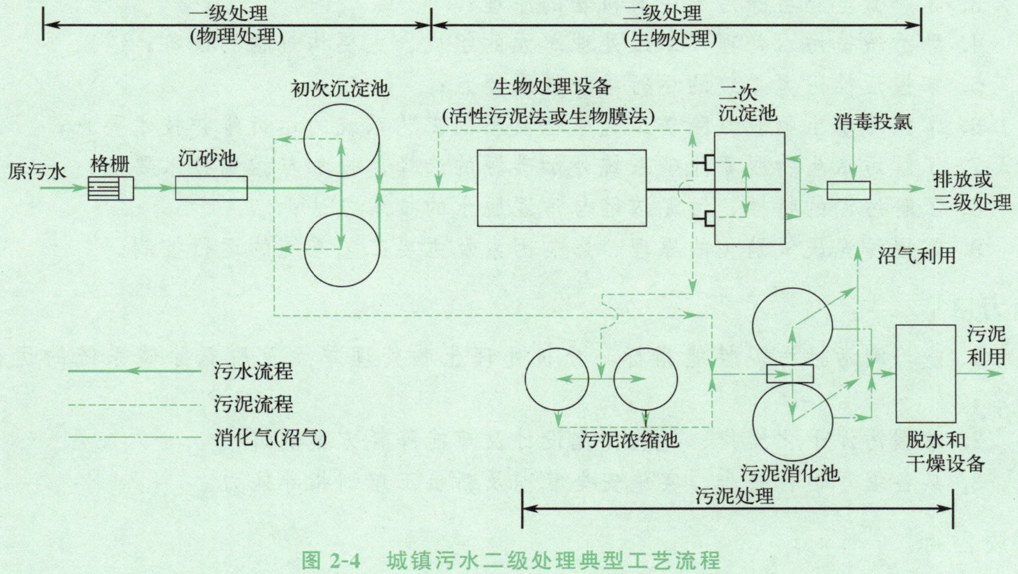

图 2-4　城镇污水二级处理典型工艺流程

(3) 城镇污水的三级处理（深度处理）　城镇污水三级处理是在一级、二级处理后增加的处理单元，以进一步处理难降解的有机物、氮、磷，进行脱色、除臭、消毒等，其主要采用的方法包括过滤、混凝沉淀、膜分离等。为了缓解水资源短缺的情况，污水经三级处理（深度处理）后，需达到再生回用标准，用于城市杂用、工业用水、景观环境用水、农业灌溉等。由于污水成分的复杂性及再生水回用用途的不同，三级处理（深度处理）的工艺千差万别，可以是上述方法的一种也可以多种方法的组合应用。

(4) 城镇污水处理副产物——污泥的处理　在污水处理过程中，会产生大量污泥

(如图2-4)。城镇二级处理厂的污泥产量约占处理水量的0.3%～0.5%(以含水率为97%计)。污泥中含有有害、有毒物质以及有用物质,为了使污水处理厂能够正常运行,确保污水处理效果,使有害、有毒物质得到妥善处理或利用,使容易腐化发臭的有机物得到稳定处理,使有用物质能够得到综合利用,需要对污泥进行处理与处置。污泥处理最常用的方案是生污泥、浓缩、消化、脱水、最终处置(干化、焚烧、堆肥、建材化利用等),并应根据污泥的性质、数量、投资、运行费用等条件,综合调整选择。污泥处理主要采用的构筑物及设备包括污泥浓缩池、板框压滤机、厌氧消化池、离心脱水机、污泥焚烧炉等。

学习目标

知识目标

1. 熟悉城镇污水处理厂一级处理单元的组成,主要构筑物和设备;
2. 掌握进水泵站、格栅、沉砂池、初沉池的运行维护技术要点;
3. 了解微生物去除污水中有机物的原理;
4. 熟悉城镇污水处理厂二级处理单元的组成、主要构筑物和设备;
5. 掌握活性污泥系统的运行维护技术要点;
6. 掌握污水生物脱氮除磷工艺原理及不同工艺系统的运行维护技术要点;
7. 了解污水生物脱氮除磷系统外加碳源的选择、投加与控制技术要点;
8. 了解污泥的特性、污泥浓缩与污泥脱水的技术方法;
9. 掌握污泥厌氧消化的原理、影响因素及主要工艺系统的运行控制。

能力目标

1. 能检测活性污泥性能指标,分析处理生物处理单元及脱氮除磷系统的运行异常;
2. 掌握污泥干化操作、工艺优化设计及节能降耗方案制订;
3. 具备编写运行报告、实施安全管理及新员工培训指导能力。

素质目标

1. 养成标准化操作习惯,严格执行污水处理工艺参数控制、设备维护规程及安全操作规范,确保出水水质达标与生产安全;
2. 在团队协作中主动沟通工艺优化思路,协同完成设备故障排查、应急处理及节能降耗任务;
3. 关注行业新技术,通过培训与实践持续更新技能,适应污水处理智能化、资源化发展趋势。

单元一　污水预处理

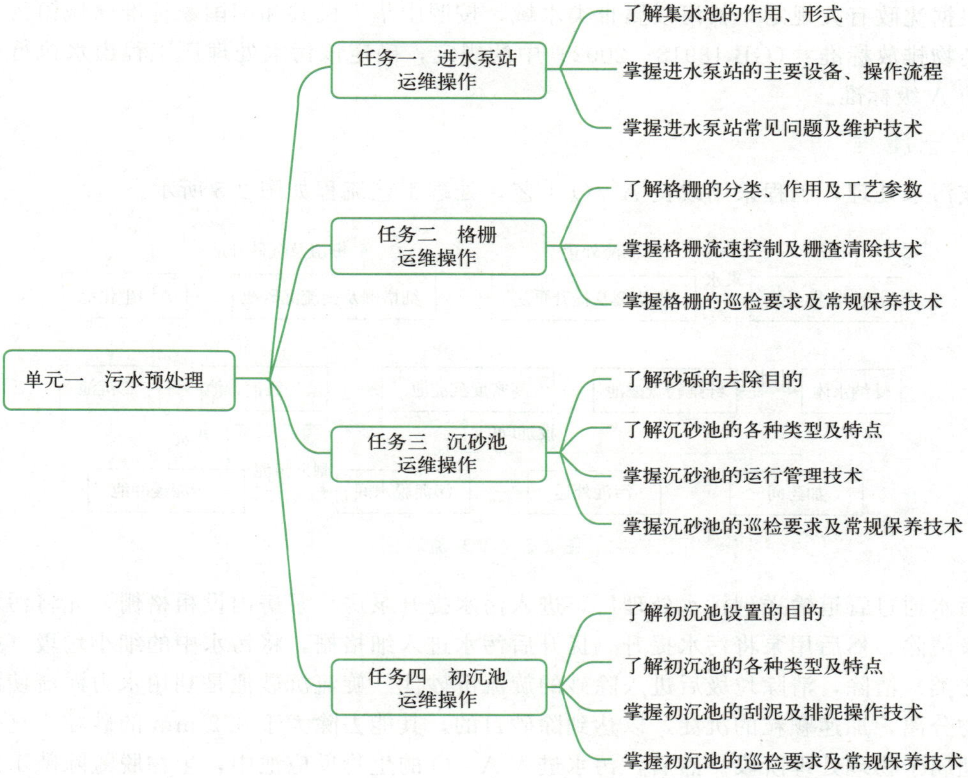
单元一　污水预处理
任务一　进水泵站运维操作
了解集水池的作用、形式
掌握进水泵站的主要设备、操作流程
掌握进水泵站常见问题及维护技术
任务二　格栅运维操作
了解格栅的分类、作用及工艺参数
掌握格栅流速控制及栅渣清除技术
掌握格栅的巡检要求及常规保养技术
任务三　沉砂池运维操作
了解砂砾的去除目的
了解沉砂池的各种类型及特点
掌握沉砂池的运行管理技术
掌握沉砂池的巡检要求及常规保养技术
任务四　初沉池运维操作
了解初沉池设置的目的
了解初沉池的各种类型及特点
掌握初沉池的刮泥及排泥操作技术
掌握初沉池的巡检要求及常规保养技术

工程案例

沈阳某污水处理厂介绍

一、工程概况

沈阳市某污水处理厂设计处理规模为 $5\times10^4\ m^3/d$，总占地 3.4 hm^2。工程分两期进行，近期规模 $2.5\times10^4\ m^3/d$，远期增建 $2.5\times10^4\ m^3/d$。处理厂中预处理部分（粗格栅、进水泵房、细格栅、曝气沉砂池）按照二期流量进行土建设计。设备按照一期流量安装。污泥处理部分按照 $5\times10^4\ m^3/d$ 流量设计（设备按一期工程规模 $2.5\times10^4\ m^3/d$ 安装，预留二期设备安装位置），二级处理（生物处理）部分按一期工程 $2.5\times10^4\ m^3/d$ 的规模设计。深度处理部分按照 $2.5\times10^4\ m^3/d$ 的规模设计。

二、设计水质

结合沈阳市污水处理厂的运行经验，考虑到拟建污水厂进水组成包含化学工业园出水，因此，该污水处理厂工程设计进、出水水质见表 2-2。

表 2-2 该污水处理厂设计进、出水水质

单位：mg/L

项目	BOD_5	COD	SS	NH_3-N	TN	TP
进水	180	400	220	30	40	5
出水	≤10	≤50	≤10	≤5	≤15	≤0.5

该污水处理厂出水由长河进入辽河，污水厂出水必须满足辽河流域水污染防治的具体要求。根据沈政有关规定，长河段属Ⅲ类水域，按照中华人民共和国国家标准《城镇污水处理厂污染物排放标准》(GB 18918—2002) 中的规定，确定该污水处理厂工程出水执行一级标准中的 A 级标准。

三、工艺流程

该污水处理厂工程采用改良 A^2/O 工艺，处理工艺流程如图 2-5 所示。

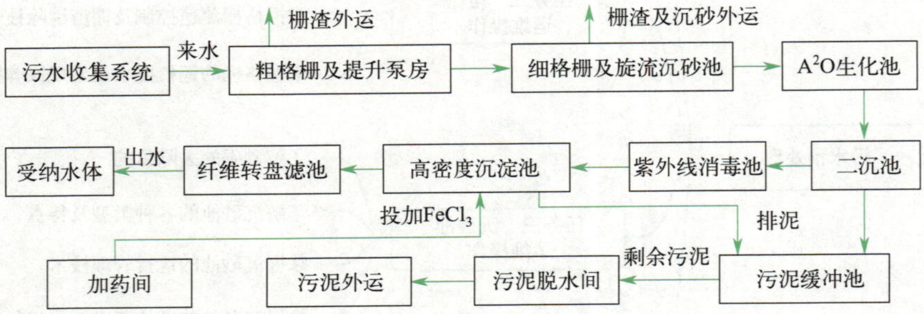

图 2-5 工艺流程图

污水通过管道输送到污水处理厂，进入污水提升泵房。泵房内设粗格栅，先将污水中大的垃圾清除，然后用泵将污水提升。提升后污水进入细格栅，将污水中的细小垃圾（如塑料薄膜之类）清除，清除垃圾后进入除砂的旋流沉砂池。旋流沉砂池是利用水力涡流使泥砂和有机物分离，加速颗粒的沉淀，以达到除砂目的，其能去除大于 0.2 mm 的砂粒。这一阶段的处理属于物理处理阶段。然后，污水进入 A^2/O 的生物反应池中，生物脱氮除磷工艺是传统活性污泥工艺、生物硝化及反硝化工艺和生物除磷工艺的综合，生物池通过曝气装置、推进器（厌氧段和缺氧段）及回流渠道的布置分成厌氧段、缺氧段、好氧段。在该工艺流程内，BOD_5、SS 和以各种形式存在的氮和磷将被一一去除。后经高密度沉淀＋纤维转盘滤池法深度处理，采用加药絮凝、沉淀、过滤工艺流程以保证水质。最后进入紫外线消毒处理工艺，其能破坏水体中各种病毒和细菌及其他致病体中的 DNA 结构，使其无法自身繁殖，达到去除水中致病体的目的。

四、一级处理主要构筑物及设计参数

1. 粗格栅及提升泵房

设计总规模 $5\times10^4\ m^3/d$，近期设计规模 $2.5\times10^4\ m^3/d$，总变化系数 1.40。土建按规模 $5\times10^4\ m^3/d$ 设计，预留二期设备装机位置，设备分期安装。粗格栅及提升泵房的总面积为 166.32 m^2。

(1) 粗格栅 设粗格栅间一座，内设两条栅渠，渠宽 1.1 m。设 2 台机械格栅除污机，栅条倾角 $\alpha=75°$，栅条净距 $b=20$ mm，近期 1 用 1 备，远期同时使用。格栅间内设电动单梁悬挂起重机 1 台，起重量为 3 t，便于设备检修。

(2) 提升泵房 污水提升泵房（包括前池）土建按规模 $5\times10^4\ m^3/d$ 进行设计，设备按

规模 2.5×10^4 m^3/d 进行安装。泵房为地下式，平面尺寸 12.2 m×5 m。为了适应污水量的变化，采用大小泵搭配的方式进行污水提升。

泵房内设两种型号的潜水污水泵。小型潜水污水泵，单台流量 $Q=250$ m^3/h，扬程 $H=12.4$ m，电机功率为 $N=15$ kW，共设 2 台；大型潜水污水泵，单台流量 $Q=960$ m^3/h，扬程 $H=12.4$ m，电机功率 $N=45$ kW，共设 2 台。远期增加 2 台大泵。

2. 细格栅

远期设计规模 5×10^4 m^3/d，近期设计规模 2.5×10^4 m^3/d，总变化系数 1.40。土建按 5×10^4 m^3/d 设计，预留二期设备装机位置，设备分期安装。细格栅及附属房间的总面积 354.14 m^2。

设细格栅间 1 座，平面尺寸 5.1 m×9.6 m，内设 2 条栅渠，渠宽为 1.5 m。设 2 台机械格栅除污机，栅条间隙 $b=6$ mm，栅条倾角 $\alpha=60°$。近期 1 用 1 备，远期同时使用。设 2 台机械格栅除污机。格栅间内设电动单梁悬挂起重机一台，起重量为 3 t，便于设备检修。

3. 沉砂池

采用旋流沉砂池，共设 2 座旋流沉砂池，近期 1 用 1 备，远期同时使用设计停留时间为 35 s，最大时表面负荷为 200 $m^3/(m^2\cdot h)$。采用气提排砂方式。沉砂池内设置搅拌叶片、附属空压机、贮气罐及控制系统。砂水进一步分离后，沉砂与污水厂其他固体废物一并处置。分离出的污水返回提升泵房再进行处理。

任务一　进水泵站运维操作

任务描述

通过知识明晰部分的学习，了解进水泵站的类型、特点，掌握进水泵站的作用；在能力要求部分，要熟悉进水泵站的组成，掌握集水池的布置、形式、操作要求，提升泵的形式和运行要求；在巩固与拓展中，通过小组任务，对进水泵站中集水池、提升泵等的类型特点及运行管理要求进行总结，分析进水泵站故障产生的原因，完成知识与技能的融合。

知识明晰

一、进水泵站

进水泵站一般由集水池、水泵和泵房组成。

（一）设置意义

进水泵站是污水处理系统，特别是预处理的重要环节。当污水管道中的污水不能依靠重力自流输送或排放，或因管道埋设过深导致施工困难，或处于干管终端需抽升后才能进入污水处理厂时，均须设置污水泵站。

（二）特点

污水泵站的特点是水流连续，水流较小，但变化幅度大，水中污染物含量多。因此，设计时集水池要有足够的调蓄容积，并应考虑备用泵，此外设计时尽量减少对环境的污染，站内要提供较好的管理、检修条件。

（三）分类

从用途来看，污水泵站可分为两种。第一种，设置于污水管道系统中，用以抽升城镇污水的泵站，作用就是提升污水的高程。这是因为污水管没有压力，仅靠污水自身的重力自流，而由于城市截污管网收集污水的面积较大，距污水处理厂较远，不可能将管道埋地很深，所以需要设置泵站，提升污水的高程。另一种，就是设置于污水处理厂内用来提升污水的泵站，作用是为后续的工艺提供水流动力。

从泵站的建设位置来看，可分为中途泵站和终端泵站。设在污水管道沿途的泵站称为中途泵站，或称区域泵站；设在排水系统的终端，将污水提升到污水处理厂进行污水处理的泵站称为终端泵站，又称总泵站。

按集水池与机器间的组合情况，可分为合建式泵站和分建式泵站。

按泵站的平面形状可分为圆形和矩形泵站，也有下部为圆形上部为矩形的泵站。

按操作方式，可分为人工操作、自动控制和遥控（远程控制）泵站。

按水泵的灌水方式，可分为自灌式和非自灌式泵站。前者污水可自流灌入水泵，水泵直接启动运行；后者在水泵启动前，一般用真空泵先抽除吸水管内空气后方能启动运行。由于污水泵站开停频繁，水泵大多数为自灌式工作。常用的水泵形式有卧式离心污水泵、立式离心污水泵、混流泵、轴流泵、潜水泵、螺旋泵等。

污水泵站的工艺流程一般都是污水从进水口进入格栅间，再进入集水池，通过阀门间进入流量计井，最后流入市政干管。

泵站内的水泵多种多样，一般以离心泵为主。

二、集水池

集水池的作用是汇集、储存和均衡废水的水质、水量。污水在进入主要污水处理系统前，都要设置一个有一定容积的集水池，将污水储存起来并使其均质均量，以保证污水处理设备和设施的正常运行。

污水处理厂在运行工艺流程中，一般采用重力流的方法通过各个构筑物和设备。但由于厂区地形和地质的限制，必须在前处理处加设提升泵站将污水提到某一高度后才能使污水按重力流方法运行。污水提升泵站的作用就是将上游来的污水提升至后续处理单元所要求的高度，使其实现重力流。

集水池与调节池的区别

（一）集水池的形式

集水池有圆形、半圆形和矩形等多种形式，上口宜采用敞开式，周围加栏杆或短墙，上加顶棚，设梁勾或滑车，以满足吊泥或栅渣的要求。

集水池的容积与进入泵站的流量变化情况，水泵的型号、工作台数及其工作制度，泵站操作性质、启动时间等有关。在满足安装格栅和吸水管的要求，保证水泵工作时的水力条件能够及时将流入的污水抽走的前提下，集水池应尽量小些。

（二）集水池的布置

集水池的布置，应考虑改善水泵吸水的水力条件，减少滞流和涡流，以保证水泵正常运行。布置时应注意以下几点：

① 泵的吸水管或叶轮应有足够的淹水深度，以防止空气吸入或形成涡流时吸入空气；

② 水泵的吸入喇叭口应与池底保持所要求的距离；

③ 水流应均匀顺畅无漩涡地流进水泵吸水管口，每台水泵进水水流条件基本相同，水

流不要突然扩大或改变方向；

④ 集水池进口流速和水泵吸入口处的流速尽可能缓慢。

三、提升泵

泵站内的水泵多种多样，一般以离心泵为主。按照安装方式分为干式泵和潜污泵，干式泵又有立式泵和卧式泵。潜污泵有可在污水中安装和干式安装两种类型。泵的类型主要取决于污水处理厂的规模，视污水处理厂要求的扬程、工作介质和控制方式等具体情况而定。

能力要求

一、集水池的操作要求

污水进入集水池后流速放慢，一些泥砂会沉积下来，使有效池容减少，影响水泵的正常工作。因此集水池要根据具体情况定期清理，一般安排在枯水期进行清理。清池工作最重要的是人身安全问题。在干管内，腐败的污水会带入有毒气体，在池内沉积的污泥也会厌氧分解产生出有毒气体，甚至会产生甲烷等可燃气体。清池时，应先停止进水，用泵排空池内存水，然后强制通风，方可下池工作。

特别需要注意的是操作人员下池以后，通风强度可适当减小，但绝不能停止通风，因为池内积泥的厌氧分解并没停止，还有硫化氢等有毒气体不断产生并释放出来。每个操作人员在池下工作时间不可超过 30 min。由于水泵长期运行，可能会发生堵塞现象，不仅影响水泵的提升能力，而且严重时可能会导致水泵过载发生启动故障，因此需要定期对水泵起吊、清理底部污物。污水厂根据实际情况，一般上半年、下半年各安排一次，确保水泵正常运行。

应经常检查集水井内的超声波液位计计量是否准确，防止因液位计失灵导致集水井水位过高或水泵空转。

二、提升泵的操作要求

泵组的运行操作应考虑以下几项原则。

① 保证来水量与提升量一致。如果来水量大于提升量，上游没有及时采取溢流措施，则可能导致集水井大量积水，外部管网溢流；反之，来水量小于提升量，则可能使水泵处于干运转状态而受损。

② 应适当保持集水池的高水位运行。一般集水井液位控制在 3～6 m，这样可降低泵的扬程，在保证提升量的前提下降低能耗。

③ 控制水泵的开停次数，但不要过于频繁，否则易损坏电机并降低使用寿命。

④ 泵房内每台机组投运次数及时间应保持基本均匀。因为每台泵的吸口都对应着集水池内的一部分容积，如果某台长时间不投运，集水池内对应的部分将成为死区，会导致泥砂沉积。

⑤ 做好运行监测与记录。每班应记录的内容有：液位计的显示值，各时段水泵每台水泵投运的运行时间，每台水泵的电流情况，异常情况及其处理结果。

三、进水泵站操作规程

（一）污水入池前准备

① 根据调度指令，及时开启指令中规定设备。

② 开启闸门启闭器，如用电关启时，则手柄必须脱离转动轴，如用人力时，关掉电源

将手柄插入摇动。

③ 闸门启闭机开闭时应守机使用，待停机后方可离开机旁，绝不允许投入运行后随即离开。

④ 开启旋转格栅应严格按照旋转格栅使用要求执行，并守机 10 min，检查机械设备有无异常情况后方可离机，绝不允许投入运行后随即离开。

⑤ 在池内水位达到工艺规定标高时，方可启动水泵，同时根据水池水位情况与值班调度取得联系。

（二）起动、运转

① 按调度指令打开切换井的进出水闸门，关闭其他各闸门。

② 水泵启动前，应向填料函上的接管引注清水润滑橡胶轴承，待泵出水后即可关小，有水滴出为宜，检查泵轴承位的油位，确保各处水、油路畅通。

③ 水泵启动前检查各连接部位应无松动，用手转动联轴器，看是否灵活，泵内是否有响声。

④ 水泵启动时，机旁不得站人，启动后应至少守机 5 min 检查设备情况，如有不正常的振动和声音或出水情况有异常应立即停机检查，绝不允许投入运行后随即离开机泵。

水泵在运行中，应注意以下事项：

① 检查各个仪表工作是否正常、稳定，特别注意电流表是否超过电动机额定电流，电流过大、过小应立即停机检查；

② 检查水泵流量是否正常，检查出水管水流情况，根据水池水位变化，估计水泵运行时间，及时与调度联系；

③ 检查水泵填料压板是否发热，滴水是否正常，每班不得少于八次；

④ 注意机组的响声，振动情况；

⑤ 检查轴承电机温升情况，发现异常应立即停机，通知值班调度；

⑥ 检查格栅及进水口是否堵塞，水位是否过低；

⑦ 水泵电动机在冷却状态下一般允许连续起动六次，两次间隔时间至少 15 min。

（三）停机

① 达到工艺要求或接受调度指令，应立即停机，关闭其闸门。停机后，应把使用设备擦洗干净，设备周围打扫干净。

② 冰冻季节停机后，应排除泵内积水，以免损坏零件。

③ 备用泵应每星期用手旋转泵轴 180°，并注意轴承处油位标记，及时加油。

（四）检修泵、潜水泵、通风机的使用

① 检修泵应按生产科规定开启，在未使用时保证清洁、完好。

② 潜水泵应注意水池水位情况，应及时开启，人不离机，池净即停。

③ 通风机按操作人员运行经验进行启闭。

（五）设备事故的处理

① 发现设备有异常情况，立即停机，报告调度，并记入值班记录内。

② 由于电气原因引起停机时，应立即报告调度进行处理，不得自行修理电气设备，并记入值班记录内。

③ 发现电动机异常现象，应立即停止运行，并报告调度，请示处理，记入值班记录内。

④ 闸门、格栅有异物阻塞时，应及时清除，当旋转格栅出现事故信号时，应立即停机，报告值班调度请示处理，并记入值班记录内。

巩固与拓展

巩固知识：

进水泵站运维操作练习题

拓展训练：进水泵站故障分析

进水泵站的核心由集水池和提升泵组成。以小组为单位，搜集不同泵站类型资料，讨论不同泵站的用途、组成及特征。

通过资料分析所搜集泵站的特点，模拟泵站故障类型，分析故障原因。根据小组任务，形成总结报告，并完成小组讨论。

任务二　格栅运维操作

任务描述

通过知识明晰部分的学习，了解格栅的分类、特点，掌握栅渣的特性、每日栅渣量的计算；在能力要求部分，要熟悉格栅流速控制、栅渣清除、巡检要求、常规的保养要求等；在巩固与拓展中，通过小组任务，完成污水处理厂栅渣量的计算，对格栅的选择及运行管理要求进行总结，完成知识与技能的融合。

知识明晰

格栅是由一组平行的金属栅条制成的框架，斜置在进水渠道上或泵站集水池的进口处，用以拦截污水中大块的呈悬浮或漂浮状态的污物。在水处理流程中，格栅是一种对后续处理设施具有保护作用的设备，尽管格栅并非废水处理的主体设备，但因其设置在废水处理流程之首或泵站进口处，位属咽喉，相当重要。

一、格栅的分类

格栅按栅条的间隙大小，可分为粗格栅（50～100 mm）、中格栅（10～40 mm）、细格栅（3～10 mm）三种。按形状又可分为平面格栅与曲面格栅两类。平面格栅与曲面格栅都可以做成粗格栅、中格栅、细格栅。目前，污水处理厂一般采用粗、中两道格栅，甚至采用粗、中、细三道格栅。

格栅的常见类型图

（一）平面格栅

平面格栅由栅条与框架组成，基本形式如图 2-6 所示。其中 A 型是指栅条布置在框架的外侧，适用于机械清渣或人工清渣；B 型是指栅条布置在框架的内侧，在格栅的顶部设有起吊架，可将格栅吊起，进行人工清渣。

1. 粗格栅

粗格栅通常倾斜架设在其他处理构筑物（如沉砂池）之前或泵站集水池进口处的渠道中，以防大的漂浮物阻塞构筑物的孔道、闸门和管道或损坏水泵等机械设备。因此，粗格栅起着对废水预处理和保护设备的双重作用。

粗格栅按清渣方式可分为人工清渣和机械清渣两种。为了改善管理人员的工作条件，减轻劳动强度，宜采用机械格栅清污机。

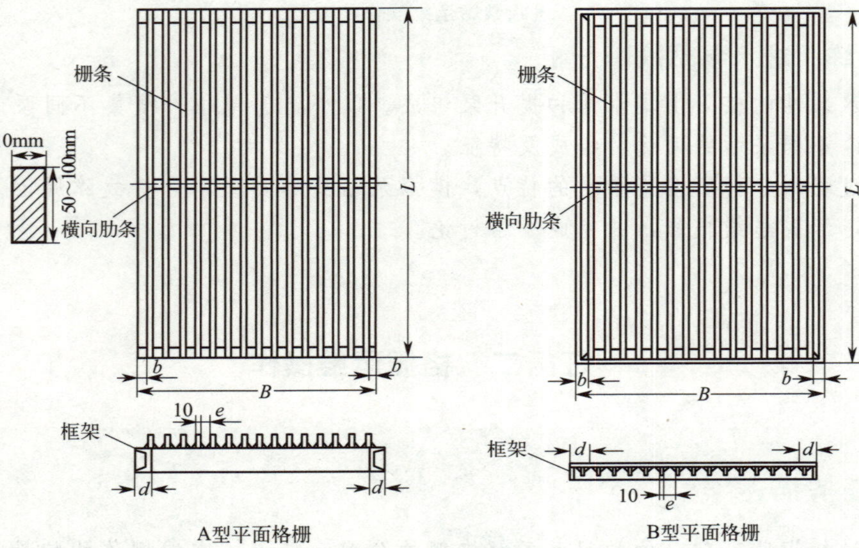

图 2-6　格栅的基本形状

机械清渣格栅适于较大的污水处理厂或当栅渣量大于 0.2 m^3/d 时采用，其安装位置基本与人工清渣格栅相同。根据污水渠道、泵房集水井和提升泵房的布置，平面格栅可倾斜布设和垂直布设。目前，机械清渣的方式有多种，常见的有往复式移动耙机械格栅、回转式机械格栅、转鼓式机械格栅和钢丝绳牵引机械格栅等，如图 2-7 所示。为便于维护，机械清渣格栅台组数不宜少于 2 台，每座格栅前后水渠均应设置滑动阀门，以利于清空和检修。如果只安装一座机械清渣格栅，必须设置一座人工清渣格栅备用。

往复式移动耙机械格栅通过设在水面上部的驱动装置将渣耙从格栅的前部或者后部嵌入栅条，上下往复将栅渣从栅条上剥离下来，如图 2-7(a) 所示。

回转式格栅的工作原理

回转式机械格栅是一种可以连续自动清除栅渣的格栅，如图 2-7(b) 所示。它由许多个相同的耙齿机件交错平行组装成一组封闭的耙齿链，在电动机和减速机的驱动下，通过一组槽轮和链条形成连续不断自下而上的循环运动，达到不断清除栅渣的目的。当耙齿链运转到设备上部及背部时，由于链轮和弯轨的导向作用，可以使平行的耙齿排产生错位，促使粗大固体污染物靠自重下落到渣槽内。

转鼓式机械格栅是一种集细格栅除污机、栅渣螺旋提升机和栅渣螺旋压榨机于一体的设备，如图 2-7(c) 所示。格栅片按栅间隙制成鼓形栅筐，处理水从栅筐前段流入，通过格栅过滤，流向栅筐后的渠道，栅渣被截留在栅筐内栅面上，当栅内外的水位差达到一定值时，

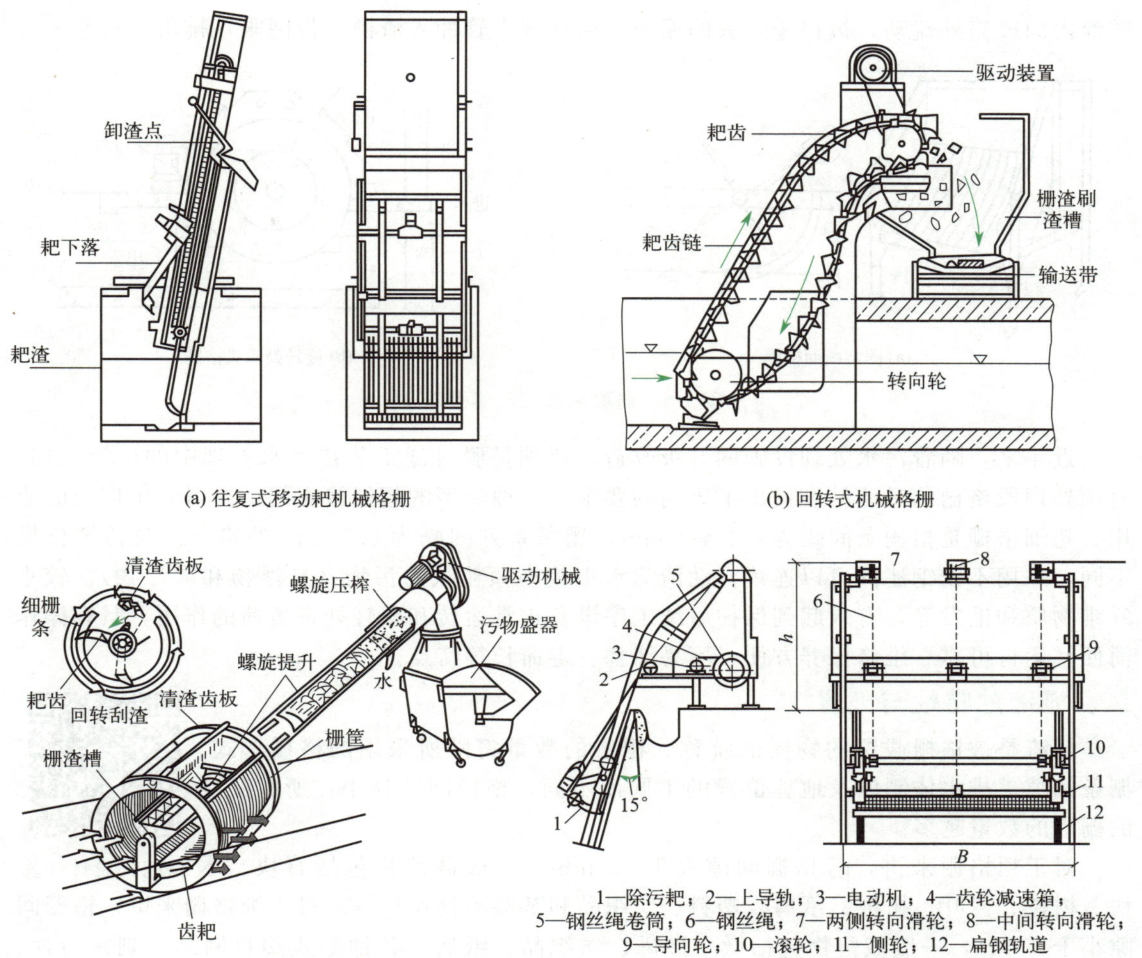

(a) 往复式移动耙机械格栅　　(b) 回转式机械格栅

1—除污耙；2—上导轨；3—电动机；4—齿轮减速箱；
5—钢丝绳卷筒；6—钢丝绳；7—两侧转向滑轮；8—中间转向滑轮；
9—导向轮；10—滚轮；11—侧轮；12—扁钢轨道

(c) 转鼓式机械格栅　　(d) 钢丝绳牵引机械格栅

图 2-7　机械格栅几种类型

安装在中心轴上的旋转齿耙回转清污，当清渣齿耙把污染物扒至栅筐顶点的位置，通过栅渣自重、水的冲洗及挡渣板的作用，栅渣卸入中间渣槽，再由槽底螺旋输送器提升至上部压榨段，经压榨脱水后外运。

钢丝绳牵引机械格栅，如图 2-7(d) 所示，依靠钢绳驱动装置放绳，耙斗从最高位置沿导轨下行，撇渣板在自重的作用下随耙斗下降。当撇渣板复位后，耙斗在开闭耙装置（电动推杆）的推动下通过中间钢绳的牵引张开并继续下行直抵格栅底部下限位，待耙齿插入格栅间隙后，钢绳驱动装置收绳，强制耙斗完全闭合后耙斗和斗车沿导轨上行，清除栅渣直至触及撇渣板，在两者相对运动的作用下，栅渣被撇出，经倒渣板落入渣槽，实现清渣。

2. 中、细格栅

中、细格栅位于粗格栅和提升泵站后，其作用、类型、安装与粗格栅基本相同。为防止细格栅堵塞，应有连续清除所截留悬浮固体的装置。

（二）曲面格栅

曲面格栅又可分为固定曲面格栅与旋转鼓筒式格栅两种，如图 2-8 所示，其中图 2-8(a) 为固定曲面格栅，利用渠道水流速度推动除渣桨板，图 2-8(b) 为旋转鼓筒式格栅，污水从鼓筒内向鼓筒外流动，被格栅除去的栅渣，由冲洗水管冲入渣槽（带网眼）排出。

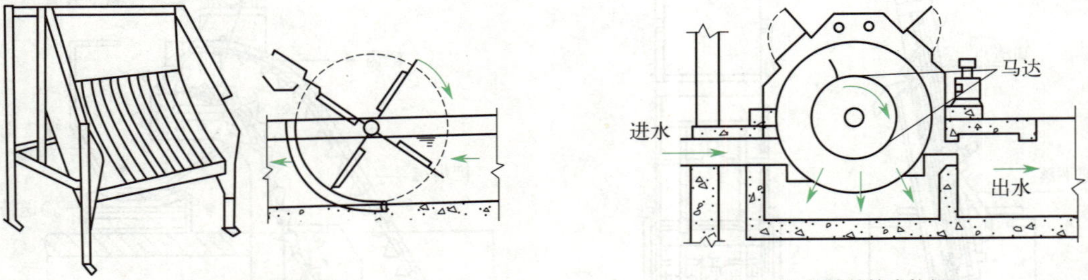

(a) 固定曲面格栅　　(b) 旋转鼓筒式格栅

图 2-8　曲面格栅几种类型图

近年来，随着污水处理设施的升级改造，特别是膜过滤工艺在污水处理中的广泛应用，对预处理段格栅的过滤精度提出了更高的要求。一种新型的超细格栅问世并得到了广泛的应用。超细格栅是指栅条间距为 0.2～2 mm，栅条系列间隔为 0.1 mm 的格栅。与传统格栅不同，采用不锈钢滤网可以连续自动清除水中较小颗粒状的污物（悬浮物和漂浮物）、较小纤维物质和毛发等，有效起到保护后续工序设备正常运转和减轻处理负荷的作用，具有操作简便、运行可靠、维修保养方便、不易堵塞、寿命长等特点。

二、栅渣的特性与处置

栅渣是被格栅截留的物质的统称。栅渣的数量将随所采用的格栅形式、栅条间隙、排水体制以及地理位置的不同而不同。格栅间隙越小，所收集到的栅渣的数量越多。

格栅的设计计算

对于粗格栅来讲，若格栅间隙大于 12 mm，一般截留物包括石块、木块、树枝、树叶、树根、纸屑、塑料、纺织品和某些动物死尸等。对于细格栅来讲，格栅间隙小于 6 mm，一般截留物包括微小砂砾、纺织品、纸屑、各种形式塑料制品、剃须刀片、未分解食物、粪便渣滓和油脂等。

栅渣的处置方法有：①收集到容器中并运至垃圾卫生填埋场，将栅渣与城市固体废物（垃圾）一同处理；②对于小型废水处理厂，栅渣的处置可以将其埋在厂区内，对大型废水处理厂，宜采用单独或与污泥一起焚烧的办法；③排至粉碎机或破碎机，在此栅渣被磨碎并返回污水中。

每日栅渣产量可用式(2-1) 计算：

$$W=\frac{Q_{\max}W_1\times 86400}{K_{总}\times 1000} \tag{2-1}$$

式中　W_1——单位栅渣量（$m^3/10^3\ m^3$ 污水），取 0.1～0.01，粗格栅用小值，细格栅用大值，中格栅用中值；

W——每日栅渣量，m^3/d；

$Q_{\max}$——最大设计流量，m^3/s；

$K_{总}$——污水流量总变化系数，对生活污水可参考表 2-3。

表 2-3　生活污水流量总变化系数

平均日流量/(L/s)	4	6	10	15	25	40	70	120	200	400	750	1600
$K_{总}$	2.3	2.2	2.1	2.0	1.89	1.80	1.69	1.59	1.51	1.40	1.30	1.20

能力要求

一、格栅的维护管理

（一）过栅流速的控制

合理控制过格栅流速，使格栅能够最大限度地发挥拦截作用，保持最高的拦污效率。一般来讲，污水过栅越缓慢，拦污效果越好，但当流速慢至砂在栅前渠道及格栅下沉积时，过水断面会缩小，流速反而变大。污水在栅前渠道流速一般应控制在0.4～0.8 m/s，过栅流速应控制在0.6～1.0 m/s。

有的污水处理厂污水中含有大粒径砂粒较多，即使控制在0.4 m/s，仍有砂在格栅前的渠道内沉积；多数城镇污水中砂粒粒径在0.1 mm左右，即使格栅前渠道内流速控制在0.3 m/s，也不会产生积砂现象。一些处理厂来水中绝大部分污染物的尺寸比格栅栅距大得多，此时过栅流速达到1.2 m/s也能保证好的拦污效果。

过栅流速的调整控制可通过开、停格栅的工作台数来控制过栅流速。当发现过栅流速超过本厂要求的最高值时，应增加投入工作的格栅数量，使过栅流速控制在要求范围内，反之，减少投入工作的格栅数量，使过栅流速不至于偏低。

（二）栅渣的清除

每日耙渣次数应按栅前水位来控制，一般来说，当栅前水位较高时，说明污染物已影响水流条件，可增加耙渣次数；当栅前水位较低时，且在设计水位以下时要停止耙渣，否则因水位太低会造成水泵的气蚀现象。

及时清除栅渣，保证过栅流速控制在合理的范围之内。清污次数太少，栅渣将在格栅上长时间附着，使过栅断面减少，造成过栅流速增大，拦污效率下降。格栅若不及时清污，导致阻力增大，会造成流量在每台格栅上分配不均匀，同样降低拦污效率。因此，操作人员应将每一台格栅上的栅渣及时清除。

（三）格栅除污机的维护保养

格栅除污机是污水处理厂内最容易发生故障的设备之一，巡查时应注意有无异常声音，栅条是否变形。出现故障时，应及时查清原因，及时处理，做到定时加油，及时调换，及时调整。

（四）卫生管理

污水在长途输送过程中易腐化，产生的硫化氢和甲硫醇等恶臭有毒气体将在格栅间大量释放出来。在半敞开的格栅间内，恶臭强度一般在70～90个臭气单位，最高可达130多个臭气单位。

钢绳牵引式格栅除污机

栅渣很脏很杂，它包括塑料薄膜、破布、粪便等脏物。贮存、运输、处置栅渣是很复杂的事，刚捞上来的栅渣含水率常达80%以上，因此在格栅平台上应让其滤去些水分，然后用车外运。人工清除栅渣是劳动强度大、工作条件差的工作之一。应加强劳动保护工作，栅渣的贮存地须采取卫生和灭蚊蝇等措施。栅渣的最终处置方法有堆放空地、填埋和焚烧三种。如果城市垃圾处理部门能接受，送入城市垃圾场是一个妥善的办法。

针对以上问题，解决方案如下：

① 采取强制通风措施，降低格栅间的恶臭强度。

② 及时运走并立即处置清除的栅渣，以防其腐败后产生恶臭，栅渣堆放处要经常清洗。

③ 栅渣压榨机排出的压榨液因含有较高的恶臭物质，应及时用管道导入污水渠道中，严禁经明沟漫流至地面。

（五）分析测量与记录

应记录每天的栅渣量。根据栅渣量的变化，可以间接判断格栅的拦污效率。当栅渣比历史记录减少时，应分析格栅是否运行正常。

判断拦污效率的另一个间接途径，是经常观察初沉池和浓缩池的浮渣尺寸。这些浮渣中尺寸大于格栅栅距的污染物增多时，说明格栅拦污效率不高，应分析过栅流速控制是否合理，清污是否及时。

二、格栅常见故障原因分析及对策

格栅运行中常存在以下故障：

（1）格栅流速太高或太低　这是由于进入各个渠道的流量分配不均匀引起的，流量大的渠道，对应的格栅流速必然高，反之，流量小的渠道，格栅流速则较低。应经常检查并调节栅前的流量调节阀门或闸阀，保证格栅流速的均匀分配。

（2）格栅前后水位差增大　当栅渣截留量增加时，水位差增加，因此，格栅前后的水位差能反映截留栅渣量的多少，定时开停的除污方式比较稳定。手动开停方式虽然工作量比较大、但只要工作人员精心操作，能保证及时清污。有些城镇污水厂采用超声波测定水位差的方法控制格栅自动除渣，但是，无论采用何种清污方式，工作人员都应该到现场巡查，观察格栅运行和栅渣积累情况，及时合理地清渣，保证格栅正常高效运行。

巩固与拓展

巩固知识：

格栅运维操作练习题

拓展训练：污水处理厂每日栅渣量的计算

栅渣量与废水水质、格栅的类型有关，因此不同污水处理厂每日栅渣量各有不同。请查找学校是否有校园污水处理厂。如果有，请搜集关于校园污水处理厂格栅运行的数据，计算每日栅渣量。

如果不具备校园污水处理厂，可进行校园污水处理厂的探访，搜集相关资料，进行每日栅渣量的计算。该任务以小组为单位，进行合理分工，形成总结报告，并完成小组讨论。

任务三　沉砂池运维操作

任务描述

通过知识明晰部分的学习，了解沉砂池的去除对象、类型，掌握沉砂池的处理原理；在能力要求部分，要熟悉与掌握沉砂池的运行管理要求及操作要点；在巩固与拓展中，通过小组任务，分析污水处理系统中沉砂池的选择原因，模拟操作过程及故障，完成知识与技能的融合。

知识明晰

一、污水中的砂粒及其去除

沉砂池是采用物理法将砂粒从污水中沉淀分离出来的一个预处理单元，其作用是从污水中分离出相对密度大于1.5且粒径为0.2 mm以上的颗粒物质，主要包括无机性的砂粒、砾石和少量密度较大的有机性颗粒，如果核皮、种子等。沉砂池一般设置在提升设备和处理设施之前，以保护水泵和管道免受磨损，防止后续污水处理构筑物的堵塞和污泥处理构筑物容积的缩小，同时可以减少活性污泥中的无机物成分，提高活性污泥的活性。

沉砂池的工作原理是以重力分离为基础，将进入沉砂池的污水流速控制在只能使密度大的无机颗粒下沉，而有机悬浮颗粒则随水流带走。

常见的沉砂池有平流沉砂池、竖流沉砂池、曝气沉砂池和旋流沉砂池等型式，其中应用较多的是平流沉砂池、曝气沉砂池和旋流沉砂池。

在工程设计中，可参考下列设计原则与主要参数：

① 城镇污水厂一般均应设置沉砂池，工业废水是否要设置沉砂池，应根据水质情况而定。城镇污水厂的沉砂池个数或分格数应不少于2，并按并联运行原则考虑；

② 设计流量应按分期建设考虑。污水自流进入时，应按每期的最大设计流量计算；污水为提升进入时，应按每期工作水泵的最大组合流量计算；合流制处理系统中，应按降雨时的设计流量计算；

③ 沉砂池去除的砂粒密度为2.65 kg/m^3、粒径为0.2 mm以上；

④ 城镇污水的沉砂量可按每10^6 m^3污水沉砂30 m^3计算，其含水率约60%，容重约1500 kg/m^3；

⑤ 贮砂斗的容积应按2日沉砂量计算，贮砂斗壁的倾角不应小于55°。排砂管直径不应小于200 mm；

⑥ 沉砂池的超高不宜小于0.3 m。

二、平流沉砂池

平流沉砂池是最常用的一种型式，它的截留效果好，工作稳定，构造亦较简单。图2-9所示的是平流沉砂池的一种。沉砂池的上部实际是一个加宽的明渠，两端设有闸门以控制水流。在池的底部设置1～2个贮砂斗，下接排砂管。

在工程设计中，可参考下列设计参数：

① 污水在池内的最大流速为 0.3 m/s，最小流速为 0.15 m/s；

② 最大流量时，污水在池内的停留时间不少于 30 s，一般为 30～60 s；

③ 有效水深应不大于 1.2 m，一般采用 0.25～1.0 m，池宽不小于 0.6 m；

平流沉砂池

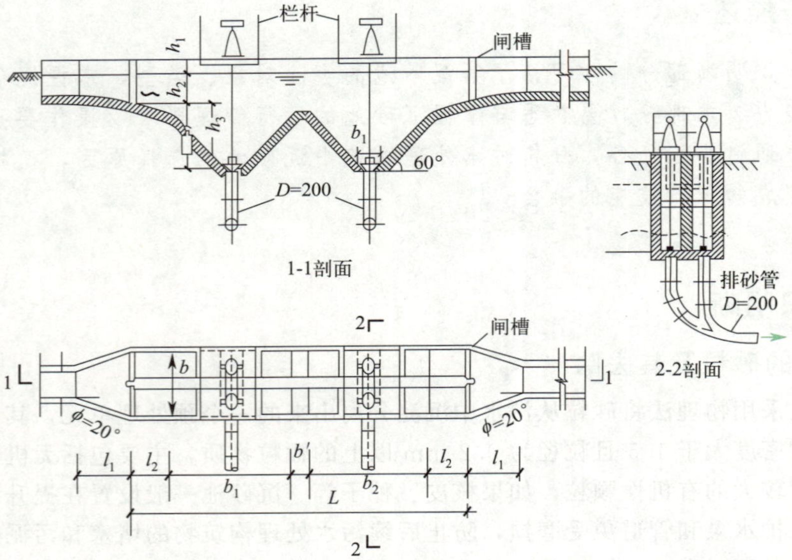

图 2-9 平流沉砂池的型式

④ 池底坡度一般为 0.01～0.02，当设置除砂设备时，可根据除砂设备的要求，考虑池底形状。

平流沉砂池的运行操作主要是控制污水在池中的水平流速 v 和水力停留时间 t。水平流速一般控制在 0.15～0.30 m/s，具体取决于污水中砂的粒径大小。污水中砂的粒径大，则可增加水平流速，反之则应减小 v 才能使砂粒充分沉淀下来。控制要点是，当流量变化时首先应调整溢流堰高度来改变有效水深；而后考虑改变运行池数。

水力停留时间一般控制在 30～60 s，水力停留时间影响沉砂效率，如停留时间太短，则在某一水平流速本应沉淀下来的砂粒也会随水流走，反之，有机物将沉淀下来。

三、曝气沉砂池

普通沉砂池截留的沉砂中夹杂一些有机物，影响截留效果。采用曝气沉砂池可在一定程度上克服此缺点。曝气沉砂池底设有曝气装置和集砂斗，由于曝气的作用，水流在池内呈螺旋状前进，使颗粒处于旋流状态，且互相摩擦，使表面有机物被擦掉，获得较纯净的砂粒。

曝气沉砂池

曝气沉砂池具有下述特点：①沉砂中有机物的含量低于 5%；②由于池中设有曝气设备，它还具有预曝气、脱臭、防止污水厌氧分解、除泡以及加速污水中油类的分离等作用。这些特点对后续的沉淀、曝气、污泥消化池的正常运行以及对沉砂的干燥脱水提供了有利条件。

（一）构造及工作原理

曝气沉砂池的常见构造如图 2-10 所示。

曝气沉砂池是一个长方形渠道，沿渠道壁一侧的整个长度上，距离池底约 60～90 cm 处

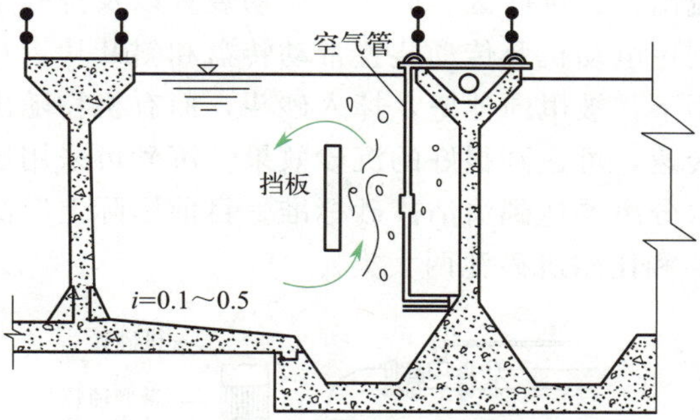

图 2-10　曝气沉砂池示意图

设置曝气装置，在池底设置沉砂斗，池底有 i 为 0.1～0.5 的坡度，以保证砂粒滑入砂槽。为了使曝气能起到池内回流作用，在必要时可在设置曝气装置的一侧装设挡板。

污水在池中存在着两种运动形式，其一为水平流动，同时，由于在池的一侧有曝气作用，因而在池的横断面上产生旋转运动，整个池内水流产生螺旋状前进的流动形式。旋转速度在过水断面的中心处最小，而在池的周边为最大。

由于曝气以及水流的螺旋旋转作用，污水中悬浮颗粒相互碰撞、摩擦并受到气泡上升时的冲刷作用，使黏附在砂粒上的有机污染物得以去除，沉于池底的砂粒较为纯净。有机物含量只有 5%左右的砂粒，长期搁置也不至于腐化。

（二）设计要求

曝气沉砂池的设计参数如下：

① 水平流速一般取 0.08～0.12 m/s；

② 污水在池内的停留时间为 4～6 min，雨天最大流量时停留时间为 1～3 min，如作为预曝气，停留时间为 10～30 min；

③ 池的有效水深为 2～3 m，池宽与池深比为 1～1.5，池的长宽比可达 5，当池长宽比大于 5 时，应考虑设置横向挡板；

④ 曝气沉砂池多采用穿孔管曝气，孔径为 2.5～6.0 mm，距池底约 0.6～0.9 m，并应有调节阀门；

⑤ 供气量可参照表 2-4。

曝气沉砂池的形状应尽可能不产生偏流和死角，在砂槽上方宜安装纵向挡板，进出口布置挡板，应防止产生短流。

表 2-4　单位池长所需空气量

曝气管水下浸没深度/m	最低空气用/($m^3 \cdot m^{-1} \cdot h^{-1}$)	最大空气量/($m^3 \cdot m^{-1} \cdot h^{-1}$)
1.5	12.5～15.0	30
2.0	11.0～14.5	29
2.5	10.5～14.0	28
3.0	10.5～14.0	28
4.0	10.0～13.5	25

四、旋流沉砂池

旋流沉砂池是利用机械力控制水流流态与流速，加速砂粒的沉淀并使水流带走有机物的沉砂装置。

沉砂池由流入口、流出口、沉砂区、砂斗、驱动装置以及排砂系统组成。污水由流入口切线方向流入沉砂区，利用电动机及传动装置带动转盘和斜叶片，在沉砂池中形成旋流。污水中的砂粒在离心力作用下，被甩向池壁，掉入砂斗，而有机物随出水旋流带出池外。根据砂粒粒径大小调整适宜转速，可达到很好的沉砂效果。沉砂可采用压缩空气提升管或排砂泵等方式清除，再经过砂水分离器达到清洁排砂标准。目前国际上广泛应用的旋流沉砂池主要有钟式沉砂池（图 2-11）和比尔沉砂池两大类。

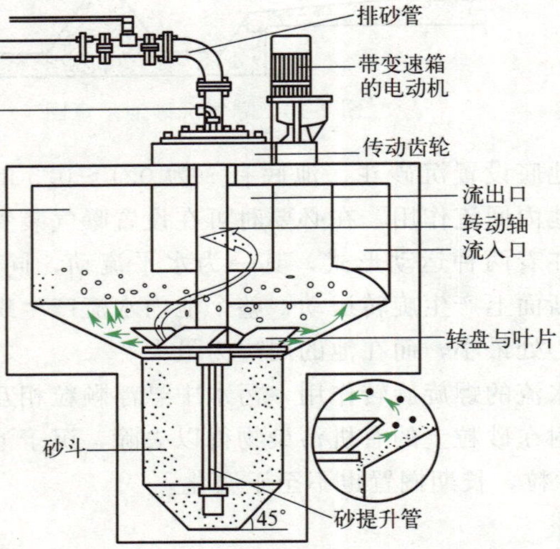

图 2-11 钟式沉砂池

旋流沉砂池进水管最大流速为 0.3 m/s，池内最大流速为 0.1 m/s，最小流速为 0.02 m/s；按最高时流量设计时，水力停留时间不应小于 30 s，设计水力表面负荷为 150～200 $m^3/(m^2 \cdot h)$，有效水深为 1.0～2.0 m，池径与池深比以 2.0～2.5 为宜。

能力要求

一、沉砂池的运行管理

（一）配水与配气

沉砂池一般都设置水调节闸门，曝气沉砂池还要设置空气调节阀门，应经常巡查沉砂池的运行状况，及时调整入流污水量和空气量，使每一格（池）沉砂池的工作状况（液位、水量、气量、排砂次数）相同。

（二）排砂与洗砂

在沉砂池沉积下来的沉砂需要及时清除，排砂操作管理要点是根据沉砂量的多少及变化规律，合理安排排砂次数，保证及时排砂。排砂次数太多，可能会使排砂含水率太高（除抓斗提砂以外）或因不必要操作增加运行费用；排砂次数太少，就会造成积砂，增加排砂难度，甚至破坏排砂设备。应在定期排砂时密切注意排砂量、排砂含水率、设备运行状况，及时调整排砂次数。除砂设备较多，小型污水厂采用重力排砂，采用阀门控制；大型水厂采用机械除砂。

沉砂中的有机物较多时需要进行有效的清洗，并进行砂水分离。目前有些污水厂采用气提方式排砂，洗砂采用旋流砂水分离器和螺旋洗砂器，经清洗分离出来的沉砂含有机成分较少，且基本变成固态，可直接装车外运。

有机物对排砂设备有一定影响。当除砂机抽取的砂浆含有的有机物太多时，部分无机砂粒会被黏稠的有机物裹挟，而从水力旋流器上部的溢流口排出，使除砂率降低；进入螺旋洗砂机的有机物过多，时在螺旋的搅拌下砂子、有机物和水会形成胶状物，使砂子无法沉入砂斗底部，螺旋提升机无法将砂子分离出来，如果操作者发现螺旋洗砂机长时间不除砂，而系统设备运行都正常，就可能出现上述情况。

对于平流式曝气沉砂池或平流式沉砂池，一般排砂机的砂水排入集砂井，集砂井的砂泵也会出现埋泵的情况，应采取措施避免这种情况的发生，运行时应积累经验，砂井内不要积砂过多。如果积砂过多，可打开下部的排污口，将砂排出一部分，或放入另一台潜水砂泵排出过多的积砂。

另外，值得注意的是，无论是行车带泵排砂还是采用链条式刮砂机，由于故障或其他原因停止排砂一段时间后，都不能直接启动。应认真检查池底积砂槽内砂量的多少，如沉砂太多，应排空沉砂池人工清砂，以免由于过载而损坏设备。

沉砂池维护管理

（三）清除浮渣

沉砂池上的浮渣应定期以机械或人工方式清除，否则会产生臭味影响环境卫生，或浮渣缠绕造成设备或管道堵塞。

应经常巡视浮渣刮渣出渣设施的运行状况、池面浮渣的多少。

（四）做好测量与运行记录

（1）每日测量或记录的项目　除砂量、曝气量。

（2）定期测量的项目　湿砂中的含砂量、有机成分含量。

（3）可测量的项目　干砂中砂粒级配，一般应按 0.10、0.15、0.20 和 0.30 四级进行筛分测试。

二、沉砂池的操作管理要点

（一）一般要点

① 在沉砂池的前部，一般均设有细格栅，细格栅上的垃圾应及时清捞。格栅内外的水位差不应大于 15 cm，如果垃圾不及时清捞，栅前水位可能升到漫溢的程度。为了防止此类事故，在栅前最好装水位报警器，不准用格栅上面开小孔的方法来防止漫溢，此类小孔能让较大的垃圾流入后续构筑物，从而影响后续处理的正常运行。

② 在一些平流沉砂池上，常设有浮渣挡板，挡住的浮渣应经常清捞。

③ 沉砂池最重要的操作是及时排砂。对于用砂斗重力排砂的沉砂池，一般每天排砂 1 次，当砂量多时，应增加排砂次数。排砂时应关闭进、出水闸门，逐一打开排砂闸门，把沉砂排空，若池底仍有杂粒，可微微打开进水闸门，用污水冲清池底沉砂。排砂机械要经常运转，以免积砂过多引起超负荷，排砂机械的运转间隔时间根据砂量和机械的性能来定。

④ 曝气沉砂池的空气量应每天检查和调节一次。调节的根据是空气量仪表，如果没有气量仪表可凭经验调节。空气量过大，无机砂粒不易沉降，影响沉砂效果；空气量过小，不易形成旋流，有机物与无机砂粒不易分离。

⑤ 每周至少一次对进出水闸门、排砂闸门加油、清洁保养，每年定期大保养，对装有机械设备的设施，每次交接班时要检查其性能，保证随时都能正常运转。操作电动闸门时操

作人员不得离开现场，要密切注意电动闸门运行情况，如有异常现象应立即关闭电源，查明原因，排除故障，才能继续运行。

⑥ 沉渣应定期取样化验，主要项目有含水率、灰分，沉渣数量等。

（二）曝气沉砂池的操作要点

曝气沉砂池的运行过程中要注意控制好污水在池中的旋流速度和旋转圈数。旋流速度与砂粒粒径相关，粒径越小，需要的旋流速度越大，旋流速度也不能太大，否则沉下的砂粒会重新泛起。旋流速度与沉砂池的几何尺寸、扩散器的安装位置和曝气强度等因素有关。旋转圈数则与除砂效率有关，旋转圈数越多，除砂效率越高。要去除直径为 0.2 mm 的砂粒需要维持 0.3 m/s 的旋转速度，在池中至少旋转 3 圈。在运行中可通过调整曝气强度，改变旋流速度和旋转圈数，保证稳定的除砂效率。当进入沉砂池的污水量增大时，水平流速也将加快，此时应增大曝气强度。

曝气沉砂池在运行过程中要及时排砂除渣。沉砂量取决于进水水质，运行人员应摸索总结运行中砂量的变化规律，及时排砂。排砂间隙过长会堵塞排砂管、砂泵，堵塞刮砂设施；如排砂间隙太短又会使排砂量增大，含水率高，增加后续处置的难度。沉砂池上的浮渣也应定期清除。另外，运行过程中如发现异常情况（如曝气变弱），应停车排空检查。特别是振动式扩散器的运行情况，应检查是否有浮渣缠绕或堵塞。清理完毕重新投运，应先通气或进水（防止砂粒进入扩散器）。

（三）旋流沉砂池的操作要点

① 旋流沉砂池分选区不存在斜坡，易出现砂粒堆积，需要定期放空冲洗；

② 旋流沉砂池中的砂粒运动和水流运动的方向相反，所以叶轮的转速必须控制好，转速太大会卷起砂粒随水流流动，转速太小又无法实现砂粒与有机物的分离；

③ 旋流沉砂池系统排砂管道易堵塞，应根据沉砂情况及时疏通，可采用空气进行冲洗，也可以用自来水冲洗。

巩固与拓展

巩固知识：

沉砂池运维操作练习题

拓展训练：沉砂池型式选择及操作过程模拟

沉砂池通常有平流式沉砂池、曝气沉砂池和旋流式沉砂池，具有不同特点及应用于不同场合。

请搜集使用不同沉砂池的污水处理系统，分析选用该类型沉砂池的原因。模拟沉砂池的操作过程；模拟沉砂池故障，分析故障原因及给出解决方案。

该任务以小组为单位，进行合理分工，形成总结报告，并完成小组讨论。

任务四 初沉池运维操作

任务描述

通过知识明晰部分的学习，了解初沉池的沉淀原理，掌握初沉池的类型与特点；在能力要求部分，要熟悉初沉池运行中的刮泥、排泥等过程的运行要求，掌握初沉池运行中的异常现象、原因及解决对策，熟知初沉池的日常巡查要点；在巩固与拓展中，通过小组任务，对初沉池的类型特点及运行管理要求进行总结，完成知识与技能的融合。

知识明晰

一、沉淀理论

沉淀是使水中悬浮物质（主要是可沉固体）在重力作用下下沉，从而与水分离，使水质得到澄清。这种方法简单易行，分离效果良好，是水处理的重要工艺，在每一种水处理过程中几乎都不可缺少。在各种水处理系统中，沉淀的作用有所不同，主要如下：

（1）用于废水的预处理 沉砂池是典型的例子。沉砂池是用以去除污水中的易沉物（如砂粒）。

（2）用于污水进入生物处理构筑物前的初步处理（初次沉淀池） 用初次沉淀池可较经济地去除悬浮有机物，以减轻后续生物处理构筑物的有机负荷。

（3）用于生物处理后的固液分离（二次沉淀池） 二次沉淀池，主要用来分离生物处理工艺中产生的生物膜、活性污泥等，使处理后的水得以澄清。

（4）用于污泥处理阶段的污泥浓缩 污泥浓缩池是将来自初沉池及二沉池的污泥进一步浓缩，以减小体积，降低后续构筑物的尺寸及处理费用等。

（一）沉淀的类型

根据水中悬浮颗粒的浓度、性质及其凝聚性能的不同，沉淀通常可以分成四种不同的类型。

1. 自由沉淀

自由沉淀发生在水中悬浮固体浓度不高，沉淀过程悬浮固体之间互不干扰的过程，颗粒各自单独进行沉淀，颗粒的沉淀轨迹呈直线。整个沉淀过程中，颗粒的物理性质，如形状、大小及密度等不发生变化。这种颗粒在沉砂池中的沉淀是自由沉淀。

2. 絮凝沉淀

絮凝沉淀的悬浮颗粒浓度不高，但沉淀过程中悬浮颗粒之间有互相絮凝作用，颗粒因互相聚集增大而加快沉降。沉淀过程中，颗粒的质量、形状和沉速是变化的。经过化学混凝的水中颗粒的沉淀即属于絮凝沉淀。

3. 拥挤沉淀（或成层沉淀）

拥挤沉淀是指水中悬浮颗粒的浓度比较高，在沉淀过程中，产生颗粒互相干扰的现象，在清水与浑水之间形成明显的交界面，并逐渐向下移动，因此又称为成层沉淀。活性污泥法后的二次沉淀池以及污泥浓缩池中的初期情况均属于这种沉淀。

4. 压缩沉淀

压缩沉淀发生在高浓度悬浮颗粒的沉降过程中，由于悬浮颗粒浓度很高，颗粒相互之间已挤集成团块结构，互相接触，互相支撑，下层颗粒间的水在上层颗粒的重力作用下被挤出，使污泥得到浓缩。二沉池污泥斗中的浓缩过程以及浓缩池中污泥的浓缩过程存在压缩沉淀。

自由沉淀及其理论基础

（二）沉淀池类型

沉淀池是分离悬浮物的一种常用处理构筑物。用于生物处理法中作预处理的称为初次沉淀池（简称初沉池）。对于一般的城镇污水，初次沉淀池可以去除约30％的BOD_5与55％的悬浮物。设置在生物处理构筑物后的称为二次沉淀池（简称二沉池），是生物处理工艺中的一个组成部分。

沉淀池常按水流方向来区分为平流式、竖流式及辐流式三种类型。如图2-12为三种类型的沉淀池示意图。

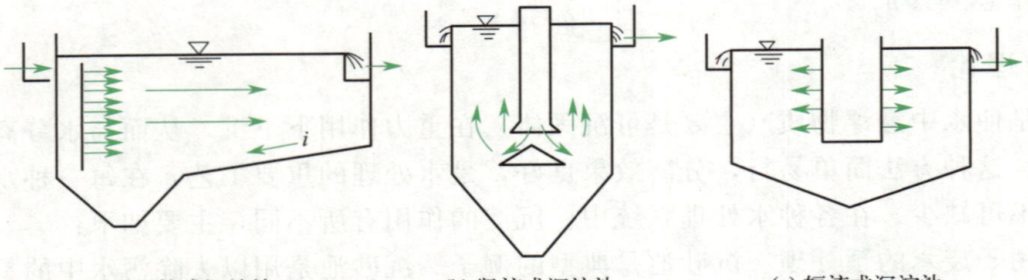

(a) 平流式沉淀池　(b) 竖流式沉淀池　(c) 辐流式沉淀池

图2-12　沉淀池示意图

各种型式沉淀池的特点及适用条件见表2-5。

表2-5　各种沉淀池的特点及适用条件

池型	优点	缺点	适用条件
平流式沉淀池	①对冲击负荷和温度变化的适应能力较强 ②施工简单，造价低	采用多斗排泥时，每个泥斗需要单独设排泥管各自排泥，操作工作量大，采用机械排泥时，机件设备和驱动件均浸于水中，易锈蚀	①适用于地下水位高及地质条件差的地区 ②适用于大、中、小型污水处理厂
竖流式沉淀池	①排泥方便，管理简单 ②占地面积小	①池子深度大，施工困难 ②造价较高 ③对冲击负荷和温度变化的适应能力较差 ④池径不宜过大，否则布水不匀	适用于中小型污水处理厂，给水厂多不用
辐流式沉淀池	①多为机械排泥，运行较好，管理较简单 ②排泥设备已定型，运行效果好	①水流不易均匀，沉淀效果较差 ②机械排泥设备复杂，对施工质量要求较高	①适用于地下水位较高地区 ②适用于大、中型污水处理厂

（三）沉淀池的一般设计原则及参数

1. 设计流量

污水处理厂的原水来自城市下水道或工厂，水量变化较大。污水自流进入沉淀池时，应按每星期最大流量作为设计流量；污水通过泵提升而进入沉淀池时，则应按水泵工作期间最大组合流量作为设计流量。

2. 沉淀池的数目

沉淀池的数目应不少于两座，并应考虑其中一座发生故障时，全部流量能够通过另一座沉淀池的可能性。

3. 沉淀池的经验设计参数

沉淀池设计的主要依据是经过沉淀池处理后所应达到的水质要求，需确定的设计参数有污水应达到的沉淀效率、悬浮颗粒的最小沉速、表面负荷、沉淀时间以及水在池内的平均流速等。这些参数一般通过沉淀试验取得。

4. 沉淀池的几何尺寸

沉淀池超高不少于 0.3 m，缓冲层采用 0.3～0.5 m。贮泥斗与斜壁倾角：方斗不宜小于 60°，圆斗不宜小于 55°，排泥管直径不小于 200 mm。

5. 贮泥斗的容积

一般按不大于 2 日的污泥量计算。对于二次沉淀池，按贮泥时间不超过 2h 计算。

6. 排泥部分

沉淀池的污泥排除一般采用静水压力排泥法。静水压力数值为：初次沉淀池应不小于 1.5 m；活性污泥曝气池后的二次沉淀池应不小于 0.9 m；生物膜法后的二次沉淀池应不小于 1.2 m。

沉淀池的常见类型示意图

平流沉淀池

二、平流沉淀池

平流沉淀池呈长方形，废水从池的一端流入，水平方向流过池子，从池的另一端流出。在池的进口处底部设贮泥斗，其他部位池底有坡度，倾向贮泥斗。平流沉淀池结构如图 2-13 所示，由流入装置、流出装置、沉淀区、缓冲层、污泥区及排泥装置组成。

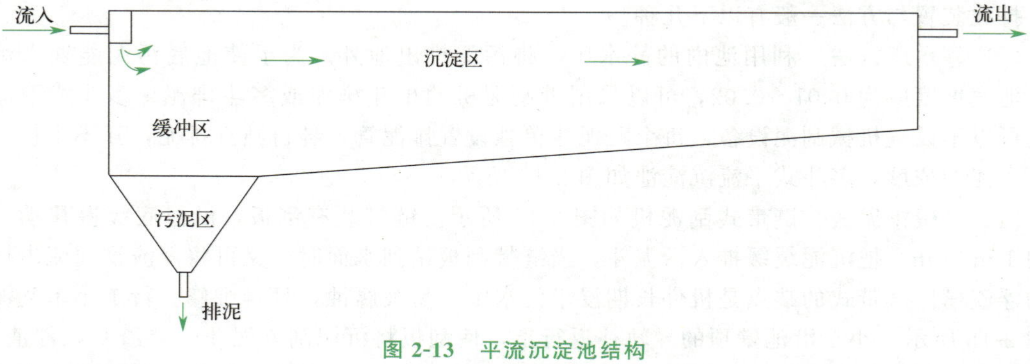

图 2-13　平流沉淀池结构

为使入流污水均匀、稳定地进入沉淀池，进水区应有流入装置。流入装置由设有侧向或槽底潜孔的配水槽挡流板组成，起均匀布水作用。挡流板入水水深不小于 0.25 m，水面以上部分为 0.15～0.2 m，距流入槽 0.5 m。常见几种流入装置见图 2-14。

平流沉淀池的出水装置见图 2-15。流出装置由流出槽与挡板组成，流出槽设自由溢流堰，溢流堰严格水平，既可保证水流均匀，又可控制沉淀池水位。锯齿形堰应用最普遍，水

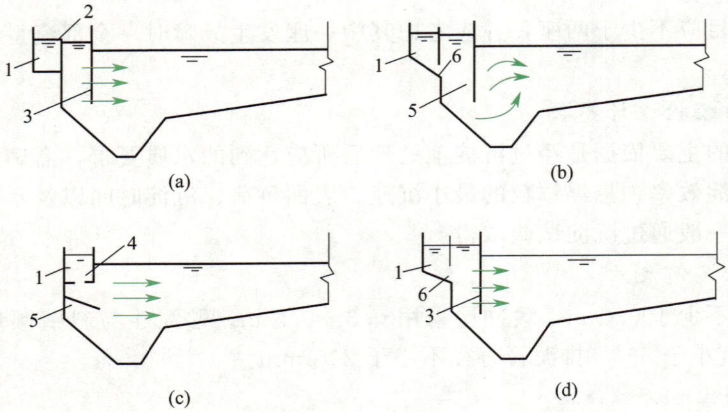

图 2-14 平流沉淀池的流入装置

1—进水槽；2—溢流堰；3—穿孔整流板；4—底孔；5—挡流板；6—潜孔

面宜位于齿高的 1/2 处，溢流堰最大负荷不宜大于 2.9 L/(m·s)（初次沉淀池）或 1.7 L/(m·s)（二次沉淀池）。为了减少负荷、改善出水水质，溢流堰可采用多槽沿程布置，如需阻拦浮渣随水流走，流出堰可用潜孔出流。

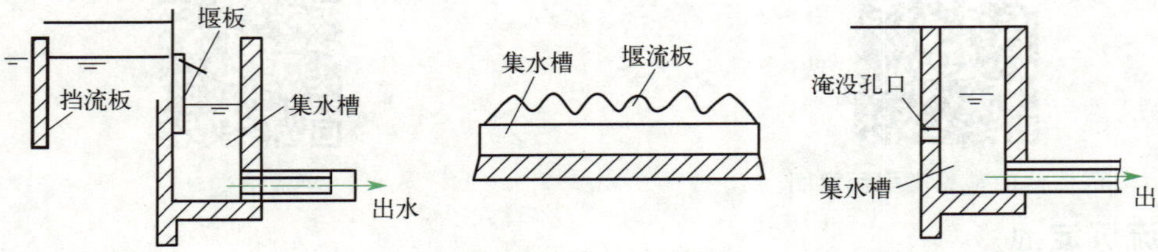

图 2-15 平流沉淀池的出水装置

缓冲层的作用是避免已沉污水被水流搅起以及缓解冲击负荷。污泥区起贮存、浓缩和排泥的作用。

排泥装置与方法一般有以下几种。

(1) 静水压方法 利用池内的静水压，将污泥排出池外。为了使池底污泥能划入污泥斗，池底坡度应为 0.01～0.02，可以采用带刮泥机的单斗排泥或多斗排泥。多斗式平流沉淀池可以不设置机械刮泥设备，每个贮泥斗单独设置排泥管，各自独立排泥，互不干扰，以保证污泥的浓度，多斗式平流沉淀池如图 2-16 所示。

(2) 机械排泥法 链带式刮泥机如图 2-17 所示。链带装有刮板，沿池底缓慢移动，速度约 1 m/min，把沉泥缓缓推入污泥斗，当链带刮板站到水面时，又可将浮渣推向流出挡板处的浮渣槽。链带式的缺点是机件长期浸于污水中，易被腐蚀，且难维修。行走小车刮泥机如图 2-18 所示，小车沿池壁顶的导轨往返行走，使刮板将沉泥刮入泥斗，浮渣刮入浮渣槽。由于整套刮泥机都在水面上，不易腐蚀，易于维修。被刮入污泥斗的污泥，可用静水压力法或螺旋泵排出池外。

沉淀池的表面水力负荷是其设计运行关键参数之一，决定了沉淀池的表面积，通过试验取得的沉淀池设计数据及产生污泥量参见表 2-6。

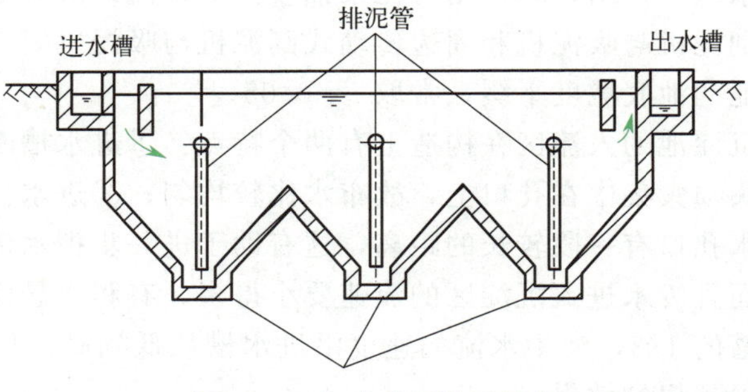

图 2-16　多斗式平流沉淀池

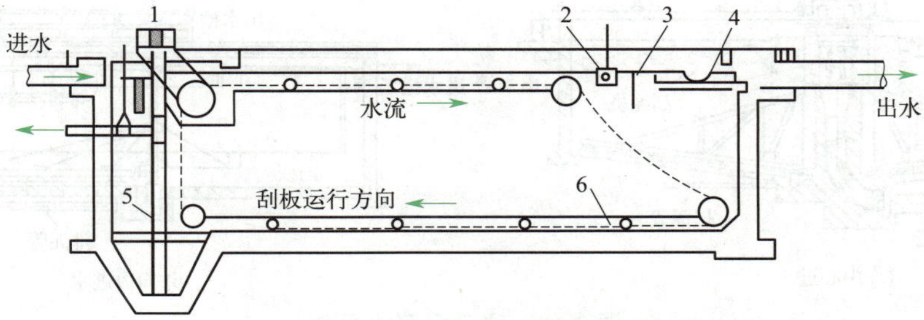

图 2-17　设有链带式刮泥机的平流式沉淀池

1—电机；2—浮渣槽；3—挡渣板；4—出水堰；5—排泥管；6—链条刮泥机

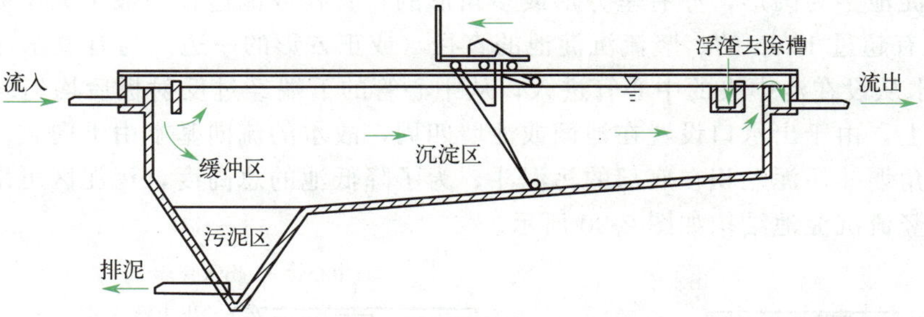

图 2-18　设有行车刮泥机的平流沉淀池

表 2-6　城镇污水沉淀池设计数据及产生的污泥量

沉淀池类型		沉淀时间/h	表面水力负荷 /[m^3/(m^2·h)]	污泥量 /[g/(人·d)]	污泥含水率/%
初次沉淀池		1.0～2.0	1.5～3.0	14～27	95～97
二次沉淀池	生物膜法	1.5～2.5	1.0～2.0	7～19	96～98
	活性污泥法	1.5～2.5	1.0～1.5	10～21	99.2～99.6

三、辐流沉淀池

辐流沉淀池是一种大型沉淀池，池径可达 100 m，池周水深 1.5～3.0 m。有中心进水与周边进水两种型式，如图 2-19 所示。辐流沉淀池呈圆形或正方形，可用作初次沉淀池或二次沉淀池。

沉淀于幅流沉淀池底的污泥一般采用刮泥机刮除。刮泥机由刮泥板和桁架组成，刮泥板固定在桁架底部，桁架绕池中心缓慢地转动，将沉于池底的污泥推入池中心处的泥斗中，污泥在泥斗中可利用静水压力排出，亦可用污泥泵抽吸。对辐流式沉淀池而言，目前常用的刮泥机械有中心传动式刮泥机与吸泥机和周边传动式刮泥机与吸泥机等。为了符合刮泥机的排泥要求，辐流式沉淀池的池底坡度平缓，常取 $i=0.05$。

周边进水辐流式沉淀池的入流区在构造上有两个特点：①进水槽断面较大，而槽底的孔口较小，布水时的水头损失集中在孔口上，故布水比较均匀；②进水挡板的下沿深入水面下约 2/3 深度处，距进水孔口有一段较长的距离，这有助于进一步把水流均匀地分布在整个入流区的过水断面上，而且废水进入沉淀区的流速要小得多，有利于悬浮颗粒的沉淀。池子的出水槽长度约为进水槽的 1/3，池中水流的速度沿进水槽从低到高。但生产实践表明，这种型式的池子并没有取得预想的效果。

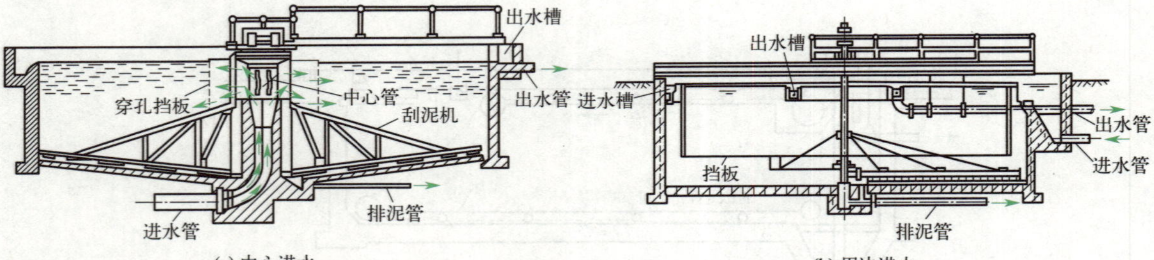

图 2-19　辐流沉淀池示意

四、竖流沉淀池

竖流沉淀池多为圆形，亦有呈方形或多角形的，直径或池边长一般不大于 8 m，通常为 4～7 m，也有超过 10 m 的。竖流沉淀池的直径（或正方形的一边）与有效水深之比一般不大于 3。污水从设在池中央的中心管进入，从中心管的下端经过反射板后均匀缓慢地分布在池的横断面上，由于出水口设置在池面或池墙四周，故水的流向基本由下向上。出水区采用自由堰或三角堰。污泥贮积在底部的污泥斗，为了降低池的总高度，污泥区可采用多只污泥斗的方式。竖流沉淀池结构如图 2-20 所示。

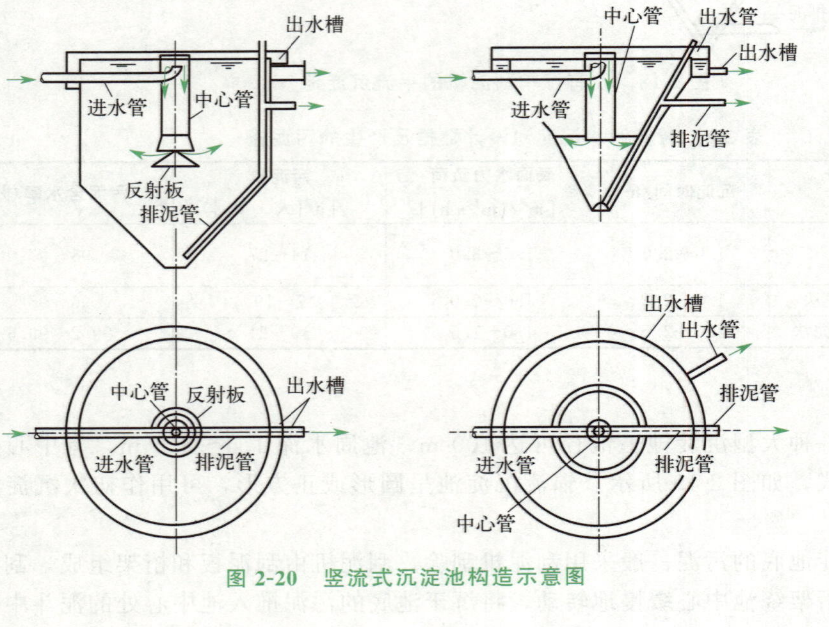

图 2-20　竖流式沉淀池构造示意图

竖流沉淀池

竖流沉淀池的工作原理与前两种沉淀池工作原理不同。在竖流沉淀池中，污水是从下向上以流速 v 作竖向流动，废水中的悬浮颗粒有以下三种运动状态：①当颗粒沉速 $u>v$ 时，颗粒将以 u-v 的差值向下沉淀，颗粒得以去除；②当 $u=v$ 时，颗粒处于悬浮状态，不下沉亦不上升；③当 $u<v$ 时，颗粒将不能沉淀下来，而会随上升水流被带走。由此可知，当可沉颗粒属于自由沉淀类型时，其沉淀效果（在相同的表面水力负荷条件下）在竖流沉淀池的去除效率要比平流沉淀池低。但当可沉颗粒属于絮凝沉淀类型时，则发生的情况就比较复杂。一方面，由于在池中的流动存在着各自相反的状态，就会出现上升着的颗粒与下降着的颗粒，同时还存在着上升颗粒与上升颗粒之间、下降颗粒与下降颗粒之间的相互接触、碰撞，致使颗粒的直径逐渐增大，有利于颗粒的沉淀；另一方面，絮凝颗粒在上升水流的顶托和自身重力作用下，会在沉淀区内形成一个絮凝污泥层，这一层可以网捕拦截污水中的待沉颗粒。

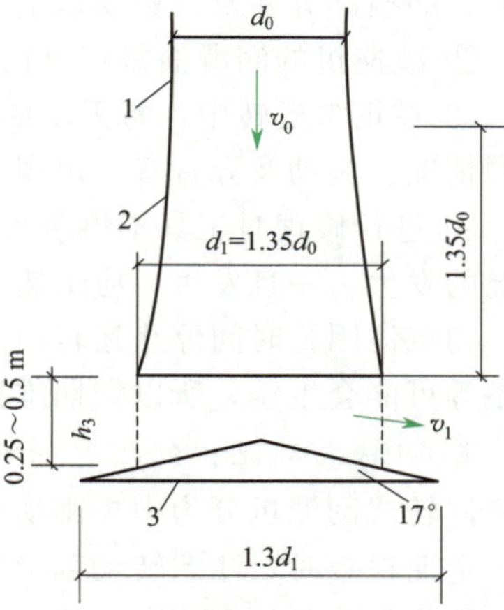

图 2-21　竖流沉淀池中心管喇叭口及反射板的结构尺寸关系图

图 2-21 为竖流沉淀池的中心管 1、喇叭口 2 及反射板 3 的尺寸关系图。污水在中心管内的流速对悬浮颗粒的去除有一定的影响。当中心管底部不设反射板时，其流速不应大于 30 mm/s，如设置反射板，流速可取 100 mm/s。在反射板的阻挡下，水流由垂直向下变成向反射板四周分布。水从中心管喇叭口与反射板间流出的速度一般不大于 20 mm/s，水流自反射板四周流出后均匀地分布于整个池中，并以上升流速 v 缓慢地由下而上流动，可沉颗粒向下沉至污泥区，经过澄清后的上清液从设置在池壁顶端的堰口溢出，通过出水槽流出池外。

斜管沉淀池　　斜板、斜管沉淀池　　提高沉淀池沉淀效果的有效途径

能力要求

一、初沉池的工艺运行管理

（一）工艺控制

运行管理人员应在运转实践中摸索出本厂各种季节的污水特征以及要达到要求的 SS 去除率，水力负荷要控制在最佳范围。因为水力负荷太高，SS 的去除率将会下降，水力负荷过低，不但造成浪费，还会因污水停留过长使污水腐败，运行过程中应控制水力停留时间、堰板水力负荷和水平流速在合理的范围内，水力停留时间不应大于 1.5 h，堰板溢流负荷一般不应大于 10 m^3/(m·h)，水平流速不能大于冲刷流速（50 mm/s），如发现上述任何一个参数超出范围，应对工艺进行调整。

（二）刮泥操作

污泥在排出初沉池之前首先被收集到污泥斗中。刮泥有两种操作方式为连续刮泥和间歇

刮泥，采用哪种操作方式，取决于初沉池的结构型式。平流沉淀池采用行车刮泥机时只能间歇刮泥，辐流式初沉池应采用连续刮泥方式，运行中应特别注意周边刮泥机的线速度，不能太高，一定不能超过 3 m/min，否则会使周边污泥泛起，直接从堰板溢流走。

1. 刮泥机运行的一般操作方法

① 经常检查腐蚀、磨损情况。对于水中部分，每年一次定期排空初次沉淀池进行检查，腐蚀、磨损部分并及时更换，金属部分进行防腐处理。

② 减速机的润滑油每年更换一次，不足时应适当补充。

③ 在正常运转中，每天定期巡视，注意电机、减速机、轴承部的发热情况、转动情况、给油情况、振动及异常音。出现异常立即停止运转进行检查。

④ 进行修理时工具不慎落入池中，经常会引起重大事故，维修时应注意尽量避免这种情况的发生。一旦发生，应迅速报告有关人员，用磁铁等吸出或排空清理。

初沉池因长时间停止运转而放空时要进行清扫。停运期间，转动部、驱动部、轴承部及链条等可能会生锈，所以定期维护时应稍微转动一下，并注油或涂漆。

2. 回转式刮泥机的维护保养

回转式刮泥机分为中央驱动和周边驱动两种。

定期检查时，注意转动部分腐蚀情况，驱动部分和臂的变形情况。此外，走行中的振动，可能是走行轮安装方向等机构上的原因，由驱动链条引起时，应适当调整。另外，正方形池子应确认刮泥机自动伸缩臂在角落时的动作情况。

3. 链条刮板式刮泥机的维护保养

① 检查刮泥板、刮泥瓦、链条、张紧轮、导轨、给油配管、各种接头及螺栓等是否松动或腐蚀，发现破损及时修理。

② 检查刮泥瓦和导轨是否适当接触、链条与链轮是否啮合，通过松紧装置对链条进行调整，还应根据需要更换零件。此外，链条拉长、下垂时可去掉几节，左右拉伸时，应注意使刮泥板保持在直线方向上行走，不要脱轨。

③ 水下及水中的轴承，每周应补充一次润滑脂。

（三）排泥操作

操作排泥是初沉池运行中最重要也是最难控制的一项操作，有连续和间歇排泥两种操作方式。平流沉淀池采用行车刮泥机只能间歇排泥，因为在一个刮泥周期内只有污泥刮至泥斗后才能排泥。此时刮泥周期与排泥周期必须一致，刮泥与排泥必须协同操作，每次排泥持续时间取决于污泥量、排泥泵的容量和浓缩池要求的进泥浓度。一般来说既要把污泥干净地排走，又要得到较高的含固量，操作起来非常困难，如果浓缩池有足够的面积，不一定追求较高的排泥浓度。

根据一定的排泥浓度可以估算排泥量，然后根据排泥泵的容量确定排泥时间。排泥时间的确定为当排泥开始时，从排泥管取样口连续取样分析其含固量的变化，从排泥开始到含固量降至基本为零所用的时间即为排泥时间。排泥的控制方式有很多种，小型污水厂可以人工控制排泥泵的开停，大型污水处理厂一般采用自动控制。最常用的控制方式是时间程序控制，即定时排泥，定时停泵，这种排泥方式要达到准确排泥，需要经常对污泥浓度进行测定，同时调整泥泵的运行时间。

池底部堆积的污泥，一般间歇排放。排泥浓度随每天的排泥次数、每次的排泥时间及排泥量而变化。即使各池入流污水是均衡的，污泥堆积也不是均匀的，所以进行排泥量的调节是很有必要的。

排泥送往重力浓缩池时，剩余污泥浓度高，污泥黏性大，反而会导致污泥浓缩性能恶化。

排泥管内的污泥浓度，在排泥开始时较高，随时间逐渐降低，超过某时刻后迅速下降。

排放高浓度污泥时，要在浓度急剧下降前停止排泥。为此，一般要增加排泥次数，缩短每次排泥时间。

另外，因夜间比白天污泥产量少，可相应延长排泥间歇时间或停止排泥，否则排泥浓度会下降。

当采用污泥浓度计进行监控时，要设定排泥次数和时间的标准。

雨天时大量泥沙流入，排泥方法与晴天时不同。雨天时池中沉淀的污泥量随进水量的变化而变化，所以有必要根据污泥量相应地调节排泥量。泵排泥和利用水位差两种排泥方法都有连续和间歇两种运行方式。间歇操作又分为采用定时器每隔一定时间排泥和固形物浓度低于一定值就停止排泥两种方法。采用定时方法，在雨天沉淀污泥增加时应相应增大排泥量。

污泥泵采用无堵塞的离心泵。初沉池固形物浓度变化大、浓度高，且含有塑料、布片等杂物，在配管内会堵塞阀、污泥泵等。间歇排泥时，最好采用多次短时间的方式排泥。此外，含砂较多时，污泥泵磨损比二次沉淀池快。

直接用泵排泥时，因雨水的流入等原因使污水中黏土、砂、垃圾及其他易于压密的物质增多，会导致污泥泵排泥困难，可采取以下对策：强化沉砂池除砂作业，使进水中土、砂等成分减少；污泥固结成块时，可用竹竿、压力水喷射等使其松动，同时反向冲洗堵塞排泥管，然后短时间增大排泥量；由大块物质引起排泥管堵塞时，可放空初沉池，去除堵塞物质。另外，大块物质落入池中时应尽力及时取出。

（四）表面水力负荷的调节

通过考虑入流污水水质、沉降性物质比例、SS 浓度等选定表面负荷。一般沉降时间按表 2-7 进行设计，特别是对于合流制，晴天时如果所有池都使用，会导致沉淀时间过长，因此有必要对使用池数进行限制。污泥堆积较多时，可直接观察到污泥在池表面流动，此时应增大排泥量。

表 2-7 不同处理方法沉淀时间的设计值

处理方法	沉淀时间/h	
	分流制	合流制
沉淀法	3	3
生物滤池法	2	
活性污泥法	1.5	

注：沉淀时间(h)＝池容积(m^3)/进水量(m^3/d)×24。

表面负荷的调节只能通过增减使用池数进行，很难进行细调。晴天时只需调节一次，此后水质水量没有显著波动时，一般不用再改变。不同处理厂应根据入流污水量及水质选定相应值。

初次沉淀池 SS 去除率过高，会使曝气池所需的悬浮性有机物也被沉淀去除，将导致丝状细菌过度繁殖，引起污泥膨胀和污泥指数上升。此时应增大表面负荷（到 50～100 m^3/m^2）以使形成活性污泥的 SS 流入，获得良好效果。进水 SS 浓度过低时，根据实际情况调节，有时可通过超越管路使污水不经初次沉淀池而直接进入曝气池，也可以获得良好效果。

特别是对于合流排水系统，设计沉淀时间可取 3 h。晴天时，如不限制使用池数，会使 SS 去除率过高，这时往往要设法降低初沉池沉降性能。

（五）入流闸的调节

入流闸原则上一般全开，闸门关得过小、流入口流速过快，会导致入流侧发生紊流，影响沉淀效果。当设置两池以上，而又未设置均匀分配入流污水量的设施时，由于入流管的位置关系，会导致各池水量不均匀。此时，入流水量最多的池闸门可关小一些，在不影响使用的范围内保持各池流量均衡。闸门调节方法：保持各池闸门全开时入流水量最小的池闸全开，并以此为准关小入流较多的池子的闸门；在开闭闸门调节流量时，要一边观察一边进行，应避免大幅度操作；闸门的调节可在流量最大时进行，此后，只要不妨碍使用一般不再调节。

（六）排水设备（溢流堰）及除渣设备的维护保养

1. 溢流堰

溢流堰是为了使上清液从池中均匀溢流而设置的。溢流堰黏附块状污泥、生长植物时，应进行清洗，同时注意检查溢流情况、堰板有无破损及污泥是否随水流出等。此外，沉淀池不均匀沉陷造成溢流不均时，应测定其水平状况并进行调整。

2. 除渣设备

除渣设备分为手动及自动两种。手动式可据浮渣产生情况适时进行。每日检查机器状况良好即可进行除渣作业。

（七）浮渣处理与处置

浮渣有的由纤维、毛发、垃圾组成；有的以油脂为主，周围附着悬浮物逐渐形成；甚至还有由两种渣混合而成。浮渣一般用打捞或刮除方法去除，然后放置或压榨脱水，与栅渣处理方法相似。对于含油脂较多的浮渣，靠捞取十分困难时，可用泵吸，效果良好。

用泵吸方式除渣，吸入口在设计上应加以考虑。吸出的浮渣如果颗粒又轻又细难以脱水时，可加入絮凝剂，用细网或带式压滤机进行脱水处理。

二、常见故障原因分析及对策

（一）污泥上浮

有时在初沉池可出现浮渣异常增多的现象，这是由于本可下沉的污泥解体而浮至表面，因废水在进入初沉池前停留时间过长发生腐败时也会导致污泥上浮，这时应加强去除浮渣的撇渣器工作，使它及时和彻底地去除浮渣。在二沉池的污泥回流至初沉池的处理系统中，有时二沉池污泥中硝酸盐含量较高，进入初沉池后，在缺氧条件下可使硝酸盐反硝化，还原成氮气附着于污泥中，使之上浮，这时可对后续生化处理系统进行优化调整。

（二）黑色或恶臭污泥

污水水质腐败或进入初沉池的消化池污泥及其上清液浓度过高可能产生黑色或恶臭污泥。解决办法：切断已发生腐败的污水管道；减少或暂时停止高浓度工业废水（牛奶加工、啤酒、制革、造纸等）的进入；对高浓度工业废水进行预曝气；改进污水管道系统的水力条件，以减少易腐固体物的淤积；必要时可在污水管道中加氯，以减少或延迟废水的腐败，这种做法在污水管道不长或温度高时尤其有效。

（三）受纳过浓的消化池上清液

解决办法有改进消化池的运行，以提高效率；减少受纳上清液的数量直至消化池运行改善；将上清液导入氧化塘、曝气池或污泥干化床；上清液预处理。

（四）浮渣溢流

产生原因为浮渣去除装置位置不当或不及时。改进措施如下：加快除渣频率；更改出渣口位置，浮渣收集离出水堰更远；严格控制工业废水进入（特别是含油脂、含高浓度碳水化合物等的工业废水）。

（五）悬浮物去除率低

原因是水力负荷过高、短流、活性污泥或消化污泥回流量过大、存在工业废水。解决方法：投加絮凝剂，改善沉淀条件，提高沉淀效果；有多个初沉池的处理系统，若仅一个池超负荷则说明因进水口堵塞或堰口不平导致污水流量分布不均匀；防止短流，工业废水或雨水流量不易产生集中流，出水堰板安装不均匀，进水流速过高等，为证实短流的存在与否，可使用染料进行示踪实验；正确控制二沉池污泥回流和消化污泥投加量；减少高浓度的油脂和碳水化合物废水的进入量。

（六）排泥故障

沉淀池结构、管道状况以及操作不当等情况可能会导致排泥故障。

沉淀池结构：检查初沉池结构是否合理，如排泥斗倾角是否大于60°，泥斗表面是否平滑，排泥管是否伸到了泥斗底，刮泥板距离池底是否太高，池中是否存在刮泥设施触及不到的死角等。集渣斗、泥斗以及污泥聚集死角排不出浮渣、污泥时应采取水冲，或设置斜板引导污泥向泥斗汇集，必要时进行人工清除。

排泥管状况：排泥管堵塞是重力排泥初沉池的常见故障之一。发生排泥管堵塞的原因有管道结构缺陷和操作失误两方面。结构缺陷如排泥管直径太大、管道太长、弯头太多、排泥水头不足等。

操作失误：如排泥间隔时间过长，沉淀池前面的细格栅管理不当，使得纱头、布屑等进入池中，造成堵塞。堵塞后的排泥管有多种清除方法，如将压缩空气管伸入排泥管中进行空气冲动，将沉淀池放空后采取水力反冲洗；堵塞特别严重时需要人工下池清掏。当斜板沉淀池中斜板上集泥太多时，可以通过降低水位使得斜板部分露出，然后使用高压水进行冲洗。

三、初沉池日常管理与维护要点

在了解初沉池运行中的异常问题及其解决对策的基础上，工作人员还应定时对沉淀设施进行巡查及对水样进行监测分析。主要内容如下。

（一）日常巡检

出水三角堰板是否有堰口被浮渣堵死，如有应及时清除；三角堰每个堰口出流是否均匀，如不均匀应及时通过调节装置调整堰板的水平度，保证出流均匀；应注意观察各池上的溢流量是否相同，如有差别可调节初沉池的进水闸门，使进入每池的流量分配均匀。

经常从排泥管上的取样口取样观察污泥的颜色。当颜色变暗或变黑色，说明污泥已腐败，应加速排泥。当池内液面冒泡时，说明腐败已很严重。排泥管道至少每月冲洗一次，防止泥砂、油脂等在管道内尤其是阀门处成淤塞，冬季还应当增加冲洗次数。定期（一般每年一次）将初沉池排空，进行彻底清理检查。

刮风时，应观察风力对初沉池的影响，特别是大型的辐流池。如果受风力影响使部分堰板不出水，可观察堰板是否超负荷。如超负荷可投运多余的池子；如果没有备用的池子可设移动式风障。

应勤听设备是否有异声，是否有部件松动，如有则应及时处理。

根据初沉池的型式及刮泥机的型式，确定刮泥方式、刮泥周期的长短。初沉池一般采用间歇排泥，因此最好实现自动控制；无法实现自控时，要注意总结经验并根据经验掌握好排泥次数和排泥时间，避免沉积污泥停留时间过长造成浮泥，或刮泥过于频繁或刮泥太快扰动已沉下的污泥，管理人员应当做好初沉池运行记录表。如表 2-8 所示。

表 2-8 初沉池运行记录表

初沉池进出水	指标	SS/(mg/L)				pH 值			水温/℃			BOD_5/(mg/L)	TS/(mg/L)	
		每天一次				每班一次			每班一次				每班一次	
	进水	1	2	3	均	1	2	3	1	2	3			
	出水	1	2	3	均	1	2	3	1	2	3			
	去除率/%													
	备注	各指标的测量频率视该企业的具体情况而作相应的调整												
初沉池排泥	排泥的含固量	挥发性固体/(mg/L)							pH 值					
	每天一次	每天数次均值							每天数次					
		1	2	3	4	5	6	均	1	2	3	4	5	6
运转记录	班次													
	排泥次数及时间													
	排浮渣次数及浮渣量													
	刮泥机及泥泵运转													
	工艺调控													
初沉池数据计算	指标	SS/(mg/L)		pH 值		水温/℃		BOD_5/(mg/L)		TS/(mg/L)				
		每天一次		每班一次		每班一次		两天一次		每班一次				
	班次	1				2				3				
	出泥量/(t/d)													
	水力表面负荷/[m^3/(m^2·h)]													
	停留时间/h													
	堰板溢流负荷/[m^3/(m^2·h)]													
备注														

对初沉池的常规监测项目应进行及时分析化验，尤其是 SS 等重要项目要及时比较，确定 SS 去除率是否正常。如果下降就应采取必要的整改措施。

(二) 水样常规指标监测与分析

1. 水温

沉淀效率受水温的影响。一般夏季水温较高，沉淀效率也相应提高；而冬季水温较低，沉淀效率也随之降低。另外，夏季池内沉淀污泥易于腐败，应及时排泥。

2. pH 值

一般情况下，初沉池中 pH 值变化不大，但是 pH 值对于后续生物处理设施有很大影响。因此，必须进行测定。

3. BOD

初沉池中 BOD 的去除效率与固形物的去除效率有关，一般其去除效率在 20%～30%范围内。通过测定溶解性 BOD 可以掌握可沉性 BOD 所占的大致比例，因此，常测定就可以把握初沉池的去除效率。溶解性 BOD 一般占进水的 50%～60%，出水的 60%～70%。

4. SS

应定期测定，以把握初沉池中 SS 的质量平衡。初沉池 SS 去除效率受水力负荷影响很大，以对于测定的时间、取样方法等有必要加以考虑。一般进水 SS 为 100～200 mg/L，出水 SS 为 40～55 mg/L，SS 去除率为 40%～55%。

5. 排泥的总固体浓度

测定排泥的总固体浓度为了把握初沉池固形物物料平衡情况以及污泥浓缩效率。进水中氯化钠等溶解性物质浓度较高时，用蒸发残留物的浓度表示固形物浓度将使污泥发生量的计算值偏高，所以此时应以 SS 浓度表示。

（三）设备维护

① 没有运行的池子应将废水放空，如有条件用二级出水灌满；否则应每天开动一次刮泥机。池子应轮流交替投运，每池停运不要超过一个月。

② 排泥管路应每月冲洗一次，防止油脂在管内或阀门处积累。冬季冲洗次数应增加。

③ 初沉池每年应排空一次，彻底检查清理。检查内容有：水下部件的锈蚀程度是否需要重新做防腐；池底是否有沉砂；池内是否有死区；刮板与池底是否密合；排泥斗及排泥管内是否有积砂；池壁或池底的混凝土抹面是否有脱落等。

（四）注意事项

初沉池在整个处理系统中处于核心位置，与上游单元和后续单元的关系非常密切。因此，初沉池在运行管理中应注意的主要事项有：

① 当格栅或沉砂池运行不正常时，应注意砂在初沉池内的沉积，采取措施防止砂或渣堵塞泥管。

② 当浓缩池或消化池运行不正常时，泥区分离液的含固量会增多，应相应增大初沉池的排泥量，以免导致初沉池内污泥或废水腐败。

③ 当发现初沉池排泥的颜色或气味异常，应注意检查是否含有有毒物质。如果发现废水中带入有毒物质，应将污泥跨越消化池直接脱水，以免消化池内的微生物中毒，造成消化池运行失败。

④ 当初沉池 SS 去除率下降时，二级处理的负荷会增大。应注意增大回流或增加曝气量。另外，油脂类物质形成的浮渣如果进入曝气池，会使曝气效率降低。

⑤ 当初沉池泄空时，大量易腐败污泥进入废水提升泵房的集水池，会产生硫化氢等有害气体。泵房应适当增加抽升量，将排空水抽走。

⑥ 如果二沉池发生污泥膨胀，应暂停向初沉池排放剩余污泥；如果二级处理系统处于消化状态，也最好不向初沉池排放剩余污泥，否则会导致初沉池污泥上浮，SS 去除率下降，并反过来影响二级处理的运行。

⑦ 不管是泥区的分离液，还是二级处理的剩余污泥，都应注意均匀稳定地排放。突发性地间断排放将使初沉池形成严重的密度流，SS 去除率下降。

巩固与拓展

巩固知识：

初沉池运维操作练习题

拓展训练：初沉池的型式选择及运行维护过程分析

初沉池有多种型式，分别适用于不同场合。以小组为单位，搜集不同水量、水质的污水资料，根据适用范围选择合适的初沉池类型。

归纳总结初沉池运行过程的工艺控制，以及常规运行维护要求。根据小组任务，形成总结报告，并完成小组讨论。

单元二　城镇污水有机污染物的去除

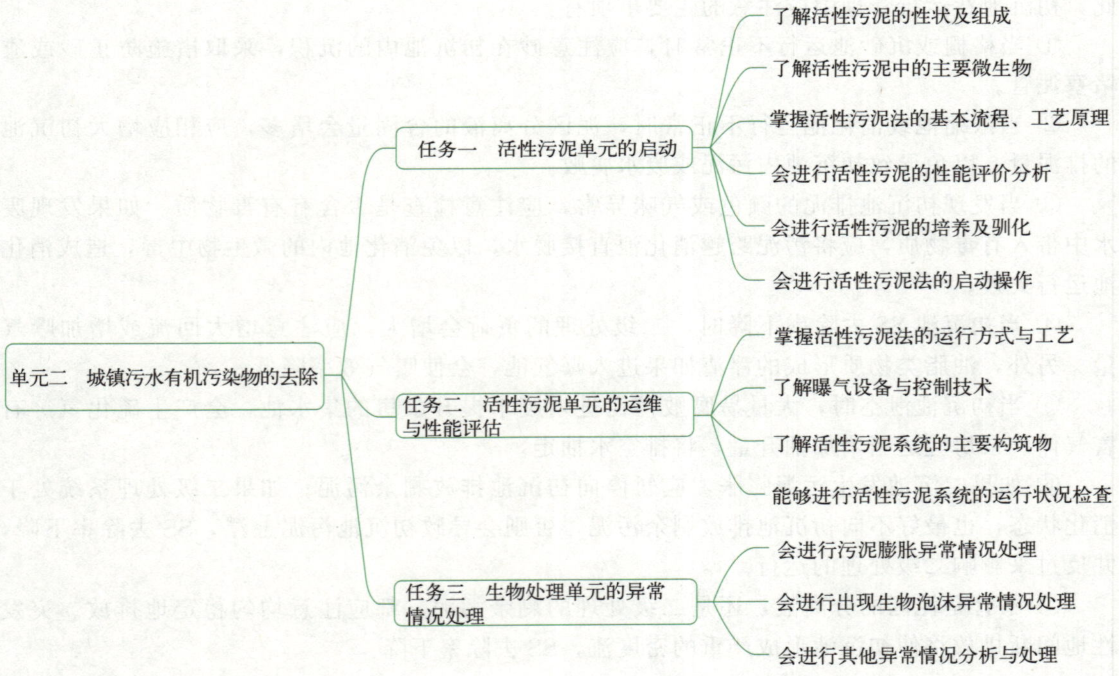
单元二　城镇污水有机污染物的去除
任务一　活性污泥单元的启动
了解活性污泥的性状及组成
了解活性污泥中的主要微生物
掌握活性污泥法的基本流程、工艺原理
会进行活性污泥的性能评价分析
会进行活性污泥的培养及驯化
会进行活性污泥法的启动操作
任务二　活性污泥单元的运维与性能评估
掌握活性污泥法的运行方式与工艺
了解曝气设备与控制技术
了解活性污泥系统的主要构筑物
能够进行活性污泥系统的运行状况检查
任务三　生物处理单元的异常情况处理
会进行污泥膨胀异常情况处理
会进行出现生物泡沫异常情况处理
会进行其他异常情况分析与处理

工程案例

某市污水处理厂提标及扩建工程

一、工程概况

某市污水处理厂原处理规模为 $10^5 m^3/d$，执行《城镇污水处理厂污染物排放标准》（GB 18918—2002）一级 B 标准。根据水量增长及规划情况，该污水处理厂将对原 $105m^3/d$ 的规模进行提标改造，其出水水质要达到该市地方标准《城镇污水处理厂污染物排放标准》（DB 12/599—2015）的 A 标准。

二、进、出水水质

该厂进、出水水质指标数据如表 2-9。

表 2-9　进、出水水质指标及处理程度表

参数	BOD_5	COD	SS	NH_3-N	TN	TP	粪大肠菌群数/(个/L)
进水水质/(mg/L)	350	500	400	45	70	8	
出水水质/(mg/L)	≤6	≤30	≤5	≤1.5(3)	≤10	≤0.3	1000

三、工艺流程

1. 原有工艺

该污水处理厂原有设施分两期建设：一期建设项目于 2006 年 6 月调试运行，二期改造项目于 2011 年建设完成，改造后处理规模仍为 $10^5 m^3/d$，原生物处理段处理能力核减为 $5\times10^4 m^3/d$，并新建具有 $5\times10^4 m^3/d$ 处理能力的生物处理构筑物，其工艺流程如图 2-22 所示。

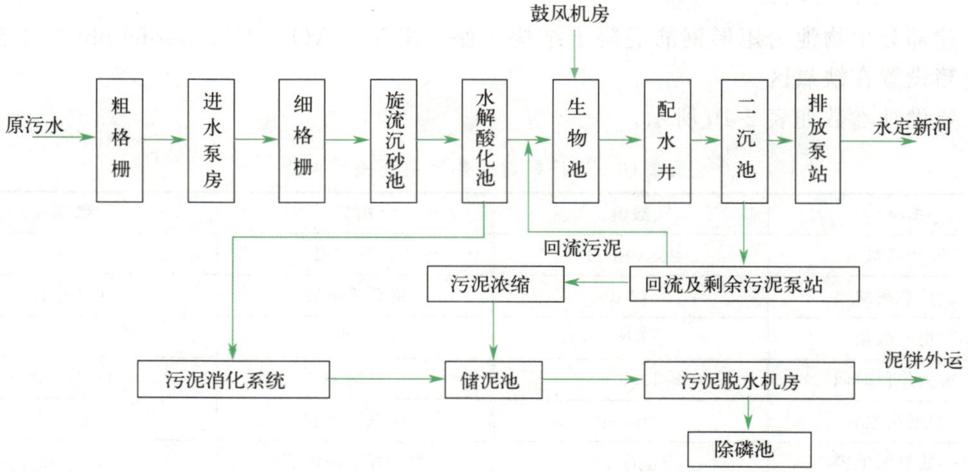

图 2-22　该污水处理厂目前运行工艺流程图

2. 提标及改造工艺

(1) 预处理工艺

扩建部分：采用细格栅＋曝气沉砂池＋平流沉淀池。

提标部分：恢复原有初沉池，改为高负荷初沉发酵池。

(2) 二级污水处理工艺

扩建部分：AAO（五段 Bardenpho）工艺＋周进周出幅流二沉池。

提标部分：原生物池改为 AAO（五段 Bardenpho）工艺。

(3) 污水深度处理工艺　高效沉淀池（磁混凝）＋砂滤池＋臭氧催化氧化（可超越）。

(4) 污泥处理工艺　机械浓缩＋离心脱水。

(5) 消毒工艺　采用次氯酸钠消毒工艺技术。

(6) 除臭工艺　采用全过程除臭工艺。

该厂扩建及提标工程工艺流程如图 2-23 所示。

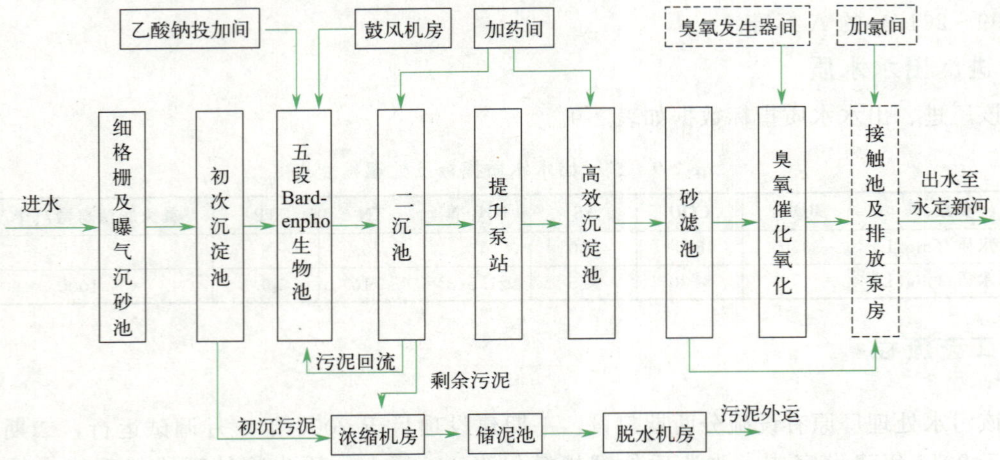

图 2-23　该处理厂扩建及提标工程工艺流程图

四、生物处理单元主要参数

1. 扩建部分生物池

扩建部分生物池为矩形钢筋混凝土结构 1 座，采用 AAO（五段 Bardenpho）工艺。除臭培养箱设置在缺氧区。

主要设计参数如表 2-10 所示。

表 2-10　该厂扩建生物池主要设计参数

指标	数值	指标	数值
设计流量	2083 m^3/h	计算水温	12 ℃
设计总泥龄	17 d	混合液浓度	4.3 g/L
生物池数量	1 座	设计水深	6.0 m
总水力停留时间	19.9 h	总池容	41472 m^3
预缺氧区池容	2700 m^3	厌氧区池容	2700 m^3
第一缺氧区池容	8650 m^3	第一好氧段池容	27332 m^3
第二缺氧区池容	6800 m^3	第二好氧段池容	2560 m^3
脱气区池容	640 m^3	污泥回流比	80%～120%
混合液回液比	300%～400%	曝气器类型	管式曝气器
立式搅拌器	12 台	总供气量	21000 $N\cdot m^3/h$
除臭培养箱	20 套	除臭污泥回流泵	3 套(2 用 1 备)

2. 提标改造部分生物池

(1) 一期生物池改造设计　将曝气区第一廊道部分好氧池改为缺氧池，拆除现有填料及曝气器，增加搅拌器，与氧化沟一起作为第一缺氧区；将曝气区第三廊道部分改为缺氧池，拆除现有填料及曝气器，增加搅拌器，作为第二缺氧区，并设外加碳源投加点；第三廊道第二缺氧区后边池容作为第二好氧区；其余曝气区为第一好氧区；将混合液回流位置向前延伸至第一好氧区末端，并增加一个回流点。

主要设计参数如表 2-11 所示。

表 2-11　该厂一期生物池提标改造设计参数

指标	数值	指标	数值
设计流量	35000 m^3/d	设计总泥龄	17 d
混合液浓度	4.0 g/L	污泥产率	0.82 kg DS/kg BOD_5
污泥负荷	0.083 kgBOD_5/(kg MLSS·d)	停留时间	20.40 h
总池容	29760 m^3	厌氧区池容	2850 m^3
第一缺氧区池容	8590 m^3	第一好氧段池容	13450 m^3
第二缺氧区池容	2900 m^3	第二好氧段池容	1980 m^3
污泥回流比	50%～100%	混合液回流比	250%
总供气量	17000 m^3/h		
新增混合液回流泵:4 台,2 用 2 备			
流量	800 m^3/h	扬程	0.9 m
缺氧区增加搅拌器			
搅拌器台数	8 台	搅拌器功率	4 kW/台

(2) 二期生物池改造设计　将现有水解酸化池进行适当土建改造，改为二期生物池的厌氧区及第一缺氧区，增加污泥回流和混合液回流；将现有公共厌氧区改为第一好氧区，增加曝气器；将现有曝气区第二廊道末端及第三廊道的大部分改为第二缺氧区，第三廊道剩余部分为第二好氧区；其余曝气区为第一好氧区；将混合液回流位置向前延伸至第一好氧区末端，在第一缺氧区前端增加一个回流点。

主要设计参数如表 2-12 所示。

表 2-12　该厂二期生物池提标改造设计参数

指标	数值	指标	数值
设计流量	65000 m^3/d	设计总泥龄	17 d
混合液浓度	4.0 g/L	污泥产率	0.82 kg DS/kg BOD_5
污泥负荷	0.083 kg BOD_5/(kg MLSS·d)	停留时间	20.40 h
总池容	29760 m^3	厌氧区池容	4320 m^3
第一缺氧区池容	129600 m^3	第一好氧段池容	29352m^3
第二缺氧区池容	5418 m^3	第二好氧段池容	1512 m^3
污泥回流比	50%～100%	混合液回流比	250%
总供气量	38000 m^3/h		
新增混合液回流泵:4 台,2 用 2 备			
流量	1100 m^3/h	扬程	10 m
新增污泥回流泵,3 台,2 用 1 备			
流量	1600 m^3/h	扬程	10 m

任务一　活性污泥单元的启动

任务描述

通过知识明晰部分的学习，了解活性污泥的性状及组成、活性污泥中的主要微生物，掌握活性污泥法的基本流程、工艺原理；通过能力要求的学习，学会进行活性污泥的性能评价分析、活性污泥的培养及驯化、活性污泥法的启动操作技术；通过巩固与拓展的训练，根据所学知识进行活性污泥中特征微生物的镜检分析，并提交工作报告。

学习本任务可以采取线上、线下相结合的形式，通过微生物、活性污泥系统相关实验，提升实践动手能力，加深对知识的理解。

知识明晰

一、活性污泥的性状及组成

（一）活性污泥的性状

城镇污水处理中的活性污泥一般呈现褐色、土黄色或铁红色，并带有泥土腥味。一般的活性污泥外形不规则，呈絮体结构，所以又称为“生物絮体”；絮体的尺寸通常为0.02～0.2 mm；具有丰富的比表面积（20～100 cm^2/mL），可以吸附污染物；密度在1.002～1.006 kg/m^3，略大于水，因而在水中静置时，可以在重力作用下沉降，正是通过这一特性才能经济有效地把活性污泥和处理后的污水分开，并持续使用。

（二）活性污泥的组成

取自活性污泥法污水处理系统的污泥含水率达到99%以上，这也就意味着，真正的固体成分仅占很少的一部分，不足1%。活性污泥中的固体成分可以分为四个部分，如图2-24所示。

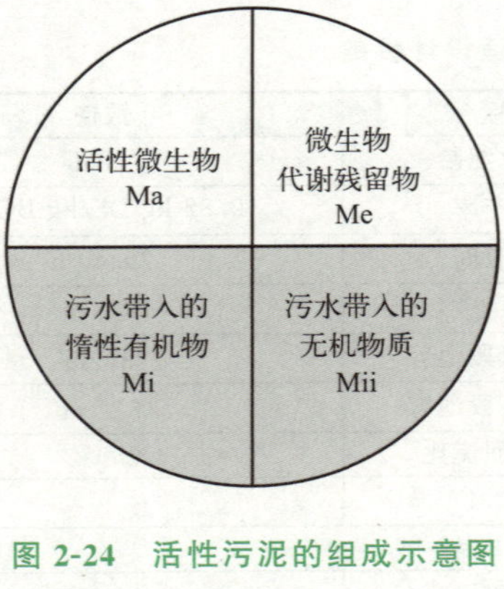

图2-24　活性污泥的组成示意图

活性污泥的发现

图2-24的上半部分代表了与微生物相关的两个组成部分，下半部分则代表了与污水相关的两个部分。

(1) 活性微生物 Ma 这是活性污泥发挥净化污水功能的关键所在，由具有活性的多种细菌等微生物组成。

(2) 微生物代谢残留物 Me 微生物在内源代谢、自身氧化过程中未被降解的残留物。

(3) 污水带入的惰性有机物 Mi 活性污泥所处理的污水中带入的颗粒或胶体性有机物被活性污泥吸附，易生物降解成分被微生物利用降解，而难以被微生物降解的惰性成分则保留在活性污泥中。

(4) 污水带入的无机物质 Mii 污水中挟入的无机颗粒性物质被活性污泥吸附而成为活性污泥的一部分。

可见，活性污泥中仅有活性微生物这一部分具有净化污水的功能，微生物在活性污泥中的比例大小决定了活性污泥“活性”的高低，这一比例与原水水质、工艺运行等因素有关。

二、活性污泥中的微生物

微生物是活性污泥发挥作用的主要部分，尽管它只是活性污泥不足1%的固体成分中的一部分，却与其他组分一起构成了一个丰富而复杂的微观生态系统。

在显微镜下可以观察这个微观世界的组成：细菌类是活性污泥微生物中的主要部分，此外，真菌类、原生动物、后生动物等也会出现在活性污泥中。

显微镜观察活性污泥中生物相的操作

(一) 细菌

活性污泥系统中，已经检测判明的细菌种属包括：产碱杆菌属、芽孢杆菌属、黄杆菌属、动胶杆菌属、假单胞菌属、丛毛单胞菌属、大肠埃希菌、气杆菌属、微球菌属、棒状杆菌属、诺卡氏菌属、八叠球菌属、螺菌属等。

污水处理应用中更常用的细菌分类方式不是判别具体的种属，而主要依据以下内容。①细菌利用的碳源和能源：将那些利用有机碳作为碳源和能源（电子）的细菌称为异养型细菌，简称异养菌，它在细菌中占主要部分；将那些利用无机碳作为碳源的细菌称为自养型细菌，简称自养菌。②细菌的生长环境：只利用氧的细菌称为专性好氧菌；只在没有分子氧的情况下才发挥作用的细菌，称之为专性厌氧菌；处于二者之间的，既能在有氧环境又能在无氧环境下生存的细菌就称为兼性厌氧菌。

细菌是活性污泥微生物的主体，而单个细菌细胞非常微小（约 0.5～1.0 μm），要把这样微小的细菌和水进行分离是非常困难的。幸运的是，细菌在适当的生长条件下会聚集成絮体状或凝胶状，称细菌的这种生长状态为“菌胶团”。这是由于一部分细菌具备特殊的功能，能形成黏液性胞外物质，细菌通过黏液物质黏结在一起，呈团块状生长，就形成了菌胶团，如图 2-25 所示。

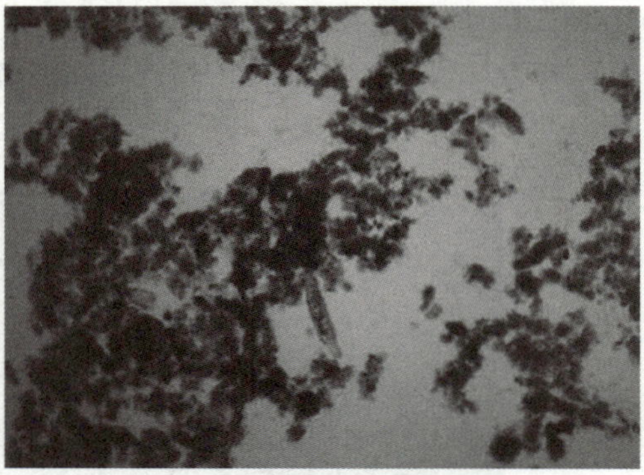

图 2-25 菌胶团的显微镜照片

菌胶团是污水处理中细菌的主要存在形式，具有非常重要的意义。细菌在菌胶团保护下，可防止其被原生动物等捕食者吞食，而且细菌聚集为菌胶团形式，提高了沉降性能，可以通过重力沉降的方法很方便地在排放前从生物处理出水中去除微生物细胞。

（二）真菌

真菌虽然能够和细菌竞争有机基质，但在正常情况下，活性污泥中的真菌竞争不过细菌，它们通常不能构成微生物群的重要组分。但在一些特殊情况下，如污水的 pH 异常或溶解氧供给不足时，真菌能够繁殖并影响活性污泥的性能，是引发所谓“污泥膨胀”现象的重要原因之一。

（三）原生动物

污水处理中出现的原生动物包括鞭毛类、纤毛类、肉足类等，其中钟虫（图 2-26）、累枝虫、楯纤虫、变形虫等比较常见。原生动物在活性污泥系统中起到非常重要的作用如下：

① 作为指示性生物。因为原生动物个体较大，可通过显微镜进行观察，在活性污泥系统运行初期，处理效果欠佳，可看到的原生动物以肉足虫类、鞭毛虫类为主，还有游泳型纤毛虫类，而当活性污泥成熟、处理效果良好时，可观察到的原生动物以带柄固着型的纤毛虫为主。

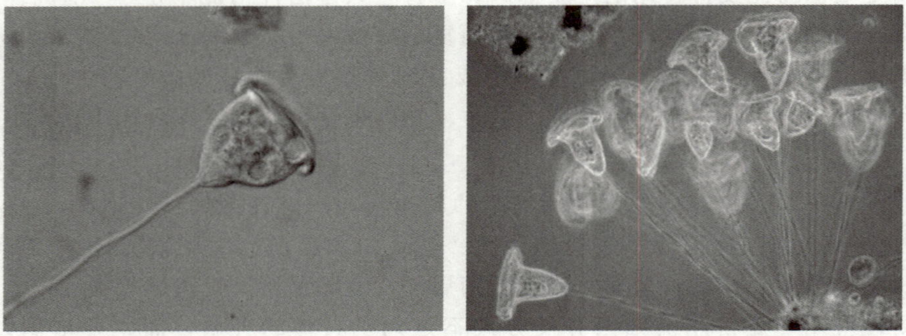

图 2-26 钟虫

② 作为细菌的捕食者。原生动物主要吞食胶体性有机物和游离细菌，适量的原生动物可以有效地控制活性污泥的产量，进一步净化水质，提高出水的悬浮物去除效果。

（四）后生动物

污水处理中常见的后生动物主要是轮虫（图 2-27）、线虫（图 2-28）和寡毛类（图 2-29）。相比于原生动物，它们不是活性污泥系统的常客。当处理水质非常优异时，即处理水中有机物去除率高、含量低的情况下出现轮虫；当线虫大量出现时，往往反映污水净化效果较差。

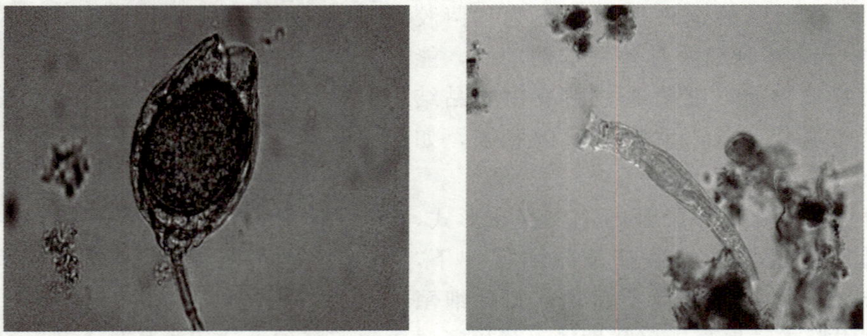

图 2-27 轮虫

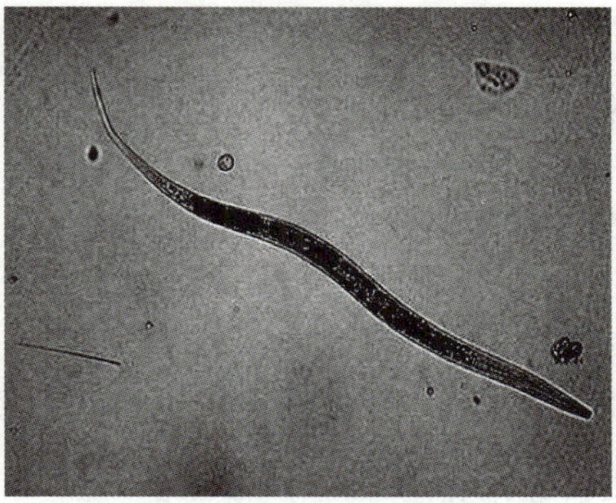

图 2-28　线虫

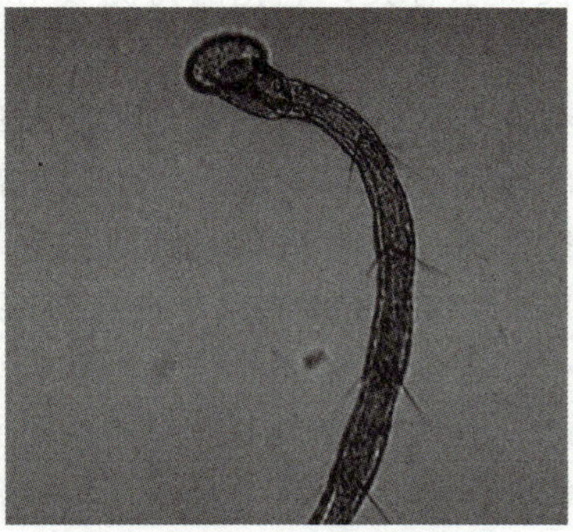

图 2-29　寡毛类

三、活性污泥法处理过程

（一）活性污泥法的基本流程

活性污泥中的微生物

活性污泥法发展至今已有 100 多年的历史，其基本工艺流程如图 2-30 所示。

污水经过初次沉淀池等前处理环节处理后，与二沉池回流的活性污泥同时进入曝气池，成为混合液。通过曝气设备供给的压缩空气使曝气池内污水与活性污泥进行充分混合接触。在好氧状态下，污水中有机物被活性污泥中的微生物群体分解而变得稳定，并在二沉池中进行沉淀分离，二沉池出水达到排放标准可排入环境中，或根据要求进行进一步处理。二沉池沉淀的污泥一部分回流到曝气池，维持曝气池生物量，另一部分以剩余污泥形式从系统排出。

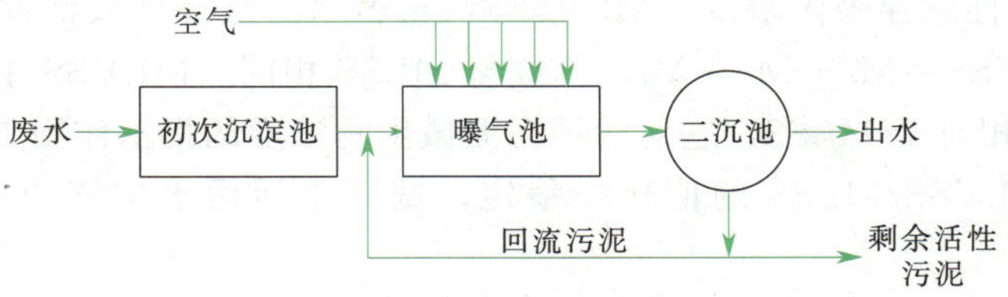

图 2-30　活性污泥基本流程

（二）活性污泥法的工艺原理

活性污泥对有机物的去除主要包括以下四个方面。

1. 初期吸附作用

在很多活性污泥系统里，当污水与活性污泥接触后很短的时间（3～5 min）内就出现了很高的有机物去除率。初期吸附去除过程一般在 30 min 内完成，污水的 BOD 去除率可达到 70%。

活性污泥以生物絮体形式存在，具有较大的比表面积（20～100 cm^2/mL），且菌胶团表面具有多糖类黏液层。因此，污水中颗粒性和胶体性物质在与活性污泥接触后，会很快被其絮凝和吸附到污泥中，贮存在微生物细胞的表面，表现为水中有机物的快速去除，但絮凝和吸附的有机物还需要经过一段时间才能被微生物真正降解去除。

显然，活性污泥初期吸附作用的大小与污水水质和污泥的性能有关。一般来说，当污水中悬浮性和胶体性有机物含量较高时，初期吸附的去除率就较高；而活性污泥的吸附能力则与其生长状态有关，老化的污泥吸附性能较差。

2. 微生物的代谢作用

颗粒性和胶体性有机物是不能被细菌直接利用的，初期吸附到细菌胞外的颗粒性有机物会在酶的作用下分解为能进入细胞内部的小分子有机物，这一过程通常称为“水解”。

活性污泥中以有机物为碳源的异养菌是主要部分，异养菌将一部分有机物氧化为 CO_2 和 H_2O，从中获得能量，并把这些能量用于将另一部分有机物合成为新的细胞物质。在微生物学中，把前一个过程称为分解代谢，把后一个过程称为合成代谢。

因此，有机物被微生物降解的过程可以理解为：一部分有机物被微生物利用氧作为氧化剂进行氧化分解，这意味着，在传统活性污泥法中，有机物的去除需要同时提供氧气；另一部分有机物则形成了新的细胞物质，这意味着活性污泥的增殖。

3. 活性污泥的性能评价指标

活性污泥处理系统要求活性污泥具有良好的吸附氧化有机物的能力，同时要求活性污泥具有良好的沉降性能，易于固液分离。发生“污泥膨胀”时，丝状细菌大量繁殖，具有一定的絮凝网捕作用，但絮体难以沉降，出水水质较差；而处于老化状态的活性污泥，尽管沉降性能较好，但生化活性不高。因此，对活性污泥性状的评价需要结合多方面进行考查。常用评价活性污泥性能的参数有污泥浓度、污泥沉降比、污泥指数等。

(1) 污泥浓度指标

① 混合液悬浮固体浓度（MLSS）：又称混合液污泥浓度。它表示的是在单位体积混合液内所含有的活性污泥固体物质的总质量，即 MLSS＝Ma＋Me＋Mi＋Mii，并不只包括活性微生物浓度。MLSS 的单位为 mg/L，也可用 g/L，g/m^3 或 kg/m^3。曝气池混合液须维持相对固定的污泥浓度，才能维持较好的处理效果和系统稳定性，一般在活性污泥曝气池中控制 MLSS 在 3～5g/L。

② 混合液挥发性悬浮固体浓度（MLVSS）：它表示的是混合液活性污泥中有机固体物质的浓度，即 MLVSS＝Ma＋Me＋Mi，单位与 MLSS 相同。MLVSS 中不包括活性污泥中的无机成分，因此相对于 MLSS，它对活性污泥微生物浓度的指示作用更直接。

一般来说，MLVSS/MLSS 的值比较稳定，城镇生活污水中该值一般在 0.75～0.85 之间。

(2) 污泥沉降性能指标

①污泥沉降比（SV_{30}）：它表示的是曝气池混合液静置沉淀 30 min，沉淀污泥体积占混合液总体积的百分数（%）。如式(2-2)。

$$\text{污泥沉降比 } SV_{30}=\frac{\text{曝气池混合液静置 30min 后沉淀污泥层体积}}{\text{原混合液体积}}\times 100\% \tag{2-2}$$

从定义可知，SV_{30} 值越小，污泥沉降性能就越好，反之沉降性能就差。对同一装置的污泥而言，正常情况下污泥结构是相对稳定的，污泥浓度越高，SV_{30} 值也越大，因此污泥沉降比既与污泥沉降性能有关，又与污泥浓度有关，但相关性比较复杂。

SV_{30} 能相对地反映出系统工艺运行状态、污泥结构、沉降性能等，可用于控制排泥量和及时发现初期的污泥膨胀。

② 污泥体积指数（SVI）：简称污泥指数。它表示的是曝气池混合液经 30 min 静置沉淀后，相应的 1g 干污泥所占的容积（以 mL 计），即 SVI＝混合液 30min 静沉后污泥容积（mL）/污泥干质量（g），如式(2-3) 所示。

活性污泥沉降比的测定

$$\mathrm{SVI(mL/g)}=\frac{\mathrm{SV_{30}(\%)\times 10}}{\mathrm{MLSS(g/L)}} \tag{2-3}$$

污泥指数反映活性污泥的松散程度和凝聚、沉降性能。

4. 活性污泥系统设计运行参数

① 污泥负荷（N_s）：它表示的是单位质量的活性污泥在单位时间内所去除的污染物的量（一般以 BOD_5 表示）。污泥负荷在微生物代谢方面的含义就是 F/M 的值，单位为 kg BOD_5/(kg MLSS · d)，其以进水有机物为基础进行计算，计算公式如式(2-4) 所示：

$$N_s=\frac{\mathrm{F}}{\mathrm{M}}=\frac{QS}{Vc} \tag{2-4}$$

式中　Q——污水流量，m^3/d；

S——进水有机物（BOD）浓度，mg/L；

V——曝气池的体积，m^3；

c——曝气池污泥浓度（MLSS），mg/L。

污泥负荷是活性污泥系统运行的主要参数之一，污泥增长阶段不同，污泥负荷亦不同，净化效果也有较大的差异。

② 污泥龄（SRT）：它表示的是活性污泥在整体系统的平均停留时间，一般用 SRT 表示。活性污泥系统正常运行的重要条件之一是必须保持曝气池内具有稳定的污泥量。系统运行过程中，曝气池内微生物降解过程会不断进行，曝气池内的污泥量也会不断增加，所以需要及时排泥以保证曝气池内的污泥量和活性。

正常运行的活性污泥处理系统污泥龄是相对固定的。如果排放的剩余污泥量少，会导致系统的泥龄过长，从而造成系统能耗升高，二沉池出水的悬浮物含量升高，出水水质变差；如果排泥过量，会导致系统泥龄过短，活性污泥吸附的有机物来不及氧化，二沉池出水中有机物含量增大，出水水质也会变差。

③ 污泥回流比 R：它表示的是回流污泥的流量与进水流量的比值，一般用%表示。通过污泥回流比调节可以控制活性污泥在曝气池内的停留时间，一般活性污泥系统中回流比控制在 30%～70%之间，也可以依据要求，控制高回流比或低回流比。

污泥龄及回流比的计算

能力要求

一、活性污泥系统的启动

活性污泥的培养，就是为活性污泥的微生物提供一定的生长繁殖条件（如营养物质、溶解氧、适宜的温度和酸碱度等），经过一段时间后，产生活性污泥并在数量上逐渐增长，最后达到处理废水所需的污泥浓度。其培养方法主要包括自然培菌法和接种培菌法。

活性污泥的驯化就是为使已培养成熟的活性污泥逐步具有处理特定工业废水的能力的转化过程。活性污泥的培养和驯化实质上是不可分割的，在培养过程中投加的营养料和少量废水，也对微生物起到一定的驯化作用，同时在驯化过程中，微生物数量也会增加，因此驯化过程也是一种培养增殖过程。活性污泥的培养和驯化方法，通常分为异步培驯法、同步培驯法和接种培驯法。其中异步培驯法即先培养后驯化；同步培驯法即培养和驯化同时进行或交替进行；接种培驯法即利用种泥进行适当的培驯。

（一）活性污泥的培养方法

1. 自然培菌法

自然培菌，又称直接培菌法，即利用废水中原有的少量微生物，逐步繁殖的培养过程。该法培养时间相对较长，城镇污水和一些营养成分较全、毒性小的工业废水，如食品厂、肉类加工厂废水，可以采用此种培养方法。自然培菌又可分为间歇培菌和连续培菌两种方法。

（1）间歇培菌　将曝气池注满废水，进行闷曝（即只曝气而不进废水），数天后停止曝气，静置沉淀一段时间（一般为 1 h），然后排出池内约 1/5 的上层废水，并注入相同量的新鲜污水。如此反复进行闷曝、静沉和进水三个过程，并逐步增加进水量，减少闷曝时间。一般春秋季节，大约 2～3 周可初步培养出污泥。当曝气池混合液污泥浓度达到 1000 mg/L 左右时，可进行连续进水和曝气。由于培养初期污泥浓度较低，沉淀池内积累的污泥也较少，回流量也要少一些，后期随着污泥量的增多，回流污泥量也要相应增加。当污泥浓度达到工艺所需的浓度后，即可开始正常运行，按工艺要求进行控制。

（2）连续培菌　先将曝气池进满废水，然后停止进水，闷曝 0.5～1 d 后可连续进水，连续曝气。进水量从小到大逐渐增加，连续运行一段时间（与间歇法差不多），就会有活性污泥出现并逐渐增多。曝气池污泥量达到工艺所需的浓度时，按工艺要求进行控制。

由于自然培菌法是用废水直接培养活性污泥，其培菌过程也是微生物逐步适应废水性质并得到驯化的过程，属于同步培驯法。

2. 接种培菌法

接种培菌，即利用种泥来加快活性污泥培养，是常用的活性污泥培菌方法，适用于大部分工业废水处理厂，具备条件的城镇污水处理厂也常采用此种方法。接种培菌法常用的主要有以下两种。

（1）浓缩污泥接种培菌　采用附近污水处理厂或相似工业废水处理的浓缩污泥作菌种进行培养。培养城镇污水或营养较全、毒性低的工业废水处理系统的活性污泥，可直接在所要处理的废水中加入种泥进行曝气，直至污泥变为棕黄色，此时连续进污水（进水量应逐渐增加），并将沉淀池投入运行，让污泥在系统内循环。为了加快培养进程，可在培养过程中投加未发酵过的大粪水或其他营养物。活性污泥浓度达到工艺要求值即完成了培菌过程。从经济上讲，种泥的量应尽可能少，一般情况下控制稀释后混合液污泥浓度为 0.5 g/L 以上。

有毒工业废水进行培菌时，可先向曝气池引入河水，也可用自来水（需先曝气一段时间以脱去其中的余氯），然后投入种污泥和未经发酵的大粪水进行曝气，直至污泥呈棕黄色后停止曝气，让污泥沉降并排掉一部分上清液，再次补充一定量的大粪水继续曝气，待污泥量明显增加后，逐步提高废水流量。在培菌的后期，污泥中微生物已能较好地适应工业废水水质。

（2）干污泥接种培菌　“干污泥”通常是指经过脱水机脱水后的泥饼，含水率约为 70%～80%。接种污泥要先用刚脱水不久的新鲜泥饼，投加至曝气池前需加少量水并捣成泥浆，一般投加量为池容积的 2%～5%。其接种培菌的过程与浓缩污泥培菌法基本相同。此法适用于边远地区和取种泥运输距离较远的情况。

需要注意的是：干污泥中可能含有一定浓度的化学药剂（用于污泥调理），如药剂含量过高、毒性较大，则不宜作为培菌的种泥。鉴定污泥能否作接种用，可将少量泥块捣碎后放入小容器（如烧杯或塑料桶）内加水曝气，经过一段时间后如果泥色能转黄，就可用于接种。

（二）活性污泥的驯化

在工业废水处理系统的培菌阶段后期，将生活污水和外加营养量逐渐减少，工业废水比例逐渐增加，最后全部受纳工业废水，这个过程称为驯化。

在污泥驯化过程中，污泥中的微生物发生着两个变化：一是能利用该废水中有机污染物的微生物数量逐渐增长，不能利用的则逐渐淘汰、死亡；二是能适应该废水的微生物，在废水有机物的诱发下，产生能分解利用该物质的诱导酶。

在驯化时，需注意使工业废水比例逐渐增加，生活污水比例逐渐减少。每变化一次配比时，须保持数天，待运行稳定后（指污泥浓度未减少，处理效果亦正常），才可再次变动配比，直到驯化结束。

二、活性污泥系统运行状况检测与评价

（一）工艺参数监测评价

活性污泥系统正常运行后，为了保持良好的处理效果，需要对活性污泥系统的运行状况定期进行检测，以分析运行效果并及时进行调整。目前，国内污水处理厂主要采用水质指标与活性污泥指标作为运行管理的主要控制参数，其主要检测的项目有如下几种。

活性污泥的培养驯化

（1）反映处理效果的项目　进出水总 BOD、总 COD，溶解性 BOD、溶解性 COD，进出水总 SS、溶解性 SS，进出水有毒物质（视水质情况而定）。

（2）反映污泥状态的项目　曝气池混合液的各种指标，即污泥沉降比（SV_{30}）、MLSS、MLVSS、SVI、溶解氧、微生物相等。

（3）反映污泥营养和环境条件的项目　氮（总氮、氨氮）、磷（总磷、溶解性磷、颗粒性磷）、pH、水温等。

一般污泥沉降比 SV_{30} 和溶解氧 DO 每 2～4h 测定一次，至少每班测定一次，以便能够及时调节回流污泥量和曝气量。微生物相最好每班观察一次，以便及时预测活性污泥异常现象。其余各项指标每周一次或每月一次进行检查，污水处理厂污水、污泥处理检测项目、监测频率见表 2-13 所示。

除溶解氧水样外，其余污水水样的采集方式均采用混合取样方式，采样容器一般为硼硅玻璃瓶或聚乙烯瓶。

此外，每天需要记录进水量，回流污泥量，剩余污泥量，剩余污泥的排放规律，曝气设备的工作情况、空气量和电耗等；定期检测剩余污泥（或回流污泥）浓度。目前，污水处理厂有些指标已经采用在线仪表随时监测，如水温、pH 值、溶解氧 DO 等，且自动化程度不断提升。

（二）处理效能检测评价

活性污泥系统处理效能评价主要是通过活性污泥性能指标分析以及曝气系统运行工况指标分析进行评价。

1. 活性污泥性能指标分析

（1）污泥沉降比（SV_{30}）的测定及分析　SV_{30} 测定方便、快速，取一定体积（通常为 100 mL 或 1000 mL）曝气池内混合液静置 30 min，测量沉淀污泥体积，计算沉淀污泥体积占混合液总体积的百分数（%）。

表 2-13 污水处理检测项目及频率

序号	项目	周期	序号	项目	周期
1	pH 值	每日一次	21	蛔虫卵	每周一次
2	SS		22	烷基苯磺酸钠	
3	BOD_5		23	醛类	每月一次
4	COD		24	氰化物	
5	MLSS		25	硫化物	
6	MLVSS		26	氟化物	
7	SV	每 2～4h 一次	27	油类	
8	DO		28	苯胺	
9	氯化物	每周一次	29	挥发酚	
10	氨氮		30	氢化物	每半年一次
11	硝酸盐氮		31	铜及其化合物	
12	亚硝酸盐氮		32	锌及其化合物	
13	总氮		33	铅及其化合物	
14	有机氮		34	汞及其化合物	
15	磷酸盐		35	六价铬	
16	总固体		36	总铬	
17	溶解性固体		37	总镍	
18	总有机碳		38	总镉	
19	细菌总数		39	总砷	
20	大肠杆菌数		40	有机磷	

城镇污水处理厂 SV_{30} 一般在 15%～30%，工业废水处理厂的 SV_{30} 相对要高。

(2) 污泥体积指数 (SVI) 的测定及分析 SVI 的测定需结合 SV_{30} 和 MLSS 两个指标的检测来进行。取一定体积（通常为 100 mL）曝气池混合液静置 30 min，测定 SV_{30}；再将 100 mL 量筒内的污泥连同上清液倒入漏斗，进行过滤；过滤后，用镊子将载有污泥的滤纸移入称量瓶中，再放入烘箱（105 ℃）中烘干至恒重（约 4 h），测定 MLSS；按照式（2-3）计算出 SVI 数值。

污泥指数过低，说明泥粒细小、紧密，无机物多，缺乏活性和吸附能力；指数过高，说明污泥将要膨胀，或已膨胀，污泥不易沉淀，影响对污水的处理效果。对一般城镇污水，在正常情况下，污泥指数一般控制在 50～150 mL/g 为宜。对有机物含量高的废水，污泥指数可能远超过上列数值。

(3) 微生物相观察及分析 微生物相观察主要采用镜检技术，可结合低倍镜和高倍镜进行观察。其中低倍镜可以观察微生物相全貌，主要可以观察出污泥颗粒大小、松散程度，菌胶团和丝状细菌的比例以及生长状况等；而高倍镜可以进一步看清微生物的结构特征，如微生物的外形、内部结构，菌胶团的厚薄、色泽，丝状细菌的运行特征等。

微生物相观察时要注重观察生物种类变化、微生物活性状态以及微生物数量的变化等。当污泥结构松散时，常见游动纤毛虫大量增加；出水浑浊效果较差时，变形虫及鞭毛虫类原生动物会大量增加；当丝状细菌大量出现时，常预示时污泥膨胀等情况出现；钟虫的大量出现一般表示活性污泥已生长成熟且处理效果较好，同时可能会有极少量的轮虫出现；若轮虫大量出现，则预示着污泥的老化或过度氧化，随后可能会发生污泥解体、出水水质变差等情况。

活性污泥中微生物的镜检实验

2. 曝气系统运行工况指标分析

良好的曝气系统运行主要是通过污泥负荷、污泥龄、回流比、水利停留时间等控制与调节来实现。一般来说，污泥负荷在 0.3～0.5 kg BOD/(kg

MLSS·d)，有机物（BOD）去除率可达到90%以上。当污泥负荷较大时，运行经验表明易出现丝状细菌性污泥膨胀。控制污泥龄可以实现对活性污泥系统微生物种类的选择，这是因为不同种类的微生物世代时间不同。一般来说，对有机污染物分解起主要作用的微生物世代时间都小于3 d，只要合理控制污泥龄，就可以使这些微生物在活性污泥系统中生存并得以繁殖，以用于处理污水。而硝化菌的世代期一般为5 d，因此要在活性污泥系统中培养出硝化细菌，则必须控制SRT至少大于5 d。

部分活性污泥法工艺控制参数如表2-14所示。

表2-14　部分活性污泥法工艺控制参数

工艺类型	污泥龄/d	污泥负荷/($kg\ BOD_5$)/(kg MLVSS)	容积负荷/($kg\ BOD_5$/m^3·d)	MLSS/(mg/L)	水力停留时间/d	回流比/%	BOD去除率/%
传统活性污泥法	5～15	0.2～0.4	0.3～0.8	1500～3000	4～8	25～75	85～95
完全混合法	5～15	0.2～0.6	0.6～2.4	2500～4000	3～5	25～100	85～95
阶段曝气法	5～15	0.2～0.4	0.4～1.4	2000～3500	3～5	25～75	85～95
延时曝气法	20～30	0.05～0.15	0.15～0.25	3000～6000	18～36	50～150	75～95
高负荷法	5～10	0.4～1.5	1.6～16	4000～10000	2～4	100～500	75～90
纯氧曝气	3～10	0.25～1.0	1.6～3.2	2000～5000	1～3	25～50	85～95
氧化沟	10～30	0.05～0.3	0.1～0.2	3000～6000	8～36	75～150	75～95
SBR	10～20	0.05～0.3	0.1～0.24	1500～5000	12～50	—	85～95

巩固与拓展

巩固知识：

活性污泥单元的启动练习题

拓展训练：活性污泥系统微生物镜检实验

以团队合作形式完成不同阶段污水中活性污泥中特征微生物的镜检分析，并提交工作计划和实验报告。

任务二　活性污泥单元的运维与性能评估

任务描述

通过知识明晰部分的学习，了解活性污泥法的运行方式，掌握常见的活性污泥法的运行工艺，了解曝气设备的主要类型；通过能力要求的学习，学会曝气设备的操作维护技术，学会曝气系统和二沉池的控制技术；通过巩固与拓展的训练，根据所学知识对采用活性污泥法的污水处理厂的活性污泥性能进行评价并设计方案，提交工作计划。

学习本任务可以采取线上、线下相结合的形式，开展整体处理系统的相关设计，加强对知识的理解。

知识明晰

一、活性污泥法的运行方式与工艺

活性污泥法在100多年的发展过程中，在反应时间、曝气方式、有机负荷、反应池型、进水方式等方面进行了不同的探索与尝试，演变出不同的工艺类型。其中有些工艺曾经或现在仍是污水处理常见工艺，而有些工艺已经很少被采用。人们对于高效、稳定、经济的活性污泥系统的探索还在进行中。

（一）传统活性污泥法

传统活性污泥处理法，又被称为普通活性污泥法，是最早出现的活性污泥处理工艺，后期活性污泥处理工艺均以此为基础演变而成。

传统活性污泥法的工艺流程如图2-30所示，经初沉池处理过的污水与二沉池回流的污泥一并进入长条形的曝气池，沿途一般由底部均匀布设的曝气装置鼓风曝气提供溶解氧，推流前行。经处理的污水由曝气池另一端排出，进入二沉池进行泥水分离。出水进入后续处理单元，出泥一部分以剩余污泥形式排放，另一部分回流至曝气池。

1. 工艺主要特点

污水中的有机物经历了由吸附到微生物代谢的完整过程；活性污泥中微生物经历一个由对数增长到减速增长再到内源呼吸的完整生长周期。

传统活性污泥法适于处理水质相对稳定的污水。由于曝气池内有机物存在着浓度梯度（即曝气池内污水浓度从池首至池尾逐渐下降），污水降解反应的推动力较大，因此对有机物具有较高的净化效率，一般去除效率可达到90%以上。

2. 运行中主要存在的问题

传统活性污泥法在运行中主要存在的问题包括：冲击负荷适应性较低；耗氧量与需氧量池首与池尾分布不均；曝气池容积大，占地面积大，基建费用高等。

为了解决传统活性污泥法中供氧和需氧的差异，先后出现了渐减曝气法、阶段曝气法、完全混合法、高负荷曝气法、延时曝气法、深层曝气法、浅层曝气法、吸附-再生法、吸附-生物降解工艺等不同的工艺类型，其工艺特点、常用形式等详见下述二维码内容。

（二）序批式活性污泥法（SBR法）

序批式活性污泥法又称为间歇式活性污泥法（SBR法），目前该法已广泛应用于我国城市生活污水和工业废水处理，如石家庄高新区污水处理厂、北京航天城污水处理厂、北京密云区污水处理厂一期、深圳盐田污水处理厂、昆明第三污水处理厂、天津经济技术开发区污水处理厂均采用SBR及其变形工艺处理城市生活污水；畜禽废水、染料废水、青霉素废水、漆包线厂废水等工业废水处理采用SBR工艺也获得了理想的应用效果。

传统活性污泥法常见几种变形工艺类型及其特点

活性污泥法运行工艺

渐减曝气法基本流程

延时曝气法基本流程

1. 工艺流程

图 2-31 为 SBR 法污水处理系统工艺流程。污水经过预处理单元后进入间歇曝气池处理后出水，间歇曝气池集有机物降解与混合液沉淀于一体，为该系统的核心单元。该池在不同的时间完成不同的操作，一个 SBR 运行周期分别完成进水、反应、沉淀、出水、待机（闲置）5 个工序（如图 2-32）。其中进水工序接续待机阶段，主要进行污水进水，间歇曝气池水位上升；反应工序为 SBR 工艺最主要的工序，污水注入达到预定高度后即开始进行反应（曝气或搅拌等），利用池内的活性污泥进行有机物的去除，也可以根据出水要求进行调整，实现脱氮除磷等；沉淀工序实现泥水分离，此时停止曝气或搅拌，一般静置沉淀时间为 1.5～2.0 h；出水工序主要进行沉淀后上清液的排放，此时曝气池内保留一部分活性污泥，作为种泥；待机工序为处理水排放后，此时曝气池处于停滞状态，等待下一个周期操作运行。

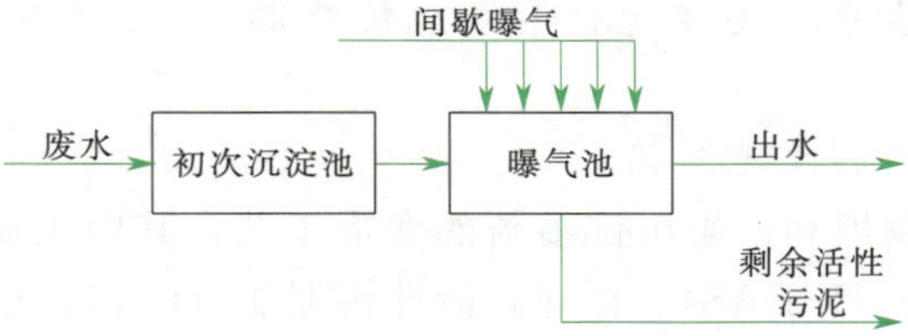

图 2-31　SBR 法污水处理系统工艺流程

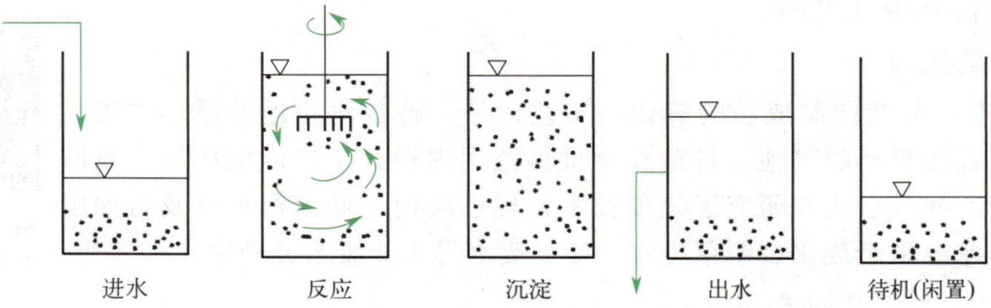

图 2-32　SBR 法间歇式曝气池运行操作的 5 个工序示意图

2. 工艺特点

(1) 主要优点　SBR 为间歇式活性污泥工艺，曝气池内混合液流态属于完全混合式，有机物降解是一个时间上的推流状态；工艺简单，无需调节池和二沉池等构筑物，也不需污泥回流设备，节省土建和运行管理费用；反应推动力大，处理效率高；固液分离效果好；可灵活选择不同的运行方式，可达到良好的脱氮除磷效果；在一个周期内，反应器的溶解氧浓度不断变化，有效抑制了污泥膨胀的发生；进水时污水注满后再进行反应，因此反应器具有水质、水量调节功能。

SBR 工艺

（2）主要缺点 连续进水时，单元 SBR 反应器需要较大的调节池；对于多个 SBR 反应器来说，其进水和排水的阀门自动切换频繁；无法达到大型污水处理项目之连续进水、出水的要求；设备的闲置率较高；污水提升水头损失较大；如果需要后处理，则需要较大容积的调节池。

3. 主要设备仪表

SBR 法中比较重要的设备仪表主要有曝气装置、滗水器、自动控制系统。

（1）曝气装置 目前，SBR 常用曝气装置主要有微孔曝气器和射流曝气器。近年来，在射流曝气器基础上发展起来的两用曝气器既能进行异相射流又能进行同相射流，在 SBR 系统中具有良好的应用效果。

（2）滗水器 SBR 法周期排水，池中水位是变化的，所需的排水装置（滗水器）不仅要保证排水时不会搅动池内水层，使水体排出时清液始终位于最上层，又要防止浮渣进入。滗水器有很多种类，从传动形式上可分为机械式、自动式和组合式；从运行方式上可分为虹吸式、浮筒式、套筒式和旋转式；从堰口形式上分为直堰式和弧堰式等。

（3）自动控制系统 SBR 的自动控制主要是以时间为基本参数，控制过程中所需要的指令信息及反馈信息均利用各种水质、水量监测仪器仪表获得。SBR 自动控制的硬件设施包括计算机控制系统和仪器仪表系统。其中计算机控制系统主要有 PLC 和 DCS 两种，国内常采用 PLC 控制系统，它是自动控制系统的核心；仪器仪表系统主要包括溶解氧传感器、pH 计等在线分析仪器。

常见的滗水器

4. SBR 的发展及主要的改进工艺

目前在 SBR 基础上发展和衍生出许多新的变形工艺，其中工业化应用的主要有间歇式循环延时曝气活性污泥法（ICEAS）、循环式活性污泥法（CAST/CASS/CASP）、间歇排水延时曝气法（IDEA）、需氧-间歇曝气法（DAT-IAT）、单体池系统（UNITANK）、改良式间歇活性污泥法（MSBR）、厌氧间歇活性污泥法（ASBR），还有二级 SBR 系统、三级 SBR 系统以及膜法 SBR 工艺等。

（三）氧化沟

20 世纪 50 年代研制成功的氧化沟工艺，是一种首尾相连的循环式曝气沟渠，又名连续循环曝气池，目前在全世界范围内得到了广泛的应用。我国于 20 世纪 80 年代引进和研究了该项技术，现已应用于城镇污水以及石油废水、化工废水、造纸废水、制革废水、印染废水等工业废水处理中。

SBR 变形工艺类型及其特点

1. 氧化沟工艺原理及构成

（1）工艺原理 氧化沟工艺是一种利用循环式混合曝气沟渠进行污水处理的技术，如图 2-33 所示。其一般不设初沉池且连续进出水、延时曝气。其曝气池为封闭的环形沟渠状，池体较狭长，曝气装置常采用表面曝气器。通过表面曝气器装置在特定位置的转动，起到曝气充氧的作用，并推动污水和活性污泥的混合液在闭合渠道内做不停地循环流动，污泥在推流作用下呈悬浮状态，与污水充分混合、接触，最后通过二沉池或固液分离器进行泥水分离，使污水得到净化。

（2）系统构成 氧化沟系统的基本构成包括氧化沟池体、曝气装置、进出水装置、导流和混合装置及附属构筑物。

① 氧化沟池体：一般为环形，平面常为圆形或者椭圆形，池体四壁一般由钢筋混凝土

建造，也可采用混凝土或石材作护坡。池内水深依据采用的曝气装置而定，一般为 2.5～8 m。

② 曝气装置：常用机械曝气机、射流曝气机、导管式曝气机以及混合曝气系统，起到供氧、推动水流循环运动、防止活性污泥沉淀以及促使混合液混合充分的作用。

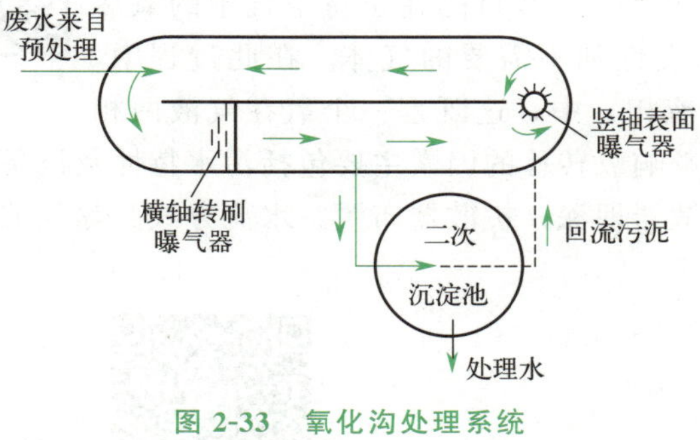

图 2-33 氧化沟处理系统

氧化沟工艺介绍

③ 进出水装置：主要包括进水口、回流污泥口和出水调节堰等。其中进水口和回流污泥进入点应该在曝气器的上游，促使进水及回流污泥与沟内原有混合液混合充分；出水口应在曝气器的下游，且尽可能远离进水口和污泥回流口，避免短流发生。

④ 导流和混合装置：主要包括导流墙和导流板。一般在弯道处设置导流墙以减少水头损失，防止产生弯道停滞区和避免过度冲刷；在曝气转刷上下游设置导流板，以提高氧转移速率。

⑤ 附属构筑物：主要包括二沉池、刮泥机和污泥回流泵房等。

2. 氧化沟工艺技术特点

氧化沟工艺主要技术特点：具备了推流式和完全混合式的双重特点，具有较强的调节能力和克服短流能力；具有明显的溶解氧浓度梯度，具备一定的脱氮能力；能耗相对较小；构造多样、运行灵活、工艺流程简单、构筑物较少、管理方便，同时占地面积大；污泥易沉积，易产生浮泥和漂泥；由于氧化沟的负荷低、泥龄长，污泥易老化，老化的污泥絮体易被曝气打碎，在二沉池内形成漂泥。

氧化沟工艺技术特点

3. 氧化沟工艺应用型式

氧化沟工艺因具有优良的处理能力，运行维护简单，得到了较大的发展，目前已形成氧化沟与沉淀池分建式或合建式共两种组合型式，交替式、半交替式、连续式共三种工作模式，形成了如卡鲁塞尔氧化沟在内的共计 20 多种型式。

氧化沟应用型式　氧化沟工艺典型布置　DE 氧化沟　Passver 氧化沟　T 型氧化沟系统工艺流程

二、曝气设备与控制

充足的溶解氧是好氧微生物生存和发挥作用的必要条件。活性污泥法通过曝气设备实现供氧及促使微生物、有机物、氧三相充分接触，使活性污泥处于悬浮状态。因此，对于活性污泥处理工艺而言，曝气设备的特点及性能决定着系统整体处理能力和运行费用。

(一) 曝气原理与方法

1. 曝气原理及影响因素

曝气

曝气是实现空气与水强烈接触的方式之一，其目的在于将空气中的氧尽可能溶解于水中，同时释放水中具有挥发性和不需要的气体。在此过程中，空气中的氧从气相转移或传递到废水（液相）中，这既是一个氧在气液两相之间的扩散过程，也是一个传质过程。影响氧转移的因素主要包括污水特性及设备与工艺因素，如扩散器类型、扩散器开孔率、扩散器埋深、扩散器布置、水流方式、曝气池类型、水质、水温等条件。

双膜理论　　　氧传质影响因素

2. 曝气方法

污水处理中的曝气主要有两种基本方法：鼓风曝气和机械曝气。近年来，又在此基础上演变出了许多新的曝气方法，如潜水搅拌曝气法、射流曝气法等。

(1) 鼓风曝气　是指将由空压机（纯氧机）送出的压缩空气（氧气）通过一系列的管道系统送到安装在曝气池池底的空气扩散装置（曝气装置）。空气（氧气）由空气扩散装置（曝气装置）以微小气泡的形式逸出，并在混合液中扩散，使气泡中的氧转移到混合液中（图 2-34）。目前，我国大中型污水厂主要采用鼓风曝气法。

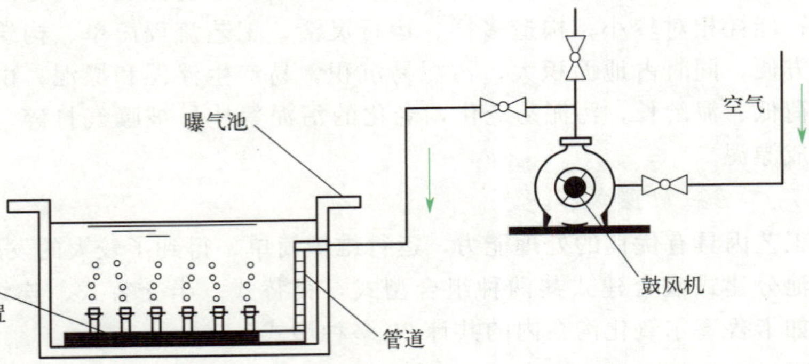

图 2-34　鼓风曝气系统示意图

(2) 机械曝气　主要指表面曝气，即利用安装在水面上、下的叶轮高速转动，剧烈地搅动水面，产生水跃，使液面与空气接触的表面不断更新，使空气中的氧转移到混合液中（图 2-35）。根据曝气设备安装方式的不同，主要分为垂直提升型及水平推流型。机械曝气因维护管理方便、能耗相对小，在我国小型污水处理厂应用较多。

(3) 射流曝气法　水流由潜水泵吸入，在泵的高压和文丘里管的作用下形成高速水流进入吸气室，使吸气室形成负压，空气在大气压的作用下通过吸气管进入吸气室，与水在混气室混合，水流将空气剪切成无数微小气泡，由射流喷嘴喷入水中，如图 2-36。射流曝气利用了水

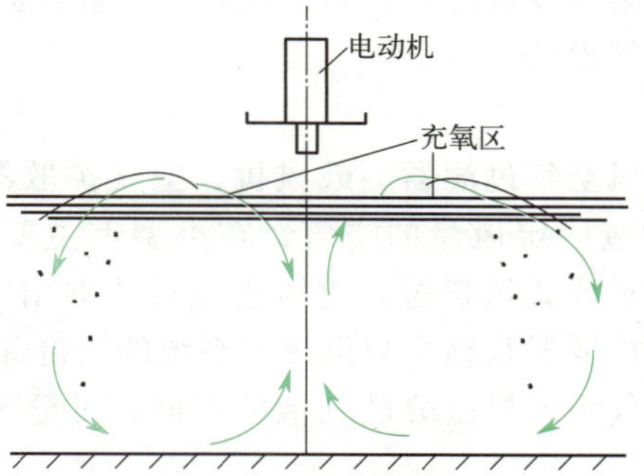

图 2-35　机械曝气充氧示意图

力剪切和气泡扩散的双重作用，具有良好的充氧能力，结构简单，运转灵活，维修方便。

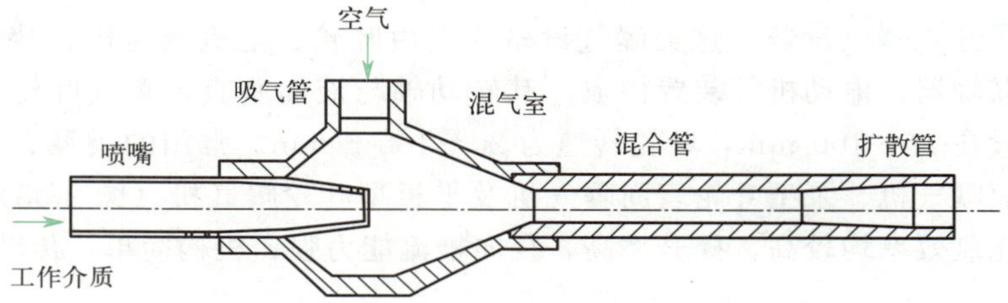

图 2-36　射流曝气器典型结构示意图（自吸供氧）

（4）潜水搅拌曝气法　外部空气风机通过输气管道将空气从曝气机下部输入曝气机叶轮内，气体从上部扩散口排出。同时，潜水电机带动叶轮强烈搅拌，使水从下部以强烈对流的形式进入曝气机内。高速喷出的小气泡将在喷出瞬间被高速旋转的剪切叶片，切割撕裂成无数极细小的气泡，与水充分混合，如图 2-37 所示。该法具有曝气性能良好，动力效果较高，能耗低，工艺适应性好等特点。

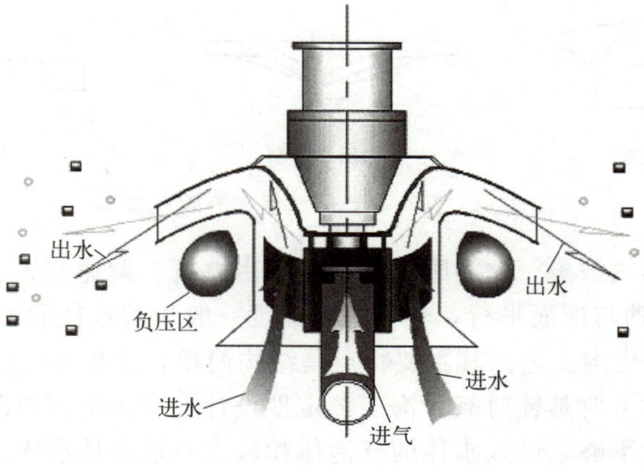

图 2-37　潜水搅拌曝气三相流接触原理图

（二）曝气设备

污水处理中的曝气设备随着污水处理技术的深入研究和广泛应用而逐渐发展变化，一个良好的曝气设备在性能上应具备以下几点：结构简单、曝气均匀、能耗小、性能稳定、噪音及其他公害小、价格低廉以及耐腐蚀性强等。

依据曝气方法的不同，曝气设备主要分为鼓风曝气设备、机械曝气设备、射流曝气设备、潜水搅拌曝气设备。

曝气设备性能参数

1. 鼓风曝气设备

鼓风曝气设备系统由进风空气过滤器、鼓风机、空气扩散器以及一系列连通的管道组成。鼓风机供应一定风量的空气，在类型上主要有罗茨风机、回转式风机、离心式风机、水环式风机等。进风空气过滤器用以净化进入曝气系统的空气，防止堵塞。扩散器是整个鼓风曝气系统的关键部件，其作用在于将空气分散成不同尺寸的气泡。鼓风曝气系统根据分散气泡的不同，可分为微气泡、小气泡、中气泡、大气泡及水力剪切等类型。

2. 机械曝气设备

常见的鼓风曝气系统

机械曝气设备按传动轴的安装方向，分为垂直提升式曝气设备和水平推流型曝气设备。

(1) 垂直提升式曝气设备　这类曝气设备主要由叶轮、电机减速机、叶轮升降装置、联轴器、电动机等装置构成，其转动轴与液面垂直，曝气叶轮的淹没深度一般在10～100 mm，叶轮转速为20～100 r/min。常用的类型有倒伞型叶轮表面曝气机、泵型叶轮表面曝气机及平板型叶轮曝气机（图2-38）。其共同特点是动力效率和充氧效率均较高，提升率高，径向推流能力强，机构简单，传动平稳，运行可靠，调节灵活等。

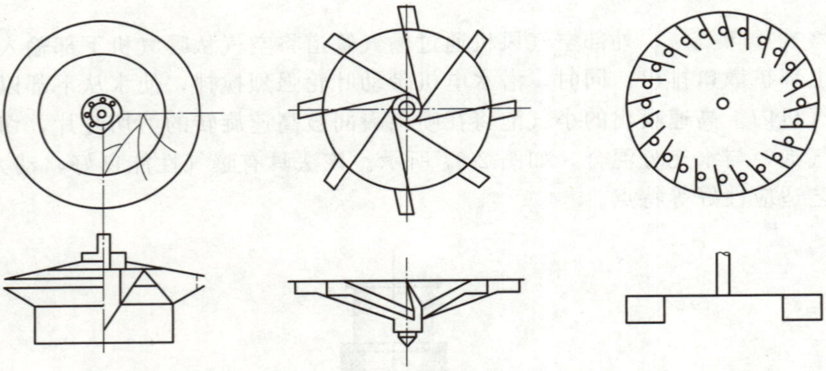

(a) 泵型　　(b) 倒伞型　　(c) 平板型

图2-38　几种典型的垂直提升曝气设备

(2) 水平推流型曝气设备　这类曝气设备主要由电机、调速装置、主轴、转刷或转盘组成（图2-39），其转动轴与液面平行，转刷淹没深度一般为其直径的1/3～1/4，转速为50～70 r/min，主要用于氧化沟工艺。其主要特点是结构简单，维护方便，充氧较快，动力消耗较小。但此类曝气设备主要是针对氧化沟工艺定性设计，应用范围有限，另外相对于其他曝气机，水体的湍流程度不够，进入水体的气泡体积较大且设备体积庞大。

3. 射流曝气设备

20世纪40年代，美国陶氏（DOW）化学公司采用压力供气射流曝气设备处理含酚废水。20世纪50、60年代，国外相继采用射流曝气设备处理污水。我国在20世纪70年代开始了用射流曝气器处理污水的应用研究。目前，射流曝气器分为多种不同的类型。

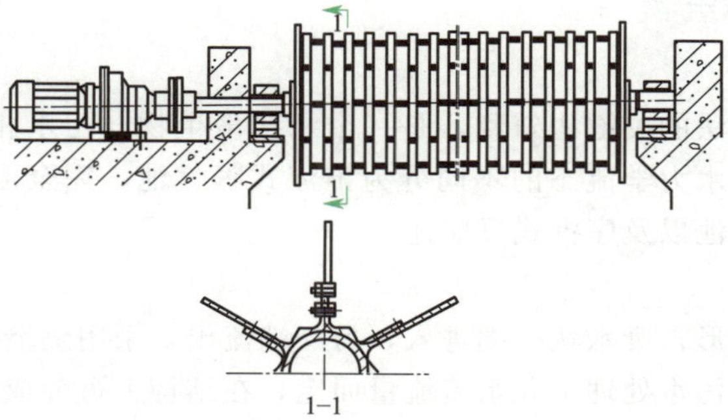

图 2-39　转刷曝气器

（1）依据喷射方式不同分类　分为连续喷射型、旋流喷射型和脉冲喷射型。

① 连续喷射型：液体射流是连续的，目前大部分射流曝气器采用此方式。

② 旋流喷射型：液体射流是旋转的，可增加液气接触面，促使液体较快破碎分散成液滴，提高传递效率（图 2-40）。

③ 脉冲喷射型：液体射流是不连续的。

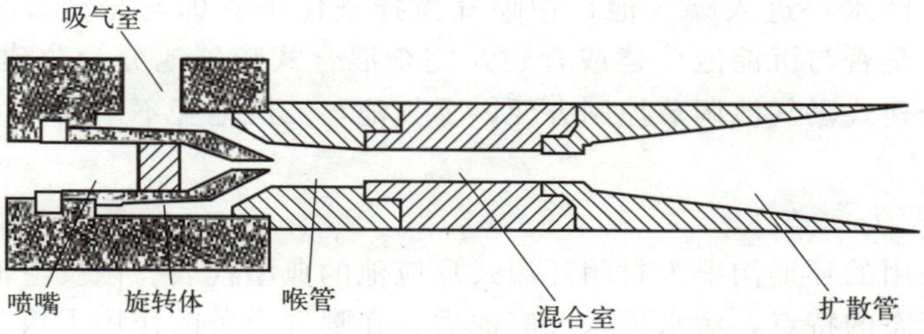

图 2-40　装有旋转体的射流器示意图

（2）依据供气方式不同分类　分为强制供气和自吸供气。

① 强制供气：由鼓风机向射流器提供空气，特点是供给空气量控制方便，射流器安装位置比较自由且数量多，但因为一般淹没在水中，安装与维护不方便，如图 2-41。

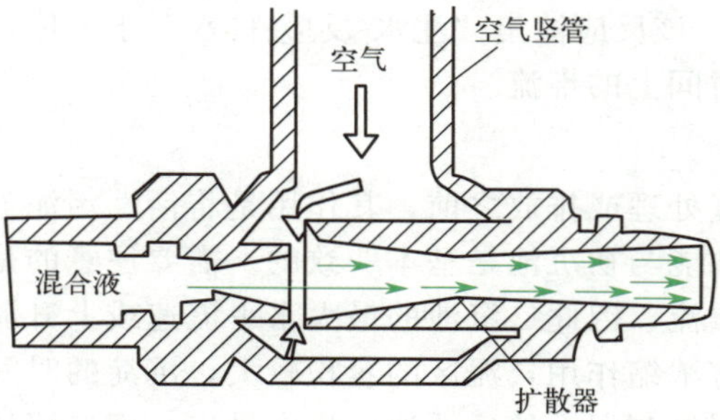

图 2-41　强制供气射流曝气器结构示意图

各类曝气设备的性能资料

② 自吸供气：由射流器喷嘴喷出的高速射流使吸气室内形成负压，将空气吸入，特点是不需鼓风设备，所需射流器少。

总之，各种曝气设备各有特点，用途和使用范围各不相同，因此使用时应根据工程实际需要和成本合理选择。

三、活性污泥系统构筑物

（一）曝气池

曝气池的结构

曝气池是活性污泥法的关键构筑物，是一个承接微生物与污水相互作用的反应器。曝气池按照水力学流态的不同分为推流式曝气池、完全混合式曝气池、封闭环流式反应池以及序批式反应池。

1. 推流式曝气池

推流式曝气池呈矩形，废水从一端进入，另一端流出，采用隔墙把池子隔成若干个折流廊道。曝气池的数目随污水处理量和水流流量而定，在结构上可分成若干个单元，每个单元包括几个池子，每个池子常有一至多个廊道。一般推流式曝气池的池长可达 100 m，长宽比为 5～10，池宽和有效水深之比为 1～2，有效水深通常为 4～6 m。该池进水方式不限，为了达到曝气池的有效水深，出水都采用溢流堰。根据横断面上的水流情况，推流式曝气池又可分为平移推流式和旋转推流式。

2. 完全混合式曝气池

常见的推流式曝气池

完全混合式曝气池的池型可以为圆形，也可以是方形或矩形。曝气设备可以是表面曝气机，也可以是鼓风曝气设备，一般表面曝气机最为常用，置于池的表层中心。污水一进入曝气池，在曝气搅拌条件下立即与全池混合，使水质均匀。按照是否与沉淀池分建或合建，完全混合式曝气池分为分建式和合建式，且因分建式曝气池调节控制方便，曝气池与二沉池互不干扰，回流比确定，应用较多。

3. 封闭环流式反应池

氧化沟工艺采用的环形沟渠为封闭环流式反应池的典型代表。该反应池集合了推流式和完全混合式两种流态的特点，污水进入反应池后，在曝气设备的作用下快速、均匀地与反应器中混合液混合并循环流动。一般循环流动流速为 0.25～0.35 m/s，完成一个循环所需时间为 5～15 min，因污水在反应器内停留时间通常为 10～24 h，所以污水在池内可经过 40～300 次循环后流出，从而使进水被数十倍甚至数百倍的循环稀释，提高了反应器的缓冲能力。

4. 序批式反应池

序批式反应池指 SBR 工艺的反应池。该反应池集“注水-反应-排水”于一体，在流态上属于完全混合，在有机物降解方面属于时间上的推流。

（二）二沉池

二沉池一般设在生化池的后面，深度处理或排放之前，其作用是将活性污泥与处理水分离，并将沉泥加以浓缩。二沉池的基本功能与初沉池是基本一致的。需要注意的是，由于二沉池所分离的污泥质量小，容易产生异重流，因此二沉池的最大水平流速或上升流速及溢流堰的负荷都应低于初沉池。且二沉池具有浓缩作用，泥区的容积较大，沉淀的时间较长，水力负荷比初沉池要小。初沉池常采用刮泥机刮泥，然后从池底集中排出，而二沉池通常采用刮泥机从池底大范围排泥。

能力要求

一、曝气的运行控制

污水处理厂日常运行经费支出主要为电费，据统计，污水处理厂电费支出约为年运行经费的40%～50%，其中活性污泥系统曝气耗电为污水处理厂能耗的关键环节。同时，曝气是维持曝气池内溶解氧（DO）的直接手段，曝气量的控制及曝气设备的正常操作十分重要。曝气系统操作不当易引起污泥上浮、污泥腐化及增加能耗等问题。因此，曝气系统的运行控制对污水处理系统具有显著意义。

（一）活性污泥系统中溶解氧的调节

一般活性污泥系统好氧曝气池溶解氧浓度控制在2～3 mg/L，溶解氧浓度过低，抑制了菌胶团细菌胞外多聚物的产生，易导致污泥解体，同时会使吞噬游离细菌的微生物数量减少；溶解氧浓度过高，易将污泥絮粒打碎，造成污泥老化。在脱氮除磷工艺中，一般缺氧池DO控制在0.5 mg/L以下，厌氧池DO控制在0.2 mg/L以下。

在鼓风曝气系统中，可通过控制进气量的大小来调节溶解氧的高低。一般曝气池溶解氧浓度长期偏低主要有两种原因：一是活性污泥负荷过高，可适当增加曝气池中活性污泥的浓度；二是供氧设施功率过小，可采用氧转移效率高的微孔曝气器或增加机械搅拌设备。

在机械曝气系统中，可通过控制机械曝气设备功率及数量实现溶解氧浓度的调节。

（二）曝气设备的操作与维护

1. 鼓风曝气系统

（1）罗茨鼓风机操作及维护　罗茨鼓风机是低压容积式鼓风机，工作过程中要保证润滑，注意选用合适的润滑油并进行及时更换。运转状态时要注意排气压力、电机电流值在铭牌规定值以下，转向须与转向标牌所示方向一致。皮带传动的风机需要注意皮带的松紧度必须恰当。机组的日常维护与故障排除见表2-15、表2-16。

表2-15　罗茨鼓风机的日常维护

维护内容	每次开机	每天检查	每月维护
检查油箱内的油位	√	√	
检查轴段油封的泄漏	√	√	
清洗油箱内部并换油			√
检查皮带或联轴器	√		√
检查压力表的显示	√		√
检查安全阀的系数	√		√
检查供电电源	√	√	
取出管路中的异物	√		√
检查连接管道	√		
检查阀门的开启状况	√		
检查电机及转向	√		
检查电压和电流	√	√	
测试振动与噪声	√	√	
测试外壳温度	√	√	
检查循环冷却水	√	√	
检查齿轮与轴承精度			√
检查进口过滤消音器	√		√

表 2-16 罗茨鼓风机的故障与排除

故障现象	发生原因	排除方法
风量不足	叶轮与机体磨损而引起间隙增大	更换磨损零件
	配合间隙有所变动	按要求调整
	系统有泄漏	检查后排除
	传动皮带打滑，鼓风机转速下降	更换或调整皮带
电动机过载	①系统压力变化	
	a. 进口过滤网堵塞，或其他原因造成阻力增高，形成负压而进气不畅	检查后排除
	b. 出口系统压力增加	检查阀门、管道等
	②零部件配合不正常引起	
	a. 静动件发生摩擦	调整间隙
	b. 齿轮损坏	更换
	c. 轴承损坏	更换
温度过高	系统超载，负荷增大	检查后排除
	进口气体温度增高	检查后排除
	静动件发生摩擦	调整间隙
	轴承损坏	更换
	齿轮啮合不正常或损坏	检查后调整更换
	润滑油不足或过多	调整油位
	油质欠佳或弱化	更换
	冷却水断路或水量不足	修复
叶轮与叶轮之间发生摩擦、碰撞	齿面磨损，因而齿隙增大、导致叶轮之间间隙变化	磨损超过公差配合后给予更换
	齿轮毂键与叶轮键松动	更换平衡
	主从动轴弯曲超限	校直或换轴
	机体内混入杂质，或由于介质形成结垢	清除杂质与结垢
	轴承磨损，游隙增大	更换轴承
	超限额定压力运行	检查原因后排除
	齿轮毂与齿轮圈定位销超载后发生位移	调整后再铰孔重配
叶轮与机壳径向发生摩擦、碰撞	滚动轴承磨损，游隙增大	更换轴承
	主从动轴弯曲超限	校直或更换轴
	超过限定压力运行	检查原因后排除
	间隙超差	维修后再装配
叶轮与墙板之间发生轴向摩擦	叶轮与墙板端面黏附杂质或介质结垢	清除杂质和结垢
	滚动轴承磨损、游隙增大	更换轴承
	新机定位套没装好，间隙超差	维修后再装配
振动与噪声超限	风机、电机同轴承超限	校正同轴度
	转子平衡被破坏（介质结垢）	清洗后平衡
	轴承磨损或损坏	更换
	齿轮磨损或损坏	更换（一付二件）
	地脚螺栓或其他紧固松动	检查后紧固
齿轮损坏	超负荷运行或承受不正常的冲击	更换（注意侧隙）
	润滑油量过少或油质不佳	更换
	带压直接启动，带压停机	安装三通泄压阀
轴承损坏	润滑油、润油质量不佳或供油不足	更换
	长期超负荷运行	更换
	轴承油封漏油	更换油封与轴承

(2) 离心式鼓风机操作及维护

① 开车前的检查：离心风机首次开机前应全面检查机组的气路、油路、电路和控制系统是否达到了设计和使用要求。主要检查内容包括：检查进气系统、消音器、伸缩节和空气

过滤器的清洁度和安装是否正确；检查油箱是否清洁，油路是否畅通，油位、油泵及油温；检查滤油芯、放空阀、止回阀的安装、功能是否正确；检查扩压器控制系统、进口导叶控制系统的功能和控制是否正确；检查冷却器的冷却效果；等等。

② 试运转：离心风机正式启动前需进行试运转，以检查开/停顺序和电缆连接是否正确。试运转时恒温器、恒压器和各种安全检测装置已通过实验，启动风机前须进行手动盘车检查。试运转过程中主要检查和调整的项目包括：放空阀开，闭时间；止回阀的功能；压力管路中的升压功能；润滑油的压力和温度；冷却器工作情况；风扇电机的开停情况；油温；扩压器叶片受动调整实验情况；进口导叶受动调整实验情况；安全检测装置、恒温器及紧急停车装置的实验情况；正常启动和停车顺序实验情况；电机过载保护实验情况；漏油情况；接线。

③ 机组启动：打开放空阀或旁通阀；使扩压器和进口导叶处于最小位置；给油冷却器供水（风冷时开启冷却扇）；启动辅助油泵；辅助油泵油压正常后，启动机组主电机；主油泵产生足够油压后，停辅助油泵；使导叶微开（15°）；机组达到额定转速确认各轴承温升，各部分振动都符合规定；进口导叶全开时，慢慢关闭放空阀或旁通阀；放空阀关闭后，扩压器或进口导叶进入正常工作流程，启动程序完成，机组投入负荷运行。

④ 正常停车程序：打开放空阀；进口导叶关至最小位置；开辅助油泵；机组主电机停车；机组停车后，油泵至少连续运行 20 min；油泵停止工作后，停冷却器冷却水。

⑤ 运行检查：鼓风机运行过程中应检查项目包括油位不得低于最低油位线；油温；油压；油冷却器供水压力和进水温度；鼓风机排气压力、进气压力；鼓风机排气温度、进气温度；进气过滤器压差；振动；功率消耗。

⑥ 机组维护：首次开车后 200 h 应换油，500 h 应做油样分析；经常检查油箱的油位，轴承的油温、油压是否保持正常值；定期检查油过滤器；经常检查空气过滤器的阻力变化；经常注意并定期测定机组运行和轴承的振动。

⑦ 常见故障及处理：离心机最常见的故障为喘振现象，其本质是压缩机气体输送失稳的周期性振荡过程。产生喘振的诱因包括：a. 总排气压力过高（如冷凝器积垢、冷却水流量不足等）；b. 进气温度过高或流量过载；c. 鼓风机转速异常（变频器故障或导叶调节失效）；d. 管路设计缺陷导致系统阻力过大（如阀门开度不足、过滤器堵塞等）。

消除喘振的方法主要包括：a. 开启防喘振阀/旁通阀释放高压气体，降低冷凝温度（清洗冷凝器、改善冷却塔效率）；b. 限制进口导叶开度调整幅度，安装流量监测装置实现动态限流；c. 采用变频调速维持压缩机喘振流量阈值，优化管路设计（增大管径、减少弯头数量）；d. 配置喘振预测控制系统（基于压力-流量特性曲线自动干预），加装振动传感器实施在线状态监测。

(3) 膜片式微孔曝气器调试检验方法

① 管道：池底支干管采用钢管（或塑料管），规格由设计气量大小决定，每个分叉点以 50 mm 外螺纹短管与通气螺杆连接；

② 微孔曝气器均匀布置于曝气池底部，一般曝气器的表面距池底为 250 mm 或配气管和中心线距池 100 mm。推流式曝气池大多采用渐减曝气方式，可分为 50%、27%、23%三段布置，这种布置方式能使系统进一步优化运行；

③ 安装曝气器时，全池内曝气器的表面高差不应超过 30 mm；

④ 安装完成后，必须进行清水调平，通气检查，如有曝气器出现漏气应及时拧紧或更换，合格后方可放水运行。

2. 转刷曝气机操作及维护

① 由于转刷曝气机一般都为连续运转，因此要保持其变速箱及轴承的良好润滑，两端轴承要一季度加注润滑脂一次，变速箱至少要每半年打开观察一次，检查齿轮的齿面有无点蚀等痕迹。

② 应及时紧固及更换可能出现松动、位移的刷片。

二、二沉池运行控制

① 经常检查并调整二沉池的配水设备，确保进入各池的混合液流量均匀；

② 经常检查积渣斗的积渣情况并及时排除，经常用水冲洗浮渣斗，注意浮渣刮板与浮渣斗挡板配合是否得当，并及时调整和修复；

③ 经常检查并调整出水堰口的平整度，避免出水不均匀和断流现象的发生，及时清除挂在堰板上的浮渣和挂在出水堰口的生物膜和藻类；

④ 巡检时仔细观察出水的感官指标，如污泥界面的高低变化、悬浮污泥的多少，是否有污泥上浮现象，发现异常现象应采取相应措施解决，以免影响出水水质；

⑤ 巡检时注意辨听刮泥、刮渣、排泥设备是否有异常声音，同时检查其是否有部件松动，并及时调整或检修；

⑥ 由于二沉池埋深较大，当地下水位较高而需要将二沉池放空时，为防止出现漂池现象，需要事先确认地下水位，必要时可先降低地下水位再排空；

⑦ 按规定对二沉池常规检测项目进行及时的分析化验。

巩固与拓展

巩固知识：

活性污泥单元的运维与性能评估练习题

拓展训练：污水处理厂活性污泥性能评价

以团队合作形式完成某一采用活性污泥法的污水处理厂的活性污泥性能评价设计方案，并提交工作计划。

任务三　生物处理单元异常情况处理

任务描述

通过知识明晰部分的学习，了解生物处理过程中存在的污泥膨胀、污泥解体等常见问题的现象；在能力要求部分，要深入探讨异常问题产生的原因与解决对策；

在巩固与拓展中，通过小组任务，完成对生物处理中异常问题的分析，找到解决方案，完成知识与技能的融合。

学习本任务可以采取线上、线下相结合的形式，通过理论知识学习强化必备知识掌握，通过针对性实验，提升实践动手能力。

知识明晰

活性污泥运行过程中有时会出现异常情况，特别是工业废水占较大比例的城镇污水或完全的工业废水处理时，由于水质成分复杂，水量波动大，常会对活性污泥系统造成冲击，影响处理效果，造成污泥流失，出水水质恶化。下面将几种主要异常问题进行简要介绍。

一、污泥膨胀

活性污泥膨胀是活性污泥工艺运行中最常见也最难解决的异常问题之一。在我国几乎所有的城镇污水及工业废水处理厂每年都存在不同程度的污泥膨胀问题。在污水处理系统中，正常的活性污泥沉降性能良好，污泥沉降比（SV）在30%左右，污泥指数（SVI）一般在50～150 mL/g。当污泥出现结构松散、质量变小、沉降性能变差、SVI达到200 mL/g以上时，就被视为发生污泥膨胀。

污泥膨胀现象图

随着污泥膨胀的发生，污泥的结构变得松散，污泥的沉降性能发生恶化，不能在二沉池内进行正常的泥水分离，澄清液稀少（但较清澈），污泥容易随出水流失。

二、污泥解体

污泥絮凝体微细化，处理效果变坏，处理水质浑浊，并不断有小颗粒污泥随出水带出等现象被称为污泥解体。

三、污泥上浮

在二沉池中，污泥不沉降而随水流失，或沉于池底的污泥呈块状浮起，这种现象就是污泥上浮。

四、泡沫问题

（一）泡沫分类

（1）启动泡沫　在活性污泥工艺运行的初期，活性污泥的净化功能尚未形成时，污水中的表面活性剂等物质在曝气的作用下形成泡沫，但随着活性污泥的成熟，表面活性剂逐渐被降解，泡沫会逐渐消失。如果污水中含有大量的表面活性剂或其他气泡物质，这个问题会持续存在。

（2）反硝化泡沫　当二沉池发生局部反硝化，产生氮气等气体从而裹挟着污泥上浮，出现泡沫现象。

（3）生物泡沫　由于丝状微生物的滋长，与气泡、絮体颗粒物形成稳定的泡沫。

（二）生物泡沫的影响因素

目前，国内外研究认为影响生物泡沫的主要因素有温度、pH、溶解氧、F/M比、泥龄等。

（1）温度 与生物泡沫形成有关的微生物都有各自的适宜温度，温度高于 14 ℃时，放线菌可引起生物泡沫；在低温条件下，易引起丝状菌生长，同时低温时污水中含有的油脂类物质溶解度变小，密度低，易浮于水面，为丝状菌提供充足的碳源，致使其发展成优势菌种。

（2）pH 值 大多数丝状细菌在弱酸性环境下生长，适宜的 pH 一般在 4.5～6.5 之间。生物泡沫中的诺卡菌属偏好弱碱性环境，当 pH 值小于 5 时，其生长将受到抑制，能有效减少生物泡沫的形成。

（3）溶解氧 诺卡菌属是好氧型微生物，但在缺氧和厌氧环境下不会死亡。其他丝状微生物可在缺氧环境下顺利生长，有研究表明，提高溶解氧有利于减少生物泡沫。

（4）F/M 比 高 F/M 比的情况下，污水提供的碳源比较充足，诺卡菌属和放线菌会大量增殖，所产生的生物泡沫在低 F/M 下较多。低温条件下，无论 F/M 比是高或低，丝状菌始终为优势菌种，产生的生物泡沫较多。

（5）泥龄 形成生物泡沫的微生物一般都具有生长速率低、周期长的特点，因此，在确保水质稳定达标的前提下，降低污泥泥龄对生物泡沫的形成具有一定的抑制作用。

能力要求

一、污泥膨胀

（一）污泥膨胀的产生原因

污泥膨胀原因总体上分为两大类：丝状细菌膨胀和非丝状细菌膨胀。前者是活性污泥絮体中的丝状细菌过度繁殖导致的膨胀；后者是菌胶团细菌本身生理活动异常，致使细菌大量积累高黏性多糖类物质，污泥中结合水异常增多，密度减小，压缩性能恶化而引起膨胀。

捣乱的丝状细菌

在实际运行中，污水处理厂发生的污泥膨胀绝大部分为丝状细菌污泥膨胀。运行经验表明，以下情况容易发生污泥膨胀：①碳水化合物含量高或可溶性有机物含量多的污水；②腐化或早期消化的废水，硫化氢含量高的废水；③氮、磷含量不平衡的废水；④含有毒物质的废水；⑤高 pH 值或低 pH 值的废水；⑥混合液中溶解氧浓度太低；⑦缺乏一些微量元素的废水；⑧曝气池混合液受到冲击负荷；⑨污泥龄过长及有机负荷过低，营养物不足；⑩高有机负荷且缺氧。

（二）污泥膨胀的控制措施

控制污泥膨胀可分成三种措施，一是临时控制措施，二是工艺运行调节控制措施，三是环境调控控制法。

（1）临时控制措施 包括污泥助沉法和灭菌法两类。污泥助沉法是指向发生膨胀的污泥中加入有机或无机混凝剂或助凝剂，增大活性污泥的密度，使之在二沉池内易于分离。常用的药剂有聚合氯化铁、硫酸铁、硫酸铝，和聚丙烯酰胺等有机高分子助凝剂。助凝剂投加量不可太多，否则易破坏细菌的生物活性，降低处理效果。灭菌法是指向发生膨胀的污泥中投加化学药剂，杀灭或抑制丝状细菌，从而达到控制丝状细菌污泥膨胀的目的。常用的灭菌剂有 NaClO、ClO_2、Cl_2、H_2O_2 和漂白粉等。加氯控制丝状细菌污泥膨胀是应用较为普遍的方法。

但是，目前的灭菌剂对微生物是无选择性地杀伤，既能杀灭丝状细菌，也能杀伤菌胶团细菌。因此，应严格控制投加点氯的浓度。另外，灭菌法只适用于控制丝状细菌污泥膨胀，控制非丝状细菌污泥膨胀一般用助沉法。

(2) 工艺运行调节控制措施 用于运行控制不当产生的污泥膨胀，包括以下几种情况：

① 由缺氧、水温高等引起的污泥膨胀，可加大曝气强度或降低进水量，使需氧量减少等；

② 由污泥负荷率过高等引起的污泥膨胀，可适当增加污泥回流比，提高 MLSS，必要时可以停止进水，“闷曝”一段时间。采取适当增加回流比的方法，提高曝气池内的污泥浓度，将 MLSS 控制在 3000 mg/L 以上，在低污泥负荷运行下，将 SV 控制在 60%以下，SVI 控制在 130～200 mL/g 之间，可有效地控制污泥膨胀，保证出水水质的达标排放；

③ 由营养元素不足或比例不协调等引起的污泥膨胀，可适当投加含氮化合物和含磷化合物；

④ 由低 pH 引起的污泥膨胀，可投加石灰等调节，或对进水采取预曝气措施。

二、污泥解体

导致这种异常现象的原因主要有以下两方面。

(一) 污泥中毒

污泥中毒与污泥老化的现象　　污泥中毒与污泥老化的应对措施

污泥中毒是指微生物代谢功能受到损害或消失，污泥失去了净化功能和絮凝特性。造成污泥中毒的原因有两方面。一是进水中对微生物有毒有害的物质突然增多，超过了微生物正常生存所能承受的限度，造成微生物的中毒。二是对工业污水处理装置来说，进水中有机污染物浓度突然大幅度增加，使微生物的生存环境发生巨大改变，也会使污泥活性受到严重抑制而发生污泥解体现象。污泥因中毒而解体时，应降低系统进水负荷，减少剩余污泥排放量，避免污泥浓度过度降低，适当增加曝气量，恢复污泥活性，同时对污染源进行调查，堵住毒物来源。污水处理装置发生污泥中毒现象，多数情况下是排污单位事故排污造成的，排污单位应在生产中予以克服，必要时进行局部预处理，避免对污水处理厂的运行造成冲击。

(二) 运行不当

包括有机负荷长时间偏低，进水浓度、水量长时间偏低，导致污泥胶体基质解体；过度曝气，例如曝气叶轮转速过高，导致絮粒细碎化，DO 值偏高，引起污泥老化解体。

主要解决措施：从进水水质和运行条件两方面同时进行控制，在运行中，注意控制曝气量和曝气时间，经常测定池内的 DO，及时进水以满足微生物对营养的要求，若进水浓度太低，则要投加营养物质补充营养，如投加葡萄糖或投加经过滤的浓粪便水等，条件不具备时可采用间歇曝气。

三、污泥上浮

污泥上浮包括污泥腐化上浮和污泥脱氮上浮两类。

(一) 污泥腐化上浮

污泥腐化上浮指二沉池污泥长期滞留而厌氧发酵产生 H_2S、CH_4 等气体，致使大块污泥上浮。污泥腐化上浮与污泥脱氮上浮不同，腐化的污泥颜色变黑，并伴有恶臭。

造成污泥腐化上浮的原因有：曝气量过小；二沉池中污泥停留时间过长，排泥不及时；局部区域可能产生污泥死角造成堵塞，沉淀池内出现污泥死角等。

解决污泥腐化上浮的主要措施是：加大曝气量以提高曝气池出水溶解氧含量；及时排泥，疏通堵塞；消除沉淀池死角区域。

此外，构筑物结构不合理也会引起污泥腐化上浮。合建式曝气沉淀池，污泥腐化上浮的主要原因有：污泥回流缝太大，沉淀区液体受曝气区叶轮搅拌的影响，产生波动，同时大量微小气泡从缝中传出，携带污泥上浮；导流区截面太小，气水分离较差，影响污泥沉淀。

（二）污泥脱氮上浮

在具有硝化功能的生物池内，污水中的氨氮被硝化细菌转化为硝酸盐。含有硝酸盐的混合液在二沉池中经历较长时间的缺氧状态（0.5 mg/L 以下），反硝化细菌会将硝酸盐还原为氮气，即反硝化过程。氮气附着于污泥上，使污泥密度降低，整块上浮。

为防止污泥脱氮上浮的现象发生，应增加污泥回流量或及时排除剩余污泥。

四、泡沫问题

（一）产生原因

曝气池中产生大量泡沫的主要原因是由于污水中存在大量表面活性剂或其他起泡物质。泡沫的危害很大，一方面给操作带来困难，影响劳动环境，采用机械曝气时，泡沫还影响叶轮的充氧能力。泡沫最大的危害是抑制污泥的活性，阻断了污泥与营养物质和氧的接触，使活性污泥微生物因窒息和饥饿而大量死亡，导致大量污泥流失，严重时使活性污泥处理系统无法运行。这是因为表面活性物质中有很大一部分对活性污泥微生物具有毒性和抑制作用，同时，表面活性剂分子具有巨大的表面张力，与活性污泥颗粒接触后，包裹在污泥颗粒表面，隔断了污泥颗粒与外界环境的接触，造成污泥大量死亡。

（二）控制方法

控制泡沫的方法有以下几点：

① 用自来水或处理过的污水喷洒，此法成本低，但具有相当好的效果。

② 投加消泡剂，如有机硅消泡剂、机油、煤油等，效果都很好。过多使用油类消泡剂会污染水质，所以有些情况下投加粉煤灰和硅藻土等，但效果较差。

③ 曝气池由一点进水改为多点进水，减少局部泡沫量，提高污泥浓度等办法，也会对泡沫有所控制。

④ 机械消泡，但耗能较大。

巩固与拓展

巩固知识：

生物处理单元异常情况处理练习题

拓展训练：活性污泥系统异常情况分析

在活性污泥系统运行中，时常产生污泥膨胀、污泥上浮等异常情况。

请收集附近污水处理厂的运行资料，对采用活性污泥法的污水处理厂进行分析，判断是否会产生异常情况，并对原因进行分析，给出解决方案。

该任务以小组为单位，进行合理分工，形成总结报告，并完成小组讨论。

单元三　无机营养元素的去除

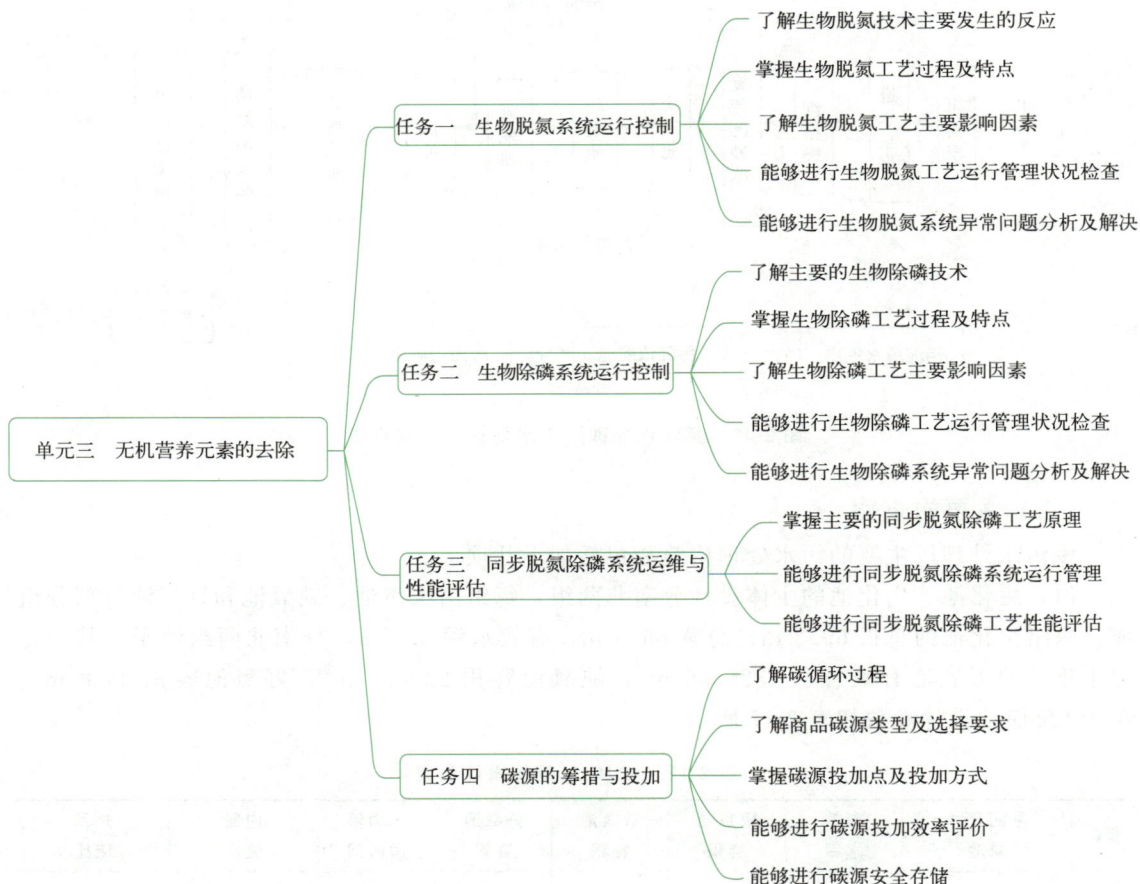

- 单元三　无机营养元素的去除
  - 任务一　生物脱氮系统运行控制
    - 了解生物脱氮技术主要发生的反应
    - 掌握生物脱氮工艺过程及特点
    - 了解生物脱氮工艺主要影响因素
    - 能够进行生物脱氮工艺运行管理状况检查
    - 能够进行生物脱氮系统异常问题分析及解决
  - 任务二　生物除磷系统运行控制
    - 了解主要的生物除磷技术
    - 掌握生物除磷工艺过程及特点
    - 了解生物除磷工艺主要影响因素
    - 能够进行生物除磷工艺运行管理状况检查
    - 能够进行生物除磷系统异常问题分析及解决
  - 任务三　同步脱氮除磷系统运维与性能评估
    - 掌握主要的同步脱氮除磷工艺原理
    - 能够进行同步脱氮除磷系统运行管理
    - 能够进行同步脱氮除磷工艺性能评估
  - 任务四　碳源的筹措与投加
    - 了解碳循环过程
    - 了解商品碳源类型及选择要求
    - 掌握碳源投加点及投加方式
    - 能够进行碳源投加效率评价
    - 能够进行碳源安全存储

工程案例

案例一　某污水处理厂 A^2/O 工艺介绍

某污水处理厂项目位于某市东部新区，总占地面积 48000 m^2。该项目建设规模为日处理污水 30000 m^3/d。该项目服务范围为东部新区 27.6km^2 内 300 家中小企业、近 10 万人的生产生活排放污水，工业废水占 30%。该项目的建设有力地促进了当地水资源和生态环境的保护和改善，为东部工业园区的科学有序发展、和谐发展建设奠定坚实的基础。该污水处理厂的污水处理工艺为 A^2/O 工艺，出水水质可达到《城镇污水处理厂污染物排放标准》一级 A 标准，处理后的污水可用于农田灌溉、市政景观绿化和企业的生产用水。

(一) 工艺流程

该城镇污水处理厂按功能划分为三大综合区域：办公区、污水处理区和污泥处理区。其中污水处理区采用 A^2/O 污水处理工艺，污水通过管道进入污水处理厂，经进水泵提升后依次通过粗、细格栅和旋流沉砂池，进入 A^2/O 工艺的生物反应系统，再经过 V 型滤池和加氯消毒后排出。其污水处理工艺流程如图 2-42 所示。

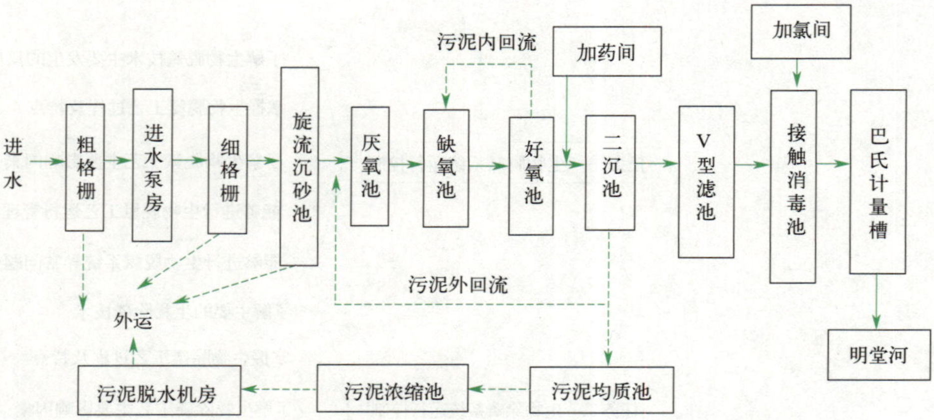

图 2-42　某污水处理厂污水处理工艺流程图

(二) 主要构筑物

该污水处理厂主要的污水处理构筑物包括如下几项。

(1) 生化池　生化池的主体设计分南北两组，每组由厌氧池、缺氧池和好氧池三部分组成。每组生化池的总长 69.3 m，总宽 66.5 m，有效水深 5.6 m，分南北两组池子，其中每组生化池的厌氧池有效容积 1326.96 m^3，缺氧池容积 2200.8 m^3，好氧池容积 8448 m^3。A^2/O 反应池设计参数如表 2-17 所示。

表 2-17　A^2/O 反应池设计参数

参数	平面尺寸单池	有效水深	厌氧池容积	缺氧池容积	好氧池容积	水力停留时间	内回流比	外回流比
数值	69.3 m×66.5 m	5.6 m	1326.96 m^3	2200.8 m^3	8448 m^3	22 h	100%～220%	55%～110%

(2) 鼓风机房　鼓风机房内有三台离心式鼓风机，将空气通过管道直接输送给生化池，为池内微生物提供大量氧气。离心式鼓风机功率为 160 kW，进口空气流量为 75 m^3/min。

(3) V 型滤池　V 型滤池一共分为四组，两侧的进水槽呈 V 字形，池内滤料采用石英砂，池内的超声波水位自动控制装置可监控滤池液位，当液位达到一定的高度就会自动开启反冲洗装置，自动对该滤池进行反冲洗。

(4) 加氯间　该污水处理厂通过二氧化氯发生器进行消毒，加氯间通过一定量的盐酸和氯酸钠的反应生成的二氧化氯对出水进行消毒。主要装置有二氧化氯发生器，共两台，一个最大容积 5 m^3 的盐酸储罐，一个最大容积 5 m^3 的氯酸钠储罐。

(三) 处理效果

该污水处理厂出水水质可以达到《城镇污水处理厂污染物排放标准》(GB 18918—2002) 中一级 A 标准的要求，设计进出水水质如表 2-18 所示。

表 2-18　污水处理厂设计进出水水质　　单位：mg/L

水质指标	COD	BOD	氨氮	SS	TP
设计进水水质	≤350	≤150	≤30	≤256	≤3
设计出水水质	≤50	≤10	≤5(8)	≤10	≤0.5

注：氨氮出水 5 mg/L 为水温＞12 ℃时的指标，出水 8 mg/L 为水温≤12 ℃时的指标。

案例二　某污水处理厂碳源投加系统介绍

某水务公司下属污水处理厂设计处理规模为日处理污水 4×10^4 m^3/d，采用 A^2/O 工艺，现有 2 组生化池，共有 2 个碳源投加点，设于每组生化池厌氧区内，出水达到《城镇污水处理厂污染物排放标准》(GB 18918—2002) 中的一级 A 标准。碳源加药工艺段部署了碳源投加自适应控制系统，用以对碳源加药进行全自动的追踪与控制，以求达到稳定处理工艺，节药降耗以及降低人工对于碳源加药工艺段手动操作频率的目的。

碳源投加自适应控制系统是一套可以独立运作的应对污水处理厂出水总氮达标优化的控制系统，其目的就是利用该系统自动根据缺氧区进水总氮的负荷，对污水处理厂所采用的外置碳源投加工艺中投加的碳源药剂量进行全自动的计算与控制，确保反硝化完全，保证出水总氮达标，优化投药量，降低药剂使用成本。

在采用碳源投加自适应控制系统前，主要通过人工就地调节加药量的方法进行碳源投加，该法有一定的滞后性，且人工操作频率较高。碳源投加自适应控制系统在基本未改变现场硬件的情况下，根据进水负荷进行加药量的计算，并转化为加药泵的频率输出，可即时调整追踪加药量。该厂碳源投加自适应控制系统控制策略如下：①系统根据进水负荷以及相关参数进行加药量的计算，并且根据人工选择各期指定的加药泵，对各期进行加药量的追踪；②碳源加药量目前的计算方法为前馈＋反馈的双向调整算法，即根据历史数据的规律，以及出水目标总氮实时值与当前的实际加药量，进行双向计算矫正。

该系统调试完成后，经过前期仪表/控制系统硬件的安装、离线模拟验证算法、在线模型调整算法后，上线开始接管污水处理厂两组生物池（共 2 个投加点）碳源投加泵群的控制，包括自动计算当前所需的加药量、控制加药泵群的启停、控制加药泵群的频率等，确保生物池出水硝酸盐浓度稳定，保证污水处理厂总出水 TN 稳定达标。

在碳源投加自适应控制系统的自动控制下能够有较为明显的节药量。当系统认为出水达标不存在风险的时候，碳源投加自适应控制会降低加药泵的运行频率甚至停泵，最终节约了加药量。

任务一 生物脱氮系统运行控制

任务描述

通过知识明晰部分的学习，了解生物脱氮过程，包括氨化作用、硝化作用、反硝化作用，掌握各种传统的和新型的生物脱氮工艺，理解硝化过程和反硝化过程的主要影响因素；在能力要求部分，掌握生物脱氮工艺的运行管理，如温度、溶解氧含量、泥龄、pH 值和 C/N 等条件的控制要求，生物脱氮系统中可能出现的问题及相应的对策，调整运行条件、优化工艺结构等途径，降低外界不良因素对生物脱氮的影响，确定最佳条件进行控制；在巩固与拓展中，通过小组任务，对生物脱氮工艺提出应控制的条件，分析运行管理中可能存在的异常问题，并提出解决对策，实现知识与技能的融合。

知识明晰

城镇污水中各类含氮污染物的排放对环境产生了各种危害。水环境中氮污染物的过量输入，可引发水体大范围的季节性缺氧、富营养化和有害藻类大面积暴发等一系列水环境问题。

无机污染物——氮

一、生物脱氮技术原理

常规生物脱氮主要是通过微生物的硝化作用和反硝化作用来完成的。生物处理过程中，首先使污水中的含氮有机物被异养型微生物（氨化细菌）分解转化为氨，再由自养型微生物（硝化细菌）将其氧化成硝酸盐（硝化作用），最后由反硝化细菌以有机物作为电子供体，将硝酸盐还原为氮气（反硝化作用）从水中脱出。

（一）氨化作用

微生物分解有机氮化合物产生氨的过程称为氨化反应。很多细菌、真菌都能分解蛋白质及其含氮衍生物，其中分解能力强、并释放出氨的微生物称为氨化微生物。在氨化微生物的作用下，有机氮化合物可以在好氧或厌氧条件下分解、转化为氨态氮。氨化细菌种类很多，绝大多数为异养型微生物，呼吸类型有好氧、兼性也有厌氧。氨化过程速度很快，所以在设计时无须采取特殊措施。

（二）硝化作用

硝化细菌将氨态氮转化为硝酸盐氮的过程称为硝化反应。硝化作用分两步进行，首先在氨氧化细菌（也称亚硝化细菌）的作用下，将氨态氮转化为亚硝酸盐氮。然后，亚硝酸盐氮在亚硝酸盐氧化细菌（也称硝化细菌）的作用下，进一步转化为硝酸盐氮。上述两种细菌统称为硝化细菌，均属自养型好氧菌。

硝化过程的两步反应可用下式表示：

$$2NH_4^+ + 3O_2 \longrightarrow 2NO_2^- + 2H_2O + 4H^+$$

$$NO_2^- + \frac{1}{2}O_2 \longrightarrow NO_3^-$$

总反应式：

$$NH_4^+ + 2O_2 \longrightarrow NO_3^- + H_2O + 2H^+$$

硝化细菌虽然几乎存在于所有的污水生物处理系统中，但是一般情况下，其含量很少。除温度、酸碱度等对硝化细菌的生长有影响外，另有两个主要原因。①硝化细菌的比生长速率比生物处理系统中的异养型细菌的比生长速率要小一个数量级。对于活性污泥系统来说，如果污泥龄较短，排放剩余污泥量大，将使硝化细菌来不及大量繁殖。因此，只有设计较长的污泥龄，才能取得较好的硝化效果。②BOD_5 与总氮（TN）的比例也影响活性污泥中硝化细菌所占的比例。所以，在微生物脱氮系统中，硝化作用的稳定和硝化速度的提高是影响整个系统脱氮效率的一个关键。

经过硝化反应过程，污水中的氮仅转化为硝酸盐氮，仍存在水中，还需要经过下一步反硝化作用将硝酸盐氮转化为氮气从水中脱出。

（三）反硝化作用

硝酸盐氮（NO_3^--N）和亚硝酸盐氮（NO_2^--N）在反硝化细菌作用下，被还原为气态氮的过程称为反硝化。反硝化细菌在自然界很普遍，多数是兼性的，在溶解氧浓度极低的环境中可利用硝酸盐中的氧作为电子受体，有机物则作为碳源及电子供体提供能量并将硝酸盐转化成氮气。该反应需要具备两个条件：①污水中含有充足的电子供体，包括与氧结合的氢源和异养型细菌所需的碳源；②厌氧或缺氧条件。反硝化反应一般以有机物作为碳源和电子供体，提供必要的外源碳源（如甲醇），实际应用中常采用生活污水或其他易生物降解的含碳废水。

反硝化反应式如下：

$$6NO_3^- + 5CH_3OH \longrightarrow 5CO_2 + 3N_2\uparrow + 7H_2O + 6OH^-$$

二、生物脱氮工艺

常规生物脱氮工艺的基本原理是先通过氨化作用将有机氮转化为氨氮，再在氨氧化细菌和亚硝酸盐氧化细菌的作用下将氨氮转化为亚硝态氮和硝态氮，最终通过反硝化细菌将硝态氮转化为氮气，至此完成脱氮过程。

（一）三段生物脱氮工艺

该工艺是将有机物氧化、硝化及反硝化段独立开来，每一部分都有其自己的沉淀池和各自独立的污泥回流系统，使除碳、硝化和反硝化在各自的反应器中进行，并分别控制反应在适宜的条件下运行，处理效率高。工艺流程如图 2-43 所示。

由于反硝化段设置在有机物氧化和硝化段之后，主要靠内源呼吸产生的碳源进行反硝化，效率很低，所以必须在反硝化段外加碳源来保证高效稳定的反硝化反应。随着对硝化反应机理认识的加深，将有机物氧化和硝化合并成一个系统以简化工艺，从而形成了二段生物脱氮工艺（图 2-44），各段同样有各自的沉淀池及污泥回流系统。在反硝化段仍需要外加碳源来维持反硝化的顺利进行。

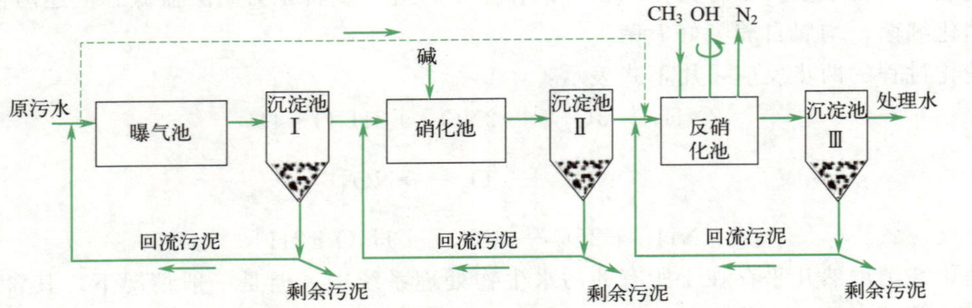

图 2-43　三段生物脱氮工艺

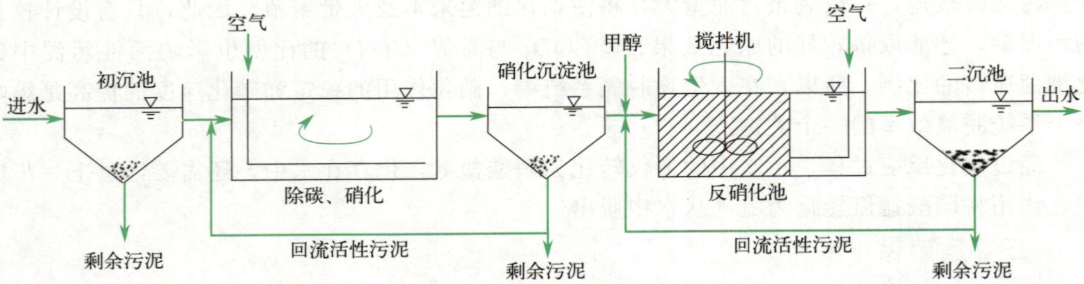

图 2-44　补充外加碳源的两段生物脱氮工艺

(二) 缺氧-好氧 (A/O) 脱氮工艺

A/O 工艺将反硝化段设置在系统的前面，因此又称为前置式反硝化生物脱氮工艺，是目前应用最为广泛的一种脱氮工艺，如图 2-45 所示。该工艺通过内循环将大量硝酸盐回流到缺氧池中，利用进水中的有机碳作为反硝化的碳源，在缺氧池内进行反硝化脱氮。

通过调整工艺流程，A/O 脱氮工艺充分利用原污水中的碳源，减少了外加碳源的费用，利用硝酸盐作为电子受体处理进水中有机污染物，不仅可以节省后续曝气量，反硝化细菌对碳源的利用也更广泛，甚至包括难降解有机物。另外，反硝化反应产生的碱也补充了硝化池 50%左右的碱消耗。A/O 脱氮工艺还可以有效控制系统的污泥膨胀。

该工艺流程简单，因而基建费用及运行费用较低，对现有设施的改造比较容易，脱氮效率一般在 70%左右。但由于该工艺的最终出水来自于硝化池，出水中含有一定浓度的硝酸盐，不但限制了脱氮效率的提高，而且在反硝化作用下易使沉淀池发生污泥上浮的现象。

(三) 后置缺氧反硝化工艺

后置缺氧反硝化工艺如图 2-46 所示，可以外加碳源，也可以在没有外来碳源的情况下，利用活性污泥的内源呼吸提供电子供体还原硝酸盐。反硝化速率一般认为仅是前置缺氧反硝化速率的 1/3～1/8，因此需要较长的停留时间才能具有一定的反硝化效率。必要时应在后缺氧区补充碳源，碳源除了来自甲醇、乙酸等普通化学品外，污水处理厂的原污水及含有机碳的工业废水等也可以考虑，只是要注意投加适当的量，以免增加出水的有机物浓度。

(四) Bardenpho 生物脱氮工艺

该工艺取消了三段脱氮工艺的中间沉淀池，如图 2-47 所示，设立了两个缺氧段，第一段利用原水中的有机物作为碳源和好氧池 1 中回流的含有硝态氮的混合液进行反硝化反应。经第一段处理，脱氮已完成大部分。为进一步提高脱氮效率，废水进入第二段反硝化反应

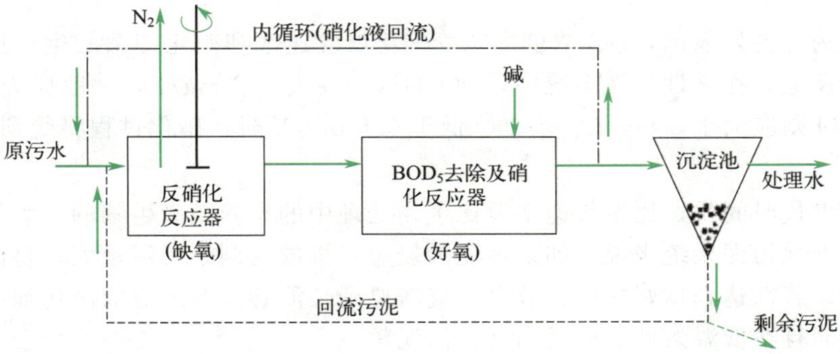

图 2-45 缺氧-好氧（A/O）脱氮工艺

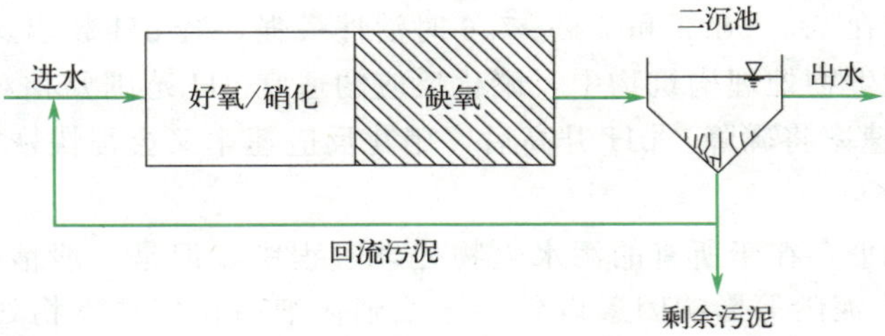

图 2-46 后置缺氧反硝化工艺

器，利用内源呼吸提供碳源进行反硝化。最后的曝气池用于净化残留的有机物，吹脱污水中的氮气，提高污泥的沉降性能，防止在二沉池发生污泥上浮现象。这一工艺比三段脱氮工艺减少了投资和运行费用。

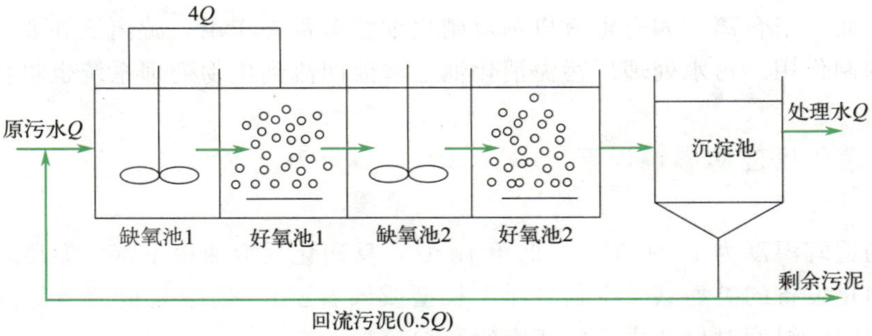

图 2-47 Bardenpho 生物脱氮工艺

三、生物脱氮工艺的主要影响因素

新型生物脱氮工艺

（一）硝化反应的影响因素

硝化细菌一般生长慢，对环境条件变化敏感，温度、溶解氧、泥龄、碱度、pH 值、C/N 值、有毒物质等都会对它产生影响。

1. 温度

硝化反应可以在 4～45 ℃的范围内进行，最佳温度大约是 30 ℃。温度不但影响硝化细菌的比生长速率，而且影响硝化细菌的活性。在 5～30 ℃范围内，随着温度增高，硝化反应速率增加；温度超过 35 ℃，硝化反应速率降低；当温度低于 15 ℃，硝化速率显著降低；而当温度低于 4 ℃时，硝化细菌的活性基本消失。

2. 溶解氧（DO）

硝化细菌为专性好氧菌，DO 浓度影响着硝化反应速率和硝化细菌的生长速度。为了满足正常的硝化反应，在活性污泥系统中，DO 的浓度要大于 2 mg/L，一般应为 2～3 mg/L。生物膜系统 DO 则应大于 3 mg/L。当 DO 低于 0.5 mg/L 时，硝化过程将受到限制。

3. 泥龄

硝化细菌世代时间长，比生长速率要比生物处理中的异养型微生物的比生长速率小一个数量级。对于活性污泥系统来说，如果污泥龄较短，排放的剩余污泥量大，将使硝化细菌来不及大量繁殖。若欲达到良好的硝化效果，就需要延长泥龄。泥龄应取硝化细菌最小世代时间两倍以上，而且在低温条件下应适当延长污泥龄。

4. pH 值

随着硝化反应的进行，pH 会急剧下降；而硝化细菌对 pH 非常敏感，氨氧化细菌和亚硝酸盐氧化细菌分别在 7.9～8.2 和 7.2～7.6 时活性最强，若 pH 超出这个范围，其活性就会显著下降。在实际生物处理构筑物中，硝化反应的适宜 pH 范围要相对宽一些。如果突然降低 pH，硝化反应速率将骤降，pH 升高后，硝化反应速率又会很快恢复。

5. C/N 值

尽管硝化细菌几乎存在于所有的污水生物处理过程中，但是一般情况下，其含量很小。除了上述温度、pH、泥龄等影响因素以外，导致硝化细菌在好氧生物处理的微生物中所占的比例较低的因素还有 C/N 值。可生物降解含碳物质与含氮物质浓度之比，是影响生物硝化速率的重要因素。因为产率不同，活性污泥系统中异养细菌与硝化细菌竞争底物和溶解氧，导致硝化细菌的生长受到抑制。一般认为，处理系统的 BOD 负荷小于 0.15kg BOD_5/(kg MLSS·d) 时，处理系统的硝化反应才能正常进行。

6. 有毒物质

某些重金属、络合离子和有毒有机物对硝化细菌有毒害作用。游离氨和亚硝酸也会对硝化反应产生抑制作用。污水处理厂污泥消化池上清液回流到生物处理系统也将使硝化速率减少约 20%。

（二）反硝化反应的影响因素

1. 温度

反硝化的适宜温度为 15～40 ℃，低于 15 ℃，反硝化反应速率下降。温度对反硝化速率的影响与反硝化设备的类型（微生物悬浮生长型或固着型）、硝酸盐负荷率等因素有关。硝酸盐负荷较低时，温度对反硝化反应速率的影响较小。

2. 溶解氧（DO）

反硝化细菌属于异养兼性微生物，在有 O_2 的条件下发生好氧呼吸，在无 O_2 的条件下，利用 NO_3^--N 和 NO_2^--N 进行无氧呼吸，即反硝化反应。溶解氧的存在会抑制反硝化过程。溶解氧对反硝化过程的抑制主要是因为氧会与硝酸盐竞争电子供体，同时分子态氧也会抑制硝酸盐还原酶的合成及其活性。在悬浮性活性污泥法中，溶解氧应该保持在 0.5 mg/L 以下；而在附着生长系统中，由于生物膜对氧的传递阻力较大，可以允许相对较高的溶解氧浓度。

3. 碱度和 pH 值

反硝化过程最适宜的 pH 为 7.0～7.5，不适宜的 pH 影响反硝化细菌的增殖和酶的活性。反硝化过程会产生 OH^-，这有助于把 pH 维持在所需的范围内，并补充在硝化过程中

消耗的一部分 OH^-。

4. 碳源类型

有机物作为反硝化细菌的碳源和电子供体，其类型也对反硝化速率有很大影响。反硝化碳源可分为三类：第一类是易于生物降解的溶解性有机物，如甲醇、乙酸、挥发性有机物和糖蜜等，是反硝化细菌最易利用的碳源类型；第二类是慢速生物降解的有机物，如淀粉、蛋白质等；第三类是用内源代谢产物作为反硝化碳源。以后两者为反硝化碳源的，一般反硝化速率远远低于甲醇作碳源时的反硝化速率，且反硝化池所需容积大。

5. C/N 值

理论上将 1 g 硝酸盐氮还原为氮气需要碳源有机物（以 BOD_5 表示）2.86g。如果用实际污水作为碳源，因为其中只有一部分快速可生物降解的 BOD 可以作为反硝化的碳源，所以 C/N 的需求要高一些。一般认为，当反硝化反应器进水 BOD_5/TKN 大于 4～6 时，可认为碳源充足。在城镇污水中，有时 C/N 需要达到 8。

6. 有毒物质

反硝化细菌对有毒物质的敏感性比硝化细菌低得多，与一般好氧异养菌相同。

能力要求

一、生物脱氮工艺的运行管理

（一）pH 控制

在传统生物脱氮过程中，pH 值的变化直接影响了生物脱氮效果。硝化细菌在氧化氨氮时 pH 值下降。一般情况下，氨氧化细菌的适宜 pH 为 7.0～8.5，亚硝酸盐氧化细菌的适宜 pH 为 6.0～7.5，pH 值的降低直接影响硝化细菌的氧化能力，从而降低硝化反应速率。当 pH<6.0 时会抑制硝化作用。

反硝化作用最适宜的 pH 值范围为 6.5～7.5。因此，在传统生物脱氮系统中，好氧生物反应池应具有足够的碱度，以中和硝化过程中产生的 H^+，保证生物脱氮系统的正常运行。

（二）泥龄控制

在生物脱氮系统内的微生物中，硝化细菌属于自养型细菌，增殖速度比较慢并且很难维持较高生物浓度，因此，随污泥泥龄（SRT）的增加硝化细菌将成为优势菌，污泥负荷降低，硝化效果越好。因此，控制相对较长的泥龄，可提高系统脱氮效果，但要想达到较好的除磷效果，需要缩短泥龄，增加剩余污泥排放量。因此，要同步考虑脱氮除磷效果来选择最佳泥龄。通常情况下，SRT 一般控制在 16～20 d，可实现较好的脱氮除磷效果。

（三）溶解氧控制

在生物脱氮工艺中，溶解氧的控制是一个重要的环节。硝化过程中，溶解氧浓度对污水生物脱氮效果有着直接影响。亚硝酸细菌与硝酸细菌适宜 DO 浓度为 1.0～5.0 mg/L。DO 低，硝化反应将受到抑制。因为硝化细菌是专性好氧菌，无氧时即停止生命活动。此外，硝化细菌的摄氧速率较分解有机物的细菌低得多，如果不保持充足的溶解氧量，硝化细菌将“争夺”不到所需的氧；再者，绝大多数硝化细菌包埋在污泥絮体内，只有保持混合液中有较高的溶解氧浓度，才能将溶解氧“挤入”絮体内，便于硝化细菌摄取。溶解氧（DO）若过低，还可能引起污泥膨胀。当然，DO 太高也不好，一是浪费电能，二是会引起污泥的过氧化，导致活性污泥老化。溶解氧（DO）的控制可以通过在线溶解氧测定仪实行实时调整，使活性污泥时刻处于好氧状态。对于污水处理厂而言，一是通过调整曝气机的开启数量来控制溶解氧浓度的高低；二是通过调低或调高弯道部位的变频曝气机运行频率来微调混合液的溶解氧浓度。为满足污水处理脱氮的需要，溶解氧浓度一般控制在1.5～2.5 mg/L。考虑到降低电力消耗的需要，部分城镇污水处理厂通过在好氧区增加潜水推进器加快混合液的流动速度，使混合液的充氧频率得到提高。

（四）污泥浓度的控制

活性污泥浓度MLSS的控制通常以污泥负荷率来衡量校核。以氧化沟工艺为例，对于氧化沟来说，污泥负荷率通常控制在0.15 kg BOD/(kg MLSS·d)以下，但由于各污水处理厂的运行工况不一样，污泥负荷率没有固定值，同时由于BOD的测定需要5d的时间，其数据对污水处理运行的调控显得有些滞后。为了更好地优化工艺运行，城镇污水处理厂根据运行经验，采用便于测定的COD与MLSS的比值来控制生物池的污泥浓度。以氧化沟为例，其比值通常控制在0.07～0.125。夏季比值高一些，一般在0.12左右，对应的污泥浓度约为4000 mg/L；冬季COD与MLSS的比值要低一些，一般在0.08左右，对应的活性污泥浓度在4800 mg/L左右。

（五）碳源控制

在生物脱氮过程中，NO_2^--N或NO_3^--N的完全还原需要有足够的电子供体（有机物），因此，C/N的高低对系统内生物脱氮效果有直接影响。在低C/N时，反硝化细菌因活性受到抑制使得反硝化进行不完全，导致出水含过量的NO_3^--N，过多的NO_3^--N随着回流污泥回到厌氧池，破坏厌氧环境并影响聚磷菌的释磷作用，进而影响除磷效率。在高C/N时，过高的C/N将对硝化细菌活性有较大影响，从而导致NO_3^--N浓度的降低，间接影响以NO_3^--N为基质的反硝化细菌的反硝化过程。因此，维持适当的C/N对于提高生物脱氮效率有着重要意义。

（六）污泥回流比（*R*）控制

污泥回流比是回流污泥流量与进水流量的比值，主要为系统提供活性污泥，以及维持系统的负荷要求，同时实现硝化和反硝化作用。过高的污泥回流比会造成过多的污泥在反应池沉积，从而影响脱氮效果，过低的污泥回流比使各操作单元内生化反应速率降低。所以适当的污泥回流比对生物脱氮有较大影响，一般控制在80%左右。

部分城镇污水处理厂的外回流污泥量按进水量的50%～70%进行调整。内回流量则因功能区的功能不同而不同。例如氧化沟工艺，预缺氧区主要用来降低外回流污泥的DO，其内回流比约为160%；厌氧区主要用于聚磷菌的释磷，内回流比为200%；缺氧区的主要功能是氧化沟内混合硝化液的脱氮，这个区域的流态较为复杂，包括氧化沟外70%污泥量的外回流、氧化沟内厌氧区120%进水量的混合液流入、氧化沟内好氧区硝化混合液200%进水量的流入。所以，缺氧区混合液的流态工况一要保证混合液混合均匀，二要保证其溶解氧浓度低于0.5 mg/L，为硝化液的脱氮创造有利的环境。为此，必须选择具有强大推流混合能力的潜水推进器，以保证缺氧区500%左右的内回流比。好氧区的内回流是更为强大的体积流，其流速要大于厌氧区的混合液流速，可采用内回流比（氧化沟截面流量与入流混合液流量之比）为600%左右的参数进行调控。

二、生物脱氮系统中可能出现的问题及对策

（一）脱氮反应引起的污泥上浮

污泥在二沉池里长时间的停留会导致缺氧情况的发生，此时沉淀池中就会进行反硝化反应，硝酸盐被消耗，反硝化产生氮气，氮气附着在沉淀的污泥上，导致污泥密度下降，上浮至二沉池表面。这就是由于二沉池内反硝化脱氮反应引起的污泥上浮。

一般情况，二沉池在前期 1h 的沉淀作用下，污泥会慢慢地沉降到池底，再过一段时间，若发现污泥上浮，有可能是污泥反硝化脱氮作用引起的。为了避免这一现象的发生，必须加大反硝化池管理力度，尽量将沉淀池中硝酸含量控制在更低范围内；同时加强二沉池管理，及时进行排泥操作。

（二）处理水 SS 浓度高造成处理水 COD 升高

污水中 SS 和活性污泥流失是导致处理后的水中 SS 浓度高的主要原因。大多数的 SS 无法被污泥所降解，只能最终随着剩余污泥排放出去。所以，在污水 SS 含量较高的情况下，污水处理效果难以令人满意。随着出水 SS 含量的上升，出水 COD 浓度也升高。如果确认 SS 来自污水，应及时地将污水中 SS 的含量控制在更低范围内，在污水进入生化系统之前，首先将其导入初沉池中。如果 SS 来源于污泥本身，可能的原因是活性污泥絮凝性较差，根据 SV 及 SVI 值，检查是否发生丝状细菌大量增殖的情况，及时调整工艺控制以提升污泥沉降性能。

（三）系统内的泡沫问题

生化系统保持全天候的运行，气液两相良好接触，可能会形成大量的气泡。如果污水里面存在表面活性剂，液体的表面张力会因此而降低，此时形成的气泡弹性足，难以破灭。

硝化池形成泡沫的原因在于，污水里面存在具有起泡效果的物质，或是由于运行负荷不合理、存在放线菌等引起。生化池泡沫的主要影响包括：①影响仪表的正常显示，会造成系统的误操作，如造成超声波液位计的误读，可能发生后续误操作；②大量的生物泡沫产生后，蔓延到走道板上，不仅造成环境影响，也可能带来安全问题（如冬季结冰）；③影响曝气设备尤其是表曝机的充氧性能；④有的生物泡沫还可能进入二沉池，造成出水 SS、COD 等浓度增加。

生物泡沫的解决措施包括如下几方面。

（1）喷洒水 高速喷洒的水流或水珠能打碎浮在水面的气泡，使被打散的部分污泥颗粒重新恢复沉降性能，减少泡沫。尽管喷洒水不能从根本上消泡，却是一种最简单、最常用的物理方法。

（2）投加化学药剂 投加化学药剂可以在短时间内解决泡沫问题，而且操作简单，但投加化学药剂也会对污泥性能产生很大的影响，同时可能影响出水水质。常用的消泡药剂包括氯和氧化剂、混凝剂、消泡剂和植物油等。

（3）调整工艺控制 缩短污泥停留时间，利用发泡微生物平均世代时间较长的特点，阻碍发泡微生物的增殖，从而达到降低泡沫量的目的。

降低供应给曝气池的空气量能有效地降低生物泡沫的形成速度，同时将曝气池 DO 浓度控制在更低范围内，阻碍诺卡菌属的增殖。然而，该法对整体生化过程有一定的影响，会抑制曝气池中的硝化作用过程，出水浊度也会升高，需要多注意观察整个生化过程。

（四）曝气池的池角污泥不易清理

若曝气池的横截面为矩形，则矩形的拐角位置很有可能残留一定的活性污泥，若不能及时清理，会对污水处理效果造成影响，可以采取加大水流速度和增加搅拌机等措施予以解决。

（五）进水 BOD 偏低

在实际操作中，很多污水中的 BOD_5 含量并不高，这会导致 BOD 负荷过低，碳源缺乏，影响脱氮除磷效果。若污水中 BOD_5 含量不足时，设置超越初沉池，可确保有充足的有机物作为碳源。在超越初沉池运行过程中，选择完全超越或部分超越，需要结合 BOD 含量、污泥浓度、二沉池处理后水中氮和磷含量全面考虑，当然，剩余污泥的排放量也是不容忽视的。

（六）潜水搅拌器的安装角度

安装在厌氧区、缺氧区的搅拌器能否正常运行，搅拌器的角度是否合适都十分关键。若安装的潜水搅拌器运行不正常或角度不合适，就会影响水体中的各种菌群的均匀分布，生物池液面出现大量的漂浮污泥。所以，搅拌器角度的合理安装，在一定程度上影响生物系统的运行效果。

巩固与拓展

巩固知识：

生物脱氮系统控制练习题

拓展训练：脱氮工艺运行管理过程中的异常问题分析

以团队合作形式分小组讨论并总结，通过查阅资料，结合实际工程案例，以一种或两种生物脱氮工艺为例，提出应控制的温度、溶解氧含量、泥龄、pH 值以及碳源来源等条件，分析运行管理过程中可能存在的异常问题，并提出解决对策，形成一份报告。

任务二　生物除磷系统运行控制

任务描述

通过知识明晰部分的学习，了解生物除磷技术的原理，掌握生物除磷基本工艺及各种影响因素，如温度、溶解氧含量、泥龄、碳源要求、pH 值和 C/P 等因素对除磷过程的影响；在能力要求部分，掌握生物除磷工艺的运行管理，如曝气量

调节、回流量控制、污泥龄控制等，针对聚磷菌和反硝化细菌对碳源的竞争问题、硝酸盐对厌氧释磷的干扰问题以及泥龄控制等问题，掌握相应的解决对策，确定泥龄，对 C/N 和 C/P 最佳条件进行控制；在巩固与拓展中，通过小组任务，对生物除磷工艺的控制条件、除磷的效果进行分析，实现知识与技能的融合。

知识明晰

磷的超标排放是导致水体富营养化的重要因素，可导致藻类急剧和过量生长，藻类死亡后被微生物分解，大大消耗了水体中的溶解氧，使得水体处于缺氧甚至厌氧条件，导致水质恶化、鱼类等水生生物死亡。

一、生物除磷技术原理

无机污染物——磷

一般污水二级处理过程，约有 10%的磷在一级沉淀中被去除，相当于污水中的固态磷含量。在好氧生物处理过程中，污水中部分磷作为微生物的营养物被细胞同化吸收，转化为固态生物质部分而被去除。磷的生物去除率取决于活性污泥的产量。细胞组织对磷的吸收量大约相当于氮的 1/5。一般的二级污水处理厂不能满足深度除磷的要求，必须采用组合生物处理工艺。

生物法除磷是利用活性污泥中的特殊微生物（聚磷菌）在不同环境条件下对磷的释放和吸收作用来实现除磷。其机理是：当微生物在厌氧环境时，细胞内的聚磷酸盐被分解，无机磷盐释放到环境中去，同时释放出大量能量，这就是聚磷菌的厌氧释磷现象。在此过程中，产生的能量一部分用于供给聚磷菌在不利环境（厌氧环境）下生存，另一部分则可供聚磷菌主动吸收环境中的乙酸等小分子挥发性有机酸，使之以聚 β-羟基丁酸酯（PHB）的形式贮藏于菌体内；在进入好氧状态后，由于环境条件有利，聚磷菌可以快速生长、繁殖，此时菌体内 PHB 的好氧分解就为之提供了大量能量，其中一部分能量可供聚磷菌主动吸收比厌氧释磷量更多的磷酸盐，并以聚磷酸盐的形式超量贮存于体内，这就是聚磷菌的好氧吸磷现象。及时排出剩余污泥，就能使污水中磷的含量大大降低。

在厌氧条件下，聚磷菌将细胞内的磷释放掉，而在好氧条件下，又能够过量地（在数量上超过其正常的生理需求）从外部环境摄取磷。因此，在反应器中按顺序创造适宜的条件，利用这类微生物超量摄取磷的特性，将磷以聚合的形态贮藏在菌体内，形成高磷污泥并排出系统外，可有效地去除污水中的磷。

二、生物除磷基本工艺

（一）厌氧/好氧（A/O）生物除磷工艺

A/O 工艺是最简单的生物除磷工艺，是直接根据生物除磷的基本原理而设计的工艺，生化池依次划分为厌氧区和好氧区，可同时去除污水中的有机污染物及磷。其中每个部分的主要功能如下：厌氧池释放磷，有机物厌氧分解；曝气池吸收磷，去除 BOD；沉淀池完成泥水分离。进水与回流污泥在厌氧区进水端混合后流入厌氧区，有机物在水解发酵作用下产生挥发性脂肪酸（VFA），聚磷菌利用 VFA 在细胞内积聚 PHB、糖原等物质，同时释放磷；随后混合液进入好氧区，聚磷菌利用积聚的 PHB 及糖原，并大量吸收水中的磷酸盐；混合液随后进入二沉池，通过固液分离，污泥从二沉池回流到厌氧区，部分富磷的污泥以废弃污泥的形式从系统中排出，实现磷的去除。A/O 除磷工艺的特征是负荷高、泥龄和水力停留时间短，其工艺流程见图 2-48。

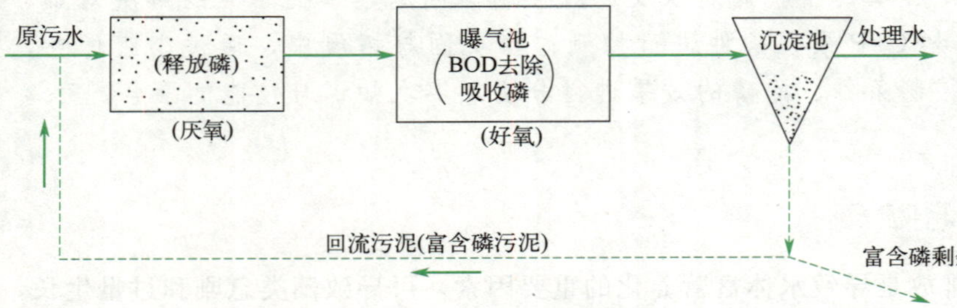

图 2-48 A/O 生物除磷工艺

控制厌氧池中溶解氧浓度一般不超过 0.2 mg/L，这样可让聚磷菌充分释放磷，同时，此阶段可提高原污水的可生化性。好氧池溶解氧浓度在 2～4 mg/L 之间，此时好氧微生物将有机物氧化为二氧化碳和水，聚磷菌在好氧条件下可以超量吸磷。磷的去除率还取决于进水中的易降解 COD 含量，一般用 BOD_5 与磷浓度之比表示。由于微生物吸收磷是可逆的过程，过长的曝气时间及污泥在沉淀池中长时间停留都有可能造成磷的重新释放。

（二）Phostrip 侧流除磷工艺

Phostrip 侧流除磷工艺是将生物除磷与化学除磷相结合的工艺，其是在常规活性污泥工艺的基础上，在回流污泥过程中增设厌氧释磷池和化学反应沉淀处理系统，称为侧流旁路。将来自常规生物除磷工艺的一部分回流污泥转移到一个厌氧释磷池，释磷池内释放的磷随上层清液流到磷化学反应池，富磷上层清液中的磷在化学反应池内被石灰或其他沉淀剂沉淀，然后进入初沉池或一个单独的絮凝或沉淀池进行固液分离，最终磷以化学沉淀物的形式从系统中去除。Phostrip 除磷效率不像其他生物除磷系统那样受进水的易降解 COD 浓度的影响，处理效果稳定，出水总磷浓度可低于 1 mg/L，其工艺流程见图 2-49。

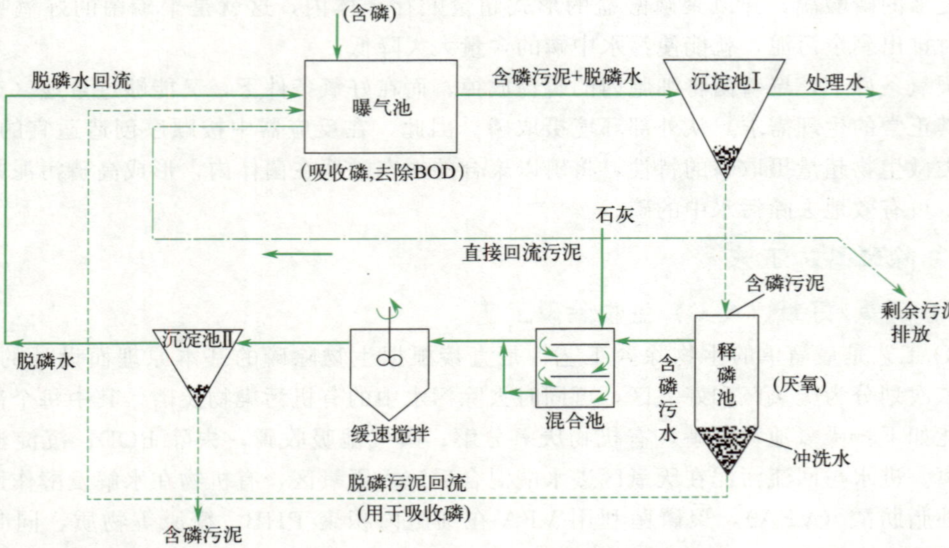

图 2-49 Phostrip 侧流生物除磷工艺

三、生物除磷工艺的主要影响因素

1. 温度

温度是生物除磷过程中一个复杂的因素，温度的升高或降低对除磷过程的影响并不是非常明显。低温下，硝化效果降低，硝酸盐含量降低，反硝化过程对底物的需求降低，因此聚磷菌可利用底物增加，聚磷的贮存能力增强，相应会增加除磷效果；但低温下发酵作用降低，VFA 的产量减少，所以聚磷菌可利用底物会一定程度减少，聚磷的贮存能力降低。因此，低温运行时，厌氧区的停留时间要长一些，以保证发酵作用的完成及基质的吸收。总体来说，一般情况下聚磷菌的吸磷与释磷效率均随温度的升高而增大。

2. 溶解氧（DO）

除磷过程中，聚磷菌的吸磷阶段需要在好氧区完成，此阶段适宜 DO 浓度范围为 2～3 mg/L。过低的 DO 浓度会对聚磷菌分解胞内 PHB 以及吸收溶解性磷酸盐合成聚磷的过程产生影响；过高的 DO 浓度会使大量 DO 随污泥回流和混合液回流被带入厌氧池而破坏厌氧环境，影响厌氧释磷的效果，过高的 DO 还将消耗 PHB，导致吸磷速率与释磷速率的不平衡，从而影响生物除磷的效果。

3. pH 值

pH 值对生物除磷的效果有着极其重要的影响。生物除磷的各个过程如厌氧磷释放、好氧磷吸收等都存在着各自反应的最佳 pH 范围。特别在厌氧释磷阶段，pH 值影响聚磷菌吸收碳源，从而对聚磷菌生长速率产生影响，间接影响后续吸磷作用。低 pH 会导致释磷速率降低；pH 过高时，厌氧环境下代谢乙酸等有机基质所需要的能量增加；pH 大于 9 时，污水混合液中的磷以难溶磷酸盐的形式沉积，溶解性的磷酸盐基本不发生变化，进而导致除磷效率的降低。综合考虑，生物除磷系统的 pH 值一般控制在中性或弱碱性。

4. 污泥龄（SRT）

在生物脱氮过程和除磷过程中，系统中污泥龄（SRT）的长短决定着该系统是以脱氮为主还是以除磷为主。生物除磷过程中通过排放富磷污泥实现除磷目的，如果泥龄过长，则会导致排放的磷总量过少，无法达到有效除磷的效果；如果泥龄越小，污泥负荷越高，生物除磷效果就越好。由于硝化细菌具有世代周期长的特点，生物脱氮需要较长的泥龄，泥龄的长短是生物脱氮和除磷的矛盾所在。因此，控制适度泥龄或污泥负荷，能保证系统脱氮和除磷效果均较好，同时也能降低能源消耗。通常情况下，SRT 控制在 16～20 d 可实现较好的脱氮除磷效果。

5. 碳源种类及 BOD_5/P 比值

碳源可为产酸菌提供足够的养料，从而为聚磷菌提供释磷所需的溶解性基质。混合碳源或污水中的有机基质对厌氧释磷的影响情况较为复杂，大分子有机物必须先发酵产酸转化为小分子发酵产物后，才能被聚磷菌吸收利用。聚磷菌需要的是易生物降解的有机物（如乙酸等挥发性脂肪酸），固态和胶体态的 BOD，部分聚磷菌是不能吸收的。

碳源浓度是影响生物除磷效果的重要因素。一般情况下，生物除磷工艺每去除 1 mg 磷酸盐，需要 20 mg 的 BOD，其中 BOD 是指快速生物降解 BOD 和慢速降解 BOD 之和。为了实现有效的生物除磷，必须维持一定的 BOD 浓度。BOD 浓度比较低时，不能满足聚磷菌生长对碳源的需求，合成的 PHB 量少，影响好氧阶段对磷的吸收，除磷的效果比较差。如果增加 BOD 浓度，对除磷效率提高有明显的改善。当 BOD 浓度增加到一定程度，已经完全满足了微生物对碳源的需要时，继续增加 BOD 效果不是很明显，甚至会导致除磷效率的降低。其原因是聚磷菌没有利用的 BOD 进入好氧阶段会导致非聚磷菌的大量繁殖，使聚磷菌不再是优势菌种。为了达到良好的生物除磷功能，BOD/P 应达到 15～20。

能力要求

一、生物除磷工艺的运行管理

（一）内外回流量的控制

污泥回流的目的主要是补充生物反应池的活性污泥，尽量保持生物反应池内 MLSS 相对稳定，否则会影响污水处理效果。在维持必需的 MLSS 浓度的前提下，降低外回流量，减少回流污泥中 NO_3^--N，对维持厌氧区厌氧环境是有利的。在降低污泥回流量的同时，要注意二沉池中泥面可能会升高，有可能会导致二沉池磷的二次释放以及发生反硝化反应等一系列问题，所以实际运行中要综合调整污泥回流量与二沉池泥面控制，以达到最佳效果。

其次，可以适当地加大内回流流量。在缺氧段存在反硝化聚磷菌，可以利用硝酸盐作为电子受体，保证缺氧段末端还能检测到少量硝态氮，提高反硝化除磷效果。但内回流比不宜过大，否则不仅会将好氧池中过多 DO 带入缺氧段降低脱氮效率，还会增加动力消耗和运行费用。

（二）曝气量的调节

曝气池的溶解氧不宜过高也不宜太低，尽可能使其相对稳定。如果好氧区段溶解氧含量高时应及时减少曝气量，这样既能保证生物反应池正常运行，又可以降低能耗，节省水厂运行费用。或者是在厌氧区之前预设缺氧段，让回流污泥首先进入预缺氧区段进行充分的反硝化反应，降低回流污泥中携带的 NO_3^--N 含量，使其进入厌氧区时能满足厌氧环境，让污水在厌氧区实现最大限度的释磷，提高磷的去除率。

（三）污泥龄的控制

生物法除磷最终是依靠二沉池排放含磷剩余污泥达到除磷目的。降低泥龄、增加剩余污泥排放量和排放次数有利于除磷。但考虑到脱氮需要增大泥龄，以满足世代周期长的硝化细菌群为优势菌群，故需综合考虑，在保证脱氮效果的同时适当地降低污泥龄，保证二沉池的排泥量。根据进水水质，合理地调整污泥龄，兼顾脱氮除磷两方面需求。

（四）污水厂回流污泥水的控制

建议对污泥浓缩池上清液和污泥脱水滤液进行化学除磷，将污泥水处理以后再回流至污水厂的进水端，以减少对污水生物处理系统的冲击负荷。同时，设计污水处理工艺时应考虑回流污泥水对进水 TP 浓度的影响，选择合理的除磷工艺参数。

二、生物除磷系统中可能出现的问题及对策

（一）可能出现的问题

1. 聚磷菌和反硝化细菌对碳源的竞争

在传统生物脱氮除磷系统中，碳源主要被用在厌氧释磷过程和反硝化脱氮过程。其中厌氧释磷过程和反硝化脱氮过程的反应速率与进水碳源中的易降解部分，尤其是挥发性有机脂肪酸（VFA）的含量关系较大。一方面，我国城镇污水中易降解的有机碳源含量较低，在常规的生物脱氮除磷系统中，厌氧池中聚磷菌优先利用污水中的碳源进行厌氧释磷，这可能导致缺氧池反硝化过程中碳源不足，对脱氮效果产生不利影响；另一方面，为优先满足反硝化过程所需碳源、提高脱氮效果而设计的生物脱氮除磷改良工艺对 TP 的去除效果欠佳。因此，在常规脱氮除磷工艺中存在碳源不足而引发聚磷菌与反硝化细菌的竞争问题。

2. 硝酸盐对厌氧释磷的干扰

在常规生物脱氮除磷工艺中，有一定量的NO_3^--N伴随污泥回流被带入厌氧池，回流到厌氧池后利用进水中的挥发性有机脂肪酸（VFA）进行反硝化，从而引起聚磷菌与反硝化细菌的竞争，导致聚磷菌厌氧释磷所需碳源不足，影响系统厌氧池释磷效果进而使得后续好氧段吸磷不完全，使污水中磷的去除效率降低。

3. 自养菌和异养菌混合生长的泥龄矛盾

聚磷菌繁殖快、生长周期短，属于异养型微生物；硝化细菌繁殖慢，生长周期长，属于自养型微生物。在常规的城镇污水单级生物脱氮除磷工艺中，这两类细菌为混合培养，因此，想达到较好的厌氧释磷以及硝化效果，必然会造成聚磷菌与硝化细菌系统运行过程中泥龄的矛盾。

（二）解决对策

1. 针对碳源不足的对策

（1）补充碳源　补充碳源可以直接投加如甲醇、乙醇、丙酮和乙酸等外碳源，或者将初沉污泥、二沉污泥发酵的上清液（富含挥发性脂肪酸VFA）引入生物池。碳源的投加位置可以是缺氧反应池，也可以是厌氧反应池。

（2）取消初沉池　初沉池会去除20%左右的有机物，取消初沉池或缩短初沉时间，使大量颗粒有机物直接进入生物池，增加进入生物池的有机物总量，能部分缓解碳源不足的问题。由于省去了初沉池，运行成本也相应有所降低。对于城镇污水处理厂来说，用这种方法获取碳源比较容易，但大量悬浮物进入生化池也会带来额外的影响，需进行综合考虑。

（3）分段进水　分段进水是将污水中的有机碳源进行空间的优化配置，目前已在常规生物脱氮除磷工艺改造中进行了工程应用。分段进水的特点有：可以提高反硝化速率；在生物池内可维持较高的MLSS浓度，因而反应时间较短，可减小反应器体积；硝化、反硝化在反应池中顺序发生，因而可以取消混合液内循环、降低能耗。该工艺对脱氮有利，反应池中存在较多的硝酸盐会影响除磷效果。

2. 投加化学药剂辅助除磷

若生物除磷效果差，或进水C/P比例失衡，应向污水中投加化学药剂辅助除磷。化学试剂通过与废水中的磷发生化学反应生成沉淀物，从而达到除磷的目的。废水中磷的存在有三种形态：正磷酸盐、聚磷酸盐和有机磷。在二级生化处理中，能将聚磷酸盐和有机磷转化成正磷酸盐，然后在废水中加入药剂与磷酸根反应生成沉淀去除，同时生成的絮凝体对磷也有吸附去除的作用。现在常用的化学试剂为含铁离子、含钙离子或含铝离子等金属化合物。

化学法辅助除磷

巩固与拓展

巩固知识：

生物除磷系统运行控制练习题

拓展训练：除磷工艺运行条件分析及提高除磷率的措施讨论

以团队合作形式分小组讨论并总结，通过查阅资料，结合实际工程案例，以一种或两种生物除磷工艺为例，分析该工艺对磷的去除率、工艺条件的设置，以及采用何种方式进一步提高磷去除率，是否会对脱氮效果产生影响，如何平衡二者之间关系，形成一份报告。

任务三　同步脱氮除磷系统运维与性能评估

任务描述

通过知识明晰部分的学习，了解传统同步脱氮除磷工艺、改良型同步脱氮除磷工艺以及泥膜复合型同步脱氮除磷工艺的基本构造、工艺流程、工艺特点等；在能力要求部分，掌握同步脱氮除磷工艺的运行维护管理及系统整体协调与评估，如脱氮除磷对碳源的要求、回流量的确定、溶解氧的控制、污泥负荷的确定、污泥龄的控制等工艺参数的协调、工艺中可能出现的问题及解决对策；在巩固与拓展中，通过小组任务，调研某市政污水处理厂的污水处理工艺及其脱氮除磷效果，分析其工艺参数的控制，实现知识与技能的融合。

知识明晰

随着我国生态文明发展水平的不断提高，城镇污水处理厂集中处理废水的总量和占比不断上升，《“十四五”城镇污水处理及资源化利用发展规划提出》，长三角和粤港澳大湾区城市，京津冀、长江干流和南水北调工程沿线地级及以上城市，黄河流域省会城市，计划单列市可对城镇污水处理厂提出更严格的污染物排放管控要求。水环境敏感地区污水处理基本达到《城镇污水处理厂污染物排放标准》（GB 18918—2002）一级 A 排放标准。为满足不断提升的污水排放标准要求，不同类型的高效同步脱氮除磷工艺在我国城镇污水处理中已有广泛应用实践。

《城镇污水处理厂污染物排放标准》

一、传统同步脱氮除磷工艺

传统的脱氮除磷工艺包括氧化沟工艺、A^2/O 工艺及其衍生工艺、SBR 工艺、CASS 工艺等，这些工艺都是依靠调节工艺参数尽可能为微生物的生长和代谢提供良好条件，从而实现氮和磷的去除。脱氮除磷工艺种类多样，其中氧化沟工艺、A^2/O 工艺和 SBR 工艺普遍运用于实际污水处理厂的脱氮除磷。

1. 氧化沟工艺

氧化沟工艺因其构筑物呈封闭的环形沟渠而得名，该工艺是一种改良型活性污泥法，水流流态特征独特，介于完全混合和推流之间，其表面曝气设备可以调节供氧量，或表面曝气与微孔曝气相结合在沟内形成好氧和缺氧的交替区，实现同步硝化、反硝化。该工艺具有流程简易、运行方式灵活、污泥产量低、耐冲击负荷、出水水质稳定、处理效果良好等显著优点。缺点是占地面积大，易产生污泥膨胀、泡沫，流速不均及污泥沉积等问题。

2. 传统 A^2/O 工艺

A^2/O 工艺是 20 世纪 70 年代在 A/O 除磷工艺的基础上，在厌氧区之后、好氧区之前增设一个缺氧区，使好氧区的混合液回流到缺氧区，使之进行反硝化脱氮，这就是最基本的同步生物脱氮除磷工艺——传统 A^2/O 工艺。

在传统 A^2/O 工艺中，污水在流经三个不同功能分区的过程中，在不同微生物菌群作用下，污水中的有机物、氮和磷得到去除，其流程简图见图 2-50。

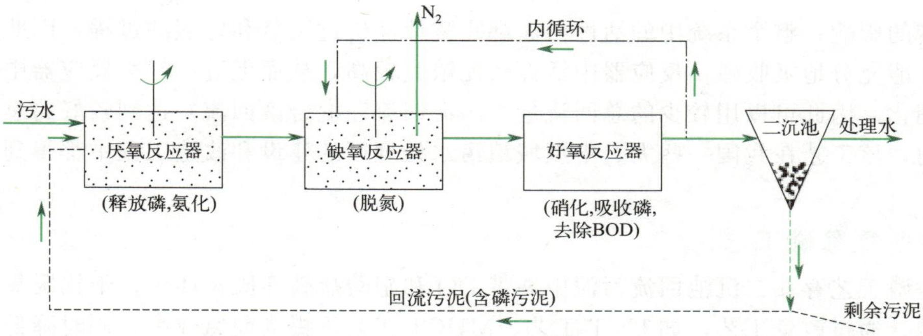

A^2/O 工艺

图 2-50　A^2/O 工艺

A^2/O 工艺各段的功能和过程如下。

(1) 厌氧段　污水进入厌氧反应区，同时进入的还有从二沉池回流的活性污泥，聚磷菌在厌氧环境条件下释磷，同时将易降解 COD、VFA 转化为 PHB。本池主要功能是释放磷，使污水中的磷浓度升高，溶解性有机物被微生物细胞吸收而使水中的 BOD 浓度下降。

(2) 缺氧段　污水经过第一个厌氧反应区以后，接着进入缺氧反应区进行脱氮。硝态氮通过混合液内循环由好氧反应器传输过来，反硝化细菌利用污水中的有机物作为碳源，将回流混合液中带入的大量 NO_3^--N 和 NO_2^--N 还原为 N_2 释放到空气中，在反硝化脱氮的同时也去除了部分的有机物。通常内回流量为 2～4 倍原污水流量。此段中，BOD_5 的浓度下降，而磷的浓度变化很小。

(3) 好氧段　混合液从缺氧反应区进入好氧反应区，有机物被微生物生化降解而继续下降。有机氮被氨化继而被硝化，使 NH_3-N 浓度显著下降，NO_3^--N 和 NO_2^--N 的浓度增加，混合液中硝态氮回流至缺氧反应区。在好氧反应区除发生有机物氧化和氨氮硝化反应外，还同时进行磷的吸收，聚磷菌过量吸收水中的 PO_4^{3-} 储存于体内。此段中，BOD_5 的浓度和磷的浓度均大幅度下降，但出水中含有一定的硝态氮。

3. 倒置 A^2/O 工艺

为了进一步提高脱氮、除磷效果和节约能耗，传统 A^2/O 工艺进行了多种变形和改进，如倒置 A^2/O 工艺，其工艺流程如图 2-51 所示。

该工艺的特点是：污水在初沉池停留较短时间，使进水中的细小有机悬浮固体有相当一部分进入生物反应器，以满足反硝化细菌和聚磷菌对碳源的需要，并使生物反应器中的污泥能达到较高的浓度；将传统 A^2/O 工艺中的缺氧池置于厌氧池之前，从而避免了污泥回流中

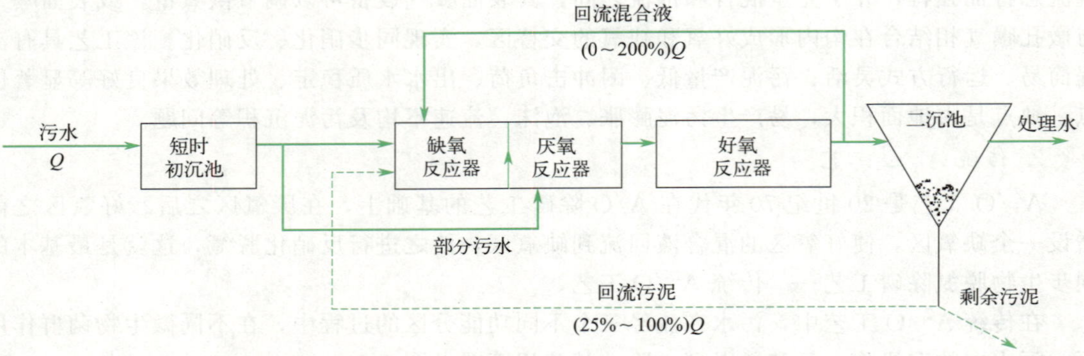

图 2-51　倒置 A^2/O 工艺

硝酸盐对厌氧释磷的影响；整个系统中的活性污泥都完整地经历过厌氧和好氧的过程，因此排放的剩余污泥都能充分地吸收磷；反应器中活性污泥浓度较高，从而促进了好氧反应器中的同步硝化、反硝化，因此可以用较少的总回流量（污泥回流和混合液回流）达到较好的总氮去除效果。目前，该工艺在我国一些大、中型城镇污水处理厂的建设和改造工程中都得到较为广泛的应用。

二、改良型同步脱氮除磷工艺

传统的脱氮除磷工艺存在二沉池回流污泥中夹带 DO 和硝酸盐破坏厌氧环境，干扰厌氧池释磷效果的问题。通过改良工艺，如 UCT 工艺、MUCT 工艺等提高脱氮效率，同时降低硝酸盐对除磷效果的影响。

1. 改良 Bardenpho 工艺

Bardenpho 工艺是缺氧-好氧交替四段式工艺流程，内循环和污泥均回流至缺氧段，带回了大量 NO_3^-（NO_2^-），严重影响除磷效果。采用改良的 Bardenpho 工艺（图 2-52），流程由厌氧-缺氧-好氧-缺氧-好氧五段组成，即在缺氧段前增设了厌氧池，保证了磷的有效释放，从而提高了聚磷菌在好氧段吸收磷的能力和除磷效果。改良 Bardenpho 工艺第二个缺氧段利用好氧段产生的硝酸盐作为电子受体，利用剩余碳源或内碳源作为电子供体，可进一步提高反硝化效果。最后的好氧段主要用于剩余氮气的吹脱。因为系统脱氮效果好，通过回流污泥进入厌氧池的硝酸盐量较少，对污泥的释磷反应影响小，整个系统可达到较好的脱氮除磷效果。但该工艺流程较为复杂，投资和运行成本较高。

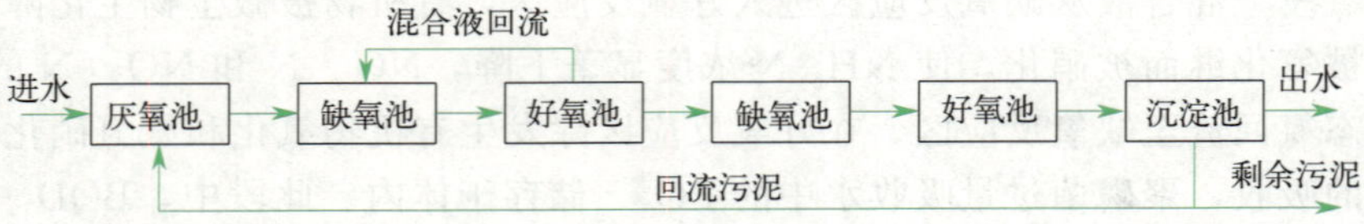

图 2-52　改良 Bardenpho 工艺流程图

2. UCT 工艺和 MUCT 工艺

为了控制厌氧区回流污泥中硝酸盐的含量，以消除其对除磷的影响，提高同步脱氮除磷的效果，研究者们在 A^2/O 工艺的基础上，通过改变混合液的回流方式或增加反硝化环节，开发了不少改良型工艺。

A^2/O 工艺回流污泥中的 NO_3^--N 流至厌氧段，干扰了聚磷菌细胞体内磷的厌氧释放，降低了磷的去除率。UCT 工艺（图 2-53）将回流污泥首先回流至缺氧段，回流污泥带回的 NO_3^--N 在缺氧段被反硝化脱氮，然后将缺氧段出流混合液一部分再回流至厌氧段。UCT 工艺的不同之处在于污泥回流至缺氧池而非厌氧池，在缺氧池和厌氧池之间增加了缺氧回流。缺氧池的反硝化作用使得缺氧混合液回流带入厌氧池的硝酸盐浓度很低，而污泥回流中有一定浓度的硝酸盐，但其回流至缺氧池而非厌氧池，可使厌氧池的功能得到充分发挥，这样就避免 NO_3^--N 对厌氧段聚磷菌释磷的干扰，提高了磷的去除率，也对脱氮没有影响。该工艺对氮和磷的去除率都大于 70%。

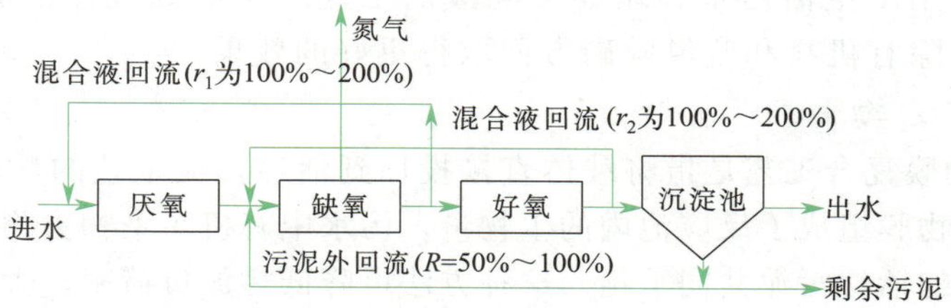

图 2-53　UCT 工艺流程图

MUCT 工艺见图 2-54，它是 UCT 工艺的改良工艺，为了克服 UCT 工艺因混合液内回流交叉，导致缺氧段的水力停留时间不易控制的缺点，同时避免好氧段出流混合液中的 DO 经缺氧段进入厌氧段而干扰磷的释放，MUCT 工艺将 UCT 工艺的缺氧段一分为二，使之成为两套独立的混合液内回流系统。MUCT 生化池通过变频泵来调整各段混合液及污泥的回流比，以适应各种水质条件下对除磷、脱氮的要求。同时，在最后两个缺氧单元布置了曝气管，以增强曝气池硝化功能的灵活性，在推流式曝气池中按需氧量分布情况布置曝气机。

MUCT 具有以下特点：可调节、分配至厌氧段和缺氧段的进水比例，为同时生物脱氮除磷提供最优的碳源；可根据进水 C/N 将一个或两个缺氧单元转换为好氧单元；污泥回流采用二级回流，回流污泥在第一个缺氧单元内就消耗掉了溶解氧和硝态氮，保证了厌氧池的厌氧状态，减小厌氧池的容积，提高除磷效果；不需要根据进水 TN/COD 值对回流硝酸盐量进行实时控制。

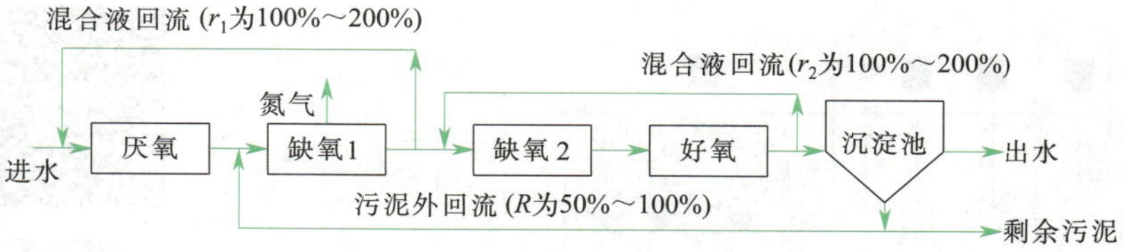

图 2-54　MUCT 工艺流程图

其他改良型同步脱氮除磷工艺

三、泥膜复合型同步脱氮除磷工艺

污水的生物膜处理法是与活性污泥法并列的一种污水生物处理技术。这种处理法的实质是使细菌和原生动物、后生动物等微型动物附着在滤料或某些载体上生长繁殖，并在其上形成膜状生物污泥——生物膜。污水与生物膜接触，污水中的有机物作为营养物质被生物膜上的微生物所摄取，污水得到净化，微生物自身也得到繁衍增殖。

作为污水生物处理的两大工艺类型，生物膜法和活性污泥法各有优缺点。各种生物膜反应器具有以下共同的特点：①参与净化的微生物多种多样，生

生物膜法

物的食物链长，微生物存活的世代时间较长并具有较高的活性；②剩余污泥量少，运行比较稳定，管理相对简单，对氨氮和难降解污染物去除能力强，对水质变化适应性强，反应器净化效率高，能够承受冲击负荷，污泥沉降性能良好，易于维护与运行管理等；③填料及其支撑结构需要较高的初期投资，生物膜脱落产生的部分细小颗粒不易沉降，出水浊度较高。传统的微生物悬浮生长的活性污泥法污水生物处理系统具有一定的可靠性，出水水质良好，效率较高，但占地面积大，污泥产量大，运行不够稳定，易产生污泥膨胀等。正是因为如此，近年来形成泥膜复合型工艺，以发挥各自工艺的优势，克服各自存在的不足，并被广泛应用于生活污水、垃圾渗滤液的工业废水的处理，已成为城镇污水处理的高效工艺，在去除有机物和脱氮除磷方面取得更好的效果。

1. 泥膜复合工艺的原理

活性污泥-生物膜复合工艺是指将载体直接投加到活性污泥工艺的反应池中，此时悬浮态污泥和附着态生物膜组成了反应池内的生物量，污水中有机污染物去除任务由附着生长的生物膜和悬浮生长的活性污泥共同承担。这种方法可降低污泥负荷率，大幅度提高反应池内的生物量，使并不具备硝化能力的系统具备较强的硝化能力，增加了系统抗冲击负荷的能力，同时减少了污泥的产量。传统活性污泥法中的丝状菌也可被载体吸附在生物膜孔隙内或表面，这样不仅发挥了丝状菌强大的净化能力，而且又能提高反应系统运行的稳定性。附着相微生物的存在，使系统中微生物种类更趋多样化，对难降解污染物质的去除能力增强。由于系统存在活性污泥，仍可以按照厌氧/缺氧/好氧的模式来运行，使其具备去除总氮和总磷的能力。

2. 泥膜复合工艺

泥膜复合工艺的主要特点

（1）A^2/O-生物膜复合工艺 A^2/O-生物膜复合工艺（图 2-55）是指在普通 A^2/O 活性污泥系统中投加填料作为微生物附着的载体，进而形成悬浮生长的活性污泥和附着生长的生物膜共存体系。由于结合两者的共同优点，该复合工艺使传统 A^2/O 工艺的气、液两相反应体系切换为更为复杂的固、液、气三相反应体系，形成更为复杂稳定的生态系统，达到了耐冲击负荷提高、高处理效果和低污泥产量等目的。

连续流活性污泥生物膜法

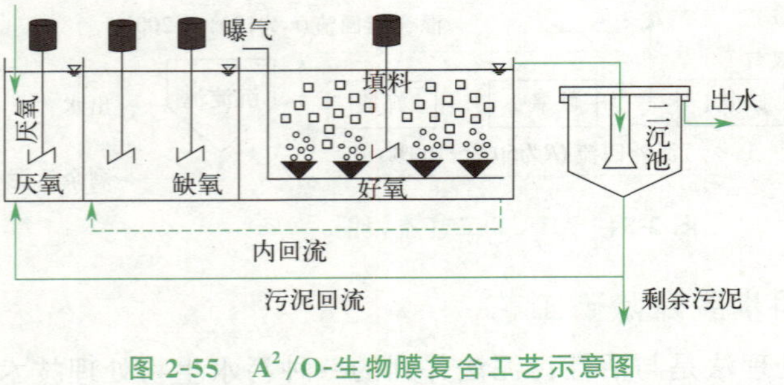

图 2-55 A^2/O-生物膜复合工艺示意图

（2）MBBR 工艺 移动床生物膜反应器（MBBR）是向反应器中加入一定量的悬浮填料，填料上附着生长不同的生物种类，形成了好氧菌落或厌氧、缺氧菌落，起到去除有机物和脱氮除磷的作用。在该系统中，悬浮填料可附着世代周期长的菌群，因此有效缓解了传统工艺脱氮菌群与聚磷菌群在泥龄上的矛盾。悬浮填料的投加可有效地切割水体中的气泡，从而增大气液膜面积，提高了曝气效率，由于填料载体密度接近水的密度，在曝气扰动、液体回流或者机械混合下，它都能悬浮在反应器中。载体在水中的碰撞和剪切作用使气泡由大变小，从而增加了氧气的利用。每个载体可看作是一个微反应器，系统可同时存在硝化反应和反硝化反应，有利于处理效果的改善。在反应器的出口端设置多孔盘或者拦截筛，使得载体可以被截留在反应器中，处理后的污水进入下一个单元。

移动床生物膜反应器（MBBR）的特点如下：①与其他浸没式生物膜反应器一样，MBBR能形成高度专性的活性生物膜并适应反应器内的环境，高度专性的活性生物膜不仅提高了反应器单位体积的处理效率，还增强了系统运行的稳定性；②与其他浸没式生物膜反应器不同，MBBR是污水连续通过的工艺，无须反冲洗，因此减少了水头和运行复杂性；③MBBR的大部分活性生物质残留在反应器中，无须回流污泥；④MBBR具有多样性，反应器采用不同的几何形式，非常适合现有反应池的改造。

IFAS 工艺

能力要求

一、同步脱氮除磷工艺的运行维护管理

（一）A^2/O 工艺的运行维护管理

1. 影响 A^2/O 工艺的重要工艺因素

（1）污水中有机物的种类与浓度 可生物降解有机物对脱氮除磷有着十分重要的影响，其对 A^2/O 工艺中的三种生化过程的影响很复杂，彼此相互制约。

在厌氧池中，聚磷菌本身是好氧菌，其运动能力很弱，增殖缓慢，只能利用低分子的有机物，但聚磷菌能在细胞内贮存和利用PHB，成为厌氧段的优势菌群。因此，污水中可生物降解有机物对聚磷菌厌氧释磷起着关键性的作用，如果污水中能快速生物降解的有机物很少，厌氧段中聚磷菌无法正常进行磷的释放，则会导致好氧段也不能更多地吸收磷。经试验研究，厌氧段进水溶解性磷与溶解性 BOD_5 之比应小于0.06才会有较好的除磷效果。

在缺氧段，当污水中的 BOD_5 浓度较高，有充分的可生物降解的溶解性有机物（即污水中C/N值较高）时，此时 NO_3^--N的反硝化速率最大，缺氧段的水力停留时间为0.5～1.0 h即可。如果C/N值低，则缺氧段水力停留时间需2～3 h。对于低 BOD_5 浓度的城镇污水来说，当C/N值较低时，脱氮率不高。一般来说，COD/TN大于8时，氮的总去除率可达80%。

在好氧段，当有机物浓度高时，污泥负荷也较大，降解有机物的异养型好氧菌数量超过自养型好氧硝化细菌，使氨氮硝化不完全，出水中 NH_4^+ 浓度急剧上升，氨的去除效率大幅降低。所以要严格控制进入好氧池污水中的有机物浓度，在满足好氧池对有机物需要的情况下，使进入好氧池的有机物浓度较低，以保证硝化细菌在好氧池中优势生长，使硝化作用完全。

（2）泥龄 A^2/O 工艺污泥系统的污泥龄受两方面的影响。因自养型硝化细菌比异养型好氧菌的增殖速率小得多，要使硝化细菌存活并成为优势菌群，则污泥龄要长，一般以大于15 d为宜。

但另一方面，A^2/O 工艺中磷的去除主要是通过排出含磷高的剩余污泥来实现的，如泥龄过长，则每天排出含磷高的剩余污泥量太少，达不到较高的除磷效率。同时过高的污泥龄会造成磷从污泥中重新释放，更降低了除磷效果。

权衡上述两方面的影响，A^2/O工艺的污泥龄一般宜为10～20 d。

(3) 溶解氧 提高好氧段DO，硝化速率增大，但当DO>2 mg/L后其硝化速率增长减缓，高浓度的DO会抑制硝化细菌的硝化反应。同时，好氧池过高的溶解氧会随污泥回流和混合液回流分别带至厌氧段和缺氧段，影响厌氧段聚磷菌的释放和缺氧段NO_3^--N的反硝化，对脱氮除磷均不利。相反，好氧池的DO浓度太低也限制了硝化细菌的生长，其对DO的忍受极限为0.5～0.7 mg/L，否则将导致硝化细菌从污泥系统中淘汰，严重影响脱氮效果。因此，好氧池的DO以2 mg/L左右为宜，太高太低都不利。

在缺氧池，DO浓度对反硝化脱氮有很大影响。由于溶解氧与硝酸盐竞争电子供体，同时抑制硝酸盐还原酶的合成和活性，影响反硝化脱氮，因此缺氧段DO应低于0.5 mg/L。

在厌氧池严格的厌氧环境下，聚磷菌从体内大量释放出磷而处于饥饿状态，为好氧段大量吸收磷创造了前提。但由于回流污泥将溶解氧和NO_3^--N带入厌氧段，很难保持严格的厌氧状态，所以一般要求DO<0.2 mg/L，同时有条件时可通过监测厌氧池的氧化还原电位（ORP）以确保厌氧状态。

(4) 污泥负荷率 好氧池的污泥负荷率应在0.18 kg BOD_5/(kg MLSS·d）之下，否则异养菌数量会大大超过硝化细菌，使硝化反应受到抑制。而在厌氧池，污泥负荷率应大于0.10 kg BOD_5/(kg MLSS·d)，否则除磷效果将急剧下降。所以，在A^2/O工艺中，污泥负荷率控制范围很小。

(5) 污泥回流比和混合液回流比 脱氮效果与混合液回流比有很大关系，回流比大，则效果好，但动力费用增大，反之亦然。A^2/O工艺适宜的混合液回流比一般为200%。

污泥回流比宜为25%～100%。回流比太大，污泥将带入太多DO和硝态氧进厌氧池，影响其厌氧状态（DO<0.2 mg/L)，不利于释磷；如果太小，则维持不了正常的反应池污泥浓度，影响生化反应速率。

(6) 水力停留时间 试验和运行经验表明，A^2/O工艺总的水力停留时间一般为7～14 h，其中厌氧段水力停留时间一般为1～2 h，缺氧段水力停留时间为0.5～3 h。

(7) 温度 微生物在生物处理过程中的最适宜温度为20～35 ℃，当水温高至37 ℃或低至10 ℃时，还有一定的处理效果，超出此范围时，处理效率显著下降。与反硝化相比，硝化过程对温度更为敏感，冬季低温时往往出现硝化过程效率较低的情况。温度对厌氧释磷的影响不太明显，在5～30 ℃下除磷效果均很好。

2. A^2/O工艺条件的控制

(1) 好氧段污泥负荷的确定 在硝化的好氧段，污泥负荷应小于0.18 kg BOD_5/(kg MLSS·d)，而在除磷厌氧段，污泥的负荷应控制在0.10 kg BOD_5/(kg MLSS·d)以上。

(2) 溶解氧DO的控制 在硝化的好氧段，DO应控制在2.0 mg/L以上；在反硝化的缺氧段，DO应控制在0.5 mg/L以下；在除磷厌氧段，DO应控制在0.2 mg/L以下。

(3) 混合液回流系统的控制 内回流比对除磷的影响不大，因此内回流比的调节主要影响脱氮效果。内回流比大，则脱氮效果好，但动力费用增大。A^2/O工艺适宜的混合液回流比一般为100%～400%，通常可采用200%左右。

(4) 剩余污泥排放的控制 剩余污泥排放宜根据泥龄来控制，泥龄的大小决定系统是以脱氮为主还是以除磷为主。当泥龄控制在8～15 d时，脱氮效果较好，还有一定的除磷效果；如果泥龄小于8 d，硝化效果较差，脱氮效果不明显，而除磷效果较好；当泥龄大于15

d，脱氮效果良好，但除磷效果较差。

（5）BOD_5/TKN 与 BOD_5/TP 的校核 运行过程中应定期核算污水入流水质是否满足 BOD_5/TKN 大于 4.0、BOD_5/TP 大于 17 的要求，否则应补充碳源。

（6）pH 值控制及碱度的核算 污水混合液的 pH 值应控制在 7.0 以上，如果 pH 值小于 6.5，应投加石灰，补充碱的不足。

（7）减少磷释放的措施 A^2/O 工艺系统中剩余污泥含磷量较高，在污泥处理过程中磷可能重新释放和溶出。A^2/O 工艺的剩余污泥沉降性能良好，可直接脱水；如果采用污泥浓缩，运行过程中要保证脱水的连续性，减少剩余污泥在浓缩池的停留时间，否则可能造成磷释放至上清液，回流至系统，影响除磷效果。

生物法脱氮除磷设计规范

（二）MBBR 反应器的运行维护管理

1. MBBR 工艺需注意的工艺条件

在 MBBR 中，悬浮填料是生物膜的支撑和载体。填料的比表面积可达到 200 m^2/m^3 以上，甚至达到 800～1000 m^2/m^3，而且其密度与水接近，容易随水移动。这样，微生物在填料上大量地繁殖和附着，种类多，生物的食物链长，处理效率高；填料对气泡有剪切、阻隔和吸附作用，使气泡的停留时间和气液接触面积增加，提高了传质效率，节约了能源；填料受气流、水流的冲刷，老化的膜能不断地脱落，使载体外表面生物膜较薄，可保证膜的活性，利于生物的新陈代谢。

由于生物膜上的微生物没有受到强烈的曝气搅拌冲击，生物膜为微生物增殖创造了良好的条件，微生物变得多样化而且量多，一般污泥浓度可达普通活性污泥法污泥浓度的 5～10 倍，曝气池污泥质量浓度可高达 30～ 40 mg/L，在填料上可以形成从细菌-原生动物-后生动物的食物链。生物的食物链长，能存活世代时间较长的微生物，处理能力大，净化功效显著。MBBR 生物膜上脱落下来的生物污泥含动物成分多，密度大，污泥颗粒大，沉降性能好，易于固液分离，并且剩余污泥产量少，减少了污泥处理费用。同时，其对水质和水量变动的适应性强，易运行管理。

MBBR 中载体的流化是 MBBR 生物膜交替更换的关键因素，但悬浮生物载体在反应器内呈流化状态时，会受到水力剪切作用、气流冲击作用以及载体之间或载体与反应器壁的碰撞摩擦，这些情况会造成载体的磨损和破坏。应从载体制备的角度进一步开发高强度的载体以保证其具有较高的使用寿命。MBBR 工艺的处理效果与反应器中的 DO 水平密切相关，实际应用中，不同的曝气方式造成的氧的传质效率和水流对载体的剪切力差别很大，不同曝气方式下反应器内不同区域的溶解氧情况对出水效果的影响也不同。

2. MBBR 工艺条件的控制

同其他的生物膜法处理工艺一样，MBBR 工艺处理效率受有机负荷、溶解氧浓度、温度、pH 的共同制约；反硝化速率受生物膜面积、外加碳源类型、C/N、水温、溶解氧和营养物质浓度共同制约。

MBBR 反应器中溶解氧浓度应大于 2 mg/L（由于附着生物膜的氧传质受限制，甚至需要更高的溶解氧浓度），可取得较好的硝化效果，并在载体内部形成缺氧区域，实现一定的同步硝化反硝化。但要考虑到高 DO 意味着更高的能耗水平，同时，高溶解氧水平可能会降低反硝化过程的效率，致使反硝化过程及除磷过程受到抑制。

载体是 MBBR 技术的核心，微生物生长附着在载体上，载体的大小、性质、填充率等影响着反应器内的生物量，继而影响反应器的去除效率。因此，要采用高品质和耐用的生物填料（无需更换，折旧率低），以确保整个系统的长期使用。

搅拌器采用香蕉形的搅拌叶片不会损坏填料，此外，它应在水下放置，不应太靠近水面，否则会在水面产生旋涡而将空气卷入反应器中。同时，潜水搅拌器的安装角度需要根据池型进行优化，以便于将载体推入反应器的深处。曝气系统采用粗孔或者微孔曝气系统不易堵塞，并有利于载体的流化。

二、同步脱氮除磷系统整体协调与评估

（一）同步脱氮除磷系统工艺参数整体协调

同步脱氮除磷工艺在脱氮除磷过程中的各参数需整体协调把握，从而达到最佳处理效果。同步脱氮除磷工艺处理的对象是有机污染物、氮和磷，只有整体协调控制各参数之间的关系，分析相互冲突影响的方面，才能保证有机污染物、氮、磷的去除，有效解决实际中遇到的问题。

1. 碳源浓度的影响

不管是脱氮过程的反硝化反应还是除磷过程的厌氧释磷吸收有机质，都需要一定的快速降解有机物浓度支持。足够的碳源是保证高效脱氮除磷的基本保证。由于聚磷菌在对碳源的争夺上较反硝化细菌弱，所以，需要专门为除磷设置厌氧段，并设置在生化系统的最前端。内回流将硝化液回流到缺氧段，反硝化所需的碳源是厌氧段聚磷菌活动剩余后的碳源，以此保证聚磷菌能优先使用进水中的碳源。外回流会将一部分硝化液带入厌氧段，当回流量过大时，就会影响聚磷菌的繁殖速率及充分释磷的程度，所以，在除磷效果不理想时，也要考虑是否因为外回流太大引起。一般认为，厌氧段硝态氮浓度低于 1.5 mg/L 时对聚磷菌的影响不大。很多市政污水厂都存在着碳源浓度不足导致脱氮除磷效果不佳的情况，特别是磷的去除率一般比脱氮率低，需要调整优化污泥龄来提高脱氮除磷效果。

2. 溶解氧的影响

溶解氧在进行硝化反应时须重点关注。这是因为溶解氧不足会导致硝化反应速率低下，同时，好氧池出口溶解氧的不足可能导致后续沉淀池内缺氧而出现反硝化反应，易在二沉池出现污泥上浮现象，最终导致出水 SS 升高，影响出水水质达标排放。同时，由于反硝化导致的污泥上浮，污泥里大量吸附的磷随出水被带出，导致出水磷浓度升高。同时，低溶解氧环境也会导致二沉池内的污泥发生释磷现象，进一步加剧出水磷含量的升高。因此，一般要确保好氧池出水 DO 为 2.5～3.5 mg/L。另外，二沉池污泥回流至厌氧池时会带入部分溶解氧，二沉池溶解氧越高，带入厌氧池的溶解氧就越多，过量的溶解氧进入厌氧池将影响聚磷菌的有效释磷，为此，控制回流液的溶解氧浓度非常重要。实践中，通过控制回流比，控制污泥回流分别进入厌氧和缺氧段，控制好氧池出口的溶解氧值，减少构筑物沿程跌水导致复氧等方面来确保回流到厌氧池的溶解氧量尽可能低，从而不影响聚磷菌释磷。

3. pH 值的影响

脱氮除磷工艺对 pH 值在各功能段的要求基本接近。硝化 1 g 氨氮需要消耗约 7.1 g 的碱，硝化过程将导致 pH 值下降。因此，当污水中碱度不足时，需要补充碱以维持硝化反应速率。

反硝化阶段 1 g 硝态氮的转化可以产生 3.57 g 碱。因此，反硝化过程可为后续的硝化段提供约一半碱的补充。

反硝化过程的 pH 值控制幅度要低于硝化阶段，反硝化细菌的 pH 值适宜范围是 6.5～7.5，而硝化段的 pH 值适宜范围是 7.5～8.5。在实际操作中，有时会发现整个系统在进水 pH 值没有变化的情况下，各段 pH 值有较明显的变化，此时有必要考虑硝化、反硝化反应对系统 pH 值的影响。

4. 污泥龄控制的影响

为达到较好的除磷效果，污泥龄一般控制在 5～10 d；而硝化细菌世代时间较长，需要较高的污泥龄，以便占生长优势，一般需要控制其污泥龄在 15 d 左右。一般认为污泥龄在 10～ 15 d 比较能够兼顾脱氮除磷两方面的要求。

5. 回流比的影响

A^2/O 工艺中的回流分为内回流和外回流。内回流比控制一般较大，回流比在 100%～400%，取决于脱氮效果的要求。由于内回流的维持需要消耗较多的动力，内回流比控制可以根据脱氮效果来逐步减小，以取得合适的回流比。

外回流比一般控制在 20%～100%，由于外回流还关系到聚磷菌进入厌氧段后的释磷过程，因此，进入厌氧段的回流液需要尽量降低硝酸盐氮的含量。因此，可将污泥一部分回流到厌氧池，一部分回流到缺氧池，这样可有效降低进入厌氧池的硝酸盐氮。原则上进入厌氧池的外回流混合液占 30%左右即可满足除磷要求。

（二）同步脱氮除磷系统可能出现的问题和解决对策

1. 进水异常导致污泥中毒

城镇污水厂运行管理中，由于进水异常可能导致活性污泥中毒、解絮、活性受到抑制，严重时还会造成微生物性质和类群的改变，有些微生物（如丝状细菌、诺卡菌属）的过量增长形成泡沫或浮渣，以及污泥吸附氮气过多等出现活性污泥相对密度降低而上浮，增加出水的悬浮物固体量，影响氧的利用效率，致使出水水质恶化。

污水厂应严格控制进水水质和进水水量，防止污水对生化系统的破坏，以保障生物脱氮除磷过程的正常运行。可通过加强进水水质的在线监控，保持进水的连续性、均匀性及水质的稳定，并及时调整工艺参数，如延长污泥龄，可增加活性污泥系统中微生物的多样性；逐步加强活性污泥的驯化；加大曝气量，提高微生物活性。

2. 冬季温度低影响生物活性

温度对于硝化细菌和反硝化细菌的影响比较大。当温度在 20 ℃以上时，硝化作用十分良好并且稳定；当温度低于 15 ℃时，NH_3-N 去除率明显随温度下降而降低；当温度低于 12 ℃时，NH_3-N 去除率只有 18%左右，硝化作用已不明显。NH_3-N 的去除主要是通过微生物的生长代谢来完成的。温度对除磷有一定的影响，但不如对脱氮的影响那样明显。冬季水温低于 12 ℃时，硝化细菌的生长速率低，世代周期长，可通过延长污泥龄、降低污水处理量来保证活性污泥系统中有足够的硝化细菌和反硝化细菌，使 NH_3-N 充分硝化，硝态氮充分反硝化，保证系统具有良好的脱氮效果。

3. 碳源不足影响去除效率

反硝化细菌是在分解有机物的过程中进行反硝化脱氮的，以硝态氮作为电子受体，有机物作为电子供体，使硝态氮转化为氮气，因此进入缺氧段的污水中必须有足够的有机物才能保证反硝化反应需要的碳源足够。当污水的 $BOD_5/TKN>2.86$ 时，有机物即可满足需要。但由于 BOD_5 中的一些有机物并不能被反硝化细菌利用或迅速利用，因此在实际运行中一般控制 $BOD_5/TKN>4.5$。

聚磷菌生物降解需要的是易生物降解的 BOD_5，如乙酸等挥发性脂肪酸、固态和胶体态的 BOD_5，部分聚磷菌是不能吸收的。一般控制生物除磷中 $BOD_5/TP>17$，若比值过低，聚磷菌在厌氧释磷时释放的能量不能很好地被用来吸收和贮藏溶解性有机物，影响到聚磷菌在好氧段的吸磷，进而影响到生物除磷的效果。在实际运行控制中，一般将 BOD_5/TP 控制在 20 左右，即可满足生物除磷对碳源的要求。

从理论上来说，最佳碳源是乙酸钠，但在实际操作中，在污水厂内被采购的乙酸钠主要是工业品，质量参差不齐，成为影响生物脱氮的重要因素；也可采用食用葡萄糖作为碳源药剂。碳源的投加成本支出较大，为尽量减少支出，需灵活利用进水的碳源，对进水采取一定的处理工艺配置到反硝化区域，利用进水中的 BOD_5 作为碳源，或采用多点进水优化进水碳源配置，减少碳源药剂的使用量。

巩固与拓展

巩固知识：

同步脱氮除磷系统运维与性能评估练习题

拓展训练：调研某市政污水处理厂的污水处理工艺及相关参数

以团队合作形式分小组讨论并总结，选取某城镇污水处理厂为调研对象，调研该市政污水处理厂的污水处理工艺及其脱氮除磷效果，判断达到城镇污水处理厂污染物排放标准（GB 18918—2002）的哪级标准，并分析其 BOD_5/TKN 与 BOD_5/TP、DO、污泥负荷、回流量、泥龄等工艺参数，形成一份研究报告。

任务四　碳源的筹措与投加

任务描述

通过知识明晰部分的学习，了解反硝化脱氮中外加碳源的种类有甲醇、乙酸钠、乙酸、葡萄糖等传统碳源，还有以天然纤维素物质、人工合成高聚物、骨架型复合缓释碳源为主的新型固体碳源，掌握碳源的选择原则；在能力要求部分，掌握外加碳源的投加方式和投加量，以及在实际运用中投加碳源的注意事项；在巩固与拓展中，通过小组任务，调研某污水处理厂在反硝化脱氮工艺中选择何种碳源投加及投加方式和投加量，计算吨水碳源成本，形成一份报告，实现知识与技能的融合。

知识明晰

一、碳源种类

中国《水污染防治行动计划》的发布对污水厂脱氮处理提出了更高的要求。传统的生物脱氮工艺主要分为硝化过程和反硝化过程，其中，反硝化过程指异养反硝化细菌以有机碳源为电子供体，在缺氧环境下将硝化过程中产生的亚硝酸氮和硝酸氮还原成气态氮的过程。有机碳源是反硝化过程中的重要物质，只有保证水体中有充足的碳源才能让反硝化过程顺利进行，一般要求 BOD/TKN＞4。我国大部分城镇污水的 C/N 偏低，反硝化碳源不足，影响出水 TN 的稳定达标。

如果进水 TN 浓度较高（50 mg/L 以上），BOD/TN 比值又不高（4.0 以下），就需要外加碳源才能达到出水 TN≤15 mg/L 的稳定达标效果。外加碳源可采用甲醇或低分子有机酸。对于初沉池的设置，除了考虑 SS 的去除，也要考虑初沉后 BOD/TN 比值的变化，在某些情况下，可不设初沉池或缩短初沉池的水力停留时间，以避免生物池进水的 BOD/TN 比值降低过多，影响生物脱氮效果。

现多采用向低 C/N 污水中投入外加碳源以保证反硝化脱氮，而不同碳源对反硝化的影响不同，寻求高效、廉价且环境友好型的外加碳源成为急需解决的问题。

现有的外加碳源大体可分为两大类：一是以低分子有机物和糖类等可溶性液体碳源为主的传统碳源以及以其为原料的复合碳源；二是以天然纤维素植物及人工合成高聚物为主的新型固体碳源和以工业废水、污泥水解液及垃圾渗滤液等为主的新型液体碳源。

（一）传统碳源

目前被广泛应用于实际污水厂反硝化脱氮的传统外加碳源多采用可溶性的低分子有机物（如甲醇、乙酸、乙酸钠）和糖类物质（如乳糖）及复合碳源。

1. 低分子有机物

结构简单的低分子有机物具有易生物降解、释碳速率快且易被反硝化细菌利用等特点，是污水反硝化脱氮工艺中外加碳源的首选。甲醇是最早研究应用于反硝化的碳源，早在 20 世纪 70 年代末，欧洲便开始进行反硝化外加碳源脱氮研究。1982 年，英国建立了第一座以甲醇为反硝化外加碳源的污水处理厂。甲醇作为基本的化工原料，产量大，成本较低，实际应用表明甲醇作为电子供体参与微生物反硝化的速率较快，因而被广泛应用。虽然以甲醇作为碳源的不少研究均取得了较好的脱氮效果，但仍然存在不少问题。如甲醇的投加量难以精准控制，当投加量不足时，系统反硝化不完全；有相关研究发现甲醇不足时会出现亚硝酸盐积累现象，而投加量达到一定限度后，再添加不仅会造成碳源浪费，也会造成出水水质的超标；甲醇本身具有毒性，对微生物有一定的抑制作用，投加量多会对受纳水体和人类有危害性；甲醇也是一种易燃易爆的化学品，长距离运输会有很大的运输风险。有研究表明，甲醇作为外加碳源时，系统启动时间长，污泥驯化期长，不能迅速响应进水水质的变化，不适合作为应急外加碳源。这些因素极大地制约了甲醇在工程上的应用。

针对甲醇作为外加碳源的问题，许多学者开始研究相应替代品。如乙醇、乙酸钠、葡萄糖等低分子有机物和糖类物质。乙醇作为碳源进行反硝化时速率比甲醇快得多，但乙醇和甲醇同为醇类物质一样存在运输安全问题。除运输安全外，乙醇单价较高；有研究表明投加乙醇在低温条件下也容易出现 NO_2^--N 积累现象，这些问题制约了乙醇的应用。

目前应用的液体碳源之中，乙酸钠被普遍认为是最适于生物脱氮反硝化，其具有运输成本低、环境安全性高、适应能力强及反硝化速率高等优势。从物质代谢的角度来看，乙酸钠能够直接被微生物利用，快速产生乙酰辅酶 A，进而进入 TCA 循环，参与物质转换和能量传递。相比于其他碳源如甲醇、乙醇的代谢，乙酸钠减少了中间代谢的过程即减少了能量的浪费，所以有更多的能量用于微生物生命活动。

2. 糖类物质

糖类（如葡萄糖、蔗糖、果糖、麦芽糖等）因生产成本低、运输方便、易生物降解等优点被部分污水厂采用。糖类物质作为外加碳源有如下主要问题：

① 反硝化反应速率较低，仅为乙酸钠的 1/2，需延长水力停留时间（HRT≥10min）以提升脱氮率；

② 微生物增殖显著，易导致生物膜或滤池堵塞；

③ 亚硝酸盐累积，出水存在 NO_2^--N 超标风险。

3. 复合碳源

污水厂在实际运行中往往使用以上某一种物质作为长期使用的反硝化碳源，而单一碳源仅部分微生物能够直接利用，且不同碳源都存在一定的应用局限性。以复合碳源作为反硝化反应的电子供体时，多种类型的反硝化细菌可以利用不同的物质获得所需能量，从而提高脱氮效果。现在一些商用碳源公司开始采用不同种类传统碳源为原料制作新型的复合碳源，以期提高其反硝化速率和微生物利用率，并降低应用成本。研究结果表明，复合碳源系统中参与反硝化反应的菌种要多于单一碳源系统，其反硝化速率有较大提升，脱氮效果优于传统单一碳源系统。

产业链成熟且应用广泛的商用碳源以传统碳源及其改良的复合碳源为主。不同外加碳源的综合成本不同，而运行成本是城镇污水处理厂选择外加碳源的一个重要指标。复合碳源均能达到与乙酸钠相当的反硝化速率，而单位水处理增加成本仅为乙酸钠的 50%～66%，大大减少了运行成本。

（二）新型碳源

传统碳源多为液态或可溶性物质，在实际投加过程中，因进水水质波动，容易造成投加不足或过剩的情况，从而导致出水水质不能稳定达标；而增加投加自控系统会导致污水处理成本进一步增加。传统碳源大多是可利用的能源物质，与当前新的污水处理理念相违背。近年来，许多研究者转向研究开发环境安全性高、低廉甚至“以废治废”的碳源。新型碳源主要分为以天然纤维素物质、人工合成高聚物、骨架型复合缓释碳源为主的固体碳源和以工业废水、污泥及餐厨废弃物水解液、垃圾渗滤液为主的液体碳源。

1. 新型固体碳源

(1) 天然纤维素物质 天然纤维素类固体碳源无生物毒性，且具有较大的比表面积，在反硝化过程中，不仅可以作为外加碳源，还可以作为生物膜的载体，使反硝化高效进行。其主要来源于农业废弃物和园林凋落物，来源广泛、成本低廉，将其用作外加碳源不仅能提高脱氮效能还能将废弃物有效资源化。目前，研究和应用较多的为稻秆、玉米秆、麦秆等秸秆类，花生壳、核桃壳等壳类，玉米芯、丝瓜络、甘蔗渣等纤维类及芦苇、梧桐树等园林植物凋落物。

天然纤维素固体作为外加碳源存在一些问题，如需要较长的水力停留时间、反硝化速率低、释碳持续性差、出水水质易受温度影响等，需要对预处理方式的优化、复合碳源的制备等进一步研究。

(2) 人工合成可生物降解高聚物 人工合成可生物降解高聚物能被反硝化细菌的胞外酶降解成小分子有机物而被利用，其释碳能力稳定且能作为生物膜载体，脱氮效果良好。但其释碳量低且化学成分单一，为了满足反硝化细菌的生长，往往需要另外投加微量元素，较高的价格成本也很大程度地限制了其应用。

(3) 骨架型复合缓释碳源 骨架型复合缓释碳源是利用人工合成高聚物作为基本骨架，将天然纤维素碳源包裹其中复合成的新型碳源。其结合了两者的优点，释碳能力、稳定性和持续时间得到了较大提升，基本骨架能为生物膜提供载体，且提升了复合碳源的结构强度，作为反硝化外加碳源具有广泛的工程应用前景。

2. 新型液体碳源

(1) 高浓度有机工业废水 食品、农产品加工工业有机废水具有较高的有机浓度（含大量的糖类、蛋白质、脂肪等)、良好的可生化性、毒副作用小且氮磷释放量小等特点，从经济、环境和实用性的角度出发，可作为反硝化的潜在外加碳源。

(2) 污泥水解液 剩余污泥水解过程中会产生大量易生物降解的有机物和挥发性脂肪酸(VFAs)，其中以乙酸、丙酸为主的 VFAs 能作为反硝化细菌优先利用碳源，其反硝化速率要高于传统碳源，能有效提高脱氮效率。将污泥水解酸化液作为外加碳源，不仅能降低脱氮成本，还能实现污泥的资源化。以富含 VFAs 的污泥水解液作为反硝化碳源可显著提高工艺的脱氮去除率和反硝化速率，但需对水解液中大量的 N、P 进行回收，若其投加量控制不当，可能会引起二次污染，增加反硝化细菌的负担，从而影响脱氮效果。

(3) 垃圾渗滤液 垃圾渗滤液中含有高浓度可生物降解的有机物和 VFAs，其中，新鲜垃圾渗滤液的 COD 可达 5×10^4 mg/L 左右，BOD/COD 约为 0.40～0.75，可生化性高，且垃圾渗滤液往往含有较高碱度，能稳定反硝化的 pH 值，提供良好的反应环境。将其作为反硝化的外加碳源，不仅能降低脱氮成本，也能为处理垃圾渗滤液提供新的思路。但是，垃圾渗滤液中氨氮含量高，且含有一些对污泥微生物生长不利的金属离子和有毒物质，目前对其进行预处理的效果有限且成本高，因而需对投加量进行精准控制，否则会造成污水的二次污染。

(4) 餐厨废弃物水解液 餐厨废弃物厌氧消化产生的水解酸化液同样含有大量可生物降解的有机物和挥发性脂肪酸（VFAs)，不同于其他新型液体碳源，其可生化性更好，副作用更小，更适合作为反硝化的潜在碳源。将其用于反硝化脱氮，不仅提高脱氮效率，还能对餐厨废弃物进行有效资源化。将餐厨废弃物的水解液应用于实际污水脱氮，关键在于解决水解所额外产生的费用。物理化学水解法费用昂贵，生物水解法将增加反应器的体积，且水解的时间需要较好地控制，过长的停留时间会使产甲烷菌将挥发性脂肪酸转化成甲烷和二氧化碳，影响其碳源利用率。不同餐厨水解物的成分差异大，实际应用前还需实验确定水解条件，投加 C/N 等。

二、碳源的选择

我国城镇污水普遍存在反硝化碳源不足的问题，这已经成为制约生物脱氮的重要因素。污水厂在碳源选择时要遵循以下原则：容易被微生物降解，容易被反硝化细菌利用；反应速率快，避免增加后续处理单元的负担；反硝化细菌适应性好；价格便宜；具有较高生物安全性；便于就地采购。

表 2-19 为部分碳源的主要性质。值得注意的是，有些物质具有黏性较大且遇冷结晶、冰冻等特点，给储运装卸带来非常大的不便，因此北方地区的污水厂在碳源的选择过程中一定要注意这一点。此外，复合碳源的质量控制难度较大，在选择的过程中要注意其所含杂质对后续处理工段以及出水指标的影响。

表 2-19 部分碳源的主要性质

项目	醇类		乙酸和乙酸盐		碳水化合物			副产品	
主要成分	甲醇	乙醇	乙酸	乙酸钠	蔗糖	糖浆	糖蜜	粗甘油	复合碳源
安全性质	差	一般	好	好	好	好	好	好	好
价格波动	较大	较大	较大	稳定	稳定	稳定	稳定	较稳定	稳定
储运装卸	方便	方便	方便	较方便	一般	一般	一般	较方便	一般
供货保障	可靠	可靠	可靠	可靠	可靠	可靠	方便	一般	较方便
质量控制	方便	方便	方便	方便	较方便	方便	较方便	难	难
成品单价	较高	较高	高	高	较低	高	较低	低	较低
文献报道	多	多	多	多	较多	较多	较多	较多	较多
反应速率	中等	高	高	高	较高	高	较高	较高	较高
碳氮比例	4.82	6.36	6.09	6.09	6.45	6.36			—
反硝化率	≥95.7%	88%~95%	≥90%		95%	80%~100%	80%~95%		85%~95%

目前，被实际用于污水厂反硝化脱氮的外加碳源种类众多，且总体上均能强化对低 C/N 污水的反硝化脱氮效果，但不同的外加碳源均有一定缺陷，限制了其广泛应用。长期投加碳源也会增加大量的脱氮成本和管理难度，选择脱氮高效且经济可行的外加碳源是污水厂面临的焦点。结合各类外加碳源的优缺点，对城镇污水处理厂选择外加碳源的建议如下：

① 对于短期低 C/N 污水，可以选择乙酸钠作为反硝化外加碳源，污泥自适应能力强，脱氮效果显著。

② 对于长期低 C/N 污水，可以选择以传统碳源为基础开发的新型复合碳源、天然纤维素固体碳源和骨架型复合缓释碳源，且针对相应问题进行改善。

③ 对于有条件的污水厂，可根据进水水质特点选择新型液体碳源，降低脱氮成本的同时实现废弃物资源化，符合新污水治理理念。

④ 应用各种新型碳源时，不仅需要考虑其高效、低耗、价廉，更应注意新型碳源的环境安全性、可靠性，坚决防止和杜绝二次污染。

能力要求

一、碳源投加控制

（一）碳源的投加点

在前置反硝化脱氮和四段法（Bardenpho）脱氮处理工艺中，碳源的投加点有所不同。

1. 前置反硝化碳源的投加

采用前置反硝化的目的是尽量利用原水中的易降解有机物作为碳源来实现反硝化过程。如果原水中 C/N 较低，则需要投入碳源。但是前置反硝化过程受到流态的影响，TN 的极限去除效率在70%左右。因此当原水TN浓度高于50 mg/L时，碳源的投加就不再是出水TN达标（出水TN浓度≤15 mg/L）的决定性因素。

另外，在前置反硝化段微生物种群比较复杂，存在不同种类微生物（聚磷菌、好氧菌以及反硝化细菌）对碳源的竞争，因此碳源的利用率有所降低。此外，一些工程中将碳源投入到兼性段前的调节池中，导致碳源的实际利用率更低。

碳源的投加点示意图

2. 四段法脱氮处理工艺中碳源的投加

一般而言，在四段法（Bardenpho）脱氮处理工艺中，选择在后置兼性段投加碳源，其目的是使原水中的易降解有机物在前置反硝化段得到充分利用，以节约碳源用量。Bardenpho工艺的出水TN可以达到3 mg/L以下。

（二）碳源的投加量

投加碳源是降低生物脱氮工艺出水总氮浓度的有效途径。但外加碳源投加量必须适中，投加过多，不仅碳源本身费用较高，而且增加污泥产量和耗氧量；而投加不足，则不能保证出水TN达标。由于污水厂进水水质、水量实时变化，通常采用在线实时控制系统来控制外碳源投加量，以保证出水总氮浓度最低，外加碳源投加量最省。

决定反硝化进程的因素有很多，如污泥龄、溶解氧（DO）、水温、原水的碱度、pH值、污泥浓度、反应器的类型等。在原水C/N较低的情况下，投加碳源是保证出水TN达标的必要条件之一，但是科学的运行调控也是决定TN达标的必要条件之一。

实施碳源投加在线控制时，首先须确定合适的控制参数，使其既能反映缺氧区硝酸氮浓度变化，又易于与计算机接口。氨氮和硝酸盐氮等在线营养物传感器，曾一度被认为维护繁琐，投资较高，但随着其精度及可靠性的提高现已逐渐成为污水处理厂自动控制系统的主流传感器。而氧化还原电位（ORP）作为一个间接在线监测参数，具有响应快、精确度较高、传感器价格低等优点，经常被用作SBR法反硝化过程的控制参数。虽然其在连续流工艺系统中应用较少，但也有研究证实其作为连续流工艺反硝化过程控制参数具有一定的可行性。碳源投加量除受控制参数影响外，也受碳源投加位置影响，合适的碳源投加位置是保证外碳源投加控制有效性的另一重要因素。

1. 碳源投加与溶解氧

国外对反硝化过程的研究结果表明：易降解有机物污泥负荷率（F/M）、溶解氧（DO）以及降解速率之间有一定的关系。当溶解氧含量增大，有机物污泥负荷率相同时，降解速率减小，在溶解氧大于0.5 mg/L时趋势变缓。

其中的F/M代表的是易降解有机物（BOD_5）负荷率，即反硝化过程中易降解有机物与挥发性悬浮固体的质量比，其中的易降解有机物就是反硝化过程的碳源总量（包括污水中含有的BOD和外加碳源）。可以通过实验或查阅资料，确定不同F/M情况下反硝化过程比降解速率，在已知原水BOD_5值的情况下就可以计算出所需的碳源投加量。

通常反硝化过程控制在缺氧条件下，即DO为0.1～0.3 mg/L，相当于氧化还原电位（ORP）在−100～50 mV之间。在溶解氧浓度过高的情况下（大于0.3 mg/L）碳源的利用效率明显降低。

2. 碳源投加与污泥龄

研究表明在活性污泥中反硝化细菌占比较低（仅占活性污泥微生物总量的17%左右）。另外，反硝化细菌的世代周期较长。由此可见，污泥龄（SRT）是反硝化过程关键影响因素之一。SRT、F/M 以及脱氮速率之间的关系也决定了碳源投加量。为了提高碳源的利用效率，SRT 宜控制在 20 d 左右，而且 F/M 宜控制在 0.1～0.4 之间。

二、投加外加碳源的注意事项

综合安全性和经济性考虑，甲醇、乙酸钠、冰醋酸、复合碳源都是可选的碳源。

① 需要节约成本可优先考虑甲醇。甲醇虽然费用低，产泥量小，反硝化速率稳定，但易燃有毒，属甲类危险品，不宜使用；若新建污水处理厂，远离居民区，在控制住风险的情况下可考虑使用。

② 冰醋酸为乙类危险品，是大气污染 VOC 的重要组成部分，环保部门监管多，储存条件要求高，而且有降低出水 pH 值的可能，这些弊端不易克服，可应急使用。

③ 葡萄糖反硝化速率低，COD 容易大量剩余，且容易引起细菌大量繁殖，导致污泥膨胀，影响出水水质，直接添加效果并不理想。

④ 复合碳源反硝化速率较高，但需考虑可能有 COD 残留，在控制好 COD 残余的情况下，可酌情使用。

⑤ 乙酸钠反应快，安全性高，稳定，但是费用较高，根据 C/N 把握好用药量，可最大限度降低成本，目前是最常用的外加碳源。

无论使用哪种碳源都要把握好季节和投加量，保证反硝化效果的同时尽量减少过量投加 COD，降低 COD 残余，减少碳源浪费和对后续处理的影响。

以小分子有机物、糖类物质为主的传统碳源依旧是目前城镇污水厂应用最多的反硝化碳源。它们的分子量较小，简化了反硝化细菌胞外水解酶的水解过程，部分能直接被反硝化细菌分解利用，其较高的利用率能显著提高反硝化速率。但它们又存在一些缺点：如甲醇有生物毒性、污泥自适应能力差；液体乙酸运输不便，运行成本高；乙酸钠价格昂贵，投加量大；葡萄糖反硝化速率低。另外，可溶性的传统外加碳源普遍存在投加量不容易掌握，运输成本高等问题。为克服这些缺点，以传统碳源为主要原料的复合碳源成为目前最具广泛应用潜力的外加碳源，其能使脱氮系统的处理效果、成本投入、管理运营等多个方面得到优化，值得关注。

巩固与拓展

巩固知识：

碳源的筹措与投加练习题

拓展训练：调研某污水处理厂的碳源投加情况

以团队合作形式分小组讨论并总结，调研某污水处理厂在反硝化脱氮工艺中投加何种碳源，采用何种投加方式，如何计算投加量，并根据该投加量计算吨水碳源成本，形成调研报告。

续表

名称	数量	尺寸/规格
投料泵 A	10 套	$Q=200\ m^3/h, H=40\ m, N=37\ kW$
投料泵 B	10 套	$Q=90\ m^3/h, H=80\ m, N=37\ kW$
隔膜水挤压泵	10 套	$Q=35\ m^3/h, H=1.5\ MPa, N=30\ kW$
高压冲洗水泵	10 套	$Q=387\ L/min, H=10\ MPa, N=90\ kW$
板框式隔膜压滤脱水机	10 套	$N=22+11\ kW$
全自动絮凝剂干粉制药装置	5 套	$Q=6\ m^3/h$
加药泵	10 套	$Q=7500\ L/min, H=80\ m, N=5.5\ kW$
无油干式空压机	5 台	$Q=2.0\ m^3/min, H=13\ bar$

注：1 bar=0.1 MPa。

4. 污泥热干化处理系统

干化车间由干化机间、干化机控制室、运泥间组成。设计进泥量 346 t/d，进泥含水率 65%，出泥含水率为 40%。总蒸发量为 144.797 t/d（6.033 t/h），为保证工程的安全可靠性，选择 2 套最大蒸发量 3 t/h 的干化机。

干化设备包括：①干化主机 2 组，最大蒸发能力 3 t/h，传热面积>215 m^2；②冷却（热回收）装置 2 套；③污泥输送装置 2 套；④管道系统及必备配件 2 套。

党的十八大以来，党中央高度重视生态文明建设和生态环境保护工作。2014 年颁布了史上最严的《中华人民共和国环境保护法》，于 2015 年 1 月 1 日实施。同时在这一阶段，我国相继地推出生态保护红线、环境公益诉讼等创新的环境管理制度。随着我国环境保护事业的发展，生态环境治理的不断升级，环境污染控制技术的不断进步，距离实现美丽中国的目标越来越近。

案例二　某污泥干化-焚烧厂介绍

一、项目概况

某污泥处理工程总规模为 679 t/d，其中一期工程处理规模为 400 t/d（含水率 80%），用地面积 2.36 hm^2，采用“热干化+ 焚烧”的处理工艺，配置 5 台 100 t/d 空心桨叶干燥机及 2 条 135 t/d 的焚烧线，工程建设投资约为 1.95 亿元。

二、污泥热值

相关文献指出，中国城镇污水厂脱水污泥干基低位热值（以下简称“干基热值”）范围为 5844～19303 kJ/kg，均值为 11850 kJ/kg。结合考虑附近不同污水处理厂污泥干基热值和自持稳定燃烧的最低热值，该项目接纳污泥干基热值范围为 7256～15000 kJ/kg，即入炉污泥热值为 3350～7996 kJ/kg。

三、工艺流程

该工程采用热干化后焚烧的方式处理污泥。湿污泥首先由运输车辆卸入污泥接收仓，再通过污泥输送设备送至污泥储存仓，仓内污泥被送至干化机干化，干化后污泥通过半干污泥输送系统送入污泥焚烧炉焚烧处理。

焚烧产生的过热蒸汽作为污泥干化机热源，产生的炉渣经渣车外运至相关单位进行资源化利用，产生的飞灰采用水泥固化螯合稳定化相结合的技术进行处理后送入填埋场填埋。

全厂主要由污泥接收与储存系统、污泥干化系统、半干污泥焚烧系统、烟气处理系统等组成，工艺流程见图 2-57。

四、主要构筑物

1. 污泥干化系统

干化系统核心设备为 5 台 100 t/d（4 用 1 备）的空心桨叶式干化机，通过蒸汽实现夹套传导间接加热，干燥产生的臭气送入焚烧炉焚烧处理。

干化机对含水率 80%的污泥进行干化，干化热源为从锅炉引来的蒸汽，蒸汽分别进入干化机主轴和筒体夹套对干化机内污泥进行间接干化；干化后产生的蒸汽冷凝水送至焚烧间内的给水箱回用。干化后污泥（含水率 40%）通过半干污泥输送系统送入污泥焚烧炉焚烧处理，干化后产生的尾气经汽水分离后，冷凝液体送入厂内污水处理站进行处理，少量不凝结尾气送入锅炉内进行焚烧处理，整个过程中干化机物料侧处于负压状态，以避免污泥干化过程中的臭气对环境产生影响。

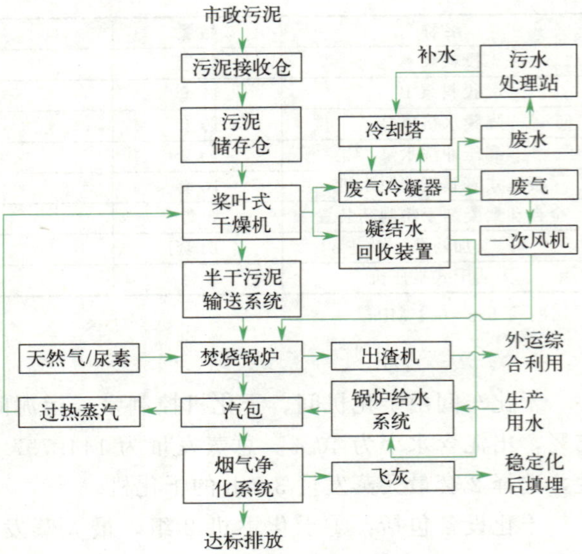

图 2-57　污泥干化焚烧系统流程

2. 污泥焚烧系统

污泥焚烧系统设置 2 条 135 t/d（1 用 1 备）的焚烧线，核心设备为流化床锅炉。其蒸汽参数为 18 t/h，0.7 MPa，200 ℃，为干化系统提供蒸汽热源。

锅炉炉膛部分为绝热炉膛和水冷壁，尾部烟道布置了对流管束、过热器、省煤器、空气预热器，焚烧后烟气经锅炉受热面换热后进入烟气处理系统。系统采用“3T+E”技术控制二噁英生成：保证炉内燃烧温度控制在 850～950 ℃，有利于有机物完全分解；烟气在该温度区间停留时间大于 2 s；通过两层二次风的切向旋转促进炉内气体湍流，进而增强换热；取用较高的过量空气系数，确保污泥完全燃烧。

社会主义现代化具有许多重要特征，其中之一就是我国现代化是人与自然和谐共生的现代化。作为一个有众多人口的发展中大国，我国现代化建设不可能沿袭发达国家走过的高耗能、高排放的老路，否则资源环境难以承受，必须走出一条绿色低碳循环发展的新路子，加快推动绿色低碳发展，促进人与自然和谐共生。

任务一　污泥脱水单元的运维操作

任务描述

通过知识明晰部分的学习，了解污泥的来源与性能指标，熟悉常用的污泥脱水方法和设备；在能力要求部分，要进一步掌握常用脱水设备的运行维护及异常问题分析；在巩固与拓展中，通过小组任务，完成对不同工艺下的污泥脱水效能分析，总结出影响污泥脱水性能的关键性因素，完成知识与技能的融合。

学习本任务可以采取线上、线下相结合的形式，通过理论知识学习强化必备知识掌握，通过针对性实验，提升实践动手能力。

知识明晰

一、污泥的来源

污泥是各种污水处理过程所产生的固体沉淀物质，主要是由有机残片、细菌、胶体和无机颗粒组成的结构极其复杂的絮状物。城市生活污水处理厂的污泥，因污水性质和处理工艺具有相似性，其在污水处理过程中的来源相对确定。有关城镇污水厂污泥在污水处理中的产生环节与特征见表 2-22。

表 2-22　城镇污水处理厂的污泥来源

污泥类型	来源	污泥特性
格栅	栅渣	来自格栅或滤网，组成与生活垃圾类似，但浸水饱和
沉砂池	无机固体颗粒	沉砂池沉渣一般是密度较大的较稳定的无机固体颗粒
初次沉淀池	初次沉淀污泥和浮渣	进厂污水中所含有的可沉降物质，污泥处理处置的主要对象
曝气池	悬浮活性污泥	产生于 BOD 的去除过程，常用浓缩法将其浓缩
二次沉淀池	剩余活性污泥和浮渣	曝气池活性污泥的沉降产物，污泥处理处置的主要对象
化学沉淀池	化学污泥	混凝沉淀工艺过程中形成的污泥

二、污泥的性质指标

污泥的性质指标主要包括污泥的含水率、污泥的相对密度、污泥的挥发性固体和灰分、污泥的可消化程度、污泥的脱水性能、污泥的肥分及重金属离子含量和污泥的热值等。不同来源的污泥因其成分不同，各种性质也有差异。

污泥的分类

（一）污泥的含水率

污泥中所含水分的多少叫作污泥的含水量，其大小用含水率来表示，是指水分在污泥中所占的质量分数。其计算如式(2-5) 所示。

$$p=\frac{m_w}{m_s+m_w}\times 100\% \tag{2-5}$$

式中　p——污泥的含水率，%；

m_w——污泥中水分质量，g；

m_s——污泥中总固体质量，g。

污泥的含水率一般都很大，相对密度接近于 1，所以在污泥浓缩过程中，泥的体积、质量及所含固体物浓度之间的关系，可用式 2-6 进行换算。

$$\frac{V_1}{V_2}=\frac{W_1}{W_2}=\frac{100-p_2}{100-p_1}=\frac{c_1}{c_2} \tag{2-6}$$

式中　V_1，W_1，c_1——污泥含水率为 p_1 时的污泥体积、质量与固体物浓度；

V_2，W_2，c_2——污泥含水率为 p_2 时的污泥体积、质量与固体物浓度；

式(2-6) 适用于含水率大于 65%的污泥。因含水率低于 65%以后，固体颗粒之间的空隙不再被水填满，体积内出现很多气泡，体积与质量不再符合式(2-6) 的关系。

【例题】 污泥含水率从97.5%降低至95%时，求污泥体积。

解： 由式(2-6)

$$V_2 = V_1 \frac{100-p_1}{100-p_2} = V_1 \frac{100-97.5}{100-95} = \frac{1}{2} V_1$$

可见污泥含水率从97.5%降低至95%时，污泥体积减小一半。

污泥的含水率与污泥的成分、非溶解性颗粒的大小有关。颗粒越小，有机物含量越高，污泥的含水率也越高。在污水处理过程不同阶段产生的污泥的含水率也不尽相同，如表2-23所示。

表 2-23　城镇污水处理不同阶段污泥含水率

污泥类型		含水率/%	典型值/%
栅渣		—	80
无机固体颗粒		—	60
初次沉淀污泥		92～98	95
活性污泥		99～99.9	99.3
生物滤池污泥		97～99	98.5
好氧消化污泥	初沉污泥	93～97.5	96.5
	剩余活性污泥	97.5～99.25	98.75
	混合污泥	96～98.5	97.5
厌氧消化污泥	初沉污泥	90～95	—
	生物滤池污泥	—	97
	活性污泥	—	97.5
	混合污泥	93～97.5	96.5

污泥中水的存在形式有4种，如图2-58所示，其特性如下：

(1) 间隙水　是污泥颗粒包围的游离水分，一般占污泥中水分的70%左右，这部分水借助外力可与泥粒分离，是污泥浓缩的主要对象。

(2) 毛细结合水　是在高度密集的细小污泥颗粒周围的水，由毛细管现象而形成的，约占污泥中水分的20%，可通过施加离心力、负压力等外力，破坏毛细管表面张力和凝聚力的作用力而分离。

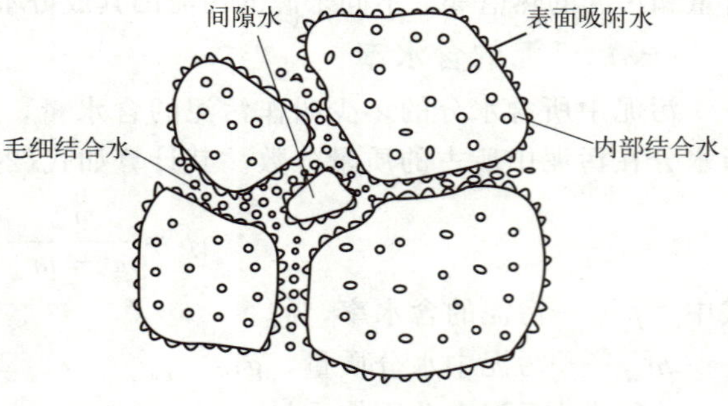

图 2-58　污泥中水分含量示意图

(3) 表面吸附水　是在污泥颗粒表面附着的水分，其附着力较强，常在胶体状颗粒、生物污泥等固体表面上出现，采用混凝方法，通过胶体颗粒相互絮凝，排除附着表面的水分。

(4) 内部结合水　是污泥颗粒内部结合的水分，如生物污泥中细胞内部水分，无机污泥中金属化合物所带的结晶水等，可通过生物分离或热力方法去除。二者约占污泥中水分的10%。

(二) 污泥的相对密度

污泥的密度指单位体积污泥的质量，通常用相对密度表示，即污泥与水的密度之比。通常含水率大于95%的污泥，可以近似认为其相对密度为1，可简化计算。

由于湿污泥的质量等于污泥所含水分与干固体质量之和，湿污泥相对密度等于湿污泥质量与同体积的水质量之比值，其计算如式(2-7) 所示。

$$\rho=\frac{100\rho_s}{100+p(\rho_s-1)} \tag{2-7}$$

式中　ρ——湿污泥的相对密度；

ρ_s——湿污泥中干固体的相对密度；

p——湿污泥的含水率。

确定湿污泥相对密度和污泥中干固体相对密度，对于浓缩池的设计、污泥运输及后续处理，都有实用价值。

(三) 挥发性固体和灰分 (或称灼烧残渣)

挥发性固体（或称灼烧减重）近似地等于有机物含量，是将污泥中的固体物质在 550～600 ℃高温下焚烧时以气体形式逸出的那部分固体量，用 VS 表示，常用单位 mg/L，有时也用质量分数表示。VS 也反映污泥的稳定化程度。

灰分（或称灼烧残渣）表示污泥中无机物的含量，可以通过 550～600 ℃高温烘干、焚烧称重测得。

城镇污水处理不同阶段污泥 VS 值如表 2-24 所示。

表 2-24　城镇污水处理不同阶段污泥 VS 值

项目	初沉污泥	剩余活性污泥	厌氧消化污泥
干固体总量/%	3～8	0.5～1.0	5.0～10.0
挥发性固体总量(以干质量计)/%	60～90	60～80	30～60

(四) 污泥的脱水性能

污泥的脱水性能与污泥性质、调理方法及条件等有关，还与脱水机械种类有关。在污泥脱水前进行预处理，改变污泥粒子的物化性质，破坏其胶体结构，减少其与水的亲和力，从而改善脱水性能，这一过程称为污泥的调理或调质。

用过滤法分离污泥的水分时，常用污泥比抗阻值（r，简称比阻）或毛细吸水时间 (CST) 两项指标评价污泥脱水性能。

污泥比阻计算方法如式(2-8) 所示。

$$r=\frac{2pA^2b}{\mu\omega} \tag{2-8}$$

式中　r——污泥比抗阻值，m/kg；

p——过滤压力，N/m^2；

A——过滤面积，m^2；

b——污泥性质系数，s/m^6；

μ——滤液动力黏度，Pa·s；

ω——单位体积滤液产生的滤饼干质量，kg/m^3。

污泥比阻（r）表示单位质量污泥在一定压力下过滤时在单位过滤面积上的阻力，此值的作用是比较不同的污泥（或同一污泥加入不同量的混合剂后）的过滤性能。其值越大的污泥越难过滤，脱水性能也越差。常见污泥的比阻值如表 2-25 所示。

表 2-25 常见污泥的比阻值

污泥种类	比阻值/($\times 10^{12}$ m/kg)	污泥种类	比阻值/($\times 10^{12}$ m/kg)
初沉污泥	46～61	消化污泥	124～139
活性污泥	165～283	污泥机械脱水的要求	1～4

由上表可知，一般污泥的比阻值都要远高于机械脱水所要求的比阻值。因此，机械脱水前需要采取必要的调理预处理措施降低污泥比阻。

毛细吸水时间（CST）指污泥与滤纸接触时，在毛细管作用下，水分在滤纸上渗透 1 cm 长度的时间，以秒计。其值越大污泥的脱水性能也越差。

污泥其他性质指标

三、污泥处理工艺

废水处理的过程会产生大量的污泥，其数量约占处理水量的 0.3%～0.5%（含水率以97%计）。污泥中含有很多有毒有害物质如细菌、病原微生物、寄生虫卵以及重金属离子等，也含有很多有用的物质如植物营养素、氮、磷、钾、有机物等。污泥很不稳定，在排入自然环境以前需要某种形式的处理，包括稳定、浓缩或脱水，可能还继续进行干化和焚烧；或者是这些方法中的一种或几种方法的组合。污泥处理处置的目的在于：使废水处理厂能够正常运行，有毒物质得到及时处置，有用物质得到利用，以便达到变害为利、综合利用、保护环境的目的。污泥处理处置的费用约占全厂运行费用的 20%～50%，所以污泥处理处置是废水处理工程的重要方面，必须予以充分注意。

污泥处理处置的一般方法与流程如图 2-59 所示。

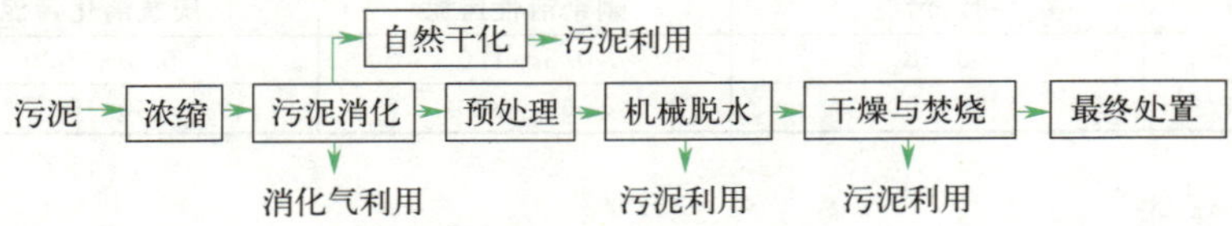

图 2-59 污泥处理处置工艺流程图

市政污水厂污泥处理过程

上述流程可按各地条件进行取舍和组合。

四、污泥脱水

污泥经浓缩之后，其含水率仍在 94% 以上，呈流动状，体积很大，难以处置消纳，因此还需进行污泥脱水。浓缩主要是分离污泥中的空隙水，而脱水则主要是将污泥中的表面吸附水和毛细结合水分离出来，这部分水分约占污泥中总含水量的 15%～25%。

污泥脱水分为自然干化脱水和机械脱水两大类。自然干化是将污泥摊置到由级配砂石铺垫的干化场上，通过蒸发、渗透和清液溢流等方式实现脱水。这种脱水方式适于村镇小型污水处理厂的污泥处理，维护管理工作量很大，且产生大范围的恶臭。

机械脱水是利用机械设备进行污泥脱水，因而占地少，与自然干化相比，恶臭影响也较小，但运行维护费用较高。机械脱水的种类很多，按脱水原理可分为压滤脱水、离心脱水和真空脱水三大类。

（一）脱水预处理

污泥在机械脱水前，一般应进行预处理，也称为污泥的调理或调质。这主要是因为城镇污水处理系统产生的污泥，尤其是活性污泥脱水性能一般都较差，直接脱水将需要大量功耗，因而不经济。

所谓污泥调理，就是通过对污泥进行预处理，破坏污泥的胶态结构，减少泥水之间的亲和力，改善其脱水性能，提高脱水设备的生产能力，获得综合的技术经济效果。污泥调理方法有物理调理和化学调理两大类。

物理调理有淘洗法、冻融法及热处理调理等方法，而化学调理则主要指向污泥中投加化学药剂，改善其脱水性能。以上调理方法在实际中都有采用，但以化学调理为主，原因在于化学调理流程简单，操作不复杂，且调理效果很稳定。

污泥的调理

（二）污泥压滤脱水

污泥压滤脱水是将污泥置于过滤介质上，在污泥一侧对污泥施加压力，强行使水分通过介质，使之与污泥分离，从而实现脱水。

污泥浓缩

压滤脱水常用的设备主要分为板框压滤机和带式压滤机等类型。

1. 板框压滤机脱水

板框压滤机的基本构造如图 2-60 所示。

将带有滤液通路的滤板和滤框平行交替排列，每组滤板和滤框中间夹有滤布。用可动端把滤板和滤框压紧，使滤板与滤板之间构成一个压滤室。污泥从料液进口流入，水通过滤板从滤液排出口流出，泥饼堆积在框内滤布上，滤板和滤框松开后泥饼就很容易剥落下来。一个操作周期可表示为：滤板、滤框关闭——→污泥压入——→过滤脱水——→滤板、滤框开启——→泥饼剥离——→滤布洗净。

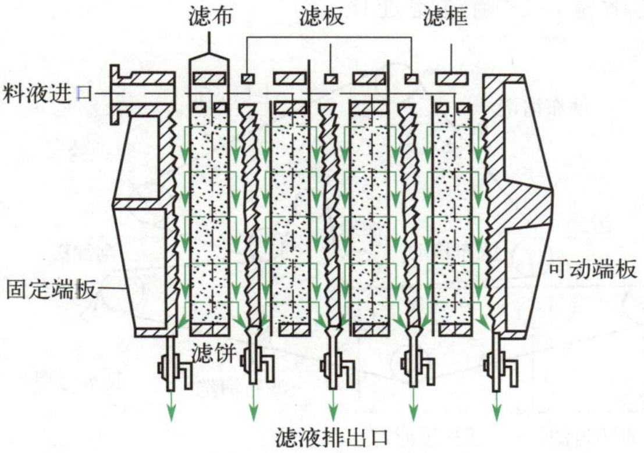

图 2-60　板框压滤机的基本构造示意图

板框压滤机又可分为人工板框压滤机和自动板框压滤机两种。人工板框压滤机须将板框一块一块人工卸下，剥离泥饼并清洗滤布后，再逐块儿装上，劳动强度大，效率低；自动板框压滤机能自动地从一端的第一个滤室开始，依次开框，排出泥饼。压滤机的全部过滤室的滤饼排完之后，滤板、滤框自动复原，因此效率较高，劳动强度低。自动板框压滤机如图 2-61 所示。

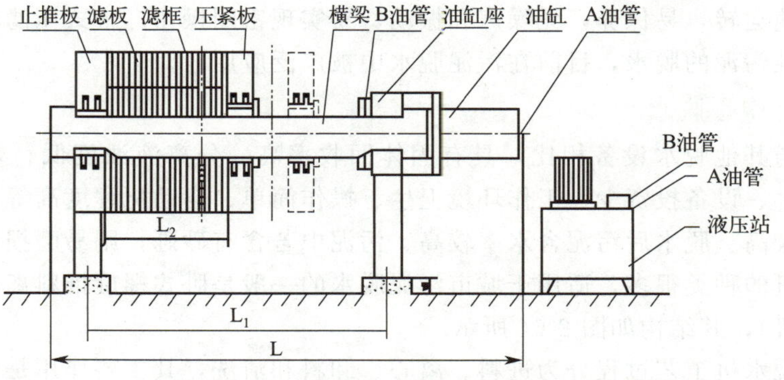

图 2-61　自动板框压滤机的结构示意图

板框压滤机的优点是：结构较简单，操作容易；运行稳定故障少，保养方便，设备使用寿命长；过滤推动力大，所得滤饼含水率低；过滤面积选择范围灵活，且单位过滤面积占地较少；对物料的适应性强，适用于各种污泥；因为是滤饼过滤，滤液中含固量少；大多数可以不调理或用少量药剂调质，就可进行过滤；滤饼的剥离简单方便。其主要缺点是不能连续运行，处理量小，滤布消耗大，因此，它适合于中小型污泥脱水处理的场合。

2. 带式压滤机

带式压滤机的主要特点是利用滤布的张力和压力在滤布上对污泥施加压力使其脱水，并不需要真空或加压设备，动力消耗少，可以连续操作。

带式压滤机的结构示意图如图 2-62 所示。它基本上由滤布和辊组成，污泥流入在辊之间连续转动的上下两块带状滤布上后，滤布的张力和轧辊的压力及剪切力依次作用于夹在两块滤布之间的污泥上而进行加压脱水。污泥实际上经过重力脱水、压榨脱水和剪切脱水三个过程，如图 2-63 所示。脱水泥饼由刮泥板剥离，剥离了泥饼的滤布用水清洗，以防止滤布孔堵塞，影响过滤速度。

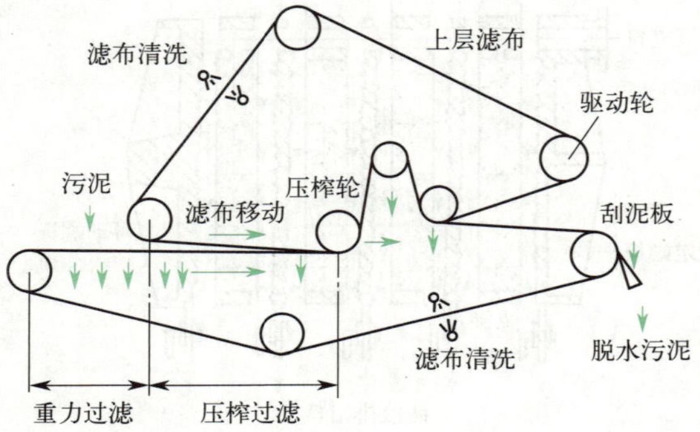

图 2-62　带式压滤机的结构示意图

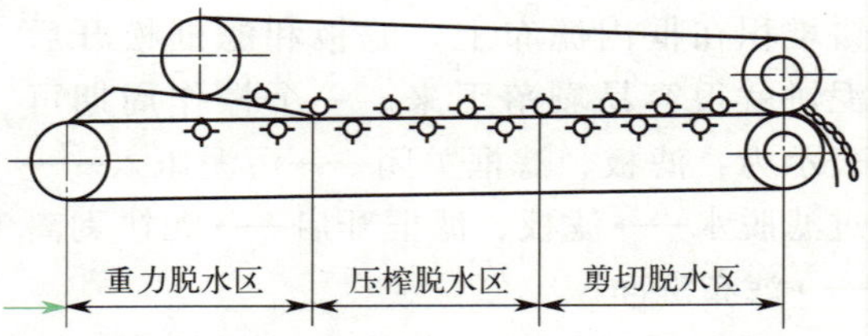

图 2-63　带式压滤机中污泥脱水过程

带式压滤脱水与真空过滤脱水不同，它不使用石灰和 $FeCl_3$ 等药剂，只需投加少量高分子絮凝剂，脱水污泥的含水率可降低到 75%～80%左右，也不增加泥饼量，脱水污泥仍能保持高的热值。其运行操作简便，污泥絮凝情况可以通过目视观察加以调节，可维持高效稳定的运转。其运行仅仅决定于滤布的速度和能力，即使运行中负荷发生变化也能稳定脱水，结构简单，低速运转，易保养，无噪声和振动，易实现密闭操作。带式压滤机适用于活性污泥和有机亲水性污泥的脱水，目前在污泥脱水中被广泛应用。

（三）污泥离心脱水

离心脱水与其他脱水设备相比，具有固体回收率高、分离液浊度低、处理量大、占地小、基建费用小、设备投资少、工作环境卫生、操作简单、自动化程度高等优点。缺点是噪声大、动力费较高、脱水后污泥含水率较高、污泥中若含有砂砾，则易磨损设备。

离心脱水机的种类很多，适用于城市污泥脱水的一般是卧式螺旋推料离心脱水机（简称卧螺离心脱水机），其结构如图 2-64 所示。

卧螺离心脱水机工艺过程分为进料、离心、卸料和清洗，其主要作用是把固体从液体中分离出来。泥泵及加药泵将含水率较高的污泥和高分子絮凝剂通过进料管进入离心机圆锥体转鼓腔，高速旋转的转鼓产生强大的离心力，污泥颗粒由于密度大，离心力也大，因此，污泥被甩贴在转鼓内壁上，形成固环层，而水的密度小，离心力也小，只能在固环层内侧形成

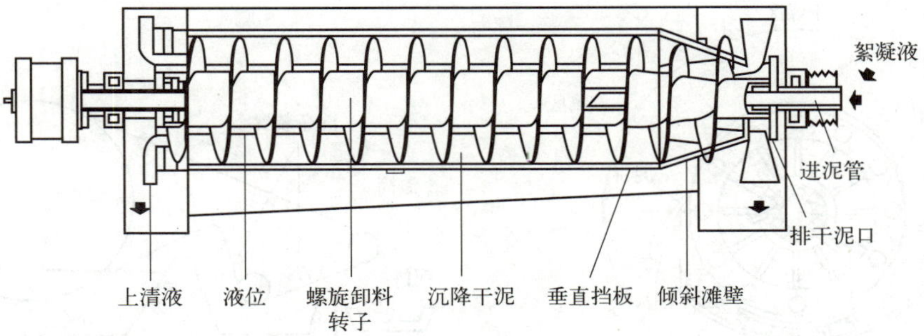

图 2-64　卧螺离心脱水机示意图

液环层。由于螺旋和转鼓的转速不同，二者存在转速差，可以把沉积在转鼓内壁的污泥推向转鼓小端出口处排出，分离出的水从转鼓另一端排出。

（四）污泥真空过滤脱水

真空过滤脱水机可将污泥置于多孔性过滤介质上，在介质另一侧造成真空，将污泥中的水分强行“吸入”，使之与污泥分离，从而实现脱水，可用于初次沉淀污泥和消化污泥的脱水。

真空过滤机基本上都是由一部分浸在污泥中，同时不断旋转的圆筒转鼓构成，过滤面在转鼓周围。转鼓由隔板分成多个小室，转鼓和滤布内抽真空后，在过滤区段和干燥区段水分被过滤成滤液，污泥在滤布上析出成滤饼。滤饼的剥离方式因过滤机不同而各异。目前常用的真空过滤机有转鼓式和履带式两种。

1. 转鼓式真空过滤

转鼓式真空过滤机结构示意图如图 2-65 所示。

这种过滤机有自动切换阀门、滤饼洗涤装置、滤饼剥离装置和污泥搅拌装置。污泥搅拌装置是为了防止液体中的固体沉淀到槽底，造成浓度不均匀而设置的。转鼓内被分隔成 10～20 个小室，每个小室内设有导管，这些导管与安装在中心轴承一端的自动阀门相连接，当转鼓某一部分浸入液面下时，相对应小室的自动阀门打开，使内部减压，液体通过滤布被吸引，吸入的滤液汇集到一根集水管中通过自动阀门连续向外排出。转鼓露出液面，则开始进行脱水操作，紧接着又在自动阀门的作用下切断真空，通入压缩空气，使滤饼从滤布上被吹起，易于剥离。然后由刮板把滤饼从滤布上刮下来。

2. 履带式真空过滤机

履带式真空过滤机结构示意图如图 2-66 所示。

该脱水机与把滤布固定在转鼓上的转鼓真空过滤机不同，滤布大部分没有紧贴在转鼓上，而是呈环形，随着旋转滤布离开转鼓被卷到直径小的滚筒上。由于曲率发生急剧变化，滤饼从滤布上被剥离下来。滤布两边用高压水清洗，每旋转一周清洗一次，这样可使滤布经常保持干净，不会发生堵塞滤布现象而降低过滤速度。滤饼不是用刮板剥离，而是连续地剥离，滤饼厚度可以达到 3 mm，这解决了真空转鼓过滤机滤布堵塞和滤饼厚度小的问题，即使在转鼓式真空脱水机中，由于短时间内发生滤布堵塞，滤速明显降低而脱水困难的污泥，在履带式脱水机中仍可以进行脱水。这扩大了它的适用范围，也提高了脱水性能，泥饼含水率可达到 70%～75%左右。

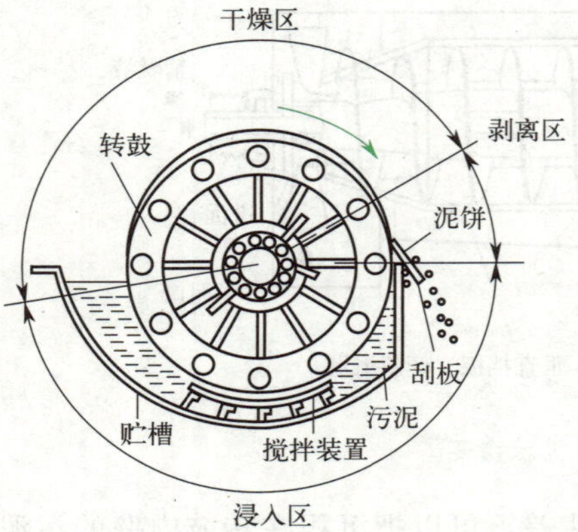

图 2-65　转鼓式真空过滤机结构示意图

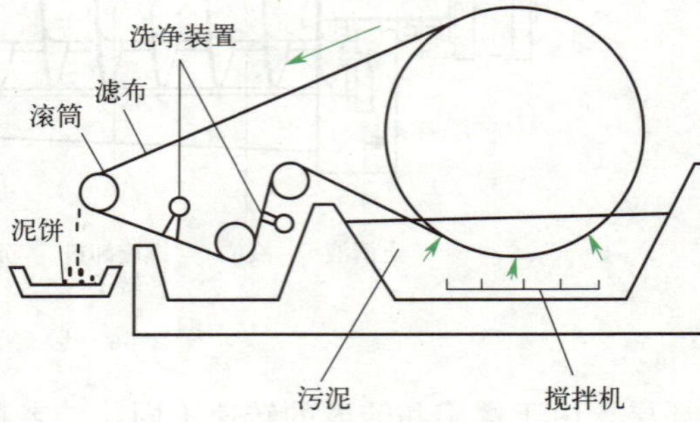

图 2-66　履带式真空过滤机结构示意图

能力要求

一、带式压滤脱水机的运行维护

（一）工艺运行控制

不同种的污泥要求不同的工作状态，即使是同一种污泥，其泥质也因前一级的工艺状态的变化而变化。实际运行中，应根据进泥的泥质变化，随时对脱水机的工作状态进行调整，包括带速的调节、张力的调节以及污泥调质效果的控制。

1. 带速的控制

滤带的行走速度控制着污泥在每一工作区的脱水时间，对泥饼的含固率、泥饼的厚度及泥饼剥离的难易程度都有影响。带速越低，泥饼含固率越高，泥饼越厚越易从滤带上剥离；但带速越低，其处理能力越小。对于某一特定的污泥来说，存在最佳带速控制范围。对于初沉池污泥和活性污泥组成的混合污泥来说，带速应控制在 2～5 m/min。活性污泥一般不宜单独进行带式压滤脱水，否则带速控制在 1.0 m/min 以下，很不经济。不管进泥量多少，带速一般控制在 5.0 m/min 之内。

2. 滤带张力的控制

滤带的张力会影响泥饼的含固率，滤带的张力决定施加到污泥上的压力和剪切力。滤带的张力越大，泥饼的含固率越高。城镇污水厂混合污泥，一般将张力控制在 0.3～0.7 MPa，正常控制在 0.5 MPa，但当张力过大时，污泥在低压区或高压区会被挤压出滤带，导致跑料，或将泥压进滤带。

3. 调质的控制

带式压滤机对调质的依赖很强，如果加药量不足，调质效果不佳时，污泥中的毛细水不能转化成游离水在重力区被脱去，而由楔形区进入低压区的污泥仍呈流态，无法挤压；反之，如果加药量过大，一则增加成本，二则造成污泥黏性增大，容易造成滤带的堵塞。具体投药量应由实验确定，或在运行过程进行调整。

（二）日常维护管理

1. 注意滤带情况

注意时常观测滤带的损坏情况，并及时更换新滤带。滤带的使用寿命一般在 3000～

10000 h之间，如果滤带过早被损坏，应分析原因。滤带的损坏常表现为撕裂、腐蚀或老化。以下情况会导致滤带被损坏，应予以排除：滤带的材质或尺寸不合理；滤带的接缝不合理；辊压筒不整齐，张力不均匀，纠偏系统不灵敏；由于冲洗水不均匀，污泥分布不均匀，使滤带受力不均匀。

2. 保证每天的滤布冲洗时间

每天应保证足够的滤布冲洗时间。脱水机停止工作后，必须立即冲洗滤带，不能过后冲洗。一般来说，处理1000 kg的干污泥约需冲洗水15～20 m^3，在冲洗期间，每米滤带的冲洗水量需10 m^3/h左右，每天应保证6 h以上的冲洗时间，冲洗水压力一般应不低于0.6 MPa。另外，还应定期对脱水机周身及内部进行彻底清洗，以保证清洁，减少恶臭。

3. 按要求定期检修维护

按照脱水机的要求，定期进行机械检修维护。例如按时加润滑油，及时更换易损件等等。

4. 注意恶臭气体

脱水机房内的恶臭气体，除影响身体健康外，还腐蚀设备。因此脱水机易腐蚀部分应定期进行防腐处理，加强室内通风。增大换气次数也能有效地降低腐蚀程度。如有条件，应对恶臭气体封闭收集，并进行处理。

5. 定期分析滤液水质

应定期分析滤液的水质，有时通过滤液水质的变化，能判断脱水效果是否降低。正常情况下，滤液水质应在以下范围：SS为200～1000 mg/L；BOD_5为200～800 mg/L。如果水质恶化，则说明脱水效果降低，应分析原因。

6. 分析测量及记录

每班应监测分析以下指标：进泥量及含固率；泥饼的产量及含固率；滤液的流量；水质指标SS、BOD_5、TN、TP（可每天一次）；絮凝剂的投加量；冲洗水水量及冲洗后水质、冲洗次数和每次冲洗历时。还应计算或测量以下指标：滤带张力、带速、固体回收率、干污泥投药量、进泥固体负荷。

（三）异常问题的分析与排除

1. 现象一：泥饼含固量下降

其原因及解决对策如下。

（1）调质效果不好　一般是由于加药量不足引起。当进泥泥质发生变化，脱水性能下降时，应重新试验，确定出合适的干污泥投药量。有时是由于配药浓度不合适，配药浓度过高，絮凝剂不易充分溶解，虽然药量足够，但调质效果不好。也有时是由于加药点位置不合理，导致絮凝时间太长或太短。以上情况均应进行试验并予以调整。

（2）带速太大　带速太大，泥饼变薄，导致含固量下降。应及时地降低带速。一般应保证泥饼厚度为5～10 mm。

（3）滤带张力太小　此时不能保证足够的压榨力和剪切力，造成含固量降低。应适当增大张力。

2. 现象二：泥饼含固量下降，固体回收率降低

其原因及控制对策如下。

（1）滤带堵塞　滤带堵塞后，不能将水分滤出，使含固量降低。应停止运行，冲洗滤带。

(2) 带速太大　会导致挤压区跑料。应适当降低带速。

(3) 张力太大　会导致挤压区跑料，并使部分污泥压过滤带，随滤液流失。应减小张力。

3. 现象三：滤带打滑

其原因及控制对策如下。

① 进泥超负荷。应降低进泥量。

② 滤带张力太小。应增加张力。

③ 辊压筒损坏。应及时修复或更换。

4. 现象四：滤带时常跑偏

其原因及控制对策如下。

① 进泥不均匀，在滤带上摊布不均匀。应调整进泥口或更换平泥装置。

② 辊压筒之间相对位置不平衡。应检查调整。

③ 辊压筒局部损坏或过度磨损。应予以检查更换。

④ 纠偏装置不灵敏。应检查修复。

5. 现象五：滤带堵塞严重

其原因及控制对策如下。

① 每次冲洗不彻底。应增加冲洗时间或冲洗水压力。

② 滤带张力太大。应适当减小张力。

③ 加药过量。PAM 加药过量，黏度增加，常堵塞滤布，另外，未充分溶解的 PAM 也易堵塞滤带。应适当减小药剂用量。

④ 进泥中含砂量太大，易堵塞滤布。应加强污水预处理系统的运行控制。

重力浓缩池的运行管理

二、离心脱水机的运行维护

(一) 工艺运行控制

板框压滤机工作原理

1. 开车前检查要点

一般情况下离心机可以遥控启动，但如果该设备是因为过载而停车的，在设备重新启动时必须进行如下检查：上、下罩壳中是否有固体沉积物；排料口是否打开；用手转动转鼓是否容易；所有保护是否正确就位。

如果离心机已经放置数月，轴承的油脂有可能变硬，使设备难以达到全速运转，可手动慢慢转动转鼓，同时注入新的油脂。

2. 离心机启动

松开“紧急停车”按钮；启动离心机的电机，在转换角形连接之前，等待 2～4 min，使电机星形连接下达到全速运行；启动污泥输送机或其他污泥输送设备；启动絮凝剂投加系统；开启进泥泵。

3. 离心脱水机的停车

关闭絮凝剂投加泵，关闭进泥泵，关闭进料阀。

4. 设备清洗

(1) 直接清洗　脱水机停机前以不同的速度将残存物甩出；关闭电机继续清洗，转速降到 300 r/min 以下时停止冲洗直到清洗水变得清洁；检查冲洗是否达到了预期的效果，例如使中心齿轮轴保持不动；用手转动转鼓是否灵活，否则使转鼓转速高于 300 r/min 旋转并彻底用水冲洗干净。每次停车应立即进行冲洗，因为清除潮湿和松软的沉淀物比清除长时间硬化的沉淀物要容易。如果离心机在启动时的振动比正常的振动要强，则冲洗时间应延长，如果没有异常振动，可按正常情况清洗。如果按上述方法清洗不成功，则转鼓必须拆卸清洗。

(2) 分步清洗　脱水机的分步清洗分几步进行：①高速清洗。首先以最高转鼓转速进行高速清洗，将管道系统、入口部分、转鼓的外侧和脱水机清洗干净；②低速清洗。高速清洗后转鼓中遗留的污泥，在低速清洗过程中被清洗掉，相应的转速在 50～150 r/min 的范围内；③辅助清洗。在特殊情况下，仅仅用水不能清除污垢和沉淀物，水的清除能力有限，为了达到清洗的目的，必须加入氢氧化钠溶液（5%）作补充措施，碱洗后，还可进行酸洗，用 0.5%硝酸溶液比较合适。当转鼓得到彻底清洗后停运离心脱水机的主电机。

离心脱水机运行最佳化

(二) 日常维护管理

经常检查和观测油箱的油位、设备的振动情况、电流读数等，如有异常，立即停车检查；离心脱水机正常停车时先停止进泥和进药，并将转鼓内的污泥推净，及时清洗脱水机确保机内冲刷彻底；离心机的进泥一般不允许大于 0.5 cm 的浮渣进入，也不允许 65 目以上的砂粒进入，应加强预处理系统对砂渣的去除；应定期检查离心脱水机的磨损情况，及时更换磨损部件；离心脱水机效果受温度影响很大，北方地区冬季泥含固率可比夏季低 2%～3%，因此冬季应注意增加污泥投药量。

(三) 异常问题的分析与排除

1. 现象一：分离液浑浊，固体回收率降低

其原因及解决对策：液环层厚度太薄，应增大液环层厚度，必要时，提高出水堰口的高度；进泥量太大，应减少进泥量；速差太大，应降低速差；进泥固体负荷超限，应核算后再整至额定负荷以下；螺旋输送器磨损严重，应更换；转鼓转速太低，应增大转速。

2. 现象二：泥饼含固率降低

其原因及解决对策：速差太大，应减少转速差；液环层厚度太大，应降低其厚度；转鼓转速太低，应增大转速；进泥量过大，应减少进泥量；调质过程中加药量过大，应降低干污泥的投药量。

3. 现象三：转轴扭矩过大

其原因及解决对策：进泥量太大，应降低进泥量；进泥含固率太高，应核对进泥负荷；转速差太小，应增大转速差；浮渣或砂进入离心机，造成缠绕或堵塞，应停车检修予以清除；齿轮箱出现故障，应加油保养。

4. 现象四：离心机振动过大

其原因及解决对策：润滑系统出现故障，应检修并排除；有浮渣进入机内缠绕在螺旋上，造成转动失衡，应停车清理；机座松动，应及时检修。

5. 现象五：能耗增大电流增大

如果能耗突然增加，则可能是离心机出泥口被堵，由于转速差太小，导致固体在机内大量积累，应增大转速差；如能耗仍增加，应停车清理并清除；如果电耗逐渐增加，则螺旋输送器已严重磨损，应予以更换。

污泥脱水机房应定期测试或计算的项目：转速或转速差、滤带张力、固体回收率、干污泥投药量、进泥固体负荷或最大入流固体流量。

巩固与拓展

巩固知识：

污泥脱水单元的运维操作练习题

拓展训练：污泥离心脱水效能分析

污泥脱水性能与污泥泥质有密切的联系，因此不同污水处理工艺及运行条件下污泥泥质差异会影响到污泥的脱水性能。团队合作完成不同工艺下的污泥脱水效能分析。

收集不同污水处理工艺的污泥，以小组为单位，分别分析污泥的有机质、污泥脱水的絮凝剂消耗量和污泥的脱水效果等变化特征，对数据进行汇总分析，总结出影响污泥脱水性能的关键性因素。

任务二　污泥厌氧消化单元的运维操作

任务描述

通过知识明晰部分的学习，了解污泥厌氧消化的原理及影响因素，熟悉广泛采用的厌氧消化工艺；在能力要求部分，要进一步掌握消化池的运行管理及异常现象解决办法；在巩固与拓展中，通过小组任务，完成对污水处理厂污泥厌氧消化产能情况分析，总结出污泥厌氧消化工艺的适用情况及其工艺特点，完成知识与技能的融合。

学习本任务可以采取线上、线下相结合的形式，通过理论知识学习强化必备知识掌握，通过数据的收集、整理和分析，提升实践动手能力。

知识明晰

一、污泥厌氧消化的原理

污泥的厌氧消化是一个极其复杂的过程，多年来厌氧消化被概括为两个阶段，即酸性发酵阶段和甲烷发酵阶段。随着对厌氧消化微生物研究的不断深入，1979 年伯力特等人根据微生物种群的生理分类特点，提出了厌氧消化三阶段理论，这是当前较为公认的理论模式。

第一阶段，有机物在水解和发酵性细菌的作用下，使碳水化合物、蛋白质和脂肪水解与发酵，并转化为单糖、氨基酸、脂肪酸、甘油及 CO_2 及氢等；

第二阶段，在产氢产乙酸菌的作用下，把第一阶段的产物转化成氢、CO_2 和乙酸等；

第三阶段，在两组生理物性上不同的产甲烷菌的作用下，一组把氢和 CO_2 转化为甲烷，另一组对乙酸脱羧产生甲烷。产甲烷阶段产生的能量绝大部分都用于维持细菌生存，只有很少能量用于合成新细菌，故细胞增殖很少。

有机物的厌氧分解

二、厌氧消化的影响因素

（一）温度

污泥厌氧消化的应用原则

根据操作温度的不同，可将厌氧消化分为以下三种。

（1）低温消化　可不控制消化温度（<30 ℃）。

（2）中温消化　30～35 ℃。

（3）高温消化　50～56 ℃。

消化温度与消化时间及产气量的关系如表 2-26 所示。

表 2-26　不同消化温度与时间的产气量

消化温度/ ℃	通常采用的消化时间/d	有机物的产气量/(mL/g)
10	90	450
15	60	530
20	45	610
25	30	710
30	27	760

实际上，在 0～56 ℃的范围内，产甲烷菌并没有特定的温度限制，然而在一定温度范围内被驯化以后，温度稍有升降（±2 ℃），都可严重影响甲烷消化作用，尤其是高温消化对温度变化更为敏感。因此，在厌氧消化操作运行过程中，应尽量保持温度不变。

大多数厌氧消化系统设计在中温范围内操作，因为温度在 35 ℃左右进行消化，有机物的产气速率比较快，产气量也比较大，而生成的浮渣则较少，并且消化液与污泥分离较容易。

（二）pH 值

污泥中所含的碳水化合物、脂肪和蛋白质在厌氧消化过程中，经过酸性发酵和碱性发酵，产生甲烷和二氧化碳，并转化为新细胞成为消化污泥。酸性发酵和碱性发酵最合适的 pH 值各自不同，图 2-67 表示 pH 值与甲烷气发生量的关系。由图 2-67 可见，厌氧细菌特别是产甲烷菌，对 pH 值非常敏感。酸性发酵最合适的 pH 值为 5.8，而甲烷发酵最合适的 pH 值为 7.8。产酸菌在低 pH 值范围增殖比较活跃，自身分泌物的影响比较小。而产甲烷菌只在弱碱性环境中生长，最合适的 pH 值范围在 7.3～8.0。产酸菌和产甲烷菌共存时，pH 值在 7～7.6 最合适。

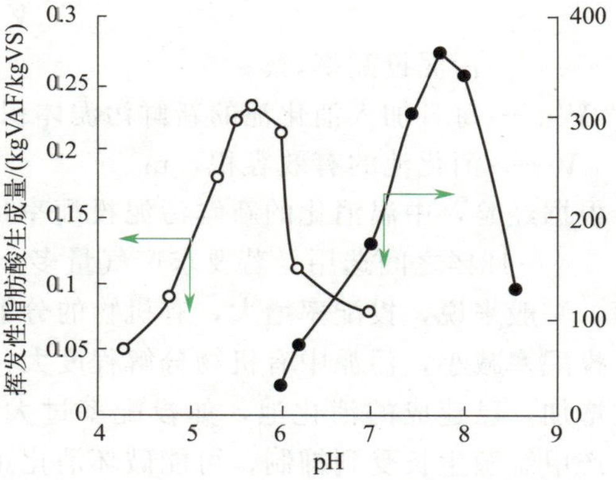

图 2-67　pH 值对酸性消化和碱性消化的影响

在消化系统中，如果水解发酵阶段与产酸阶段的反应速率超过产甲烷阶段，则 pH 会降低，影响产甲烷菌的生活环境。但是，在消化系统中，由于消化液的缓冲作用，在一定范围内可以避免发生这种情况。若碱度不足，可考虑投加石灰、碳酸氢钠或碳酸钠来进行调节。

（三）营养与C/N

消化池的营养由投配污泥供给，营养配比中最重要的是C/N比。C/N比太高，细菌氮量不足，消化液缓冲能力降低，pH值容易下降；C/N比太低，含氮量过多，pH值可能上升到8.0以上，脂肪酸的铵盐发生积累，使有机物分解受到抑制。据研究，各种污泥的C/N比情况如表2-27所示。对于污泥消化处理来说，C/N比以（10～20）：1较合适，因此，初沉池污泥的消化较好，剩余活性污泥的C/N比约为5：1，所以不宜单独进行消化处理。

表2-27　生物固体的各基质含量及C/N比

基质名称	生物固体种类		
	初次沉淀污泥	剩余活性污泥	混合污泥
碳水化合物/%	32.0	16.5	26.3
脂肪、脂肪酸/%	35.0	17.5	28.5
蛋白质/%	39.0	66.0	45.2
C/N比	（9.4～10.35）：1	（4.6～5.04）：1	（6.80～7.5）：1

（四）污泥种类

初沉污泥是污水进入曝气池前通过沉淀池时，非凝聚性粒子及相对密度较大的物体沉降、浓缩而成的。基质同生物处理的剩余污泥有很大的区别。初沉污泥浓度通常高达4%～7%，浓缩性好，C/N比在10左右，是一种营养成分丰富，容易被厌氧消化的基质，气体发生量也较大。二次沉淀池的剩余污泥是以好氧菌菌体为主，作为厌氧菌营养物的C/N比在5左右，所以有机物分解率低，分解速率慢，气体发生量较少。

（五）污泥投配率

污泥投配率指每日加入消化池的新鲜污泥体积与消化池有效容积的比，以百分数计（其倒数即为污泥停留时间）。其计算如式(2-9)所示。

$$n=\frac{V'}{V}\times 100\% \tag{2-9}$$

式中　n——污泥投配率，%；

V'——每日加入消化池的新鲜污泥体积，m^3；

V——消化池的有效容积，m^3。

根据经验，中温消化的新鲜污泥投配率以6%～8%为宜。在设计时，新鲜污泥投配率可在5%～12%之间选用。若要求产气量多，采用下限值；若以处理污泥为主，则可采用上限值。一般来说，投配率增大，有机物的分解程度减小，产气量下降，但所需消化池的容积小；投配率减小，污泥中有机物分解程度大，产气量增加，但所需要的消化池容积大，基建费用增加。已建成的消化池，如投配率过大，池内有机酸将会大量积累，pH值和池温降低，产甲烷菌生长受到抑制，可能破坏消化正常进行。

（六）搅拌

厌氧消化的搅拌不仅能使投入的生污泥与熟污泥均匀接触，加速热传导，把生化反应产生的甲烷和硫化氢等阻碍厌氧菌活性的气体赶出来，而且起到粉碎污泥块和消化池液面上的浮渣层，提高消化池负荷的作用。充分均匀的搅拌是污泥消化池稳定运行的关键因素之一。

实际采用的搅拌方法有机械搅拌、泵循环和沼气搅拌。其中沼气搅拌具有机械性磨损低、池内设备少、结构简单、施工维修简便、搅拌效果好、效率高（即使池内污泥面波动变化，也能保持稳定的混合效果）、运转费用低、能为甲烷菌提供氢源等优点，是搅拌的主流方法。

（七）污泥接种

消化池启动时，把另一消化池中含有大量微生物的成熟污泥加入其中与生污泥充分混合，称为污泥接种。接种污泥应尽可能含有消化过程所需的兼性厌氧菌和专性厌氧菌，而且以有害代谢产物少的消化污泥为最好。活性低的、老的消化污泥，比活性高的新污泥更能促进消化作用。好的接种污泥大多存在于最终消化池的底部。

消化池中消化污泥的数量越多，有机物的分解过程就越活跃，单位质量有机物的产气量便越多。消化污泥与生污泥质量之比为 0.5∶1（以有机物计）时，消化天数要 26 d，随着混合比的增加，气体发生量与甲烷含量增多，混合比达 1∶1 以上，10 d 左右即可得到很高的消化率。

（八）有毒物质含量

污泥中含有有毒物质时，根据其种类与浓度的不同，会给污泥消化、堆肥等各种处理过程带来影响。有毒物质主要包括重金属、Na^{+}、K^{-}、Ca^{2+}、Mg^{2+}、NH_4^{+}、表面活性剂以及 SO_4^{2-}、NO_3^{-}、NO_2^{-} 等。

三、厌氧消化工艺

污泥厌氧消化工艺类型

目前，比较广泛采用的厌氧消化工艺主要分为 3 类：标准消化法、快速厌氧消化法和两级厌氧消化法。

（一）标准消化法

所谓标准消化法又称一级消化，其原理如图 2-68 所示。生污泥可在 1d 内从 2～3 个入口分批（2～3 次）加入池内，随着分解的进行逐渐分成明显的 3 层，自上而下依次为浮渣层、分离液层和污泥层。污泥层的上部仍可活跃地进行消化反应，下层比较稳定，稳定后的污泥最后沉积于池底。由于该消化池中仅很小一部分含有活性消化污泥，因此若要取得良好的污泥消化效果，需要很大的池容。此外，由于在消化池内环境条件不易控制，消化过程不稳定，导致效率较低。因此，这一工艺几乎不用于初沉污泥的稳定化。

（二）快速厌氧消化法

图 2-69 是一级快速厌氧消化池的工作原理图。它与标准消化池的最大差别是消化池内设有搅拌装置，因此混合均匀，操作性能好，可以解决池内沉淀问题，故被逐渐推广使用。

（三）两级厌氧消化法

如图 2-70 所示，污泥先在一级消化池中（设有加温、搅拌和集气装置）进行消化，然后把排出的污泥送入第二级消化池。第二级消化池中不设加温和搅拌装置，依靠来自一级消化池污泥的余热继续消化污泥。由于不搅拌，第二级消化池兼具浓缩的功能。同时在第二级消化池内仍可产生一部分气体，进一步杀灭细菌，并使总的出泥体积减小。该工艺适合于初沉池污泥或混有少量二沉池污泥的混合污泥的厌氧消化，且运转效果较好。对于活性污泥或其他深度处理废水的污泥，由于消化后难以沉淀分离，则不宜采用此种工艺。

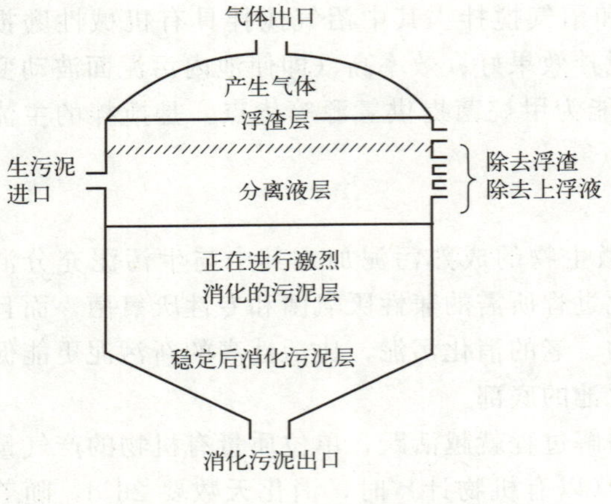

图 2-68 标准消化池工作原理图

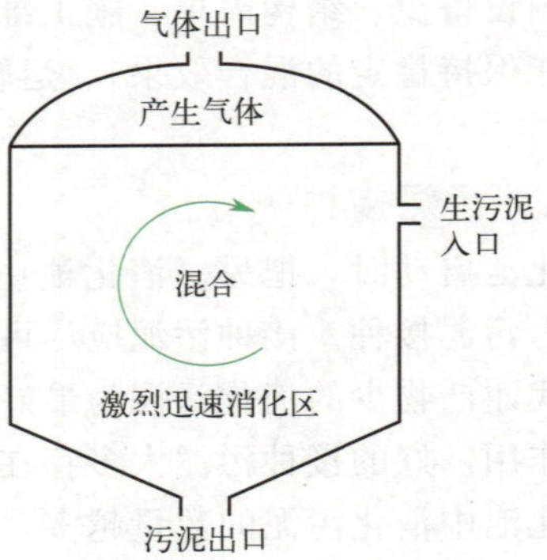

图 2-69 快速厌氧消化池工作原理图

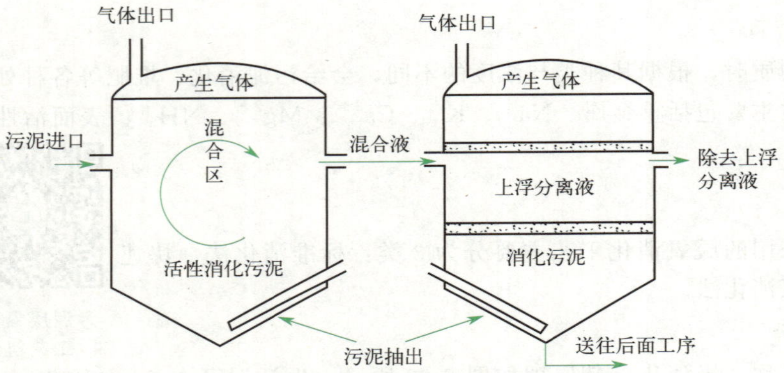

图 2-70 两级厌氧消化工作原理图

沼气的性质

能力要求

一、消化池的运行管理

（一）消化污泥的培养与驯化

新建的消化池，需要培养消化污泥，培养方法有两种。

1. 逐步培养法

将每天排放的初沉污泥和浓缩后的污泥投入消化池，开始加热，使每小时温度升高 1 ℃，当温度升到消化温度时，维持温度；然后逐日加入新鲜污泥，直至设计泥面，停止加泥；维持消化温度，使有机物水解、液化，约需 30～40 d；待污泥成熟、产生沼气后，方可投入正常运行。

2. 一步培养法

将初沉污泥和浓缩后的污泥投入消化池内，投加量占消化池容积的 1/10，以后逐日加入新鲜污泥至设计泥面；控制升温速度为 1 ℃/h，最后达到消化温度；控制池内 pH 为 6.5～7.5，稳定 3～5 d，污泥成熟，产生沼气后，再投加新鲜污泥。如当地已有消化池，则可取池内消化污泥更为便捷。

（二）消化池的正常操作步骤

污泥厌氧消化池的正常运行过程中除了收集沼气外，还由进泥、排泥、排上清液、加热和搅拌五个主要操作环节组成。

进泥、排泥、排上清液、加热和搅拌五个主要操作的顺序不同会对消化效果产生一定的影响。如何确定合理的操作顺序，确保最佳运行效果，需要借鉴实践经验。一般采用溢流排泥、内蒸汽加热的单级污泥消化池，其合理的操作顺序为进泥、排泥、排上清液、加热、搅拌。而采用非溢流排泥、池外交换器加热的污泥消化池时，合理的操作顺序是排上清液、排泥、进泥、加热、搅拌。另外，五个操作环节的循环周期越短，越接近连续运行，消化效果越好。人工操作时，操作周期一般为 8 h。实现完全自动控制操作时，操作周期可以采用 2～4 h。

沼气柜的维护工作

（三）正常运行的指标

1. 化验指标

正常运行的化验指标有：投配污泥含水率（94%～96%），有机物含量（60%～70%），脂肪酸（以乙酸计，2000 mg/L 左右），总碱度（以重碳酸盐计，大于 2000 mg/L），氨氮（500～1000 mg/L），有机物分解程度（45%～55%），产气率，沼气成分（CO_2 与 CH_4 所占比例）等。

2. 控制指标

（1）投配率　新鲜污泥投配率须严格控制。

（2）温度　消化温度须严格控制。

（3）搅拌　采用沼气循环搅拌可全天工作。采用水力提升器搅拌时，每日搅拌量应为消化池容积的两倍，间歇进行，如搅拌 0.5 h，间歇 1.5～2 h。

（4）排泥　有上清液排除装置时，应先排上清液再排泥，否则应采用中、低位管混合排泥或搅拌后均匀排泥，以保证消化池内污泥浓度不低于 30 g/L，而且进泥和排泥必须做到有规律，否则消化很难进行。

（5）沼气气压　消化池正常工作所产生的沼气气压在 1～2 kPa 之间，最高可达 3～5 kPa，过高或过低都说明池组工作不正常或输气管网中有故障或操作失误。

（四）消化池的日常维护

消化池的日常维护主要包括以下内容。

（1）取样分析　定期取样分析检测，并根据情况随时进行工艺控制。

（2）清砂和清渣　运行一段时间后，一般应将消化池停用并泄空，进行清砂和清渣。池底积砂太多，一方面会造成排泥困难，另一方面还会缩小有效池容，影响消化效果。池顶部液面如积累浮渣太多，则会阻碍沼气自液相向气相的转移。

（3）搅拌系统维护　沼气搅拌立管如有被污泥及污物堵塞的现象，可以将其立即关闭，用大气量冲洗被堵塞的立管。另外，应定期检查搅拌轴穿顶板处的气密性。

（4）加热系统维护　蒸汽加热立管常有被污泥和污物堵塞的现象，可用大气量吹冲。当采用池外热水循环加热时，泥水热交换器常发生堵塞现象。套管式和管壳式换热器易堵塞，可在其前后设置压力表，观测堵塞情况。

（5）消化系统清垢　由于进泥中的硬度（Mg^{2+}）以及磷酸根离子（PO_4^{3-}）在消化液中会与产生的大量 NH_4^+ 结合，生成磷酸铵镁沉淀，因此消化系统极易结垢。在管路上设置活动清洗口，经常用高压水清洗管道，可有效防止结垢过厚。当结垢严重时，最基本的方法是用酸清洗。

(6) 消化池停运的检查与处理　消化池运行一段时间后，应停止运行，进行全面的防腐防渗检查与处理。消化池内的腐蚀现象很严重，既有电化学腐蚀也有生物腐蚀。消化池停运放空之后，应根据腐蚀程度，对所有金属部件重新进行防腐处理，对池壁进行防渗处理。重新投运时宜进行满水试验和气密性试验。

(7) 消化池泡沫与控制　消化池有时会产生大量泡沫，呈半液半固状，严重时可充满气相空间并带入沼气管路系统，导致沼气利用系统的运行困难。当产生泡沫时，一般说明消化系统运行不稳定。泡沫主要是由于 CO_2 产量太大形成的，如果将运行不稳定因素排除，泡沫一般也会随之消失。

(8) 消化系统保温　消化系统内的许多管理和阀门为间歇运行，因而冬季应注意防冻，应定期检查消化池及加热管理系统的保温效果，如果不佳，应更换保温材料。

(9) 安全运行　沼气中的甲烷是易燃易爆气体，因而尤应注意防爆问题。另外，沼气中含有的 H_2S 能导致中毒，沼气含量大的空间含氧必然少，容易导致窒息。

二、消化池的异常现象及解决办法

消化池异常现象表现在产气量下降，上清液水质恶化等。

我国典型污泥处置工程举例

(一) 产气量下降

产气量下降的原因与解决办法主要有以下几点。

① 投加的污泥浓度过低，导致微生物的营养不足，应设法提高投配污泥浓度。

② 消化污泥排量过大，使消化池内微生物减少，破坏微生物与营养物的平衡，应减少排泥量。

③ 消化池温度降低，可能是由于投配的污泥过多或加热设备发生故障，解决办法是减少投配量与污泥量，检查加温设备，保持消化温度。

④ 采用蒸汽竖管直接加热，若搅拌配合不上，造成局部过热，使部分产甲烷菌活性受到抑制，导致产气量下降，应及时检查搅拌设备，保证搅拌效果。

⑤ 由于池内浮渣与沉砂量增多，消化池容积减少，应检查池内搅拌效果及沉砂池的沉砂效果，并及时排除浮渣与沉砂。

⑥ 有机酸积累，碱度不足，解决方法是减少投配量，继续加热，观察池内碱度的变化，如不能改善，则应投加碱，如石灰、碳酸钙等。

(二) 上清液水质恶化

上清液水质恶化表现在 BOD_5 和 SS 浓度增加，原因可能是排泥量不够，固体负荷过大，消化程度不够，搅拌过度等。解决办法是分析上述可能原因，分别加以解决。

(三) 沼气的气泡异常

沼气的气泡异常有三种表现形式。

① 连续喷出像啤酒开盖后出现的气泡，这是消化状态严重恶化的征兆。原因可能是排泥量过大，池内污泥量不足，或有机物负荷过高，或搅拌不充分。解决办法是减少或停止排泥，加强搅拌，减少污泥投配。

② 大量气泡剧烈喷出，但产气量正常，池内由于浮渣层过厚，沼气在层下聚集，一旦沼气穿过浮渣层，就有大量沼气喷出。解决办法是破碎浮渣层充分搅拌。

③ 不起泡。可暂时减少或中止投配污泥，充分搅拌一级消化池；打碎浮渣并将其排出；

排出池中堆积的泥砂。

巩固与拓展

巩固知识：

污泥厌氧消化单元的运维操作练习题

拓展训练：污泥厌氧消化产能情况分析

以团队合作形式完成污水处理厂的污泥厌氧消化产能情况分析。收集不同污水处理厂的污泥处理工艺及产能情况资料，以小组为单位，分别分析污泥厌氧消化在污泥处理方法中的占比情况和污泥厌氧消化的产能情况，最后对数据进行汇总分析，总结出污泥厌氧消化工艺的适用情况及工艺特点。

任务三　污泥干化单元的运维操作

任务描述

通过知识明晰部分的学习，了解污泥干化的基本原理，熟悉常用的厌氧干化技术及污泥焚烧技术；在能力要求部分，要进一步掌握污泥干化及污泥焚烧设备的运行维护；在巩固与拓展中，通过小组任务，完成对污水处理厂的污泥干化效能分析，总结出污泥干化工艺的热源使用情况及其对应的处理成本，完成知识与技能的融合。

学习本任务可以采取线上、线下相结合的形式，通过理论知识学习强化必备知识掌握，通过数据的收集、整理和分析，提升实践动手能力。

知识明晰

一、污泥干化

当污泥脱水后的后续处理处置需要进一步降低其含水率时，应进行污泥干化。

污泥干化是指通过渗滤或蒸发等作用，从脱水污泥中去除部分水分的过程，包括热干化、自然干化、生物干化等。污泥热干化是利用人工热源和工业化设备将脱水污泥中部分水分以较快速率蒸发去除的过程。自然干化、生物干化分别是利用太阳能、生物反应产生的热能将脱水污泥中部分水分蒸发去除的过程。

热干化是污泥处理的重要单元技术，后续常与污泥焚烧、气化、碳化等热处理技术联用，不宜单独设置。热干化应尽量降低一次热源的使用量，宜利用垃圾焚烧、热电厂、污泥焚烧等热处理过程的余热。当污泥热干化装置毗邻污泥等有机废弃物厌氧消化设施时，可利用其沼气作为能源。污泥热干化余热宜回收利用。

污泥热干化工艺应根据处理处置的需要和实际条件合理选择。

（一）污泥热干化原理

污泥热干化的作用

污泥干化与机械脱水在应用目的与效果方面均有很大的不同。污泥干化由于有提高水分蒸发强度的要求，应使用人工热源，其操作温度通常大于100 ℃，污泥不仅是深度脱水，而且具有热处理的效应。具体而言，污泥干化的操作温度效应可以杀灭污泥中的寄生虫卵、致病菌、病毒等病原微生物和其他非病原微生物，与干化后的低含水条件相配合，污泥干化可使污泥达到较彻底的无害化卫生水平。另外，干化污泥的低含水率使其不仅可能达到自持燃烧的水平，甚至可作为矿物燃料的替代物使用。

污泥干化按热介质与污泥的接触方式可以分为三大类。

（1）直接加热式　指将燃烧室产生的热气与污泥直接进行接触混合，使污泥得以加热，水分得以蒸发并最终得到干污泥产品的方式，这是对流干化技术的应用。用烟气进行直接加热时，由于温度较高，干化的同时还使污泥中许多有机质分解。其优点是流程较简单，缺点是干化产生的尾气量很大，往往需要脱臭处理，经济性变差。

（2）间接加热式　指将燃烧炉产生的热气通过蒸汽、热油介质传递，加热器壁，从而使器壁另一侧的湿污泥受热、水分蒸发而加以去除的方式，这是传导干化技术的应用。间接加热温度一般低于120 ℃，污泥中的有机物不易分解，产生的尾气量较小，能大大改善生产环境，但由于比直接加热多一个传热环节（燃气加热热源介质），因此流程和设备均较复杂。

（3）直接-间接联合式　是对流-传导干化技术的整合。如Vomm设计的高速薄膜干燥器，Sulzer开发的新型流化床干燥器以及Envirex推出的带式干燥器就属于这种类型。在所有提及的这些干燥器中，闪蒸式干燥器是目前应用最广的一种。

（二）污泥热干化技术与设备

目前污泥干化设备的类型如下。

（1）直接加热式　原理为对流加热，代表设备有转鼓、流化床等。

（2）间接加热式　原理为传导或接触加热，代表设备有螺旋、圆盘、薄层、碟片、桨式等。

（3）热辐射加热式　有带式、螺旋式等。

污泥干化工艺和设备的选择原则

较常见的污泥干化技术有直接加热转鼓干化技术、间接加热转鼓干化技术和间接加热圆盘干化技术等。

1. 直接加热转鼓干化技术

图2-71所示为直接加热转鼓污泥干化系统。

直接加热转鼓干化的工艺原理是干料“返混”，即干化后的污泥经过筛分，将部分粒径过大及过细的污泥颗粒返回，与湿污泥混合形成含固率达60%～80%的混合污泥。这样可以产生在转鼓里随意转动的小球颗粒，在转鼓内与热空气接触得到干化，烘干后的污泥被螺旋输送机送到分离器，从分离器中排出的干污泥颗粒度可以被控制，再经过筛选器将满足要求的污泥颗粒送到贮藏仓等候处理。干化的污泥干度达92%以上或更高。干燥的污泥颗粒直径可控制在1～4 mm，这主要考虑了用干燥的污泥作为肥料或园林绿化的可能性。细小

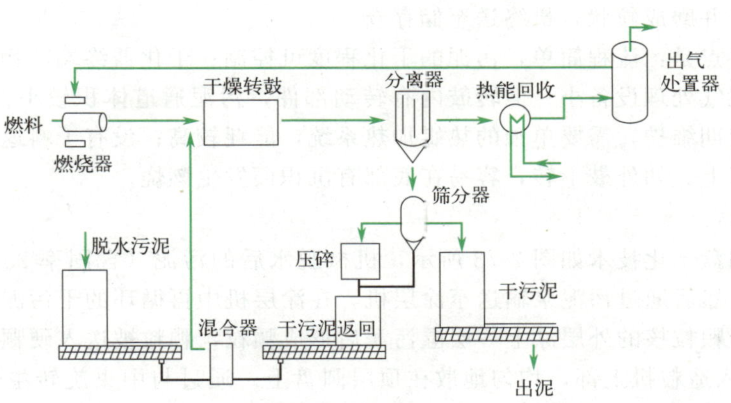

图 2-71 直接加热转鼓污泥干化系统

的干燥污泥被送到混合器中与湿污泥混合送入转鼓式干燥器。分离器将干燥的污泥和水汽进行分离，水汽几乎携带了污泥干燥时所耗用的全部热量，这部分热量需要充分回收利用。因此水汽要经过冷凝器，被冷却的气体送到生物过滤器处理完全达到排放标准后排放。

该干化系统的特点是：污泥与热空气直接接触，能耗低；转鼓内无旋转部件，空间利用率高；干化污泥呈颗粒状，粒径可以控制；采用气体循环回用设计，减少了尾气的排放和处理成本；但所有的循环气体均需进行处理，除尘装置规模较大，气体含氧量控制要求高。

2. 间接加热转鼓干化技术

图 2-72 所示为间接加热转鼓干化工艺流程图。

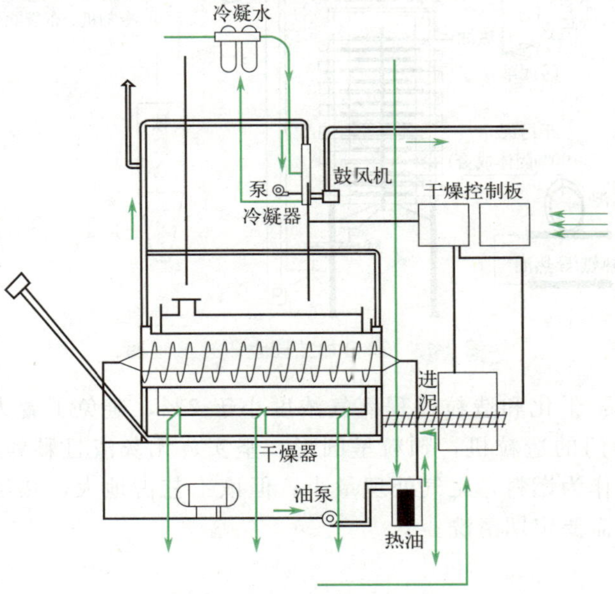

图 2-72 间接加热转鼓污泥干化工艺流程图

脱水后的污泥被输送至干化机的进料斗，经过螺旋输送器至干化机内（可变频控制定量输送）。干化机由转鼓和翼片螺杆组成，转鼓通过燃烧炉加热，转鼓最大转速为 1.5 r/min。翼片螺杆通过循环热油传热，最大转速为 0.5 r/min。转鼓和翼片螺杆同向或反向旋转，污泥可连续前移进行干化，转鼓经抽风操作后为负压，水汽和灰尘无外逸。污泥经螺杆推移和加热被逐步烘干并磨成粒状，最终送至储存仓。

该技术的特点是：流程简单，污泥的干化程度可控制；干化器终端产物为粉末状，所需辅助空气少，尾气处理设备小；但转鼓内有转动部件，污泥通道体积较小，设备占地较大，转动部件需要定期维护，需要单独的热媒加热系统，能耗较高；没有干料返混，进泥含水率高时容易粘在壁上，如外鼓不转，容易在底部有沉积而发生燃烧。

3. 间接加热圆盘干化技术

间接加热圆盘干化技术如图 2-73 所示，机械脱水后的污泥（含固率 25%～30%）送入污泥缓冲料仓，然后通过污泥泵输送至涂层机，在涂层机中再循环的干污泥颗粒与输入的脱水污泥混合，干颗粒核的外层涂上一层湿污泥后形成颗粒，颗粒被送入硬颗粒造粒机（多盘干燥器），被倒入造粒机上部，均匀地散在顶层圆盘上。通过与中央旋转主轴相连的耙臂上耙子的作用，污泥颗粒在上层圆盘上作圆周运动。污泥颗粒从造粒机的上部圆盘由重力作用直至造粒机底部圆盘，颗粒在圆盘上运动时直接和加热表面接触干化。污泥颗粒逐盘增大，类似于蚌中珍珠的形成过程，最终形成坚实的颗粒，故也叫"珍珠工艺"。干燥后的颗粒温度为 90 ℃，粒径为 14 mm，离开干燥机后由斗式提升机向上送至分离料斗，一部分被分离出再循环回涂层机，同时剩余的颗粒进入冷却器冷却至 40 ℃送入颗粒储料仓。

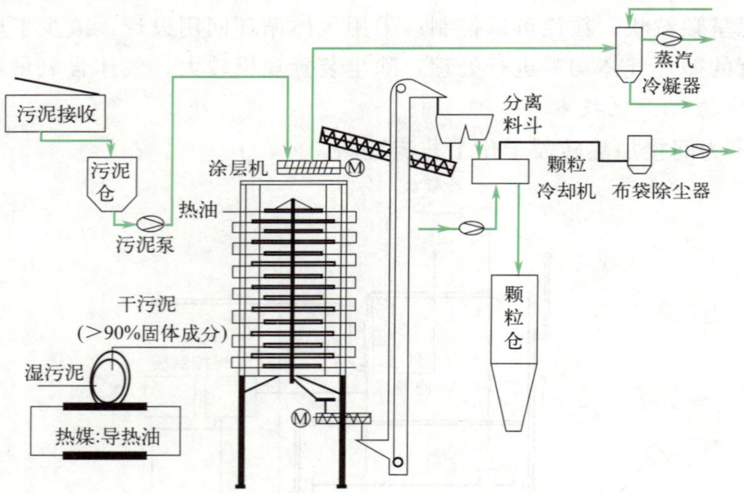

图 2-73 间接加热圆盘干化流程图

该工艺的特点是：干化和造粒过程氧气浓度小于 2%，避免了着火和爆炸的危险性；设有专门的造粒机，颗粒呈圆形，坚实、无灰渣且颗粒均匀；具有较高的热值，可作为燃料，尾气处理量小；但该工艺占地大，热油系统较为复杂，盘片表面需要定期清洗。

直接加热流化床技术

二、污泥焚烧

污泥焚烧可集约、高效地实现污泥的减量化、稳定化和无害化，适合经济较发达、人口稠密、土地成本较高的地区，或者污泥处理产物不具备土地消纳条件的地区。可用于污水处理厂污泥的就地或集中处理。

污泥焚烧适用于有机质含量较高的污泥，有利于降低单位处理成本和投资成本，提升经济性。污泥焚烧常与热干化或深度脱水等可降低污泥含水率、提高污泥热值的预处理技术联用。

（一）污泥焚烧的原理

污泥焚烧是指脱水或干燥后的污泥，依靠其自身的热值或辅助燃料，被送入焚烧炉进行热处理的过程，这是由污泥本身具有一定热值和可燃烧性决定的。污泥焚烧的原理是在一定的温度下，气相充分有氧的条件下，使污泥中的有机质发生燃烧反应，反应结果使有机质转化为 CO_2、H_2O、N_2 等相应的气相物质，反应过程释放的热量则维持反应温度，使处理过程能持续地进行。焚烧处理的产物是炉渣、飞灰和烟气。

炉渣主要由污泥中不参与燃烧反应的无机矿物质组成，同时也会含一些未燃尽的有机物（可燃物）。炉渣对生物代谢是惰性的，因此无腐败、发臭、致病菌污染等。污泥中在焚烧时不挥发的重金属是炉渣影响环境的主要来源。飞灰是污泥焚烧的另一部分固相产物，是在燃烧过程中被气流挟带存在于出炉烟气中，通过烟气除尘设备被分离的固体颗粒。飞灰中的无机物，除了包括污泥中的矿物质外，还可能包括烟气处理的药剂，其中的无机污染物以挥发性重金属 Hg、Cd 和 Zn 为主，这些挥发再沉积的重金属一般比炉渣中的重金属有更强的迁移性，使飞灰成为浸出毒性超标的有毒废物。另外气相再合成产生的二噁英类高毒物质也可吸附于飞灰之上。

污泥焚烧是一种常见的污泥处理方法，它可以破坏全部有机质，杀死一切病原体，并最大限度地减少污泥体积，焚烧残渣相对含水率为 75%的污泥仅为原有体积的 10%左右。当污泥的燃烧值较高，城市卫生要求较高，或污泥有毒物质含量高不能被综合利用时，可采用焚烧处理。在污泥焚烧前，一般应先进行脱水处理和热干化，以减少污泥负荷和能耗。

污泥焚烧的影响因素

（二）污泥焚烧系统

脱水后的污泥泥饼结构十分致密，未充分燃烧时黏附性很强，因此污泥焚烧系统的核心设备是焚烧炉，在结构上与其他废弃物焚烧炉（如城市生活垃圾）有相当大的不同。最早的污泥焚烧炉是多膛炉，始于 1934 年。由于辅助燃料成本上升和更加严格的气体排放标准的出现，多膛炉逐渐失去竞争力。至 20 世纪 80 年代，流化床焚烧炉成为较受欢迎的污泥焚烧装置。

污泥焚烧工艺由三个子系统组成，分别为预处理、燃烧和烟气处理与余热利用。预处理主要包括浓缩、调理、消化和机械脱水等。考虑到焚烧对污泥热值的要求，一般不应再进行消化处理。

污泥焚烧设备主要有立式多膛焚烧炉、流化床焚烧炉、回转窑焚烧炉和电动红外焚烧炉等，下面主要介绍两种常用的污泥焚烧炉。

1. 立式多膛焚烧炉

立式多膛焚烧炉又称立式多段焚烧炉，如图 2-74 所示，它是一个垂直的圆柱形耐火衬里的钢制设备，内部有许多水平的由耐火材料构成的炉膛，一层一层叠加，一般多膛式焚烧炉可含有 4～24 个炉膛，从炉子底部到顶部有一个可旋转的中心轴。每个炉膛上均有搅拌装置，可以耙动污泥，使之以螺旋形轨道通过炉膛，辅助燃料的燃烧器也位于炉膛上。

垃圾焚烧系统

立式多膛焚烧炉的工作过程是污泥由上而下逐层下落，顶部两层起污泥干燥作用，温度为 480～680 ℃，可使污泥含水率降至 40%以下；中部几层为污泥焚烧层，温度可达 760～980 ℃；下部几层为缓慢冷却层，主要起冷却并预热空气的作用，温度为 260～350 ℃。多膛式焚烧炉的规模为 5～1250 t/d 不等，可将污泥的含水率从 65%～75%降至 0 左右，污泥

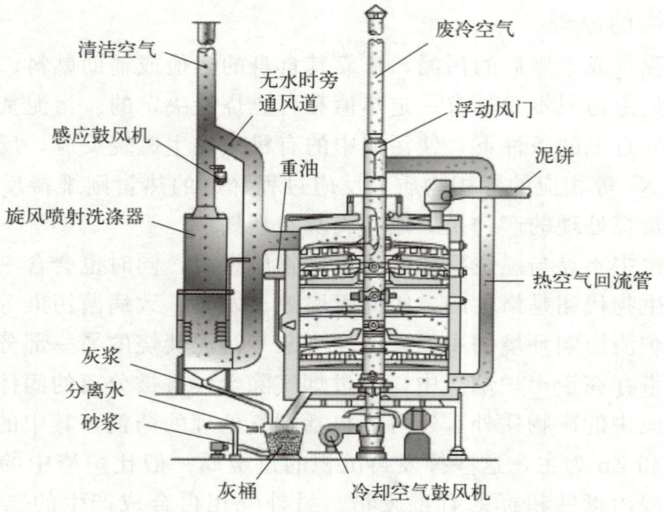

图 2-74 立式多膛焚烧炉

体积降至10%左右。

2. 流化床焚烧炉

流化床焚烧炉构造简单，如图 2-75 所示。主体设备是一个圆形塔体，下部设有分配气体的布风板，塔内壁衬耐火材料，并装有一定量的耐热粒状床料。气体布风板有的由多孔板做成，有的平板上穿有一定形状和数量的喷嘴。气体从下部通入，并以一定速度通过布风板，使床内床料呈流化状态。污泥从塔侧或塔顶加入，在流化床层内进行干燥、粉碎、气化等过程后，迅速燃烧。燃烧气从塔顶排出，尾气中夹带的床料粒子和灰渣一般用除尘器捕集后，床料可返回流化床内。

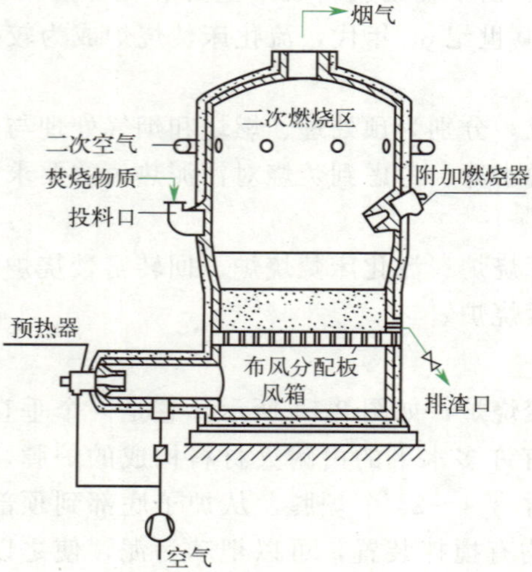

图 2-75 流化床焚烧炉

污泥焚烧
污染控制

其他类型焚烧炉

流化床的优点是利用石英砂（粒径 0.3～2 mm）为热载体（深度 1～1.5 m），在预热空气的喷流下形成悬浮状态，泥饼加入后，与灼热的砂层进行激烈混合焚烧，传热效率高，焚烧时间短，炉体小。由于这一特点，流化床焚烧炉所需的过量空气仅需占理论空气量的

20%～25%，相当于多膛炉过量空气的一半，因而所需的燃料量远远小于多膛炉，可节约能源。此外，流化床焚烧炉结构简单，接触高温的金属部件少，故障也少；干燥与焚烧集成在一起，可除臭；焚烧炉的热容量大，停止运行后，每小时降温不到 5 ℃，因此在 2 d 内重新运行，可不必预热载热体，故可连续或间歇运行。缺点是操作复杂，运行效果不及其他焚烧炉稳定，动力消耗较大。

能力要求

一、污泥热干化的运行维护

（一）运行控制

1. 关键技术指标

污泥热干化系统运行时控制的主要技术指标包括：

① 使用蒸汽作为热介质时，其压力不应大于设计压力阈值；

② 使用导热油作为热介质时，运行温度必须低于热油的闪点温度；

③ 间接热干化时，干燥机出口尾气温度不应高于 105 ℃ ；

④ 干燥机出口污泥温度不应高于设计阈值；

⑤ 干燥机内氧含量应根据工艺需求进行控制，必要时应实时监控，并通入惰性气体控制，氧含量高于 8%时应停机；

⑥ 干燥机内粉尘浓度不应高于 60 g/Nm^3；

⑦ 干化后的污泥进行焚烧时，干化程度宜能够保证污泥自持燃烧。

2. 主要监控内容

干化系统运行时，中控和巡检人员应密切关注物流和设备的实时状态，确保设备正常运行并实现预期性能。干化系统与后续焚烧系统同时运行的，应同时监控污泥焚烧系统的运行情况；干化系统与前续污泥脱水系统同时运行的，应同时掌握污泥脱水系统的运行情况。

中控操作人员应密切关注的内容主要包括：湿污泥输送设备（如输送螺旋、螺杆泵）的开启状态、转动频率；干燥机的进泥量是否与输送设备（如螺杆泵）的转动频率相对应；干燥机电机电流、入流热介质参数（如蒸汽压力、流量）、机壳温度；工艺气体离开干燥机的温度，洗涤塔等尾气处理设施的出口温度、工艺气体流量，进入后续处理单元的不凝气流量；风机电流；冷凝水（采用蒸汽为热介质时）箱水位及变化趋势。

现场巡检人员的主要任务是确认各设备的状态是否正常，以及状态参数是否与实时监控信息一致。巡检内容主要包括：螺旋、螺杆泵等输送设备的运转情况；干燥机热介质进出状态（如热媒为蒸汽时，确认疏水阀前后压力和温度）；轴前后油箱油位；干燥机内压力；干燥机取样口门内污泥状态（质地、颜色、形状是否正常等）；干燥机顶部观察口内整体污泥分布状态；风机运转情况（运行参数、声音及转动轴状态等）；冷凝水（采用蒸汽为热介质时）箱水泵运转情况（运行参数、声音等）。

（二）维护

为保障稳定运行，应制定设备维修保养计划，包括设备使用状况表，易损件应备有及时更换的备件；定期安排必要的维护检修工作，同时检查并记录污泥干化系统各部的磨损状态；做好大小修的工作计划，并严格执行相关的检修工作制度。

1. 日常维护

干化系统在不停机状态下的日常维护内容主要是检查和清理。检查各单元设备状态是否正常，确保其振动、声音、电流等状态参数处于正常范围；检查以确保设备润滑良好、连接部件无松动或脱落、密封部件无变形或磨损、易磨损部件的磨损程度可控、输送环节无堵塞等；当发生堵塞、松动、漏油、漏泥等故障时，及时采取疏通、加固、清理和维护等相应措施。

2. 停机维护

干化系统需要定期停机维护，应根据相应设备的维护保养手册开展维护和修理工作。如各电气传动设备应定期更换、添加润滑油或润滑脂，按时清理物料循环流程中积累的粉尘、死角中硬化的湿污泥。虽然清理过程耗时较短，但停机（包括冷却）和启动也需一定的时间，因此停机维护是影响干燥机年有效运行时长的重要因素。

大型干燥机每年至少需要主动停车大修 1 次，停车时间根据需要确定。维护和修理的具体内容主要取决于干燥机的类型，如圆盘式、桨叶式等干燥机具有众多精密机械部件，需进行润滑、调整间隙避免热流体泄漏等维护工作；带式干燥机需调整带子的位置和张力等。

干燥机故障时必须停机进行修理维护。无论何种类型的干燥机，磨损是停机的最常见原因。盘式和桨叶式干燥机的盘片或桨叶同时承受热力作用、磨损和腐蚀（若采用蒸汽作为热介质）。直接加热式的转鼓干燥机磨损问题主要集中在干污泥回流设施中的破碎机、振动筛和混合器，因此对易磨损部件应准备备用件。

输送系统故障是影响干化焚烧工程稳定运行的常见原因。干化污泥输送设施是易磨损单元，应定期检查和维护，其敏感部件应定期进行抗磨损维护或更换磨损部件。

干化系统修理时应按照安全操作规范进行。如：进入容器进行检修前，必须采取有效通风措施，确保有害气体排出、氧含量大于 19%，且容器外面有专人接应；检修任何机器都必须切断其电源，并挂上“禁止合闸”等警示牌；现场必须照明良好，所有井、坑、孔及洞均覆盖与地面平齐的坚固盖板。

二、污泥焚烧的运行维护

（一）焚烧系统的运行控制

1. 主要监控内容

污泥热干化的监测与检测

中控操作人员应密切关注的内容主要包括：进料设施（如进料螺旋）开启状态；焚烧炉内各区温度是否达到要求；炉顶负压是否处于设计范围；出口氧含量，折算至干烟气中的体积含量应为 6%～10%；一次、二次风温和风压是否处于设计范围；砂层高度；辅助燃料储备量等。

现场巡检的主要任务是确认各设备的状态是否正常，以及状态参数是否与实时监控信息一致，如进料设施运转状态、风机运转状态（风压、声音及转动轴状态等）。

2. 流化床焚烧炉的启动

(1) 冷启动 指焚烧炉由室温升温到正常运行的过程。

首次启动时，应由设备商负责操作，或根据其提供的升温曲线规定进行操作。

启动前，操作人员应确保以下内容：主断路器的电源和应急电源、辅助燃料供给、稀相区的喷淋控制、流化和预热器供气已就位，电断路器开关均已闭合，焚烧炉的人孔、观察窗均已关闭，床料填充到位，进料系统就位，所有阀门均处于配合启动的位置，鼓风机和引风机已开启但进气阀和气流调节器为关闭状态（防止过载），所有控制器均为手动控制模式，报警系统正常运行。

非首次启动的情况下启动时，操作人员应：开启烟气净化、流化供气，预热燃烧器；使床温按规定的速率升温，不宜高于 38 ℃/h，升至约 104 ℃时维持 2 h；控制流化供气每

30 min 开启 30 s，使床温均匀稳定升高；床温升至 620 ℃时开始向流化床喷油（喷油前确认流化床鼓风机和引风机已开启）；床温高于 650 ℃时开始进泥，并逐渐提高进泥速率至设定值；按设定的过量空气水平调节空气流量，保证充分燃烧；调节辅助燃料量以维持恒定床温（若进泥可自持燃烧则降低辅助燃料量，反之增加）；当进泥速率达到设定值而焚烧炉运行稳定时，设为自动控制模式。

(2) 热启动　热启动前，操作人员应参照冷启动前的检查内容确保工作就位。若热启动时焚烧炉的床温已降至 650 ℃以下，需先开启预热燃烧器；若热启动时焚烧炉的床温仍高于 650 ℃，可随时开启进泥并向流化床喷燃油。以床温低于 650 ℃为例，热启动时，操作人员应：开启烟气净化、流化供气（每 30 min 开启 30 s），预热燃烧器；床温升至 620 ℃时开始向流化床喷油（喷油前确认流化床鼓风机和引风机已开启）；床温高于 650 ℃时开始进泥，并逐渐提高进泥速率至设定值；按设定的过量空气水平调节空气流量，保证充分燃烧（对应的稀相区和烟气氧含量通常为 4%～10%）；调节辅助燃料量以维持恒定床温（若进泥可自持燃烧则降低辅助燃料量，反之增加）；当进泥速率达到设定值而焚烧炉运行稳定时，设为自动控制模式。

3. 辅助燃料控制

辅助燃料是运行成本的重要组成部分。在保证燃烧充分的情况下，降低辅助燃料的方式主要包括：①在脱水环节尽量降低污泥含水率；②进料速率低于设计值时，按设计的过量空气系数调节供风，同时保持最低的流化空气速率；③热风室设计应最大限度预热流化空气。

4. 燃烧控制

污泥燃烧的必要条件为足够的热量、氧气（空气）、湍流和停留时间（完成燃烧反应的时间）。良好的燃烧状态指污泥中几乎全部可燃成分均在流化空气中与氧气反应并生成 CO_2 和水。燃烧充分时，灰渣热灼减率较低。污泥焚烧应控制灰渣的热灼减率小于 5%。

5. 供风控制

实际运行中，过量空气的控制以烟气中氧含量为准，应确保烟气中氧气体积达到干烟气体积的 6%～10%，可通过调整风量以及一次风与二次风的比例来控制。

(二) 焚烧系统的维护

1. 日常维护

焚烧系统日常维护内容主要包括以下几方面。

(1) 热电偶　焚烧炉内的热电偶应定期清洁、校准和修理，根据需要更换。

流化床焚烧炉应急操作

(2) 气体分析器　烟气连续监测系统（CEMS）等分析仪应按现行行业标准《固定污染源烟气（SO_2、NO_x、颗粒物）排放连续监测技术规范》（HJ 75—2017）规定的频率定期校准，根据需要更换。

(3) 床料　床料应根据损失情况定期增补。

(4) 外壳　应定期检查焚烧炉的外壳有无热点或腐蚀。若发现热点，焚烧炉应尽快停机、冷却，进行内部检查以确定原因。出现热点的常见原因为耐火内衬的破裂，尤其是流化床区域。

(5) 熔渣　熔渣是污泥中的灰分在达到自身熔点时发生熔融而形成的。熔渣形成的主要原因为运行过程中出现过高温度和辅助燃烧器的火焰冲刷。易形成熔渣的地方主要包括辅助燃烧器下方的砂床、燃烧器火盆砖和烟气管道。若在正常运行时发现熔渣现象，应停机冷却并清除熔渣。

2. 停机维护

流化床焚烧炉每年应至少进行一次停机检查（冷却后进行）。停机冷却时，可开启流化床鼓风机辅助降温，并控制降温速率不超过 37 ℃/h，避免耐火材料在冷却过程中承受过度应力。当冷却至室温后，打开所有的检查口并进行全面检查。检查时，燃料枪应与燃料供应装置断开，并移出焚烧炉；预热燃烧器应与燃料供应装置断开。

污泥流化床的监测与检测

巩固与拓展

巩固知识：

污泥干化单元的运维操作练习题

拓展训练：污泥干化效能分析

以团队合作形式完成污水处理厂的污泥干化效能分析。由于污泥干化需耗费大量的热能和电能，因此，污泥干化的主要成本在于其能耗，降低成本的关键在于是否能够选择和利用恰当的热源。以小组为单位，分别根据污泥干化系统使用的热源种类进行资料搜集，分析其处理成本及工艺特点，最后对数据进行汇总分析，总结出污泥干化工艺的热源使用情况及其对应的处理成本。

新时代智水之行

中国第一座面向未来的城镇污水处理概念厂

位于太湖西岸的江苏省宜兴市，是久负盛名的“环保之乡”，国内首座城镇污水处理概念厂——一座极具设计感的“三叶草”造型建筑便坐落于此。

建设中国城镇污水处理概念厂，是国内环境领域知名专家发起的重大行业创新事

业，旨在以绿色发展理念整合前沿创新设计和全球视野内的领先技术，实现“水质永续、能源回收、资源循环、环境友好”四项目标。2021年10月，由三峡集团合作参与的宜兴城镇污水资源概念厂（以下简称概念厂）率先建成投运。其颠覆传统污水处理厂形态，创新采用水质净化中心、有机质协同处理中心和生产型研发中心“三位一体”形式建设，成为新型环境基础设施的典范。

“三叶草”既是建筑空间造型，又是功能构成，一叶是以高品质出水为目标的水资源环，一叶是以资源循环为目标的能源和资源环，一叶是满足公众美好生活和生态需求的新功能环。

传统污水处理厂通常采用活性污泥法等工艺，主要去除污水中的有机物和部分氮、磷等营养物质，对新兴污染物等难降解物质的去除效果较差。而概念厂采用先进的高效加载澄清、自养型脱氮膜生物反应器法、高级氧化等工艺，能够有效去除污水中的有机物、氮、磷等营养物质及新兴污染物等难降解物质，提高出水水质和稳定性。在先进技术的加持下，该厂可以实现每升水的总氮含量小于3 mg、正磷酸盐含量小于0.1 mg，新兴污染物去除率达到80%。

概念厂设立的有机质协同处理中心，每日可实现处理污泥、蓝藻、畜禽粪便和秸秆等约100 t，目前处理量约40 t。这些有机质废弃物经过厌氧消化产生的沼气，被用于热电联产，产生的电能和热能可实现厂内能源自给（能源自给率超60%）。沼液流回水质净化中心进行再处理，沼渣则被加工成土肥产品，在厂区内的试验田中种植瓜果蔬菜等，全程不产生二次污染，同时实现资源的循环利用。

没有脏乱的环境，没有污水的臭味，没有设备的轰鸣，漫步在概念厂，只见环廊相接、绿草如茵、池塘清浅，“远观是工厂，近看像公园”。概念厂与城市环境相融，变“消极”空间为“积极”空间，实现从“邻避”到“邻利”，构建生态、生活、生产共融互动、服务社会与自然的新型环境基础设施。

模块三

工业废水处理

导读　工业废水特征与处理方法选择

工业废水是指在工业生产过程中产生的含污染物废水，包含流失的原料、中间产物以及生产过程中产生的污染物。我国通过产业结构升级、清洁生产技术革新和废水循环利用体系构建，持续推动工业废水减量化与资源化进程。据工业和信息化部数据显示，2023 年规模以上工业用水重复利用率已达 94%，万元工业增加值用水量较 2020 年下降 20%。在排放管控方面，我国工业废水治理呈现“集中化+智慧化”双轨推进特征。截至 2023 年，全国建成投运的工业废水集中处理设施覆盖 98.6%的省级以上工业园区，较 2018 年提升 0.8%。在政策层面上，国家通过“数智化+标准体系”双轮驱动深化治理。2024 年《工业废水循环利用典型案例名单》遴选出 58 家标杆企业，涵盖钢铁、纺织等五大重点行业。这些案例不仅为提升水资源利用效率提供了具体路径，也为推动工业领域节水集约化提供了创新示范，标志着我国工业废水治理从末端处理向全过程资源化转型，为新型工业化生态建设提供重要支撑。

党的二十大报告强调，必须牢固树立和践行绿水青山就是金山银山的理念，站在人与自然和谐共生的高度谋划发展。这是立足我国进入全面建设社会主义现代化国家、实现第二个百年奋斗目标的新发展阶段，对谋划经济社会发展提出的新要求。随着《中国制造 2035》战略的深入推进，我国工业生产技术不断更新，由此产生的工业废水也具有新的特征，水中污染物种类增多、特性各异、处理难度增大，需要对此进行持续不断的科技研发和工程实践。

《2023 年生态环境统计年报》

一、工业废水分类、特点及处理原则

1. 工业废水分类

工业废水的分类通常有以下三种：

（1）按工业废水中所含主要污染物的化学性质分类　含无机污染物为主的为无机废水，含有机污染物为主的为有机废水。例如电镀废水和矿物加工过程的废水，是无机废水；食品或石油加工过程的废水，是有机废水。

(2) 按工业企业的产品和加工对象分类　如冶金废水、造纸废水、炼焦废水、纺织印染废水、农药废水等。

(3) 按废水中所含污染物的主要成分分类　如酸性废水、碱性废水、含有机磷废水和放射性废水等。

其中前两种分类法不涉及废水中所含污染物的主要成分，也不能表明废水的危害性，而第三种分类法，明确地指出废水中主要污染物的成分，能表明废水有一定的危害性。

此外，也可以按处理难度、危害性大小将工业废水分为如下三类：

① 易处理、危害性小的废水，如废热水、冷却水等；

② 易生物降解且无明显毒性的废水，如食品加工废水、制糖废水等；

③ 难以生物降解或具有毒性的废水，如重金属废水、有机氯农药废水等。

在实际生产活动中，单一的工业生产可以排出多种不同性质的废水，而一种废水可能含有多种污染物并且污染物的浓度不同。例如，皮革、纺织工厂既排出酸性废水，又排出碱性废水；不同的工业企业，即使原料、产品和生产工艺不同，也可能排出性质相同或相似的废水，如石油化工厂和农药化肥厂的废水，可能均有含油类、酚类物质。

2. 工业废水特点

与市政污水相比，工业废水的主要特点包括：废水排放量波动性大；种类多，水质复杂且变化快；污染物成分多、浓度高，有的还含有易燃易爆有毒物质等；工业废水的处理难度大、费用高，往往需要运用多种处理技术。

3. 工业废水处理原则

工业废水处理应遵循的基本原则如下：

① 首选无毒生产工艺代替或改革落后生产工艺，从源头上尽可能杜绝或减少有毒有害废水的产生。根据“节水优先”的原则，进一步降低万元工业增加值用水量，减少废水排放。

② 生产原料、中间产物、产品、副产品涉及有毒有害物质时，应加强监管，避免有毒有害物质流失。

③ 废水进行分流，特别是含有剧毒物质如含有一些重金属、放射性物质、高浓度酚等的废水，应与其他废水分流，以便处理和回收。

④ 排放量较大而污染较轻的废水，应经适当处理循环使用，不宜排入下水道，以免增加城市下水道和城镇污水处理厂的负荷。

⑤ 具有较好可生物降解性的有机废水，如食品加工废水、制糖废水等，可通过“协商排放”的方式排入城镇污水系统，作为城镇污水处理厂碳源的有益补充。

⑥ 一些可以生物降解的有毒废水，如含有酚、硫酸盐的废水，应先经处理达到国家废水排放标准后可以排入城市下水道，再进一步进行生化处理。

⑦ 含有难以生物降解的有毒废水，应单独处理，不应排入城市下水道。

工业废水处理的发展趋势是把废水和污染物作为有用资源回收利用或实行闭路循环。

二、工业废水处理方法及其选择

1. 工业废水处理方法

工业废水处理的研究始于19世纪末期，目前在工业废水处理中主要应用的方法包括物理处理法、化学处理法、物理化学处理法及生物处理法。其中物理处理法主要包括调节、离心分离、沉淀、除油、过滤等；化学处理法主要包括中和、化学沉淀、氧化还原等；物理化学处理法主要包括混凝、气浮、吸附、离子交换、膜分离等；生物处理方法主要包括好氧生物处理法以及厌氧生物处理法。

工业废水处理方法选择的具体流程

2. 工业废水处理方法的选择

由于废水处理的方法多样，各种处理方法各有其适应范围和优缺点，某一种废水如何选择处理方法，一般的确定方法及流程为：首先了解废水中污染物的形态；其次参考已有的资料和工程案例，必要时须进行工艺试验以确定废水处理方案。

三、典型行业废水特征及处理工艺简介

1. 造纸行业废水处理

几种典型的造纸废水处理工艺流程

造纸行业是我国重要工业污染源之一，造纸和纸制品行业废水排放量约占国内工业废水总量的16.4%。造纸废水按其产生环节分为制浆废水、中段水和纸机白水。通常所说的造纸废水主要指的是中段水，含有木质素、半纤维素、糖类、残碱、无机盐、挥发性酸、有机氯化物等，具有排放量大、COD高、pH变化幅度大、色度高、有硫醇类恶臭气味、可生化性差等特点，属于较难处理的工业废水。目前造纸废水处理中常用物理法、物理化学法、生物法、生态法和联合法。

2. 印染行业废水处理

我国是纺织印染业第一大国，纺织印染行业废水中主要污染物（化学需氧量、氨氮、总氮）的含量，在各工业行业中均排名前4位。印染废水成分复杂，往往含有多种有机染料并且毒性强，色度深，pH波动大，难降解，组分变化大，且水量大，浓度高。印染行业废水常用的处理方法包括：①物理处理法。有沉淀法和吸附法等。沉淀法主要去除废水中悬浮物。吸附法主要是去除废水中溶解的污染物和脱色。②化学处理法，有中和法、混凝法和氧化法等。中和法用于调节废水中的酸碱度，还可降低废水的色度。混凝法用于去除废水中分散染料和胶体物质。氧化法用于氧化废水中还原性物质，使硫化染料和还原染料沉淀下来。③生物处理法。有活性污泥法、生物转盘法和生物接触氧化法等。

几种比较成熟的印染废水处理的工艺流程

为了提高出水水质，使出水达到排放标准或回收要求，往往需要采用几种方法联合处理。此外，印染废水处理应考虑尽可能回收利用有用资源，如利用蒸发法回收碱液，利用沉淀过滤法回收染料。

3. 化工行业废水处理

化学原料和化学制品制造业废水排放量占全国工业废水总排放量的15.8%，其废

水中四类主要污染物（化学需氧量、氨氮、总氮、总磷）的含量在各工业行业中均排名前4位。化工废水表现了典型的行业特点，具有有机物浓度高（一般生产工段的出水COD均在3000～5000 mg/L以上，甚至更高）、水质成分复杂、对微生物有较强的毒害作用（如化学合成废水中，常含有苯酚、酚的同系物以及萘等多环类化合物）、生物降解性能差（B/C值一般低于0.2）以及废水中含盐量较高、毒性大等特点。化工废水处理除了常规的物理法、化学法、物理化学法及生物处理法外，近年来，磁分离法、声波技术，各种高级氧化技术，微电解技术也得到了广泛的研究与应用。

几种典型化工废水处理的工艺流程

4. 制药行业废水处理

制药行业是国家环境保护规划中重点治理的行业之一，医药制造业废水中主要污染物总磷的含量在各工业行业中排名前4位。由于药品品种繁多，制药生产过程中使用了多种原料，生产工艺复杂多变，因此制药废水具有有机物含量高、成分复杂、无机盐浓度高、存在大量生物毒性物质等特点。制药废水主要的处理方法包括：物理化学法，如混凝、气浮、吸附、吹脱、离子交换；化学处理法，主要是氧化还原法；生物处理法，包括好氧生物处理及厌氧生物处理。目前应用较为理想的处理方法是物理、化学和生物相结合的方法。

几种典型制药废水处理的工艺流程

5. 冶金行业废水处理

冶金工业是我国工业的支柱产业，包括黑色冶金工业（钢铁工业）和有色冶金工业两大类，其产品繁多，生产流程各成系列，废水排放量较大。冶金废水的主要特点是水量大、种类多、水质复杂多变。按冶炼金属的不同，冶金废水可以分为钢铁工业废水和有色金属工业废水；按废水来源和特点分类，主要有冷却水，酸洗废水，洗涤废水（除尘、煤气或烟气），冲渣废水，炼焦废水以及由生产中凝结、分离或溢出的废水等。钢铁工业废水处理中焦化废水处理通常采用吹脱、沉淀、过滤以及生物处理法；高炉煤气洗涤废水处理通常采用混凝、沉淀、过滤等；炼钢烟气除尘废水处理通常采用自然沉淀、混凝沉淀和磁力分离等；轧钢废水处理通常采用混凝沉淀以及除油等。有色冶金废水中重有色金属冶炼废水处理通常采用中和、化学沉淀、吸附、离子交换及生化法；轻有色金属冶炼废水处理通常采用混凝沉淀、吸附、电渗析等。

几种典型冶金废水处理的工艺流程

6. 食品行业废水处理

食品行业作为我国经济增长中的低投入、高效益产业得到了人们的广泛关注。食品工业原料广泛，制品种类繁多，排出的废水通常含有高浓度的有机物、氮、磷、悬浮物及油脂，且水质和水量变化幅度大。食品工业废水处理除按水质特点进行适当预处理外，一般均适宜采用生物处理法。如对出水水质要求很高或废水中有机物含量很高，可采取两级或多级生物

几种典型食品废水处理的工艺流程

处理系统，此外，膜处理技术及膜与生物法相结合的工艺也得到了一定的研究与应用。

综上所示，各行业废水具有各自不同的特征，其处理技术需要根据具体情况进行合理的选择和优化，本模块内容将针对典型工业废水，详细介绍其处理工艺流程及关键技术，其中好氧生物处理技术、物理处理技术在模块二已经介绍，在此不再赘述。

除了常规工业水污染治理之外，党的二十大报告提出开展新污染物治理，这是“新污染物”一词首次出现在党的全国代表大会报告中，充分表明了党中央对新污染物治理的高度重视。新污染物是指排放到环境中的，具有生物毒性、环境持久性、生物累积性等特征，对生态环境或者人体健康存在较大风险，但尚未纳入管理或现有管理措施不足的有毒有害化学物质。因此，在学习和实践工业废水处理过程中，仍将面临新的问题和挑战。

学习目标

知识目标

1. 了解酸碱废水的来源、特征、常用中和药剂，掌握常用中和方法及工艺过程；
2. 了解化学沉淀法及混凝沉淀法的工作原理；
3. 了解含油废水的来源与特征，掌握重力分离法处理含油废水的原理及常用装置；
4. 熟悉气浮原理与常用气浮药剂，掌握主要的气浮工艺类型及特点；
5. 了解厌氧生物处理原理、厌氧生物反应器的类型及其技术发展；
6. 掌握升流式厌氧污泥床反应器工艺原理及结构、影响处理效果的主要因素；
7. 了解高级氧化技术及芬顿氧化技术的特点、主要工艺参数及技术要求；
8. 掌握臭氧氧化法、芬顿氧化系统的安全操作技术及控制要点；
9. 熟悉吸附机理、影响吸附效果的因素，了解常见的吸附剂及其再生方法；
10. 掌握主要的吸附操作方式及运行控制要求。

能力目标

1. 能够进行气浮工艺操作、常见故障分析及处理；
2. 能够培养厌氧颗粒污泥并进行 UASB 反应器的启动、运行及异常控制；
3. 能够进行臭氧发生器的运行操作、常见问题处理及日常维护保养；
4. 能够进行吸附常见问题分析、故障处理及设备维护。
5. 能够编写工业废水处理厂的运行报告和技术文档，进行安全管理和应急处理。

素质目标

1. 培养规范操作意识和工作习惯，严格按照工业废水处理的操作规程和技术标准完成任务，掌握安全操作规范，能够识别和规避潜在的安全风险；

2. 树立环境保护责任感和职业使命感，理解工业废水处理对生态环境和企业可持续发展的重要性；

3. 具备主动学习的意识，能够通过培训和实践不断提升专业技能，适应行业技术发展的需求。

单元一　酸性、重金属及含油废水处理

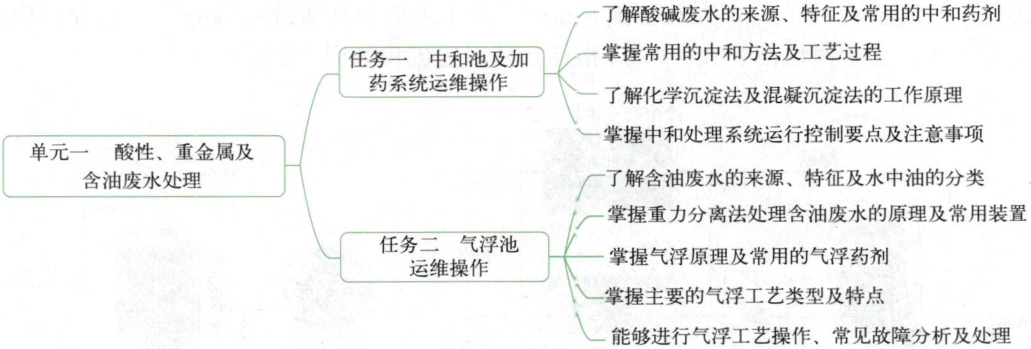
单元一　酸性、重金属及含油废水处理
任务一　中和池及加药系统运维操作
了解酸碱废水的来源、特征及常用的中和药剂
掌握常用的中和方法及工艺过程
了解化学沉淀法及混凝沉淀法的工作原理
掌握中和处理系统运行控制要点及注意事项
任务二　气浮池运维操作
了解含油废水的来源、特征及水中油的分类
掌握重力分离法处理含油废水的原理及常用装置
掌握气浮原理及常用的气浮药剂
掌握主要的气浮工艺类型及特点
能够进行气浮工艺操作、常见故障分析及处理

工程案例

案例一　某轧钢厂酸洗废水处理单元介绍

天津某轧钢厂主要生产热轧钢带、冷轧钢带、热镀锌钢带。钢带在冷轧和镀锌之前，需要通过酸洗工序去除表面的氧化铁皮和铁锈，酸洗液为浓度10%左右的盐酸溶液。酸洗处理的工艺流程是：带锈的钢带首先进入酸洗槽进行酸洗，然后进入漂洗槽将钢带表面的酸液洗净。目前，该企业共有酸洗生产线3条，日产酸洗废水约300 m^3。其酸洗废水处理工艺流程如图3-1所示。

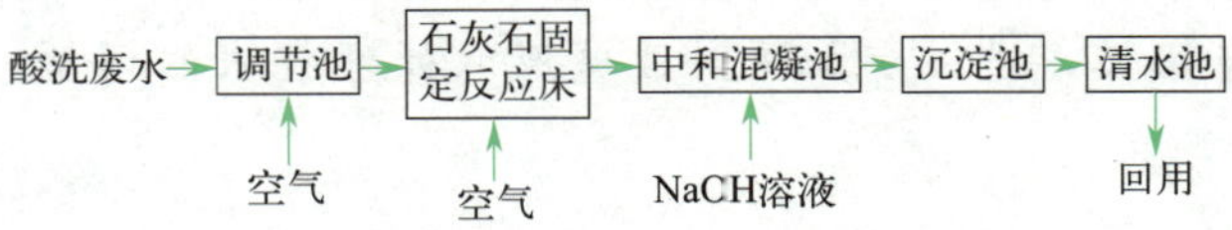
酸洗废水
调节池
石灰石固定反应床
中和混凝池
沉淀池
清水池
空气
空气
NaCH溶液
回用

图3-1　天津某轧钢厂酸洗废水处理工艺流程

在工艺流程中，设计了两级中和工序。第一级，采用石灰石固定反应床作为中和剂进行预处理。石灰石的主要成分是 $CaCO_3$，其与酸洗废水中 H^+ 反应生成 H_2O 和 CO_2。石灰石是弱碱性，可以作为缓释剂使用，它与酸洗废水反应可以做到“遇强则强，遇弱则弱”，即与酸性比较低的废水反应比较平稳，与酸性高的废水反应非常剧烈。经过一定反应时间后，出水pH值都可以稳定在5左右，为后续的进一步加碱液中和提供了非常有利的条件。另一方面，与NaOH相比，石灰石更容易得到，而且更便宜。第二级，在经过预处理的废水中加10%的NaOH溶液进行机械搅拌中和，使废水的pH值能够快速中和到6～9的范围内。

采用石灰石和NaOH分级中和工艺及增加先进的在线变频控制技术，帮助企业解决了废水处理后排放不达标的问题。同时，为企业节省了大量的药剂、电耗和自来水的使用量及相关费用。

案例二　某油田含油废水处理工艺情况介绍

某油田已建含油污水处理站1座，采用生物处理工艺，确定工艺流程为：来水→曝气沉降罐曝气→气浮除油一级双层滤料过滤→二级双层滤料过滤→出水，采用两级过滤，超滤膜过滤。设计处理规模10 m^3/h，实际处理量9.7 m^3/h，沉降曝气气水比为7∶1，气浮回流比20%，一级滤速11 m/h，二级滤速8 m/h。出水水质为含油量≤5 mg/L、悬浮物固体含量≤1 mg/L、悬浮物粒径中值≤1 μm指标。其工艺流程如图3-2所示。

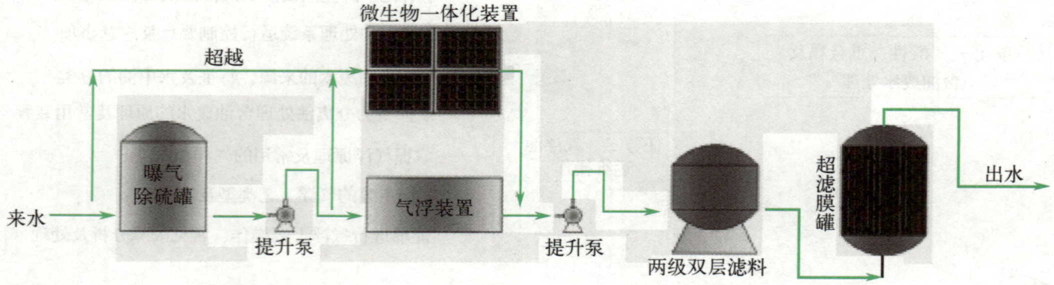

图3-2　含油废水处理工艺流程示意图

任务一　中和池及加药系统运维操作

任务描述

通过知识明晰部分的学习，了解酸碱废水的来源，熟悉污水中和的方法、过程及工艺原理，掌握中和滤池的几种类型；通过能力要求的学习，学会中和池的控制技术；通过巩固与拓展，进一步加深对酸碱废水处理技术的理解，灵活运用所学知识解决实际问题。

知识明晰

一、酸碱废水的来源与特征

含酸废水和含碱废水是两种重要的工业废液。酸性废水中常见的酸性物质有硫酸、硝酸、盐酸、氢氟酸、氢氰酸、磷酸等无机酸及醋酸、甲酸、柠檬酸等有机酸，并常溶解有金属盐。碱性废水中常见的碱性物质有氢氧化钠、碳酸钠、硫化钠及胺等。酸性废水的危害程度比碱性废水要大。

酸性废水主要来自钢铁厂、化工厂、化学纤维厂、金属酸洗车间、染料厂、电镀厂和矿山等。这些废水处理中酸的质量分数差别很大，低的小于1%，高的大于10%。另外废水中除酸以外，往往还有悬浮物、金属盐类、有机物等杂质，会影响酸性废水的处理和利用。碱性废水主要来自印染厂、皮革厂、造纸厂、炼油厂等，废水中可能含有机碱或无机碱，碱的质量分数有的高于5%，有的低于1%。酸碱废水中，除含有酸碱外，常含有酸式盐、碱式盐以及其他无机物和有机物。

酸碱废水如不经回收或处理，直接排入下水道和污水管，将腐蚀管渠和构筑物。排入环境水体时，会改变水体的 pH 值，造成水体污染。酸碱废水根据 pH 值可分为：pH＜4.5，强酸性废水；pH 为 4.5～6.5，弱酸性废水；pH 为 6.5～8.5，中性废水；pH 为 8.5～10.0，弱碱性废水；pH＞10.0，强碱性废水。

工业废水中所含酸（碱）的量往往相差很大，因而有不同的处理方法。对于酸含量大于 5%～10% 的高浓度含酸废水和碱含量大于 3%～5% 的高浓度含碱废水，可因地制宜，采用特殊的方法回收其中的酸和碱，或者进行综合利用。例如，用蒸发浓缩法回收氢氧化钠；用扩散渗析法回收钢铁酸洗废液中的硫酸；利用钢铁酸洗废液作为制造硫酸亚铁、氧化亚铁、氧化铁红、聚合硫酸铁的原料等。对于酸含量小于 5%～10% 或碱含量小于 3%～5% 的低浓度酸性废水或碱性废水，由于其酸、碱含量低，回收价值不大，常采用中和法处理，使废水的 pH 值恢复到中性附近的一定范围后方可排放（《污水综合排放标准》规定排放废水的 pH 值应在 6～9 之间）。

对于含有其他无机或有机污染物的酸碱废水，中和处理仅作为预处理措施，还需对其他无机或有机污染物作进一步处理。

二、中和药剂

中和法是利用化学酸碱中和的原理消除废水中过量酸或碱的，使其 pH 值达到中性的方法。常用的中和方法包括以下几种。

(1) 以废治废　酸碱废水相互中和或利用酸（碱）性废水、废气、废渣来中和酸（碱）性废水。

(2) 投药中和　向需中和的酸、碱废水中加入某些化学物质（药剂）使之中和，加入的化学物质称中和剂。

(3) 过滤中和　选用适当的颗粒滤料，使废水在过滤过程中得到中和。

在投药中和方法中，酸性废水中和剂有石灰、石灰石、碳酸钠、氢氧化钠、白云石，也可利用工业废渣，如氯碱厂或乙炔站排出的电石渣［主要成分为 $Ca(OH)_2$］，化学软水站排出的废渣（主要成分为 $CaCO_3$、$MgCO_3$）。此外，热电站的锅炉灰（主要成分为 CaO、MgO）和钢铁厂或电石厂的碎石灰等，均可因地制宜地用来中和酸性废水。

碱性废水常用中和药剂是硫酸、盐酸及压缩二氧化碳。硫酸的价格较低，应用最广。盐酸的优点是反应物溶解度高，沉渣量少，但价格较高。烟通气中含有高达 20%～25% 的 CO_2，还有少量的 SO_2 和 H_2S，可以作为中和剂，用来中和碱性废水。污泥消化时获得的沼气中含有 25%～35% 的 CO_2 气体，如经水洗，可部分溶于水中，再用以中和碱性废水，也能获得一定效果。

过滤中和法是指选择碱性滤料填充成一定形式的滤床，酸性废水流过此滤床即被中和。主要的碱性滤料有三种：石灰石、大理石、白云石。前两种的主要成分是 $CaCO_3$，后一种的主要成分是 $CaCO_3 \cdot MgCO_3$。采用石灰石为滤料时，主要反应如下：

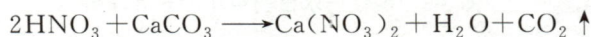

$$H_2SO_4 + CaCO_3 \longrightarrow CaSO_4 + H_2O + CO_2 \uparrow$$

$$2HCl + CaCO_3 \longrightarrow CaCl_2 + H_2O + CO_2 \uparrow$$

$$2HNO_3 + CaCO_3 \longrightarrow Ca(NO_3)_2 + H_2O + CO_2 \uparrow$$

由于 $CaSO_4$ 的溶解度很小，所以有可能在石灰滤料表面形成致密的沉积层而妨碍中和反应的进行。

三、污水中和工艺过程与控制

（一）酸碱废水相互中和

酸碱废水排出的水量和水质常有较大波动，通常设置均衡中和池。中和池示意见图 3-3。

酸性废水和碱性废水经计量进入中和池，通过搅拌得到充分混合后，由出水管排放，也可用其他混合装置达到充分混合的目的。实际过程中，由于水质、水量的变化和混合流的非理想状态，应给予该过程充分的中和反应时间，一般为 0.5～2 h。

用烟道气中和碱性废水也是以废治废的有效方法，一般在喷淋塔中进行，如图 3-4 所示。污水由塔顶布水器均匀淋下，烟道气则由塔底逆流而上，两者在填料间逆流接触，完成中和反应，废水与烟道气均得到了净化。该法的优点是以废治废，投资省，运行费用低，缺点是出水中的硫化物、耗氧量和色度都会明显增加，还需进一步处理。

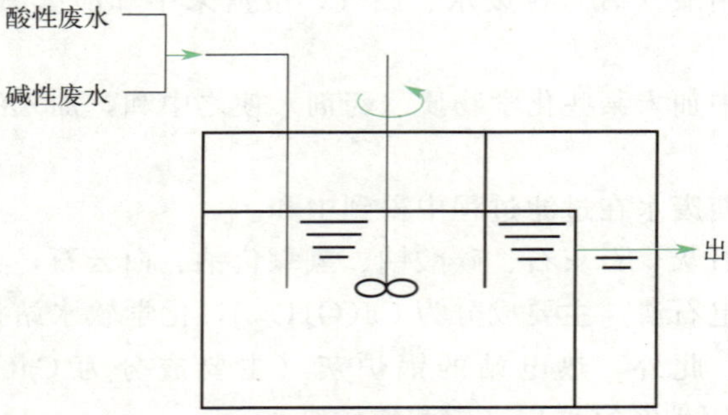

图 3-3　中和池示意图

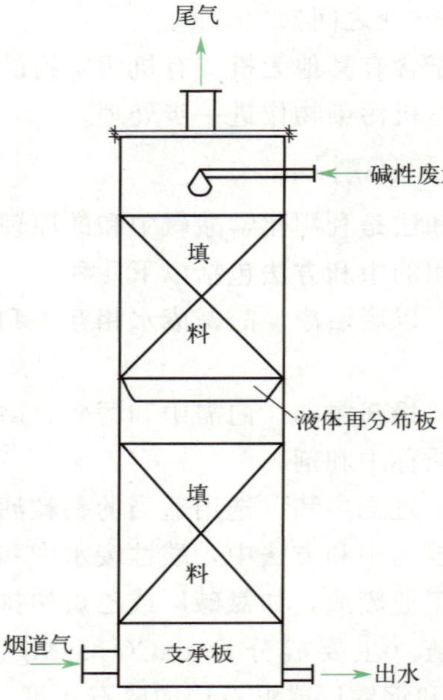

图 3-4　喷淋塔示意图

（二）投药中和法

1. 酸性废水投药中和

投药中和法的工艺过程主要包括：中和药剂的制备与投配、混合与反应、中和产物的分离、泥渣的处理与利用。酸性废水投药中和流程如图 3-5 所示。

中和法处理废水

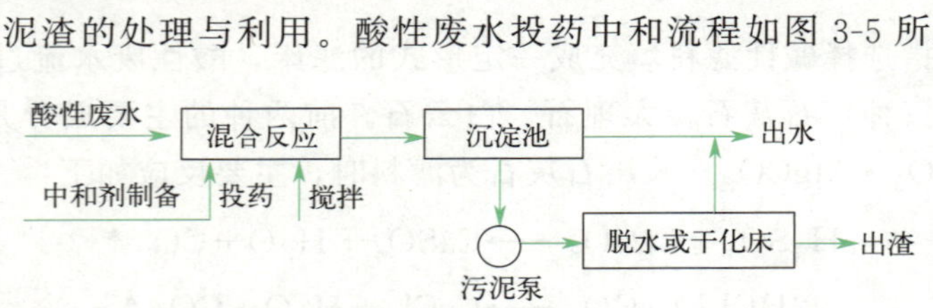

图 3-5　酸性废水投药中和工艺流程图

投药中和酸性废水最常用的中和剂为石灰和石灰石。投加石灰可分为干投和湿投，而石灰石的溶解度很小，只能干投。

干投法（见图 3-6）就是根据废水含酸量，定量地将石灰直接投入废水中的方法。为保证石灰能均匀地投入混合槽，可装石灰振荡设备。石灰和废水在混合槽内（或其他混合设备）混合 0.5～1 min 后，进入沉淀池或加速澄清池，分去沉渣后，清液可排放或进入下一级处理工序。干投法设备简单，但反应较慢、中和不够充分、石灰耗量大、沉渣多。石灰还需粉碎，操作条件差，不及湿投法用得多。

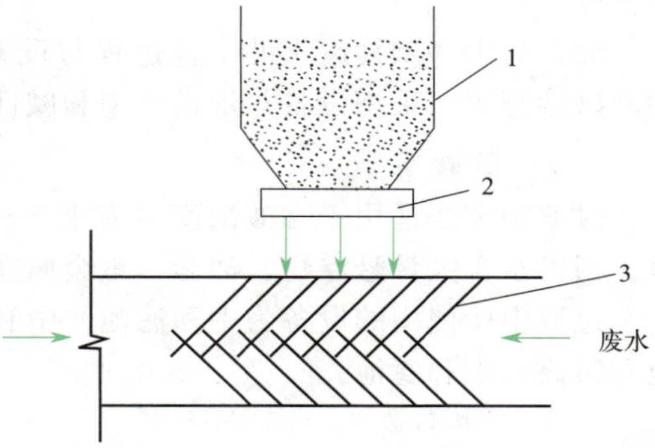

图 3-6　石灰干投法的工艺流程图

1—石灰粉料斗；2—电磁振荡设备；3—隔板混合槽

湿投法的工艺流程如图 3-7 所示。废水先经调节预沉池进行水质、水量均化并分离悬浮物，以减少投药量及创造稳定的操作条件。再进入混合反应池，生石灰在溶解槽内溶解后，将浓度为 49%～50%的上部工作液流入石灰乳储槽，为防止沉淀，在石灰乳储槽中应设机械搅拌（不宜采用压缩空气搅拌，以免 CO_2 与 CaO 反应生成 $CaCO_3$ 沉淀）。配成 5%～10%浓度的 $Ca(OH)_2$ 乳液，经耐碱泵注入投配器，再投入混合反应池，发生中和反应，最后流入沉淀池分离沉渣。送到投配器的石灰乳量应大于计算投加量，故有部分回流，使投配器液面保持不变，投加量只随投加器孔口大小而变化。即使短期内不需投加石灰乳时，因石灰乳在设备中连续循环，设备也不易发生堵塞。

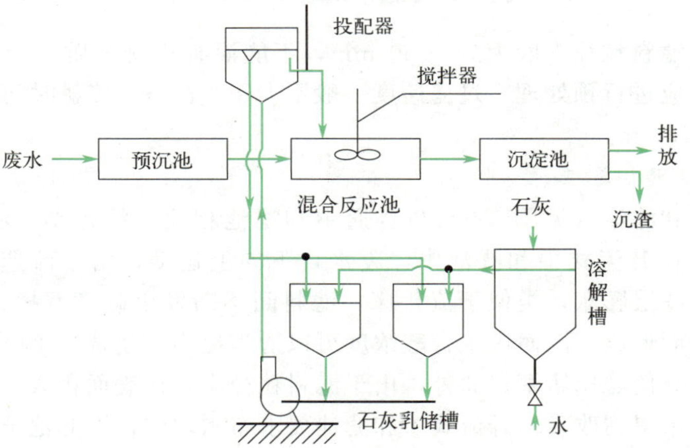

图 3-7　湿投法石灰中和工艺流程图

混合反应池以采用机械搅拌或挡板式结构为宜，不宜采用穿孔板式结构，以免堵塞。混合反应池容积以 5 min 停留时间计算即可。沉淀池采用竖流式或平流式均可，停留时间取 1～2 h。若采用混凝沉淀法，则沉淀池体积可缩小些。

当酸性废水中含有重金属盐如铅、锌、铜等金属盐时，计算中和药剂投加量时，应增加与重金属产生氢氧化物沉淀的药剂量。若废水中含有大量重金属盐，则应适当延长沉淀池的停留时间。沉淀池中的沉渣应及时定期排出并妥善处置。

2. 碱性废水投药中和

碱性废水中除含有碱，还常含有重金属离子，因此中和过程中，中和剂除和碱起中和作用外，还应考虑重金属离子的沉淀去除问题。此时可采用两段处理流程：先将强碱性废水的 pH 调到适当值（如 8.5～9.5），让金属氢氧化物沉淀，再将上清液或过滤液的 pH 调至 6.5～8.5

后排放。

无机酸中和碱性废水的工艺过程与设备，与酸性废水投药中和基本相同。用压缩 CO_2 中和碱性废水，采用设备与烟道气中和碱性废水的类似，采用逆流接触反应塔。

（三）过滤中和

过滤中和法适用于含酸浓度不大于 2～3 g/L，并生成易溶盐的各种酸性废水的中和处理。当废水含大量悬浮物、油脂、重金属盐和其他毒物时，不宜采用。

过滤中所使用的设备为中和滤池。中和滤池常用的为普通中和滤池、升流式膨胀中和滤池和滚筒式中和滤池。

1. 普通中和滤池

普通中和滤池为固定床形式。按水流方向分为平流式和竖流式两种。目前较常用的为竖流式，它又可分为升流式和降流式两种，见图 3-8。

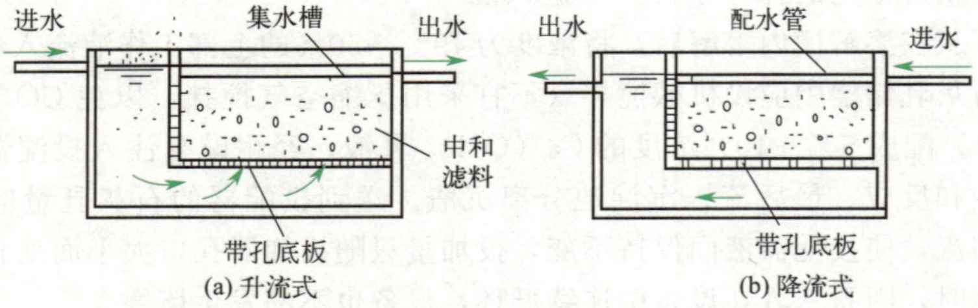

图 3-8　普通中和滤池（竖流式）

普通中和滤池滤料粒径一般为 30～50 mm，不能混有粉料杂质。当废水中含有可能堵塞滤料的杂质时，应进行预处理，过滤速度一般不大于 5 m/h，接触时间不小于 10 min，滤床厚度一般为 1～1.5 m。

2. 升流式膨胀中和滤池

升流式膨胀中和滤池（见图 3-9）与普通中和滤池相比，粒径小，滤速高，中和效果好。在升流式中和滤池中，废水自下向上运动，由于流速高，滤料呈悬浮状态，滤层膨胀，类似于流化床，滤料间不断发生碰撞摩擦，使沉淀难以在滤料表面形成，因而进水含酸浓度可以适当提高，生成的 CO_2 气体也容易排出，不会使滤床堵塞。此外，由于滤料粒径小，比表面积大，相应的接触面积也大，这使得中和效果得到改善。升流式中和滤池要求布水均匀，因此池子直径不能太大，并常采用大阻力配水系统和比较均匀的集水系统。

升流式膨胀中和滤池图片

为了使小粒径滤料在高滤速下不流失，可将升流式滤池设计成变截面形式，上部放大，称为变速升流式膨胀中和滤池（见图 3-10）。这样既保持了较高的流速，使滤层全部都能膨胀，维持处理能力不变，又保留小滤料在滤床中，使滤料粒径适用范围增大。

3. 滚筒式中和滤池

滚筒式中和滤池见图 3-11。滚筒用钢板制成，内衬防腐层直径 1 m 或更大，长度约为直径的 6～7 倍。筒内有不高的纵向隔条推动滤料旋转，滚筒转速约为 10 r/min，可使沉淀物外壳难以形成，并加快反应速率。为避免滤料流失，在滚筒出水处设有穿孔板。

滚筒中和滤池工作过程

滚筒式中和滤池能处理的废水含硫酸浓度可大大提高，而且滤料也不必被破碎到很小的粒径。缺点是构造复杂，动力费用较高，运转时噪声大，负荷率低（约为 $36m^3/m^2 \cdot h$），同

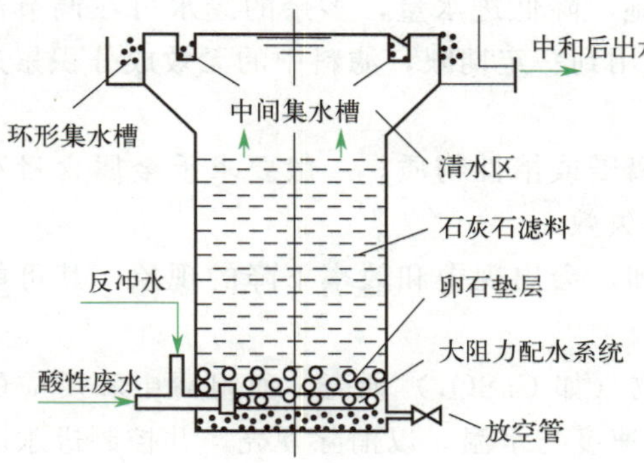

图 3-9 升流式膨胀中和滤池

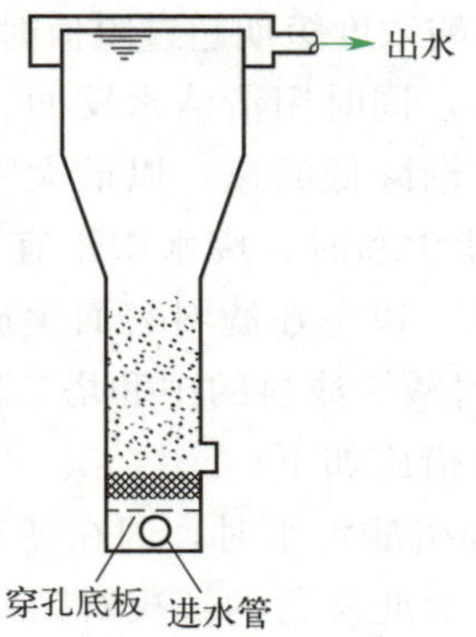

图 3-10 变速升流式膨胀中和滤池

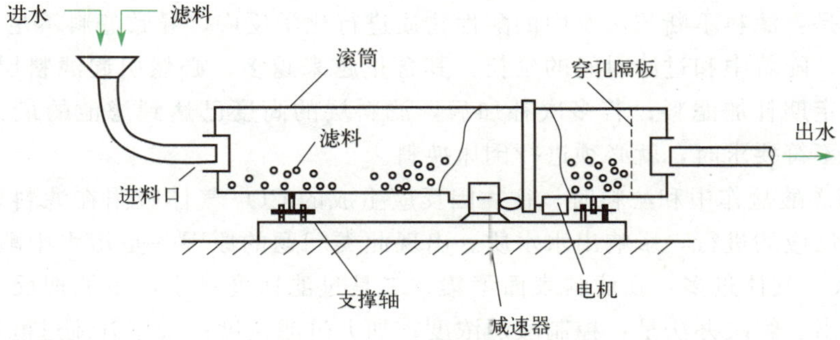

图 3-11 滚筒式中和滤池

时对设备材料的耐蚀性能要求较高。

能力要求

一、投药中和处理中应注意的问题

投药中和处理中应注意的问题有五点，介绍如下。

① 当某些工厂或车间污水的 pH 值波动较大，应使用 pH 检测仪或 pH 试纸测试原污水 pH 值并及时调整碱液（或碱性中和剂）的投加量。

② 采用工业碱液（其含碱浓度一般在 30%左右）作中和剂时，应在溶液槽中把碱液稀释成工作液（浓度一般为 5%～15%），再投加到污水中，否则会因混合不匀而未充分发挥中和效果，造成碱液的浪费。

③ 用石灰中和酸性废水时，混合反应时间一般采用 1～2 min，当废水中含有重金属或其他能与石灰反应的物质时，必须考虑去除这些物质。

④ 由于酸的稀释过程中大量放热，而且在热条件下酸的腐蚀性大大增强，所以不能采用将酸直接加到管道中的做法，否则管道将很快会被腐蚀。一般应使用混凝土结构的中和池，保证 3～5 min 的停留时间，并充分考虑到防腐和耐热性能的要求。

⑤ 中和过程中形成的各种沉渣（如石膏和钒铁等）应及时分离与去除，否则会引起管道堵塞。分离设备通常采用沉淀池，清除沉渣可用泥浆泵或利用静水压力。

二、过滤中和处理中应注意的问题

① 用石灰石做滤料时，进水含硫酸浓度应小于 2 g/L，用白云石做滤料时，应小于 4 g/L。

当进水的硫酸浓度短期超过限值时，应及时采取措施，降低进水量，多余的废水可在调节池内暂时储存，同时用清洁水反冲、稀释。当滤料使用到一定期限，滤料中的无效成分积累过多时，可逐渐降低滤速，以最大限度消耗滤料。

② 过滤中和时，废水中不宜有高浓度的金属离子或惰性物质，一般要求重金属含量小于 50 mg/L，以免在滤料表面生成覆盖物，使滤料失效。

③ 采用碱性滤料的中和塔，随着运行时间增加，会出现中和效率下降的现象，其可能原因及解决措施如下。

a. 处理硫酸污水时，因在滤料表面形成不溶物（如 $CaSO_4$）硬壳，而阻碍中和反应的继续进行。对此问题的解决对策是：适当增加过滤速度与水温，以消除硬壳，并控制进水的硫酸浓度，以实现正常运行。

b. 污水处理过程中滤料表面未形成硬壳，但处理后水的 pH 值低于正常控制值。出现此问题的原因是：滤料不断与污水中的酸性物质进行化学反应，导致滤料不足；此外，滤料中的惰性杂质，随着中和过滤时间的延长，其含量越来越多，必然引起滤料层的不断塌陷。解决措施为：定期补加滤料；若多次补加后，滤料层的高度已达到滤池的最大允许装料高度，且出水仍不符要求时，就必须进行倒床换料。

c. 当采用碳酸盐作中和滤料时，往往因反应生成的 CO_2 气体吸附在滤料表面形成气体薄膜阻碍中和反应的进行，影响出水水质。出现此类问题的原因一是污水中酸的浓度过大，反应产生的 CO_2 气体过多，在滤料表面聚集；二是过滤速度过小，不能把反应生成的气体及时随水流带出。解决办法是：控制酸的浓度；加大过滤速度；采用升流过滤方式。

巩固与拓展

巩固知识：

中和池及加药系统运维操作练习题

拓展训练：中和法处理酸性废水实验

以团队合作形式完成采用中和法处理酸性废水实验，并提交工作计划和实验报告。

任务二　气浮池运维操作

任务描述

通过知识明晰部分的学习，掌握含油污水的类型和特性，了解气浮法的原理及条件，掌握常见的气浮工艺及操作要求；通过能力要求的学习，学会不同工艺气浮池的控制技术；通过巩固与拓展，进一步提升对气浮法在实际污水处理中应用的掌握能力，为解决复杂含油污水问题提供技术支持。

知识明晰

一、含油废水的特性

（一）来源

石油工业含油废水主要来自石油开采、石油炼制及石油化工等过程。石油开采过程中的废水主要来自带水原油的分离水、钻井提钻时的设备冲洗水、井场及油罐区的地面降水等。

石油炼制、石油化工含油废水主要来自生产装置的油水分离过程以及油品、设备的洗涤、冲洗过程。

（二）危害

含油废水的危害主要表现是对生态系统及自然环境（土壤、水体）的严重影响。

1. 对水域

① 油类物质漂浮在水面，形成一层薄膜，能阻止空气中的氧溶解于水中，使水中的溶解氧逐渐减少，从而导致水体中浮游生物等因缺氧而死亡。

② 妨碍水生植物的光合作用，从而影响水体的自净作用，甚至使水质变臭，破坏水资源的利用价值。

③ 鱼、虾、贝类长期在含油废水中生活，将导致其肉含油味而不宜食用，严重时由于油膜蒙在鱼鳃上影响呼吸作用，导致其窒息死亡。

④ 在水体表面的聚结油还可能因燃烧而产生安全隐患问题。如果海水鸟类体表沾上溢油，会丧失飞行功能，甚至造成鸟类死亡。

2. 对土壤

含油废水侵入土壤孔隙间形成油膜，产生堵塞作用，致使空气、水分及肥料均不能渗入土中，破坏土层结构，不利于农作物的生长，甚至使农作物枯死。2021 年颁布的《农田灌溉水质标准》（GB 5084—2021）中规定：农田灌溉用水选择性控制项目“石油类”标准值：水田作物 5 mg/L，旱田作物 10 mg/L，蔬菜 1 mg/L。

基本控制项目适用于全国以地表水、地下水和处理后的养殖业废水及以农产品为原料加工的工业废水为水源的农田灌溉用水。

选择性控制项目由县级以上人民政府环境保护和农业行政主管部门根据本地区农业水源水质特点和环境、农产品管理的需要进行选择控制，所选择的控制项目作为基本控制项目的补充指标。

3. 对大气

含油废水若产生挥发性气体也会对大气产生影响。

（三）水中油的分类

废水中所含油类，除重焦油的密度可达 1.1 kg/m^3 以上，其余的均小于 1 kg/m^3。

油类物质在水中的存在形式可分为浮油、分散油、乳化油和溶解油 4 类。

1. 浮油

浮油一般指在 2 h 静止状态下可浮于水面的油珠，这种油珠粒径较大，直径在 100～150 μm，在污水中呈悬浮状态，易浮于水面，形成油膜或油层，可以依靠与水的密度差而从水中分离出来。在石油污水中，浮油占水中总含油量 60%～80%。

2. 分散油

分散油指油珠粒径一般为 10～100 μm，以微小油珠悬浮于水中，不稳定，静止一定时间后往往形成浮油。

3. 乳化油

乳化油指非常细小的油滴，油珠粒径小于 10 μm，一般为 0.1～2 μm。往往因水中含有表面活性剂使油珠成为稳定的乳化液。

4. 溶解油

溶解油指在水中呈溶解状态的油微粒。其油珠的粒径比乳化油还小，有的可小到几纳米，是溶于水的油微粒。

(四) 含油废水的处理流程

含油废水处理的主要方法有物化法、化学法、生物法，包括隔油法、气浮法、膜分离法、厌氧处理法、絮凝法、重力沉降法、旋流分离技术、臭氧氧化法、超声波分离法等。

为了更好地回收油类资源及减少后续处理的困难，含油废水的一般处理流程是：首先利用隔油池，回收浮油或重油，处理效率为 60%～80%，出水中含油量约为 100～200 mg/L；然后根据废水含油的类型采取相应的处理方法，如气浮、混凝、生物处理等；若废水中乳化油较多，还需进行破乳。

二、重力分离法及装置

1. 重力分离法

水中油珠和悬浮颗粒的上升遵守斯托克斯定律。

隔油属于重力分离法，常用的设备是隔油池。

斯托克斯公式

2. 隔油池的类型

隔油池的形式较多，主要有平流式隔油池、斜板隔油池和小型隔油池等。

(1) 平流式隔油池　污水从池的一端流入池内，从另一端流出。在流经隔油池的过程中，流速降低，相对密度小于 1.0 而粒径较大的油品杂质得以上浮水面，相对密度大于 1.0 的杂质则沉于池底。在出水一侧的水面上设集油管。集油管一般以直径 200～300 mm 的钢管制成，沿其长度在管壁的侧向开有 60°角的开口。集油管可以绕轴线转动。平时切口位于水面之上，当水面浮油达到一定的厚度时，转动集油管，使切口进入水面油层之下，浮油即溢入管内，并导流到池外。其结构如图 3-12、图 3-13 所示。

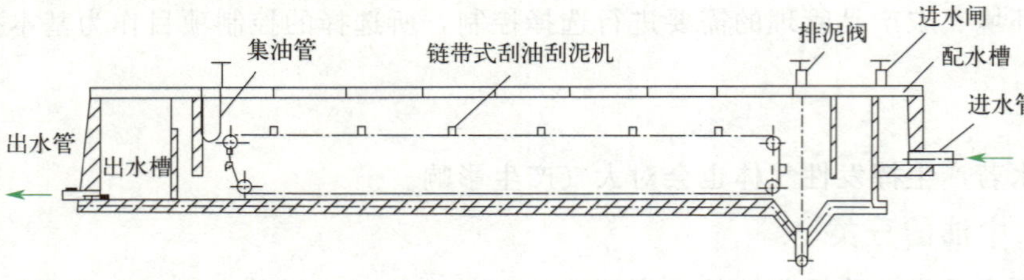

图 3-12　平流式隔油池结构 1

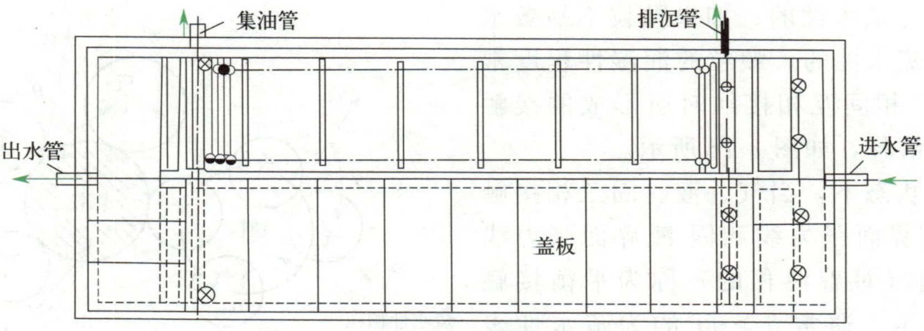

图 3-13　平流式隔油池结构 2

(2) 斜板隔油池　平流式隔油池内安装倾斜的平行板，便变成了斜板式隔油池。如图 3-14 所示。

(3) 小型隔油池　这类隔油池类似于下水道，被阻隔在水面上的浮油定期从井口由人工撇除。如图 3-15 所示。

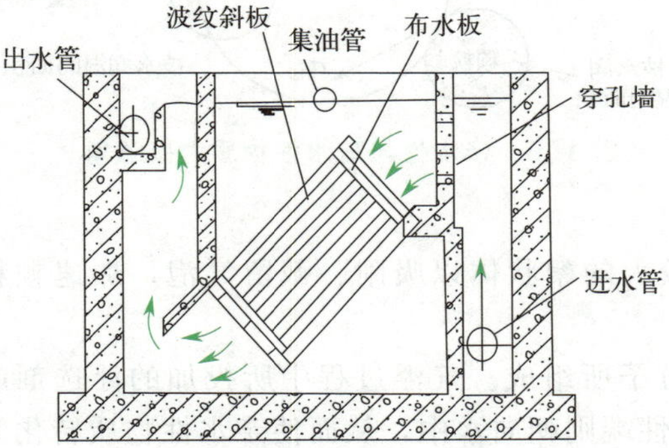

图 3-14　斜板隔油池结构图

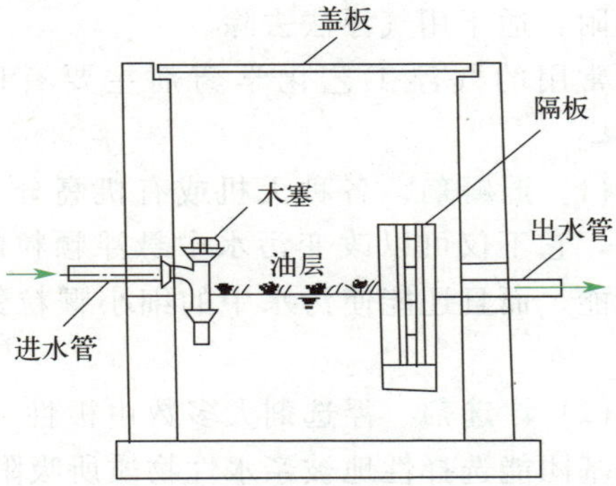

图 3-15　小型隔油池

隔油池的浮渣以油为主，也含有水分和一些固体杂质。石油工业废水含水率有时可高达 50%。

隔油池油的去除率一般为 70%～80%，出水仍含有一定数量的乳化油和附着在固体上的油分，较难达到排放标准。

三、气浮原理及其应用

1. 乳化油及破乳

当油和水相混，又有乳化剂存在时，乳化剂会在油滴表面上形成一层稳定的薄膜，这时油和水就不会分层，而呈一种不透明的乳状液。分散相是油滴时，称为水包油乳状液；分散相是水滴时，则称为油包水乳状液。乳状液的类型取决于乳化剂。

隔油池
工作过程

气浮法是在水中形成高度分散的微小气泡，黏附在废水中疏水性的固体或液体颗粒，形成水-气-颗粒三相混合体系。颗粒黏附气泡后，形成表观密度小于水的絮体而上浮到水面，形成浮渣层被刮除，从而实现固-液或者液-液分离的破乳过程。

2. 气浮基本原理

实现气浮分离必须满足两个条件：一是水中有足够数量的微小气泡；二是使欲分离的悬浮颗粒与气泡黏附形成气浮体并上浮，这是气浮成功与否的关键。

气泡能否与悬浮颗粒发生有效附着主要取决于颗粒的表面性质，如果颗粒易被水润湿，则称该颗粒为亲水性的；如果颗粒不易被水润湿，则是疏水性的。颗粒的润湿性程度常用气-液-固三相间互相接触时所形成的接触角的大小来解释，如图 3-16 所示。

在静止状态下，当气、液、固三相接触时，在气-液界面张力线和固-液界面张力线之间的夹角（对着液相的）称为平衡接触角，用 θ 表示。通常 $\theta>90°$ 的为疏水性表面，易于为气泡所黏附；$\theta<90°$ 的为亲水性表面，不易为气泡所黏附。

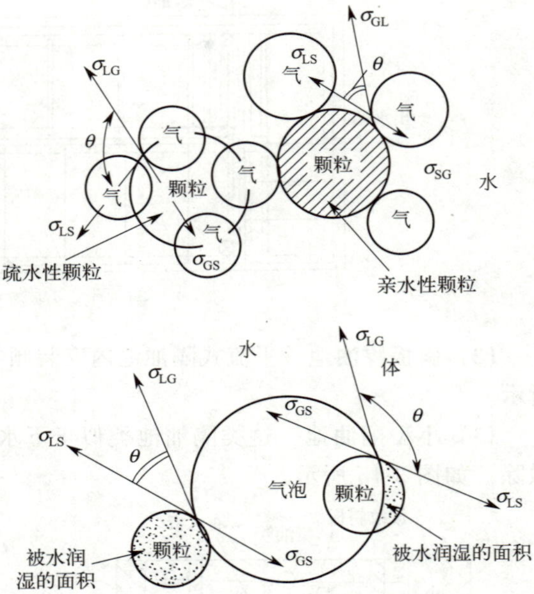

图 3-16　亲水性与疏水性物质的接触角

在实际操作当中，对于亲水性颗粒，常需要投加合适的化学药剂，以改变颗粒的表面性能，增强其疏水性，使其变得易于与气泡黏附，适于用气浮法去除。

常用的气浮工艺化学药剂主要有以下几类。

(1) 混凝剂　各种无机或有机高分子混凝剂，它不仅可以改变污水中悬浮颗粒的亲水性能，而且还能使污水中的细小颗粒絮凝成较大的絮状体以吸附、截留气泡，加速颗粒上浮。

(2) 浮选剂　浮选剂大多数由极性-非极性分子所组成。气浮过程中所投加的浮选剂的极性基团能选择性地被亲水性物质所吸附，非极性端则朝向水中，从而使亲水性物质转化为疏水性物质，使其能与微细气泡黏附。浮选剂的种类很多，如松香油、石油及煤油产品、表面活性剂、硬脂酸盐等。

(3) 助凝剂　助凝剂主要是提高悬浮颗粒表面的水密性，以提高颗粒的可浮性，如聚丙烯酰胺。

(4) 抑制剂　抑制剂主要是暂时或永久性地抑制某些物质的上浮性能，而又不妨碍需要去除的悬浮颗粒的上浮，如石灰、硫化钠等。

(5) 调节剂　调节剂主要是调节废水的 pH 值，改进和提高气泡在水中的分散程度以及提高悬浮颗粒与气泡的黏附能力，如各种酸、碱等。

3. 气浮的应用

① 石油、化工及机械制造业等含油（包括悬浮油和乳化油）废水的油水分离。

② 回收工业废水中的有用物质，如造纸厂废水中的纸浆纤维及填料等。

③ 代替二次沉淀池进行泥水分离，特别适用于那些易于产生污泥膨胀的生化处理工艺。

④ 含悬浮固体相对密度接近于 1 的污水的预处理。

⑤ 剩余污泥的浓缩。

四、气浮的工艺类型

气浮技术按照气泡产生的方式不同分为溶解空气气浮法、分散空气气浮法和电解气浮法三种。

（一）电解气浮法

电解气浮法装置见图 3-17。在直流电场作用下，通过浸泡在废水中的多组电极将水电解，在阳极析出氧气，在阴极析出氢气，微细气泡黏附于悬浮颗粒上而实现固液分离。电解法产生的气泡微细，直径约 10～60 μm，远小于其他方法，气浮效果较好。

电解气浮法具有去除污染物范围广、对废水负荷变化适应能力强、产渣量少、工艺简单、设备小、不产生噪音等优点，还具有降低 BOD、COD，氧化，脱色和杀菌的功能，但存在电耗大、电极易结垢等问题，较难适用于大型生产。

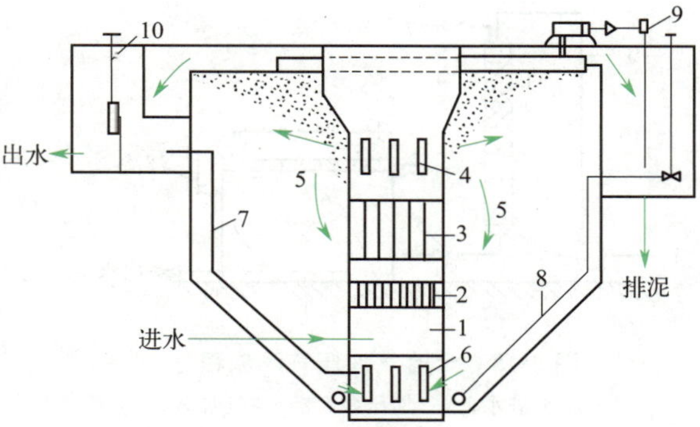

图 3-17　电解气浮装置示意图

1—入流室；2—整流栅；3—电极组；4—出流孔；5—分离室；6—集水孔；7—出水管；8—排沉泥管；9—刮渣机；10—水位调节器

（二）溶解空气气浮法

溶解空气气浮法是在一定压力下将空气溶解于水中，然后使压力骤然降低，溶解的空气以微小的气泡从水中析出并进行气浮。用这种方法产生的气泡直径约为 20～100 μm，并且可人为地控制气泡与废水的接触时间，处理效果好，应用广泛。根据气泡从水中析出时所处压力的不同，溶气气浮又可分为溶气真空气浮和加压溶气气浮两种类型。

1. 溶气真空气浮

溶气真空气浮是空气在常压或加压条件下溶入水中，而在负压条件下析出。其主要特点是气浮池在负压（真空）状态下运行，因此，溶解在水中的空气易于呈过饱和状态，从而以气泡形式大量地从水中析出，进行气浮。析出的空气数量取决于水中溶解的空气量和真空度。

溶气真空气浮法的优点是压力相对较低，动力设备和电能消耗较少；但缺点是气浮池构造复杂，运行维护困难，因此在生产中应用不多。

2. 加压溶气气浮

加压溶气气浮法是目前应用最广泛的一种气浮方法。空气在加压条件下溶于水中，再在常压下以微气泡的形式释放出来。

（1）加压溶气气浮法工艺流程　加压溶气气浮按溶气水不同，有全溶气加压、部分溶气加压和回流溶气加压 3 种基本工艺流程。

全溶气加压流程如图 3-18 所示。该流程是将全部废水进行溶气加压，再经减压释放装置进入气浮池进行固液分离。

部分溶气加压流程如图 3-19 所示。该流程是将部分废水进行溶气加压，其余废水直接送入气浮池。该流程比全溶气加压流程省电，另外因只有部分废水经过溶气罐，所以溶气罐的容积比较小；但因部分废水溶气加压所能提供的空气量较少，因此，若想提供同样的空气量，必须加大溶气罐的压力。

回流溶气加压流程如图 3-20 所示。该流程将部分出水进行回流加压，废水直接送入气浮池。该流程采用处理后的澄清水作为溶气水，对溶气和减压释放过程较为有利，因此回流溶气加压气浮是目前应用最多的气浮处理流程。

气浮原理介绍

（2）加压溶气气浮设备

① 空压机：

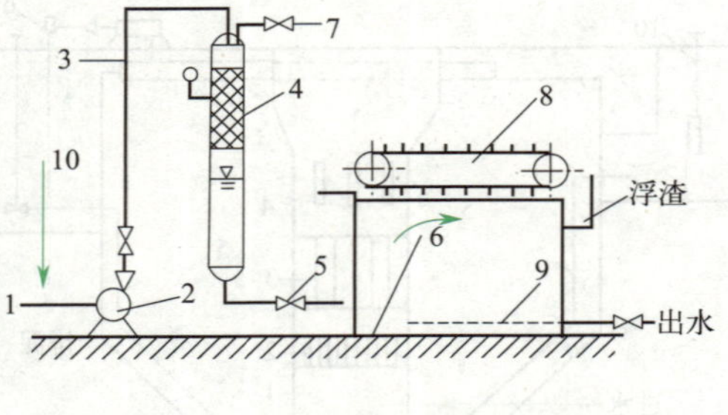

图 3-18 全溶气加压气浮流程

1—原水进水；2—加压泵；3—空气加入；
4—压力溶气罐（含填料层）；5—减压阀；
6—气浮池；7—放气阀；8—刮渣机；
9—集水系统；10—化学药剂

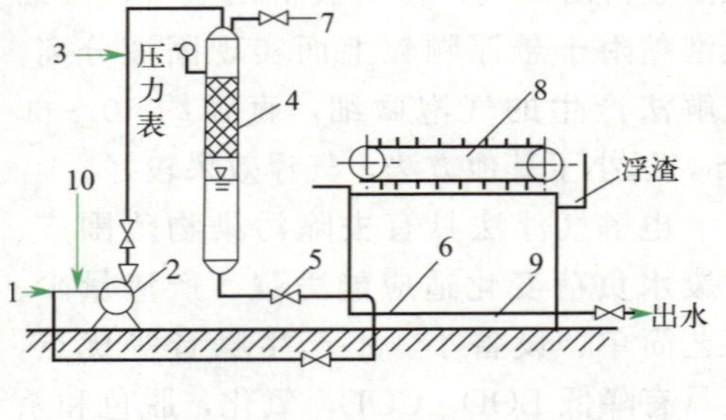

图 3-19 部分溶气加压气浮流程

1—原水进水；2—加压泵；3—空气加入；
4—压力溶气罐（含填料层）；5—减压阀；
6—气浮池；7—放气阀；8—刮渣机；
9—集水系统；10—化学药剂

空气是难溶气体，在水中的溶解度很小，即使加大气体的流量也无法提高溶气量，所以无需功率很大的空气压缩机，一般选用低压（0.6～1 MPa）空压机。

② 压力溶气罐：

压力溶气罐（图 3-21）为钢板卷焊而成的耐压钢罐，其作用是使进入的水、气能够较好地湍流接触。为了提高溶气效率，罐内常设若干隔板或装填填料。溶气罐的运行压力为 0.2～0.4 MPa，混合时间为 2～5 min。为保持罐内最佳液位，常采用浮球液位传感器自动控制罐内液位。

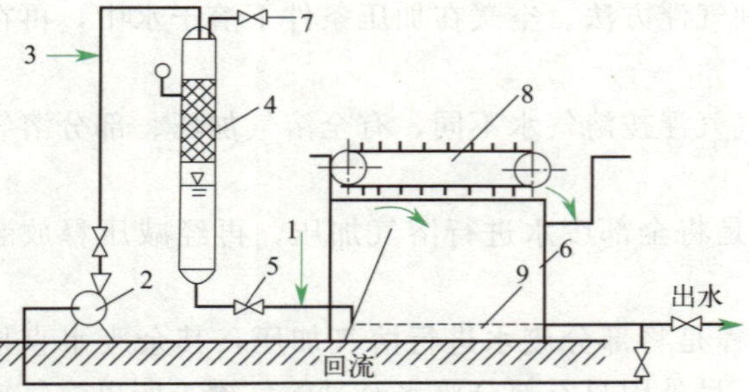

图 3-20 回流溶气加压气浮流程

1—原水进水；2—加压泵；3—空气加入；
4—压力溶气罐（含填料层）；5—减压阀；6—气浮池；
7—放气阀；8—刮渣机；9—集水管及回流清水管

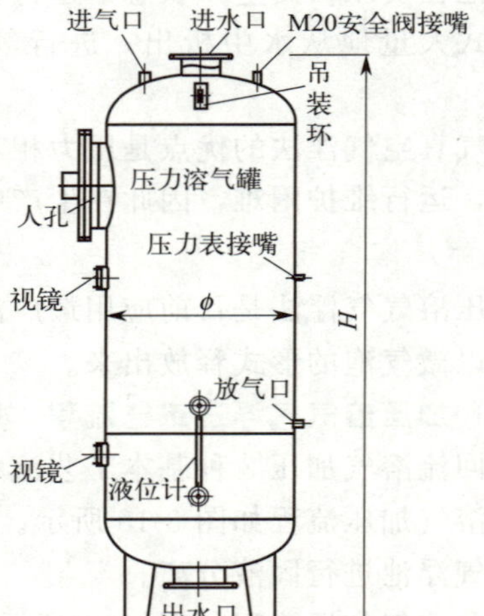

图 3-21 压力溶气罐

③ 溶气释放器：

溶气释放器可将溶气水骤然消能、减压，使溶入水中的气体以微气泡的形式释放出来。常用类型包括 TS 型、TJ 型、TV 型释放器等（图 3-22），其释气率可达 99%，气泡细微、均匀而稳定，平均直径为 20～30 μm。

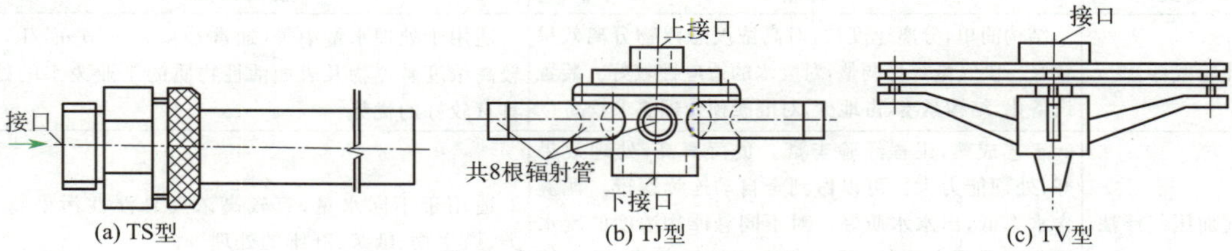

图 3-22　溶气释放器

④ 气浮池：气浮池可分为平流式和竖流式两种。

a. 平流式气浮池。

平流式气浮池结构示意图见图 3-23，分为接触室和分离室两部分。原水由底部进入气浮池的接触室，与溶气水接触作用后流入分离室，黏附了微气泡的颗粒向上浮动形成浮渣，被刮渣机刮入集渣槽；处理后的清水由底部集水管收集出流。

b. 竖流式气浮池。

竖流式气浮池结构示意图见图 3-24。原水在反应室反应后，从底部进入气浮池的接触室，与溶气水接触，一起上流进入分离室；在分离室内，水流在由上向下的流动过程中进行分离；上浮的絮粒被刮入集渣槽，清水由底部集水管收集流出。

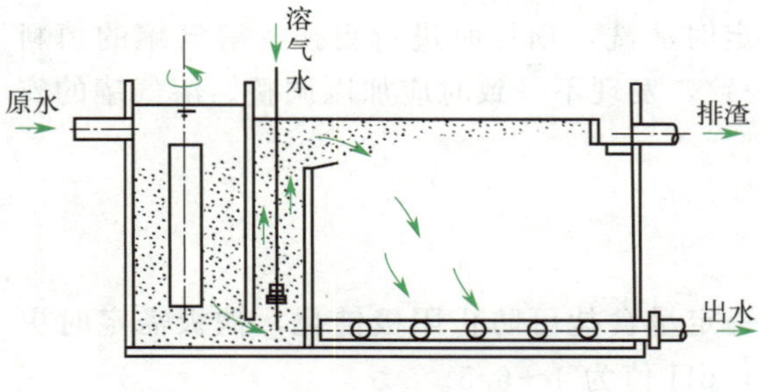

图 3-23　平流式气浮池

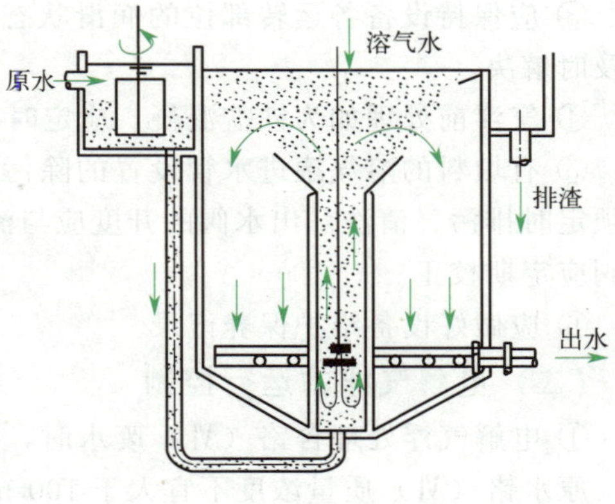

图 3-24　竖流式气浮池

能力要求

一、气浮处理主要工艺类型及其适用条件

气浮工艺适用于处理中小水量的工业废水或城镇综合污水。污水处理常用的气浮工艺类型见表 3-1，可供气浮工艺选择时参考。

表 3-1　污水处理常见气浮工艺特点及适用条件

型式	特点	使用条件
电解气浮法	对工业废水具有氧化还原、混凝、气浮等多种功能，对水质的适应性好，过程容易调整。装置设备化，结构紧凑，占地少，不产生噪声。耗电量较大	适用于小水量工业废水（$Q<10\sim15\ m^3/h$）处理，对含盐量大、电导率高、含有毒有害污染物的污水处理具有独特的优点

续表

型式	特点	使用条件
叶轮气浮法	结构简单，分离速度快，对高浓度悬浮物分离效果较好。供气量容易调整，对废水的适应性较好。装置设备化，结构紧凑，占地少，对混凝预处理要求较高	适用于处理水量中等（通常 $Q<30\sim40\ m^3/h$），对较高浓度悬浮物及表面活性物质的工业废水的处理具有较好的优势
溶气加压气浮法	工艺成熟，工程经验丰富。负荷率高，处理效果好，处理能力大。可以做到全自动连续运行。泥渣含水率低，出水水质好。对不同悬浮物浓度的废水可分别采用全溶气、部分回流溶气等方式，适应性好。工艺稍复杂，管理要求较高	适用于不同水量，有较高浓度悬浮性污染物、油类、微生物、纸浆、纤维的处理
浅层气浮法	表面负荷高，分离速度快，效率高。污水处理高程易于布置。占地小，池深浅。钢设备可多块组合或架空布置	适用于大中小各种水量、悬浮类、纤维类、活性污泥类、油类物质的分离

二、气浮工艺运行与维护

（一）一般规定

① 气浮工艺污水处理厂（站）设施的运行、维护及安全管理应按照《城镇污水处理厂运行、维护及安全技术规程》（CJJ 60—2011）执行。

② 操作人员应严格执行设备操作规程，定时巡视设备运转是否正常，包括温升、响声、振动、电压、电流等，发现问题及时检查排除。

③ 应保持设备各运转部位的润滑状态，及时添加润滑油、除锈；发现漏油、渗油情况应及时解决。

④ 气浮前处理如为铁盐混凝，应定时排除沉泥及浮渣，以免结块。

⑤ 有填料的溶气罐进水管设置的除污器应定时清洗，损坏时进行更换。溶气罐的填料也须定时排污、清洗。出水阀的开度应与流量一致，发现不一致时应加以调整。溶气罐的安全阀应定期校正。

⑥ 应做好设备维护保养记录。

（二）电解气浮的运行控制

① 电解气浮处理含铬（Ⅵ）废水时，投加一定量食盐可防止阳极钝化，铁板需定时更换，原水铬（Ⅵ）质量浓度不宜大于 100 mg/L，pH 值为 4～6.5。

② 当原水电导率较低时，可适当投加 Na_2SO_4、NaCl 提高原水导电性，降低电解电压。

（三）叶轮气浮的运行控制

① 定期检查叶轮转动转速，观察吸气管位置，及时调整水深和吸气量。

② 定时调整叶轮与导向叶片的间距。

（四）加压溶气气浮的运行控制

① 根据反应池的絮凝情况及气浮池出水水质，注意调节混凝剂的投加量。特别要防止加药管堵塞。

② 观察气浮池池面情况，如发现接触区局部冒出大气泡，应检查释放器堵塞情况。

③ 掌握浮渣积累规律，确定刮渣周期。

④ 观察并控制溶气罐有合理水位，保证溶气效果。

⑤ 调整空压机的供气量，保证溶气罐稳定的工作压力。

⑥ 调整气浮池出水水位控制器，保证稳定的处理水量。

⑦ 在冬季水温过低时期，可相应增加回流水量或溶气压力，保证出水水质。

⑧ 做好日常的运行记录，包括处理水量、投药量、溶气水量、溶气罐压力、水温、耗电量、进水水质、刮渣周期、泥渣含水率等。

（五）浅层气浮的运行控制

① 主要调节方式同溶气加压气浮。

② 检查配水管的旋转速度，检查原水与溶气水的配水均匀性。

③ 量筒实验观察微气泡的升流速度与气浮效果，必要时调整溶气水量。

④ 检查浮渣的形成状况及含水率，调整挂渣机的刮泥厚度与回转速度。

⑤ 气浮池间歇运行时应将浮渣及沉泥排清。

巩固与拓展

巩固知识：

气浮池运维操作练习题

拓展训练：含油废水处理工艺流程图绘制

分小组查找相关资料，完成含油废水处理工艺的案例，绘制工艺流程图并简要说明。

单元二　高浓度有机废水处理

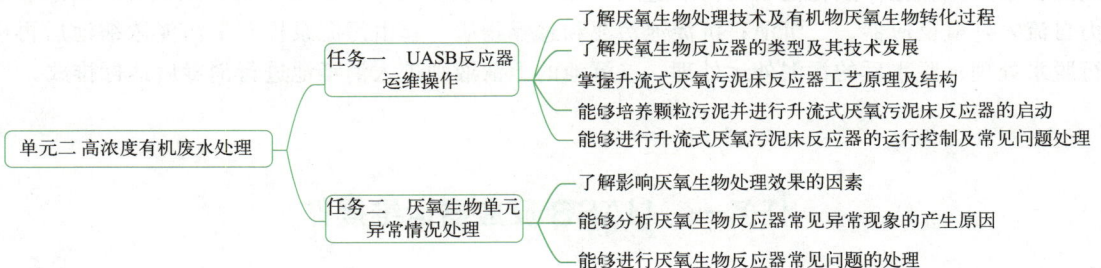

- 单元二 高浓度有机废水处理
  - 任务一　UASB反应器运维操作
    - 了解厌氧生物处理技术及有机物厌氧生物转化过程
    - 了解厌氧生物反应器的类型及其技术发展
    - 掌握升流式厌氧污泥床反应器工艺原理及结构
    - 能够培养颗粒污泥并进行升流式厌氧污泥床反应器的启动
    - 能够进行升流式厌氧污泥床反应器的运行控制及常见问题处理
  - 任务二　厌氧生物单元异常情况处理
    - 了解影响厌氧生物处理效果的因素
    - 能够分析厌氧生物反应器常见异常现象的产生原因
    - 能够进行厌氧生物反应器常见问题的处理

工程案例

某啤酒厂废水UASB处理单元

某啤酒厂废水主要来源于糖化车间、发酵车间和罐装车间，其中罐装车间的废水浓度较低。与罐装车间不同，糖化车间和发酵车间废水浓度较高且COD含量高，占废水的30%左右。啤酒废水的有机组成主要是糖、可溶性淀粉、挥发性脂肪酸等物质，这些物质易于生物降解，BOD_5/COD值一般为0.6～0.7，该啤酒厂废水进、出水水质见表3-2。

表3-2 某啤酒厂废水进、出水水质

项目	COD/(mg/L)	SS/(mg/L)	NH_3-N/(mg/L)	TP/(mg/L)	pH值
进水	1800～2700	800～1200	25～40	5～12	5～12
出水	55～75	60～70	5～15	0.5～3	6～9
去除率	97.2%	98.3%	83.3%	96.6%	—
污水排放综合标准	≤100	≤70	≤15	≤3	6～9
啤酒工业排放标准	≤80	≤70	≤15	≤3	6～9

由表3-2可以看出，该啤酒厂废水的特点之一就是COD和SS进水浓度比较高，经过各工序的处理，排出的废水水质有很大的差异，其中COD的去除率较高，可生化性较强。结合该啤酒厂生产规模，生产废水的水量、水质特征以及《啤酒工业污染物排放标准》(GB 19821—2005)，且综合考虑资金、地理位置等因素，该啤酒厂最终确定采用酸化-UASB-好氧接触氧化组合工艺进行处理，工艺流程见图3-25。

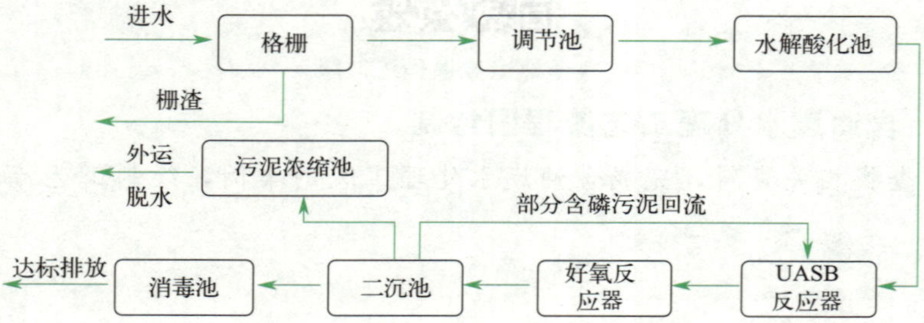

图3-25 某啤酒厂废水处理工艺流程图

该工艺的处理过程为：各啤酒生产环节产生的污水经过集水管网聚集到污水处理站的格栅间，经过提升泵房提升并经过水力筛的拦截，去除废水中的悬浮物质；去除杂质后的污水进入调节池后进行搅拌，以此来进行水质水量的调节；调节池中的污水经过均质、均量后由调节泵提升至水解酸化池；酸化池中的污水进入UASB厌氧反应器进行厌氧分解；厌氧分解出水靠重力自流入好氧反应器、二沉池；沉淀池污泥和悬浮物质一起由污泥泵提升至污泥浓缩池后再进行脱水处理；脱水后的污泥外运处理；二沉池的上清液则进入消毒池进行消毒后达标排放。

任务一 UASB反应器运维操作

任务描述

通过知识明晰部分的学习，了解厌氧生物处理的基本原理与不同反应器的区别；

在能力要求部分，通过深入探讨UASB反应器的运行过程，解决污泥膨胀、污泥解体等异常问题；巩固与拓展中，通过小组合作，完成对厌氧生物处理工艺的分析和设计方案，达成知识与技能的融合。

学习本任务可以采取线上、线下相结合的形式，通过理论知识学习强化必备知识掌握，通过针对性实验，提升实践动手能力。

知识明晰

一、厌氧生物处理的基本原理

厌氧处理
特征菌群

厌氧生物处理中的微生物按代谢过程对氧的需求，可分为两种：一种是只要有氧存在就不能生长繁殖的细菌，称为专性厌氧菌；另一种是不论有氧存在与否都能增长的细菌，称为兼性厌氧菌。污水的厌氧生物处理技术是指在无分子氧条件下，通过厌氧菌或兼性菌的代谢作用，将废水中的有机污染物转化为甲烷和二氧化碳，并释放出能量的过程。

有机污染物的厌氧生物转化过程可划分为三个连续阶段，即水解酸化阶段、产氢产乙酸阶段和产甲烷阶段。

（一）第一阶段：水解酸化阶段

高分子有机物因分子量巨大，不能透过细胞膜，因此不可能为细菌直接利用。他们在第一阶段被厌氧菌细胞外酶水解为简单的小分子有机物，如纤维素被纤维素酶水解为纤维二糖与葡萄糖，淀粉被淀粉酶分解为麦芽糖和葡萄糖，蛋白质被蛋白质酶水解为短肽与氨基酸等。这些小分子的水解产物能够溶解于水并透过细胞膜为细菌所利用。参与这个阶段的微生物主要为水解产酸菌。水解过程通常较缓慢，因此被认为是含高分子有机物或悬浮物废液厌氧降解的限速阶段。

（二）第二阶段：产氢产乙酸阶段

第一阶段产生的中间产物（如丙酸、丁酸等脂肪酸和醇类等，不包括乙酸、甲烷、甲醇）在第二阶段被产氢产乙酸细菌转化成乙酸和氢，并有 CO_2 产生。反应式如下：

$$\underset{\text{（戊酸）}}{CH_3CH_2CH_2CH_2COOH}+2H_2O \longrightarrow \underset{\text{（丙酸）}}{CH_3CH_2COOH}+\underset{\text{（乙酸）}}{CH_3COOH}+2H_2\uparrow$$

$$\underset{\text{（丙酸）}}{CH_3CH_2COOH}+2H_2O \longrightarrow \underset{\text{（乙酸）}}{CH_3COOH}+CO_2\uparrow+3H_2\uparrow$$

（三）第三阶段：产甲烷阶段

产甲烷细菌把第一阶段和第二阶段产生的乙酸、H_2 和 CO_2 等转化为甲烷。此过程由两类产甲烷细菌完成，一类把 H_2 和 CO_2 转化成甲烷，另一类从乙酸或乙酸盐脱羧产生 CH_4，前者约占总量的1/3，后者约占2/3，其反应式为：

$$4H_2+CO_2 \xrightarrow{\text{产甲烷细菌}} CH_4\uparrow+2H_2O$$

$$CH_3COOH \xrightarrow{\text{产甲烷细菌}} CH_4+CO_2\uparrow$$

$$CH_3COONH_4+H_2O \xrightarrow{\text{产甲烷细菌}} CH_4\uparrow+NH_4HCO_3$$

虽然厌氧生物转化过程从理论上可分为以上三个阶段，但是在厌氧反应器中，这三个阶段是同时进行的，并保持某种程度的动态平衡。其中，产甲烷阶段最易受到pH值、温度、有机负荷等因素的破坏，会造成低级脂肪酸的积存和厌氧进程的异常变化。有机污染物的厌氧生物转化过程如图 3-26 所示。

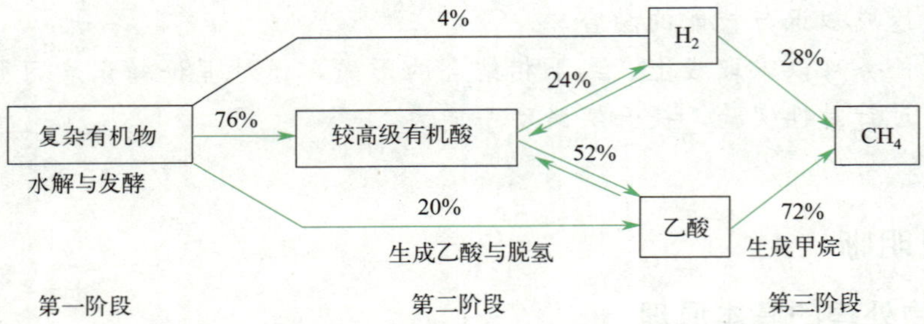

图 3-26　有机污染物的厌氧生物转化过程

二、厌氧生物处理的特点

与污水好氧生物处理工艺相比，污水厌氧生物处理工艺具有以下主要优缺点。

（一）主要优点

1. 能耗低，且可以回收生物能

厌氧生物处理工艺无需为微生物提供氧气，不需要曝气设备，减少了能耗；而且厌氧生物处理工艺在大量降解污水有机物的同时，还会产生大量沼气（有效成分甲烷），具有很高的利用价值，可直接用于锅炉燃烧或发电。据计算，去除每 1 kg COD 一般可产生 0.35 m^3 的沼气，沼气的发热量为 21～23 kJ/m^3。

2. 污泥产量低

厌氧生物处理过程中被去除的大部分有机污染物都被用来产生沼气，用于细胞合成的有机物相对来说要少得多；同时，厌氧微生物的增殖速度比好氧微生物低得多，例如产酸菌的产率为 0.15～0.34 kg VSS/kg COD，产甲烷细菌的产率为 0.03 kg VSS/kg COD 左右，而好氧微生物的产率约为 0.25～0.6 kg VSS/kg COD。因此，厌氧生物处理系统的产泥量很低，减少了后续污泥处理费用。

3. 有机物负荷高

厌氧生物处理系统具有很高的有机物负荷，其容积负荷一般可达 10～60 kg COD/(m^3·d)；而好氧生物处理系统的负荷则相对较低，一般容积负荷约为 0.7～1.2 kg COD/(m^3·d)。

4. 营养物需求量少

一般好氧生物处理对营养物的需求量为 BOD∶N∶P＝100∶5∶1，而厌氧生物处理则为 BOD∶N∶P＝100∶2∶0.3，对氮、磷营养物相对需求量少，因而更适用于处理有机物浓度高的污（废）水。

5. 对水温的适应范围较广

一般认为好氧生物处理水温在 20～30 ℃时效果最好，35 ℃以上和 10 ℃以下净化效果降低，因此对高温工业废水须采取降温措施。厌氧生物处理根据产甲烷细菌的最适宜生存条件可分为 3 类：低温细菌最宜 20 ℃左右；中温细菌最宜 35～38 ℃；高温细菌最宜为 51～53 ℃。厌氧生物处理应尽量不采取加热的措施，但在常温时处理复杂的非溶解性有机物是困难的，高温更有利于对纤维素的分解和寄生虫卵的杀灭。

6. 应用范围广

好氧法适用于处理低浓度有机废水（如 COD＜1000 mg/L），对高浓度有机废水需用大

量水稀释后才能进行处理，而厌氧法可用来处理高浓度有机废水，也可处理低浓度有机废水。厌氧微生物还可对好氧微生物不能降解的一些有机物进行降解或部分降解，因此，对于某些含有难降解有机物的废水，利用厌氧生物处理作为预处理工艺，可以提高废水的可生化性，提高后续好氧处理工艺的处理效果。

（二）主要缺点

1. 生化反应过程比较复杂

厌氧生物处理过程中所涉及到的生化反应过程较为复杂，因为厌氧过程是由多种不同性质、不同功能的厌氧微生物协同工作的一个连续的生化过程，不同种属间细菌的相互配合或平衡较难控制，因此在运行厌氧反应器的过程中需要很高的技术要求。

2. 运行管理比较复杂

厌氧微生物特别是其中的产甲烷细菌对温度、pH 等环境因素非常敏感，也使得厌氧反应器的运行和应用受到很多限制和困难。

3. 启动时间长

因为厌氧微生物增殖缓慢，启动时经接种、培养、驯化达到设计污泥浓度的时间比好氧生物处理长，一般需要 8～12 周，甚至更长。

4. 不能去除污水中的氮和磷

厌氧生物处理技术一般不能去除污水中的氮和磷等物质，含氮和磷的有机物通过厌氧消化，其所含的氮和磷被转化为氨氮和磷酸盐。由于只有很少的氮和磷被细胞合成利用，所以绝大部分的氮和磷以氨氮和磷酸盐的形式随水排出。因此当处理含有过量氮和磷的污水时，不能单独采用厌氧法，而应采用厌氧和好氧工艺相结合的处理工艺。

5. 出水水质不佳

虽然厌氧生物处理工艺在处理高浓度的工业废水时常常可以达到很高的处理效率，但其出水水质通常仍较差，往往需进一步处理才能达到排放标准。一般需要在厌氧处理后串联好氧生物处理进一步提高出水水质。

6. 卫生条件差

一般污水中都含有硫酸盐，厌氧条件下会发生硫酸盐还原反应而放出硫化氢等气体。硫化氢是一种有毒、恶臭的气体，如反应器不能做到完全密封，就会引起二次污染。因此厌氧处理系统的各种构筑物应尽可能密封，以防臭气散发。

厌氧处理技术

三、厌氧生物反应器的类型

厌氧生物处理工艺的发展已有上百年的历史，从发展历程上看，污水的厌氧生物反应器经历了第一代、第二代到第三代的发展演变。

（一）第一代厌氧生物反应器

第一代厌氧处理工艺包括普通的厌氧消化工艺和传统的厌氧接触工艺。普通厌氧消化工艺的早期典型代表就是化粪池，是在一个反应池内同时完成厌氧降解和泥水分离。厌氧消化池的停留时间长，处理负荷低，底物处理不彻底。现在广泛应用消化池来进行污泥的处理，通过增加加热设施、设置搅拌设备加强污泥与底物的接触。

普通消化池在“厕所革命”中的应用

为了解决传统消化池污泥流失的问题，厌氧接触法应运而生，即在化粪池的基础上通过增加后续沉淀池，并将污泥回流到消化池，避免了污泥大量流失。池内保留足够的生物量使得反应效率提高，处理负荷增大，池容减小。

1. 普通厌氧消化池（CADT）

普通厌氧消化池又称传统厌氧消化池，是完全混合悬浮生长厌氧消化池，是最早用于处理污水的厌氧消化构筑物，其构造如图 3-27 所示。

污泥从池顶部进入池内，通过搅拌与池中原有厌氧活性污泥混合接触，使污泥中的有机污染物转化、分解。池顶设有顶盖，以保持良好的厌氧条件，又便于收集沼气，保持池温，并减少地面蒸发。池底呈圆锥形以利于排泥。

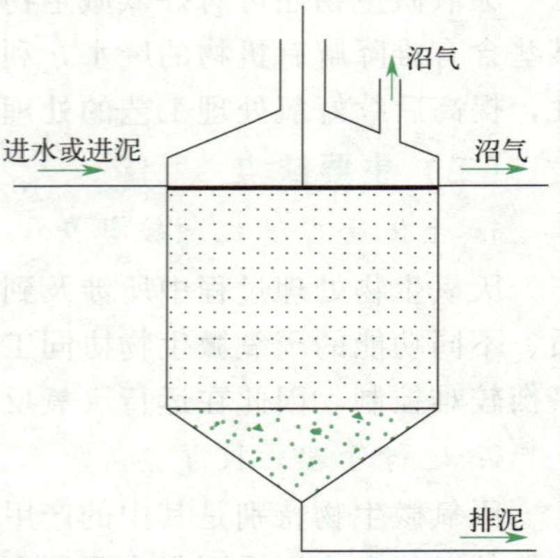

图 3-27　普通厌氧消化池的构造

普通厌氧消化池的特点是可以直接处理悬浮固体含量较高或颗粒较大的废水；消化反应和固液分离是在同一池里进行的，结构简单。缺点是反应器体积大，负荷低；厌氧微生物生长缓慢，难以在反应器中积累起足够浓度的厌氧活性污泥。

2. 厌氧接触法（ACP）

在普通消化池的基础上，厌氧接触工艺将间断进排水改为连续进排水，并增设了污泥沉淀池和污泥回流装置，使部分厌氧污泥又回到反应器中，从而增大了反应器中的污泥浓度，使得污泥在反应器中的停留时间（SRT）大于水力停留时间（HRT），处理效率与负荷显著提高。为消除消化池流出污泥所携带的气泡，在沉淀池前增设一个脱气装置，保持沉淀池的沉淀效率。其工艺流程如图 3-28。

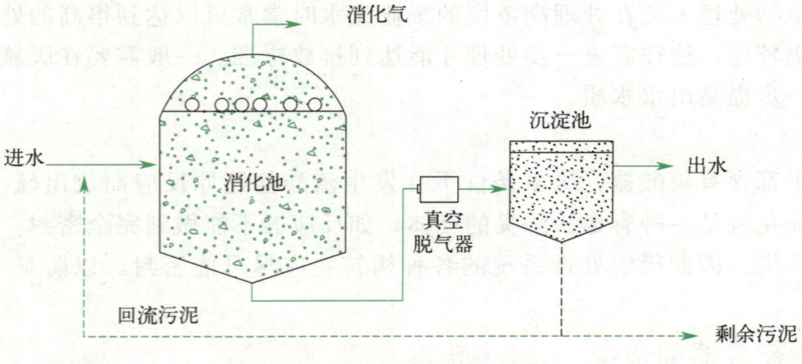

图 3-28　厌氧接触工艺流程

厌氧接触法的特点有：

① 由于污泥回流，厌氧反应器内能够维持较高的污泥浓度，大大降低了水力停留时间，并使反应器具有一定的耐冲击负荷能力。

② 该工艺不仅可以处理溶解性有机污水，而且可以用于处理悬浮物较高的高浓度有机污水，但不宜过高，否则污泥分离困难。

③ 混合液经沉淀后，出水水质好，但需增加沉淀池、污泥回流和脱气等设备。

厌氧接触工艺也存在一定的问题。由于从厌氧反应器排出的混合液中的污泥附着大量气泡，同时，进入沉淀池的污泥仍有产甲烷细菌在活动，易产生沼气，使已沉淀的污泥上翻，因此混合液在沉淀池中进行固液分离有一定的困难，容易造成污泥流失。对此可采取下列技

术措施：

① 在反应器与沉淀池之间设脱气器，尽可能将混合液中的沼气脱除；但这种措施不能抑制产甲烷细菌在沉淀池内继续产气。

② 在反应器与沉淀池之间设冷却器，使混合液的温度由 35 ℃降至 15 ℃，以抑制产甲烷细菌在沉淀池内活动，将冷却器与脱气器联用能够比较有效地防止产生污泥上浮现象。

③ 投加混凝剂，提高沉淀效果。

④ 用膜过滤代替沉淀池。

（二）第二代厌氧生物处理器

第二代厌氧处理工艺主要是以提高微生物浓度和停留时间、缩短液体停留时间为目的的反应器，主要包括厌氧生物滤池、厌氧生物转盘、升流式厌氧污泥床反应器（UASB）、厌氧膨胀床、厌氧流化床和两相厌氧法等，其中以 UASB 的发展最引人注目，但是它也存在一些问题，比如当进水有机物浓度低、产气量小时，有机污染物与厌氧菌之间的传质效果不佳。

1. 厌氧生物滤池（AF）

厌氧生物滤池是一种内部装填有微生物载体（即滤料）的厌氧生物反应器，其结构如图 3-29 所示。厌氧微生物部分附着生长在滤料上，形成厌氧生物滤膜，部分在滤料空隙间悬浮生长。污水通过固定填料床，在厌氧微生物的作用下，污水中的有机物被厌氧分解并产生沼气。沼气自下而上在滤池顶部释放，进入气体收集系统，净化后的水排出滤池外。滤池中的生物膜不断地进行新陈代谢，脱落的生物膜随出水流出池外，为分离被出水挟带的生物膜，一般在滤池后须设沉淀池。

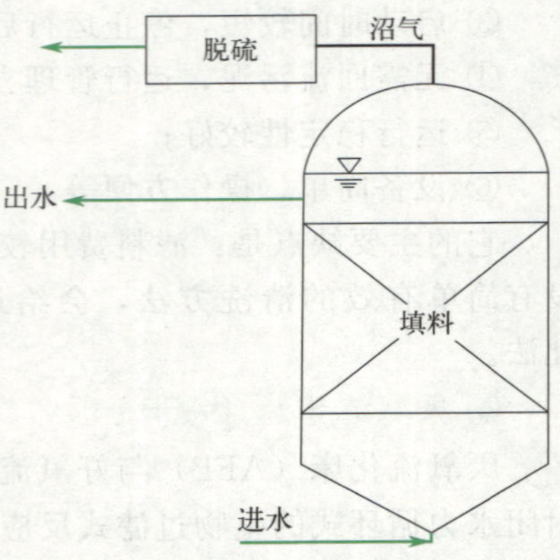

图 3-29　厌氧生物滤池

厌氧生物滤池适合于处理多种类型、浓度的有机废水，其有机负荷一般为 0.2～16 kg COD/(m^3·d)；滤池中生物膜厚度为 1～4 mm；生物量浓度沿滤料层高度而变化，如升流式厌氧生物滤池底部的生物量浓度可达其顶部的几十倍；当进水 COD 浓度过高（大于 8000 或 12000 mg/L）时，应采用出水回流的措施，以降低进水 COD 浓度，同时减少碱度的要求，并通过增加实际进水流量改善进水分布条件。滤池中的生物膜不断地进行新陈代谢，脱落的生物膜随出水流出池外，为分离被出水挟带的生物膜，一般在滤池后须设沉淀池。

根据废水在厌氧生物滤池中流向的不同，厌氧生物滤池可分为升流式厌氧生物滤池、降流式厌氧生物滤池和升流式混合型厌氧生物滤池三种形式，分别如图 3-30 所示。

升流式反应器内厌氧生物膜形成较快，容积负荷较高，但是容易堵塞，需要定期的反冲洗；而降流式厌氧生物膜的形成比较慢，容积负荷也比较低，实际应用相对较少。

从工艺运行的角度考虑，厌氧生物滤池具有以下特点：

① 厌氧生物滤池中厌氧生物膜的厚度约为 1～4 mm；

② 与好氧生物滤池一样，其生物固体浓度沿滤料层高度有变化；

③ 厌氧生物滤池适合于处理多种类型、浓度的有机废水，其有机负荷为 0.2～16 kg COD/(m^3·d)；

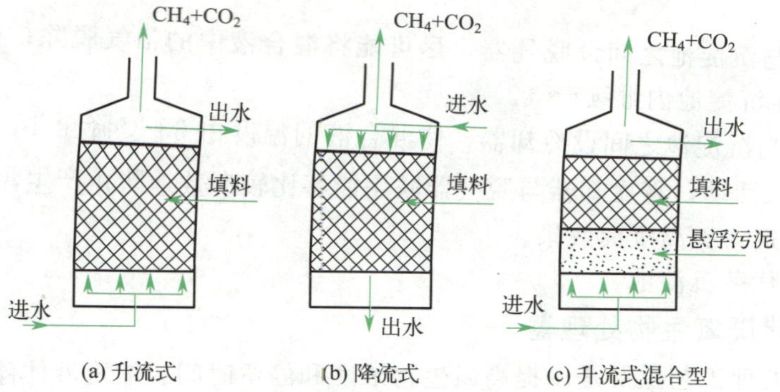

图 3-30 厌氧生物滤池的类型

④ 当进水 COD 浓度过高（大于 8000 或 12000 mg/L）时，应采用出水回流的措施，以降低进水 COD 浓度，同时减少碱度的要求，并通过增加实际进水流量改善进水分布条件。

与传统的厌氧生物处理工艺相比，厌氧生物滤池的突出优点是：

① 滤池内可以保持很高的微生物浓度，因此处理能力较强，有机负荷高；

② 泥龄长，可降低对水力停留时间的要求，耐冲击负荷能力强；

③ 启动时间较短，停止运行后的再启动也较容易；

④ 无需回流污泥，运行管理方便；

⑤ 运行稳定性较好；

⑥ 设备简单、操作方便等。

它的主要缺点是：滤料费用较贵；滤料容易堵塞，尤其是下部，生物膜很厚，堵塞后，没有简单有效的清洗方法，会给运行造成困难。因此，悬浮固体高的污（废）水不适用此法。

2. 厌氧流化床（AFB）

厌氧流化床（AFB）与好氧流化床相似，但它是在厌氧条件下，封闭水力循环式的生物过滤式反应器，其构造如图 3-31 所示。

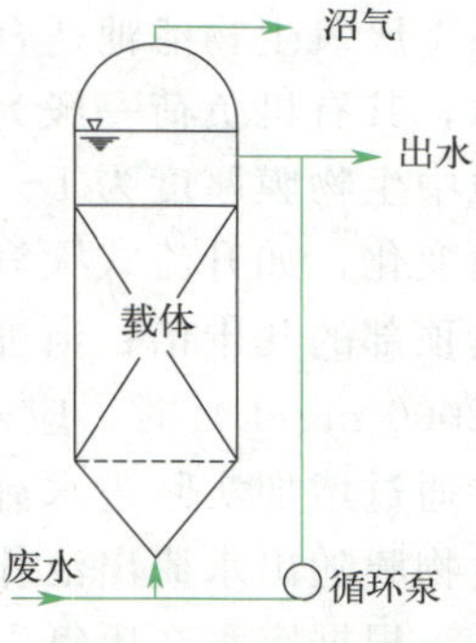

图 3-31 厌氧流化床

厌氧流化床反应器内填充着粒径小、比表面积大的载体，厌氧微生物组成的生物膜在载体表面生长，载体处于流化状态，避免了生物滤池（AF）会堵塞的缺点。因此污水的处理效率高，有机容积负荷率大，占地少。

AFB 的主要缺点是内部稳定的流化态难以保证；有些需要有单独的预酸化反应器以及用大量的回流水来保证其高度的上升速度，能耗加大，成本增加。

3. 升流式厌氧污泥床反应器（UASB）

后续将详细介绍。

（三）第三代厌氧生物处理器

第三代厌氧处理工艺主要是为了解决 UASB 的传质问题，拓展处理对象范围，提高其水力负荷和有机负荷的适用范围而开发的。目前研究应用比较多的有厌氧颗粒污泥膨胀床（EGSB）、厌氧内循环反应器（IC）、厌氧折流板反应器（ABR）与厌氧膜生物反应器（AMBS）等。

1. 膨胀颗粒污泥床反应器（EGSB）

膨胀颗粒污泥床反应器（EGSB）虽然在结构形式、污泥形态等方面与UASB反应器非常相似，但其工作运行方式与UASB反应器明显不同，主要表现在EGSB反应器一般采用2.5～6 m/h的上升流速（最高可达10 m/h）、高COD容积负荷（8～15 kg COD/m·d）。高上升流速使颗粒污泥床层处于膨胀状态，不仅使进水能与颗粒污泥充分接触，提高了传质效率，而且有利于基质和代谢产物在颗粒污泥内外的扩散、传送，保证了反应器在较高的容积负荷条件下正常运行。如图3-32所示。

EGSB反应器实质上是固体流态化技术在有机废水生物处理领域的具体应用。EGSB反应器的工作区为流态化的初期，即膨胀阶段（容积膨胀率为10%～30%）。在此条件下，进水流速较低，一方面可保证进水基质与污泥颗粒的充分接触和混合，加速生化反应进程，另一方面有利于减轻或削减静态床（如UASB反应器）中常见的底部负荷过重的状况，增加反应器对有机负荷特别是对毒性物质的承受能力。EGSB反应器适用范围广，可用于SS含量高和对微生物有抑制性的废水处理，在低温和处理低浓度有机废水时有明显优势。

2. 内循环膨胀污泥床反应器（IC）

（1）IC反应器工作原理 内循环厌氧反应器具有很大的高径比，一般可达4～8，反应器的高度达到20 m左右。其构造示意如图3-33。

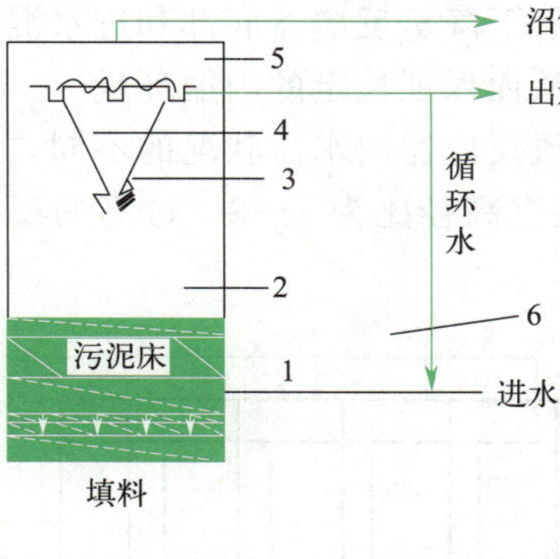

图3-32 膨胀颗粒污泥床反应器的构造

1—配水系统；2—反应区；3—三相分离器；4—沉淀区；5—出水系统；6—出水循环部分

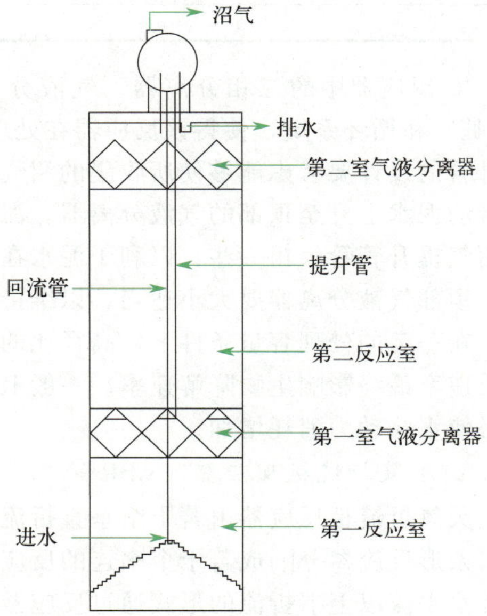

图3-33 内循环厌氧反应器构造示意图

IC反应器内分为上下两个反应室。进水从反应器底部进入第一反应室，与该室内的厌氧颗粒污泥均匀混合。废水中所含的大部分有机物在这里被转化成沼气，所产生的沼气被第一反应室的集气罩收集，沼气将沿着提升管上升。沼气上升的同时，把第一反应室的混合液提升至设在反应器顶部的气液分离器，被分离出的沼气由气液分离器顶部的沼气排出管排走。分离出的泥水混合液将沿着回流管回到第一反应室的底部，并与底部的颗粒污泥和进水充分混合，实现第一反应室混合液的内部循环。厌氧内循环反应器的命名即由此得来。

内循环使得第一反应室不仅有很高的生物量、很长的污泥龄，并具有很大的升流速度，使该室内的颗粒污泥完全达到流化状态，有很高的传质速率，使生化反应速率提高，从而大大提高第一反应室的有机物去除能力。经过第一反应室处理过的废水，向上进入第二反应室继续处理。废水中的剩余有机物可被第二反应室内的厌氧颗粒污泥进一步降解，使废水得到更好的净化，提高出水水质。

内循环厌氧反应器具有极高的COD负荷［15～25 kg COD/(m^3·d)］，结构紧凑，节省占地面积，借沼气内能提升实现内循环，不必外加动力，抗冲击负荷能力强，具有缓冲pH的能力，出水稳定性好，可靠性高，基建投资低。

(2) IC反应器的工艺特征　IC反应器一般具有较高的处理负荷，表3-3归纳了国外生产装置和中试装置所推荐的COD容积负荷。

表3-3　IC反应器的设计COD容积负荷

温度/℃	设计负荷/[kg COD/(m^3·d)]
40	30～40
30	20～30
20	15～20
15	10～15
10	5～10

IC反应器中的三相分离器、气液分离器和沼气提升管、泥水下降管构成了反应器的“心脏”和循环系统，使得该反应器在处理有机工业废水方面比其他反应器更有优势。沼气提升管的设计要考虑能够使所收集的沼气顺利导出，还要考虑由气体上升产生的气提作用能够带动泥水上升至顶部的气液分离器。泥水下降管必须保证不被下降的污泥堵塞，其管径可比沼气提升管管径粗一些，以利于泥水在重力作用下自然下降至反应器底部和进水混合。此外，顶部气液分离器要大小适当，以维持一定的液位，从而保证稳定的内循环量。

在一定的处理容量条件下，高径比的不同将直接导致反应器内水流状况的不同，并通过传质速率最终影响生物降解速率。一般IC反应器生产装置高径比为4～8。过高的反应器高度必使水泵动力消耗增加。

3. 厌氧折流板反应器（ABR）

厌氧折流板反应器由若干组垂直折流板把整个长条形反应器分隔成若干个串连的反应室，迫使废水水流以上下折流的形式通过反应器，其构造示意图如图3-34所示。ABR反应器内各室积累着较多厌氧污泥，当废水通过ABR时，要自下而上流动与大量的活性生物量发生多次接触，大大提高了反应器的容积利用率。ABR反应器具有很高的处理稳定性和容积利用率，不会发生堵塞和因污泥床膨胀而引起的污泥（微生物）流失，可省去三相分离器。

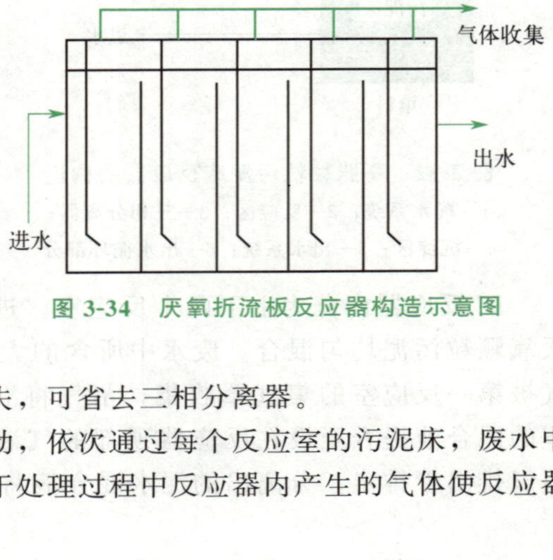

图3-34　厌氧折流板反应器构造示意图

被处理的废水在反应器内沿折流板作上下流动，依次通过每个反应室的污泥床，废水中的有机基质通过与微生物接触而得到去除。借助于处理过程中反应器内产生的气体使反应器内的微生物固体在折流板所形成的各个隔室内作上下膨胀和沉淀运动，而整个反应器内的水流则以较慢的速度作水平流动。水流绕折流板流动而使水流在反应器内流经的总长度增加，再加之折流板的阻挡及污泥的沉降作用，生物固体被有效地截留在反应器内。因此 ABR 反应器的水力流态更接近推流式。其次，由于折流板在反应器中形成各自独立的隔室，因此每个隔室可以根据进入底物的不同而培养出与之相适应的微生物群落，使得厌氧反应产酸相和产甲烷相在沿程得到了分离，因此 ABR 反应器在整体性能上相当于一个两相厌氧系统，实现了相的分离。最后，ABR 反应器可以将每个隔室产生的沼气单独排放，从而避免了厌氧过程不同阶段产生的气体相互混合，尤其是酸化过程中产生的 H_2 可先行排放，有利于产甲烷阶段中丙酸、丁酸等中间代谢产物在较低的 H_2 分压下顺利转化。

四、UASB 反应器工艺原理与结构

升流式厌氧污泥床（UASB）工艺是由荷兰人在 20 世纪 70 年代开发的，其原型为升流式厌氧滤池，但是取消了池内的全部填料，并在反应器上部设置特殊的气-液-固三相分离器。UASB 反应器一出现就很快获得广泛的关注与认可，并在世界范围内得到广泛应用。到目前为止，UASB 反应器是最为成功的厌氧生物处理工艺。

（一）工艺原理

UASB 反应器的工作原理如图 3-35 所示。污水尽可能均匀地进入反应器的底部，自下而上地通过反应器。在反应器的底部有一个高浓度（可达 60～80 g/L）、高活性的污泥层，大部分的有机物在这里被转化为 CH_4 和 CO_2。气态产物 CH_4 和 CO_2 的搅动和气泡黏附污泥使得污泥层之上形成一个污泥悬浮层。反应器的上部设有三相分离器，气、液、固三相在此得到分离。被分离的气体从上部导出，污泥则自动滑落到悬浮污泥层，出水从澄清区流出。

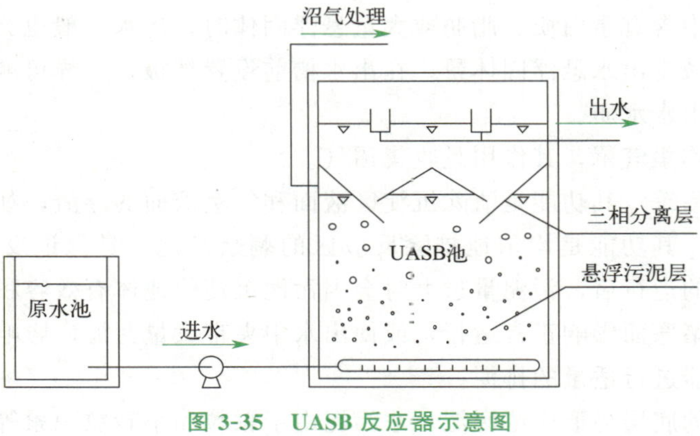

图 3-35　UASB 反应器示意图

（二）UASB 反应器的构造与特性

UASB 反应器
工作原理

1. UASB 的构造

UASB 反应器可分为开敞式和封闭式两种。开敞式反应器顶部不加密封，出水水面敞开，主要适用于处理中低浓度的有机污水；封闭式反应器顶部加盖密封，主要适用于处理高浓度有机污水或含较多硫酸盐的有机污水。

UASB 反应器断面一般为圆形或矩形，圆形一般为钢结构，矩形一般为钢筋混凝土结构。主要由下列几部分组成。

(1) 布水器 即进水配水系统，其功能主要是将污水均匀地分配到整个反应器的横截面上，并利用进水进行水力搅拌，这是反应器高效运行的关键之一。

(2) 反应区 包括污泥床区和污泥悬浮层区，有机物主要在这里被厌氧菌所分解，是反应器的主要部位。

(3) 三相分离器 三相分离器是 UASB 反应器最有特点和最重要的装置，由沉淀区、回流缝和气封组成，其功能是把气体（沼气）、固体（污泥）和液体分开，固体经沉淀后由回流缝回流到反应区，气体分离后进入气室。三相分离器的分离效果将直接影响反应器的处理效果。其基本构造如图 3-36 所示。

三相分离器示意图

(4) 出水系统 出水系统的作用是把处理过的水均匀地加以收集，排出反应器。大部分厌氧反应器的出水堰与传统沉淀池的出水装置相同，即在水平汇水槽内一定距离间隔设三角堰。为保证出水均匀，大部分的 UASB 反应器采用多槽式出水方式，每个槽两侧设有三角堰。

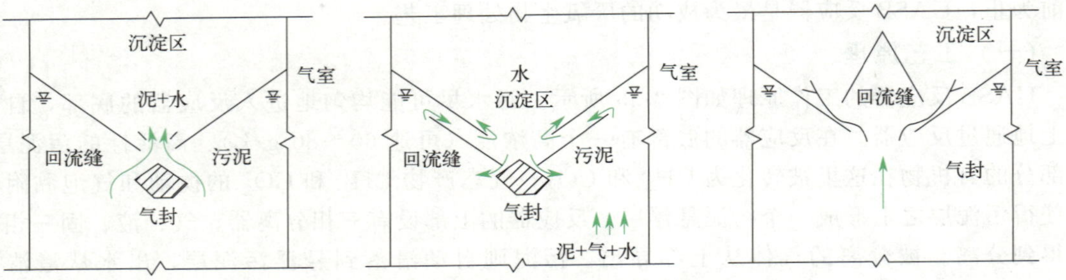

图 3-36 三相分离器的基本构造

当处理的废水中含有蛋白质、脂肪或大量悬浮固体时，出水一般也夹带有大量悬浮固体或漂浮污泥。为了减少出水悬浮固体量，在出水槽前设置挡板，这样可减少出水中悬浮固体数量，有利于提高出水水质。

(5) 气室 也称集气罩，其作用是收集沼气。

(6) 浮渣清除系统 其功能是清除沉淀区液面和气室液面的浮渣，如浮渣不多可省略。

(7) 排泥系统 其功能是均匀地排除反应区的剩余污泥，是保证反应器高效运行的基础。经过较长时间的运行后，污泥量过大时会因污泥沉淀使池体有效容积缩小而降低处理效率，甚至会因池体堵塞而影响正常运行，或使出水中夹带大量污泥，影响出水水质，因此必须定期对厌氧反应器进行适量的排泥。

一般在污泥床的底层易形成浓污泥，浓污泥由于颗粒和小砂粒积累等原因活性变低，因此建议从反应器的底部排泥，这样可以避免或减少在反应器内积累砂砾；中上部排泥点宜保持在距清水区 0.5～1.5 m 的位置，这样既可保证水力运行的畅通，又可使悬浮污泥有沉降的空间。

2. UASB 的特点

① UASB 反应器可以培养出大量厌氧颗粒污泥，污泥的颗粒化可使反应器具有很高的容积负荷，当水温为 30 ℃左右时，负荷可达 10～20 kg COD/(m^3 · d)。

② 上升水流和沼气产生的气流可满足搅拌需要，不需设搅拌设备。

③ 对负荷冲击和温度与 pH 的变化具有一定的适应性。

④ 不仅适用于处理高、中等浓度的有机污水，也可用于处理如城镇污水这样的低浓度有机污水。

⑤ 构造简单，便于操作运行。

能力要求

一、UASB 反应器的启动与运行

（一）污泥颗粒化的意义

颗粒污泥的形成使 UASB 内可以保留高浓度的厌氧生物量。这首先是因为颗粒污泥具有极好的沉降性能。絮状污泥沉降性能较差，当产气量较高、废水上流速度略高时，絮状污泥容易被冲洗出反应器；产气与水流的剪切力也易使絮状污泥进一步分散，加剧了絮状污泥的洗出。颗粒污泥有极好的沉降性能，它能在很高的产气量和高上流速度下保留在厌氧反应器内。因此，污泥的颗粒化可以允许 UASB 反应器有更高的有机物容积负荷和水力负荷。

（二）UASB 反应器的初次启动

初次启动是指对一个新建的 UASB 系统以未经驯化的非颗粒污泥接种，使反应器达到设计负荷和实现有机物去除的过程，通常这一过程伴随着污泥颗粒化的完成，因此也称之为污泥的颗粒化。由于厌氧微生物，特别是产甲烷细菌增殖很慢，厌氧反应器的初次启动需要较长的时间；但是一旦初次启动完成，在停止运行后的再次启动可以迅速完成。同时，当使用现有废水处理系统的厌氧颗粒污泥启动时，反应器的启动速度更快。

（1）第一阶段：启动与提高污泥活性阶段　这一阶段是指反应器负荷低于 2 kg COD/(m^3·d) 的阶段，一般由 0.5～1.5 kg COD/(m^3·d) 开始。这一阶段洗出的污泥主要是种泥中非常细小的分散污泥，洗出的原因主要是水的上流速度和逐渐产生的少量沼气。

（2）第二阶段：形成颗粒污泥阶段　反应器负荷上升至 2～5 kg COD/(m^3·d)，在这一阶段污泥的洗出量增大，其中大多为絮状的污泥。洗出的原因是产气和上流速度的增加引起的污泥床的膨胀。大量污泥洗出的结果是在留下的污泥中开始产生颗粒状污泥。一般从开始启动到 40d 左右，可以在反应器底部观察到颗粒污泥。在这一阶段污泥负荷的增加较快，这是因为污泥对废水的驯化过程基本完成，污泥的活性增加。这一阶段末期，由于颗粒污泥的形成，其良好的沉淀性能使其保留在反应器内，洗出污泥大大减少。这一阶段是反应器对较重的颗粒污泥和分散的、絮状的污泥进行选择的过程。

（3）第三阶段：逐渐形成颗粒污泥床阶段　这一阶段指反应器负荷超过 5 kg COD/(m^3·d)。在这一阶段里，絮状污泥显著减少，颗粒污泥加速形成，直到反应器内不再有絮状污泥存在。在这一阶段反应器负荷可以增加到很高，当反应器大部分被颗粒污泥充满时，其最大负荷可以超过 50 kg COD/(m^3·d)。当反应器中污泥颗粒化完成之后，反应器的启动也就完成。

UASB 反应器初次启动的注意事项如下：

① 洗出的污泥不再返回反应器；

② 当进水 COD 浓度大于 5000 mg/L 时宜采用出水循环或稀释进水；

③ 逐步增加有机负荷，有机负荷的增加应当在可降解 COD 能被去除 80%后再进行；

④ 启动时，污泥的接种量大约为 10～15 kg VSS/m^3，浓度小于 40 kg VSS/m^3 的稀释消化污泥的接种量可以略小些；

⑤ 低浓度的废水有利于颗粒化的快速形成，但浓度也应当足够以维持良好的细菌生长

条件，最小的 COD 浓度应为 1000 mg/L，过量的悬浮物会阻碍颗粒化的形成；

⑥ 以溶解性碳水化合物为主要底物的废水比以挥发性脂肪酸为主的废水颗粒化过程快，当废水含有蛋白质时，应使蛋白质尽可能降解；

⑦ 高离子浓度（例如 Ca^{2+}、Mg^{2+}）能引起化学沉淀，由此导致形成灰分含量高的颗粒污泥；

⑧ 常温厌氧的温度应保持在 20～25 ℃，中温厌氧应保持在 30～35 ℃，高温厌氧应保持在 50～55 ℃；

⑨ 反应器内的 pH 应始终保持在 6.5～7.8 之间；

⑩ N、P、S 等营养物质和微量元素应当满足微生物生长的需要；

⑪ 毒性化合物应当低于抑制浓度或给予污泥足够的驯化时间。

（三）UASB 反应器的二次启动

UASB 反应器的二次启动是相对于初次启动而言的，是指使用颗粒污泥作为种泥对 UASB 反应器的启动。颗粒污泥是 UASB 启动的理想种泥，使用颗粒污泥的二次启动大大缩短了启动时间，即使对于性质不同的废水，颗粒污泥也能很快适应。

二次启动的初始反应器负荷可以较高，有关报道推荐初始的反应器负荷可为 3 kg COD/(m^3·d)。二次启动进水浓度在开始时一般与初次启动相当，但可以相对迅速地增大进水浓度。负荷和浓度增加的模式与初次启动类似，但相对容易。产气、出水 VFA 等仍是重要的控制参数，COD 去除率、pH 值等也是重要的检测指标。

二、UASB 反应器运行的常见故障与对策

启动后厌氧反应器系统运行，应控制好各项工艺参数，保持厌氧系统的平衡性，使系统的设计负荷效率稳定。

UASB 厌氧反应器正常运行控制的工艺条件如下：

① 严禁进水有机负荷过高或过低、温度骤升或骤降等情况发生；

② 厌氧反应器污泥层应维持在出水口下 0.5～1.5 m，污泥过多时，应进行排泥；

③ 采用热交换器加热时，应每日测量热交换器进、出口的水温。

其他常见异常现象与解决方法见表 3-4。

表 3-4　常见异常现象与解决方法

序号	问题与现象	原因	解决方法
1	活性污泥生长缓慢	营养与微量元素不足； 进水预酸化程度过高； 污泥负荷过低； 颗粒污泥洗出； 颗粒污泥的分裂	增加进水营养与微量元素浓度； 减少预酸化程度； 增加反应器负荷
2	反应器过负荷	反应器中污泥量不足； 污泥产甲烷活性不足	降低负荷；提高污泥量，增加种泥量或促进污泥生产；减少污泥负荷，增加污泥活性
3	污泥产甲烷活性不足	营养或微量元素缺乏； 产酸菌生长过于旺盛； 有机悬浮物在反应器中积累； 反应器中温度降低； 废水中存在有毒物质或形成抑制活性的环境条件； 无机物例如 Ca^{2+} 等引起沉淀	增加营养或微量元素； 增加废水预酸化程度，降低反应器负荷； 降低悬浮物的浓度； 增加温度； 减少进液中 Ca^{2+} 浓度；在 UASB 前采用沉淀池

续表

序号	问题与现象	原因	解决方法
4	颗粒污泥洗出	气体聚集于空的颗粒中，在低温、低负荷、低进水浓度下易形成大而空的颗粒污泥； 由于颗粒形成分层结构，产酸菌在颗粒污泥外大量覆盖使产气聚集在颗粒内； 颗粒污泥因废水中含有大量蛋白质和脂肪有上浮趋势	增大污泥负荷，采用内部水循环以增大水对颗粒的剪切力，使颗粒尺寸减小； 应用更稳定的工艺条件，增加废水预酸化的程度，采用预酸化（沉淀或化学凝絮）去除蛋白质与脂肪
5	絮状的污泥或表面松散“起毛”的颗粒污泥形成并被洗出	由于进水中悬浮的产酸细菌的作用，颗粒污泥聚集在一起； 在颗粒表面或以悬浮状态生长着大量的产酸菌； 表面“起毛”颗粒形成，产酸菌大量附着于颗粒表面	从进水中去除悬浮物； 加强废水与污泥混合的强度，增加预酸化程度； 降低污泥负荷
6	颗粒污泥破裂分散	负荷或进水浓度的突然变化； 预酸化程度突然增加，使产酸菌呈“饥饿”状态； 有毒物质存在于废水中； 过强的机械力； 由于选择压过小而形成絮状污泥	应用更稳定的预酸化条件； 废水脱毒预处理； 延长驯化时间，稀释进液； 降低负荷和上流速度，以降低水流的剪切力； 采用出水循环以增大选择压力，使絮状污泥被洗出

巩固与拓展

巩固知识：

UASB 反应器运维操作练习题

拓展训练：厌氧生物处理设计实验

现有含甲醇 2%，乙醇 0.2%，NH_4Cl 0.05%，甲酸钠 0.5%，KH_2PO_4 0.025%，pH=7.0～7.5 的模拟工业废水 50 mL，请以团队合作形式，设计方案，试验该废水是否适用于厌氧生物处理。

厌氧生物处理实验

任务二　厌氧生物单元异常情况处理

任务描述

通过知识明晰部分的学习，了解影响厌氧生物处理正常运行的常见因素；在能力要求部分，通过工程实例分析，掌握工艺设计与工艺运行要点；在巩固与拓展中，通过小组合作，完成对生物处理中异常问题的分析，找到废水处理方案，完成知识与技能的融合。

学习本任务可以采取线上、线下相结合的形式，通过理论知识学习强化必备知识掌握，通过针对性实验，提升实践动手能力。

知识明晰

在参与厌氧生物处理过程的微生物中，产甲烷细菌是一种非常特殊、专性厌氧的细菌，它们对生长环境的要求比其他细菌更严格，一般来说，在讨论厌氧生物处理的影响因素时主要讨论影响产甲烷细菌的各项因素。

影响厌氧生物处理的主要因素有温度、pH、氧化还原电位、毒性物质、F/M 比、营养物质等。

1. 温度

温度是厌氧微生物的重要影响因素之一，其通过影响酶活性，进而影响微生物菌群的新陈代谢速率，最终改变有机物的降解速度。产甲烷细菌对温度非常敏感。当产甲烷细菌在某温度下被驯化后，温度波动超过 0.6 ℃即会影响消化效果，温度波动超过 1 ℃时产气量将急剧降低。并且温度降低对不同营养类型产甲烷菌活性的抑制程度存在显著差别，在 20～30 ℃时乙酸营养型产甲烷细菌对温度胁迫表现出更好的耐受性，而在 15 ℃以下时氢营养型产甲烷细菌则表现出更好的耐受性。

2. pH 与碱度

pH 是影响厌氧消化性能和稳定性的重要参数之一。pH 过低会严重抑制产甲烷细菌的活性，过高则会导致有毒物质（游离氨）的形成。参与厌氧消化的水解菌、产酸菌和产甲烷细菌的最适 pH 范围有所差异，其中产甲烷细菌对 pH 非常敏感，其最适 pH 范围为 6.8～7.2，并且在不同 pH 条件下，优势产甲烷细菌群和产甲烷途径也存在差异。但 pH 对水解菌、产酸菌的影响较小，其最适 pH 范围较宽。因此，当厌氧反应器运行的 pH 超出产甲烷细菌的最佳 pH 范围时，系统中的酸性发酵可能超过甲烷发酵，会导致反应器内出现“酸化”现象。

碱度曾在厌氧消化中被认为是个至关重要的影响因素，但实际上其作用主要是保证厌氧体系具有一定的缓冲能力，维持合适的 pH。碳酸盐和氨氮等是形成厌氧处理系统具有碱性的主要物质，碱度越高，缓冲能力越强，这有利于保持稳定的 pH。UASB 内部常见的可以贡献碱度的物质主要有氨氮、碳酸氢盐、氢氧化物、H_2S 等。其中，氨氮的主要来源为废水中含蛋白质类成分的氨氧化，H_2S 的主要来源为废水中硫酸盐同氢离子的结合，氢氧化物和碳酸氢盐则来源于外部添加。

3. 氧化还原电位

严格的厌氧环境是产甲烷细菌进行正常生理活动的基本条件。厌氧反应器介质中的氧浓度主要通过体系中的氧化还原电位反映。不同的厌氧消化系统要求的氧化还原电位不尽相同，即使同一系统中，不同细菌菌群所要求的氧化还原电位也不同。非产甲烷细菌可以在氧化还原电位为＋100～－100 mV 的环境正常生长和活动，而产甲烷细菌的最适氧化还原电位为－150～－400 mV。

一般情况下，氧的溶入是引起发酵系统的氧化还原电位升高的最主要和最直接的原因。但是，除氧以外，其他一些氧化剂或氧化态物质（如某些工业废水中含有的 Fe^{3+}、$Cr_2O_7^{2-}$、

NO_3^-、SO_4^{2-} 以及酸性废水中的 H^+ 等)，同样能使体系中的氧化还原电位升高。当其浓度达到一定程度时，同样会危害厌氧消化过程的进行。

4. 硫化物和硫酸盐

在含有硫酸盐的环境中，硫酸盐还原细菌会与产甲烷细菌竞争乙酸和氢气等物质，产甲烷细菌因受到竞争性电子受体的抑制而减少对底物的利用。投加某些金属离子如 Fe^{2+} 可以去除 S^{2-}，或从系统中吹脱 H_2S 也可减轻硫化物的抑制作用。

5. 氨氮

氨氮是影响厌氧消化整体效能的重要因素之一，其主要来自于厌氧消化过程中蛋白质、氨基酸、尿素等含氮物质的降解。氨氮为厌氧微生物的生长、繁殖提供了重要的氮源，但厌氧消化体系缺乏自养型无机氮代谢微生物，使得反应体系氨氮的积累加剧，这是氨氮成为厌氧消化抑制因素的重要原因。研究表明，低浓度的氨氮可增强厌氧消化系统的缓冲能力，而高浓度的氨氮则会抑制厌氧微生物的活性，从而限制厌氧消化的进程。

6. 重金属离子

重金属被认为是使反应器失败的最常见和最主要的因素。它通过与微生物酶中的巯基、氨基、羧基等结合而使酶失活，或者通过金属氢氧化物凝聚作用使酶沉淀。

7. 有毒有机物

对微生物来说，带醛基、双键、氯取代基、苯环等结构的物质往往具有抑制性，如五氯苯酚和半纤维素衍生物主要抑制产乙酸菌和产甲烷细菌的活动。有毒物质的最高容许浓度与处理系统的运行方式、污泥的驯化程度、污水的特性、操作控制条件等因素有关。

8. F/M 比

厌氧生物处理的有机物负荷较好氧生物处理高，一般可达 5～10 kg COD/(m^3 · d)，甚至可达 50～80 kg COD/(m^3 · d)；产酸阶段的反应速率远高于产甲烷阶段，因此必须谨慎限制有机负荷。

9. 营养物与微量元素

厌氧微生物的生长繁殖需要定比例地摄取 C、N、P 等主要元素及其他微量元素，但其对 N、P 等营养物质的要求低于好氧微生物。不同的微生物在不同的环境条件下所需的碳、氮、磷的比例不完全致，一般认为，厌氧法 C∶N∶P 控制在 200∶5∶1 为宜，此比值大于好氧法的 100∶5∶1。多数厌氧菌不具有合成某些必要的维生素或氨基酸的功能，因此为保持细菌的生长和活动，有时还需要补充某些专门的营养物，如 K、Na、Ca 等金属盐类，Ni、Co、Mo、Fe 等微量元素，酵母浸膏、生物素、维生素等有机微量物质。

能力要求

一、厌氧反应器的常见异常现象及控制

(一) 厌氧反应器内出现泡沫

厌氧反应器中有时会产生大量泡沫，泡沫呈半液半固状，严重时可充满气相空间并带入沼气管道，导致沼气系统运行困难。

防止泡沫形成的措施有：

① 以中等负荷运行，降低产气量；

② 在集气室安装消沫喷水管。

(二) 厌氧反应器钙化

废水钙含量高或投加石灰补充碱度时，可能产生碳酸钙沉淀。高浓度的碳酸氢盐和磷酸盐都有利于钙的沉淀，过多积累钙沉淀会导致厌氧反应器的工作容积减少、活性污泥钙化，从而对工艺运行造成不利的影响。

防止钙化的措施有：

① 增加预处理单元，如在废水中投加碳酸钠去除钙离子；

② 定期清除反应器表面和底部沉积的硬垢。

(三) 厌氧反应器内碱度低

① 投加碱源，可使用碳酸氢钠和石灰等增大系统缓冲能力；

② 提高回流比增大碱度，正常厌氧消化处理设施的出水中含有一定的碱度，将出水回流可以有效补充反应器内的碱度。

(四) 产气量低

产气量低的原因有很多种，可分别讨论。

1. 水温波动

水温突变可降低产甲烷细菌分解 VFA 的速率，导致 VFA 积累，使 VFA/ALK 升高。对此应加强对系统的控制调节。

2. 存在有毒物质

产甲烷细菌中毒以后活性下降，此时应首先明确毒物种类。如为重金属类中毒，可加入 Na_2S 降低毒物浓度；如为 S^{2-} 类中毒，可加入铁盐降低 S^{2-} 浓度。解决毒物问题的根本措施是加强上游污染源的管理。

3. 投入有机物超负荷

进水量增多或进水浓度升高时，可导致有机物超负荷，产酸菌的活性将增大，会产出较多的挥发性脂肪酸。而产甲烷细菌增殖速率慢，不能立即将增多的 VFA 分解，因此会造成 VFA 积累，使 pH 值降至 6.5 以下。此时应减少进水或增加回流量稀释进水浓度。

(五) 厌氧反应器酸化

当厌氧反应器出现酸度积累时，可适当降低运行负荷，必要时可降低至 50%，甚至暂停进水。同时，若厌氧反应器设有外循环管路，则通过循环泵进行外循环，直至 VFA 恢复正常。

若厌氧反应器出水 pH 值降至 6.5 以下甚至更低，则须适当提高反应器进水的 pH 值，以维持反应器内合适的 pH 环境。进水 pH 值提高的幅度视反应器内 pH 值下降的程度而定，有时可以将进水的 pH 值调整至 8.0 以上甚至 9.0 以上。

当反应器内的 pH 值降低到 5.0 以下，说明反应器酸化已经非常严重了。这时，可以用清水置换厌氧反应器内的废水，将反应器内的 VFA 浓度迅速降低，尽快恢复反应器内正常的 pH 环境。

当反应器的酸化被遏制后，可以进行低负荷运行，然后根据运行情况逐步增加负荷直至反应器的运行负荷和效率恢复到酸化前的正常水平。

二、厌氧生物处理工程设计实例分析

某小型豆制品企业的废水主要由原料黄豆的浸豆、泡豆、压榨和冲洗过程产生，这类废水含有大量植物蛋白、草酸、胶原体等易被微生物降解的物质，可生化性强，属于高浓度有机废水。

《污水排入城镇下水道水质标准》

为解决豆制品加工废水对周边环境造成的不利影响和危害，需设计、建设废水处理工程，使出水水质达到《污水排入城镇下水道水质标准》（GB/T 31962—2015）A 级标准后就近排入市政污水管网。

（一）工程设计

1. 水质设计

根据现场取样测定的数据，设计进水、出水水质，见表 3-5。

表 3-5　某豆制品厂废水进、出水水质

水质指标	COD/(mg/L)	BOD_5/(mg/L)	SS/(mg/L)	NH_3-N/(mg/L)	TP/(mg/L)	pH 值
进水	12000	6000	1500	120	75	3.0～4.0
出水	500	350	400	45	8	6.5～9.5

2. 污水处理工艺设计

进水水质 BOD_5/COD＝0.5，说明废水可生化性较好，可选择经济有效的厌氧生物处理工艺。UASB 工艺容积负荷率高，抗冲击负荷大，控制简单，在多种高浓度有机污染物废水中已有较多成功运行的实例，此设计采用 UASB 作为厌氧生物处理器。同时考虑到豆制品加工废水含有大量蛋白质、氨基酸和脂类，经 UASB 处理后的废水中有机污染物含量仍然较高且氨氮浓度高，需要进一步作好氧处理和脱氮除磷。设计该工程采用 UASB＋A^2/O 组合工艺，工艺流程见图 3-37 所示。

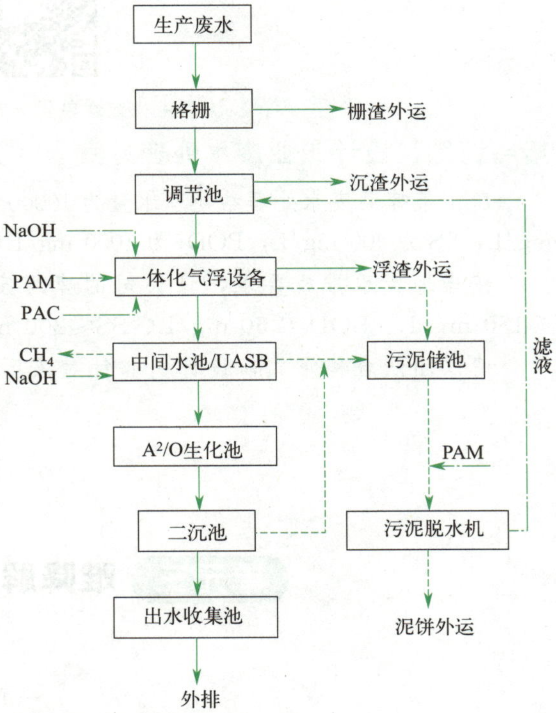

图 3-37　该厂 UASB＋A^2/O 组合工艺流程

（二）工艺运行条件注意事项

1. 污泥驯化

UASB 反应器调试的厌氧菌采用附近污水处理厂的厌氧污泥接种。菌种接入 UASB 反应器后，加入少量豆制品废水作为培养基，先进行升温和驯化培养。每天升温 1～2 ℃，直至温度达到设计要求的 28～35 ℃。废水处理量从 5 m^3/d 开始，COD 负荷从 0.2 kg COD/(m^3·d) 开始逐步增加，直至达到设计水量。

2. 稳定出水

废水处理工程初期投入使用时，由于上游排水不规律导致水量不稳定，废水浓度也相应波动很大，给稳定运营带来很大困难，因此需要及时调整参数，消除水量、水质波动的影响。首先，当水量较大时，延长进水时间和降低 UASB 的回流量，以减少由于水量的增加对 UASB 反应器造成的冲击。当水量减少但进水浓度较高时，采取增加 UASB 的回流量和回流时间的措施，以加大回流量，稀释高浓度进水，减少高浓度进水对厌氧反应的冲击。根据进水量变化及时进行工艺条件的调整，确保系统出水稳定达标。

3. pH 调节

由于豆制品废水很容易酸化变质，进水 pH 偏低。为避免对生化系统造成影响，在预处理段，设置进水 pH 检测设备，同时设置碱投加装置，根据进水的 pH，通过及时投加药剂，调整 pH 到中性；在厌氧处理段，同样设置 pH 检测设备和碱投加装置，以保证 UASB 工艺所需碱度。

巩固与拓展

巩固知识：

厌氧生物处理单元异常情况处理练习题

拓展训练：设计工业废水处理方案

唐山某啤酒废水处理站处理水量为 10000 m^3/d，废水中 COD 为 2000 mg/L，SS 为 400 mg/L，BOD_5 为 1000 mg/L，pH 值为 7.5～9.4。

按当地废水排放要求，该公司的啤酒废水经处理后应达到 COD ≤150 mg/L、BOD_5≤60 mg/L、SS≤200 mg/L、pH 值为 6～9。

请以团队合作形式，设计一套针对该厂废水的处理方案。

污水处理工艺流程设计

单元三　难降解有机废水处理

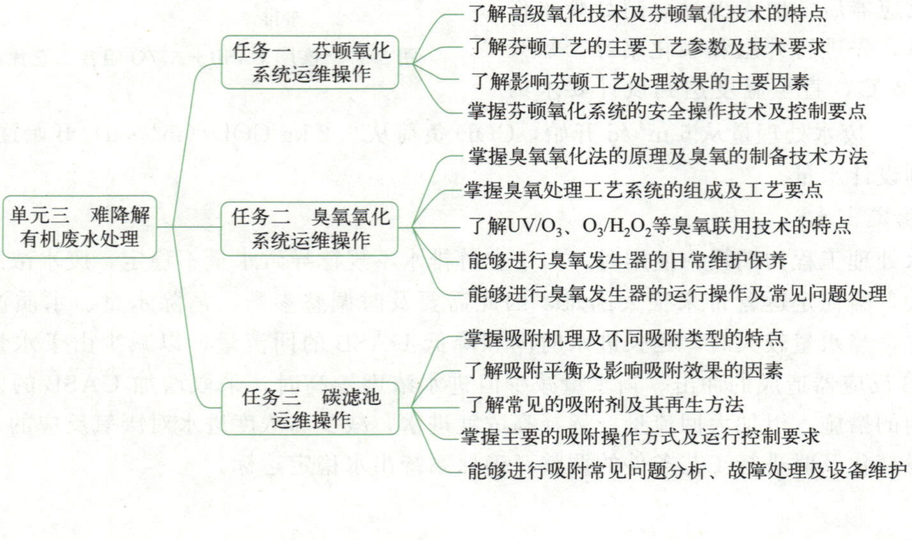
单元三　难降解有机废水处理
任务一　芬顿氧化系统运维操作
了解高级氧化技术及芬顿氧化技术的特点
了解芬顿工艺的主要工艺参数及技术要求
了解影响芬顿工艺处理效果的主要因素
掌握芬顿氧化系统的安全操作技术及控制要点
任务二　臭氧氧化系统运维操作
掌握臭氧氧化法的原理及臭氧的制备技术方法
掌握臭氧处理工艺系统的组成及工艺要点
了解UV/O3、O3/H2O2等臭氧联用技术的特点
能够进行臭氧发生器的日常维护保养
能够进行臭氧发生器的运行操作及常见问题处理
任务三　碳滤池运维操作
掌握吸附机理及不同吸附类型的特点
了解吸附平衡及影响吸附效果的因素
了解常见的吸附剂及其再生方法
掌握主要的吸附操作方式及运行控制要求
能够进行吸附常见问题分析、故障处理及设备维护

工程案例

案例一　某工厂涂装废水处理工程

一、工程概况

汽车生产过程中的重要环节——涂装，是制造汽车过程中产生废水量最多、水质最为复杂的环节之一。涂装类废水含有树脂、表面活性剂、油、PO_4^{3-}、油漆、颜料、有机溶剂、重金属离子等污染物，COD值较高，可生化性差，若不妥善处理，会对环境造成严重污染。目前，大多数汽车涂装废水处理实例中所采用的主要方法为物化预处理与生化二级处理相结合。

该涂装废水处理工程所涉及处理构筑物按远期排水量规模为145 m^3/d进行设计，设计出水水质需满足《城市污水再生利用　工业用水水质》（GB/T 19923—2024）标准的洗涤用水要求，可直接作为洗涤用水回用于涂装清洗系统。

二、工艺流程

工艺流程见图3-38。废水先进行芬顿高级氧化，即在酸性条件下通过投加双氧水和硫酸亚铁产生具有强氧化性的羟基自由基，对涂装废水中的复杂有机物分子结构进行破坏、断链，降低运行负荷，提高废水可生化性；芬顿反应池出水通过调碱、投加PAM形成$Fe(OH)_3$进行絮凝沉淀，有效去除SS、色度及部分大分子有机物；沉淀池出水通过提升泵进入水解酸化反应池，一方面降解废水中部分有机物，另一方面将残余溶解性大分子有机物转化为小分子有机物，进一步提高废水可生化性，减轻好氧生化池的污泥负荷；最终，好氧生化池降解大部分可溶性有机物；后处理采用石英砂过滤与活性炭物理化学吸附相结合的过滤方式，确保出水水质稳定达标。

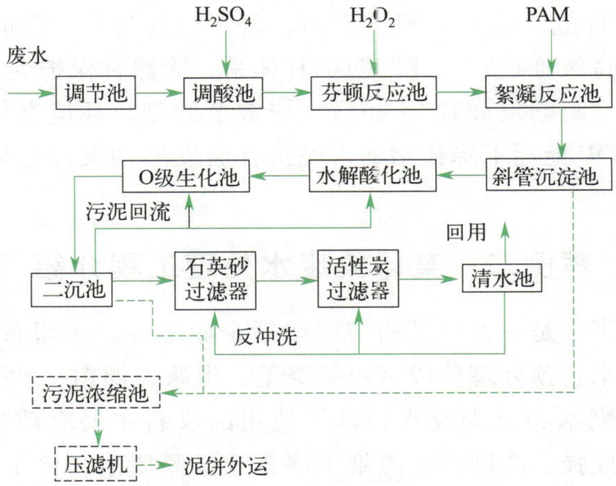

图3-38　涂装废水处理工程的工艺流程

三、主要构筑物

(1) 生产废水调节池

① 调节池1。收集车间生产废水，采用埋地式钢制防腐结构，有效容积为18.0 m^3，进水口处设置格栅井，采用穿孔管间隙曝气搅拌。

② 调节池2。基建情况同调节池1。池内设污水提升泵2台（1用1备），近期$Q=4.5\ m^3/h$，$H=100\ kPa$，$P=0.37\ kW$，远期可更换大流量离心泵，设液位控制器1套，流量控制阀门1套。

(2) 一体化芬顿反应池　一体化芬顿反应池（钢制防腐，地上式）设计尺寸为 3.0 m×3.0 m×4.5 m，有如下结构。

① 调酸池。有效容积为 16.0 m^3，30%的硫酸通过管道混合器混合调节 pH 值至 3～4，设置耐酸计量泵输送（1 用 1 备），内设穿孔管进行曝气搅拌。

② 一级芬顿反应池。有效容积为 4.0 m^3，$FeSO_4 \cdot 7H_2O$（湿投）投加量为 1.68 g/L，30%的 H_2O_2 投加量为 2.05 g/L，曝气搅拌。

③ 二级芬顿反应池。设计参数同一级芬顿反应池，30%的 H_2O_2 投加量为 0.75 g/L，曝气搅拌。

④ 絮凝反应池。设计尺寸同一级芬顿反应池，投加 NaOH（湿投）调节 pH 值至 9～10，PAM（湿投）投加量为 7.5 mg/L，曝气搅拌。

(3) 一体化生化反应池　一体化生化反应池（钢制防腐，地上式）设计尺寸为 10.0 m×3.0 m×4.0 m，有如下结构。

① 水解酸化池。有效容积为 35.0 m^3，设置弹性多孔 PVC 填料，内部设回流装置，曝气搅拌。

② O 级生化池。有效容积为 45.0 m^3，池内设生物挂膜组合填料，曝气采用微孔曝气器；回转式鼓风机 2 台（1 用 1 备），风量为 2.41～2.18 m^3/min，压力为 10～50 kPa，功率为 4.0 kW，该设备与上述曝气搅拌系统共用；另设氮源（尿素）投加装置 1 套。

③ 二沉池。有效容积为 1.0 m^3，设污泥回流泵 2 台（1 用 1 备），$Q=15\ m^3/h$，$H=50\ kPa$，$N=0.55\ kW$。

④ 中间水池。有效容积为 15.0 m^3，池内设液位控制器 1 套。

20 世纪 90 年代，我国将“可持续发展”确立为国家战略。实施跨世纪绿色工程规划，向环境污染和生态破坏宣战，启动三河（淮河、海河、辽河）、三湖（滇池、太湖、巢湖）等重大污染治理工程，持续推进“三北”防护林体系、天然林保护等生态保护重大工程。进入新世纪，党中央提出“科学发展观”、建设“资源节约型、环境友好型”社会，将主要污染物排放总量和单位 GDP 能耗下降比例纳入经济社会发展约束性指标，生态环境保护事业在科学发展中不断创新。

案例二　某印染废水处理工程介绍

某印染厂地处无锡市，是一家中型的纺织印染企业之一，年印布 2000 多米。印染加工的 4 个工序都要排放废水：预处理阶段（包括烧毛、退浆、漂白、丝光等工序）要排出退浆废水、煮炼废水、漂白废水和丝光废水，该厂使用的浆料主要有改性淀粉浆料和 PVA 浆料，这些前处理废水碱性强、浓度高；漂染工序排放染整废水，该工序废水主要含有染料、助剂；印花工序排放印花废水和皂液废水；后整理工序则排放少量的清洗废水。该厂原有一套 2000 m^3/d 污水处理设施，由于设备的老化和生产工艺的更新，处理后的废水很难达到该地区综合污水处理厂接管标准，因此需要对此套设施进行升级改造来满足日益严格的污水排放标准。该厂原水水质如表 3-6 所示。

表 3-6　某印染行业原水水质

项目	COD/(mg/L)	BOD/(mg/L)	色度/倍	pH 值	SS/(mg/L)
原水水质	3000	800	600	7～8	350
要求达标水质	500	300	64	6～9	≤150

依据废水的水质水量，设计工艺路线如图 3-39 所示。虚线框内为新增设备，框外生化沉淀池、混凝反应池、格栅、调节池为改造设备。

改造后主要构筑物包括调节池、水解酸化池、接触氧化池、混凝反应池、管道混合器、加药系统和物化沉淀池等。其中在接触氧化池内投入粉末活性炭（PACT），可起到吸附和提高 COD 去除率的效果。

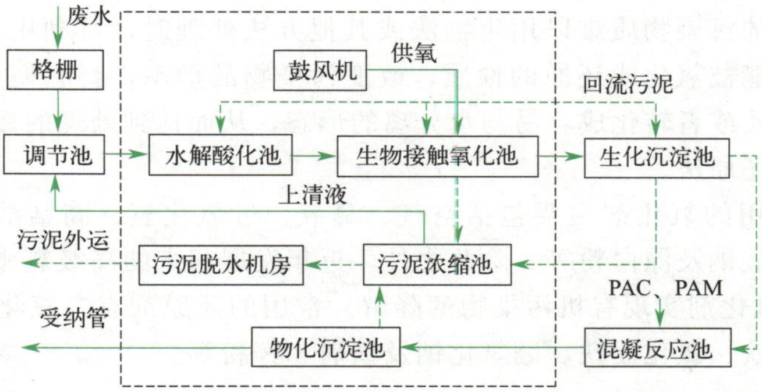

图 3-39 废水处理工艺流程图

针对纺织染整企业综合废水水质的特点，该项工程改造了原处理设施的部分构筑物，采用了“水解酸化＋接触氧化”生化工艺，保证了出水水质达标。经过 4 个月调试，工程运行结果显示，出水水质优于《纺织染整工业水污染物排放标准》（GB 4287—2012）中三级排放标准的要求，污泥减量化效果良好，完全符合纳管要求。

《中共中央国务院关于深入打好污染防治攻坚战的意见》指出，良好生态环境是实现中华民族永续发展的内在要求，是增进民生福祉的优先领域，是建设美丽中国的重要基础。党的十八大以来，党中央全面加强对生态文明建设和生态环境保护的领导，开展了一系列根本性、开创性、长远性工作，推动污染防治的措施之实、力度之大、成效之显著前所未有，污染防治攻坚战阶段性目标任务圆满完成，生态环境明显改善，人民群众获得感显著增强，厚植了全面建成小康社会的绿色底色和质量成色。同时应该看到，我国生态环境保护结构性、根源性、趋势性压力总体上尚未根本缓解，重点区域、重点行业污染问题仍然突出，实现“碳达峰”“碳中和”任务艰巨，生态环境保护任重道远。

任务一 芬顿氧化系统运维操作

任务描述

通过知识明晰部分的学习，了解高级氧化技术的种类、芬顿氧化技术的基本原理和技术类型；在能力要求部分，进一步掌握芬顿工艺对操作条件的要求及影响因素，熟悉芬顿氧化安全操作规程；在巩固与拓展中，通过小组任务，完成芬顿氧化法处理工业废水效率分析，总结出芬顿氧化工艺在不同类型工业废水处理工艺流程中的位置和作用，完成知识与技能的融合。

学习本任务可以采取线上、线下相结合的形式，可以通过理论知识学习强化必备知识掌握，通过数据的收集、整理和分析，提升实践动手能力。

知识明晰

一些有毒有害的污染物质难以用生物法或其他方法处理时，可利用它们在化学反应过程中能被氧化或还原的性质，改变污染物的形态，将它们变成无毒或微毒的新物质或者转化成容易与水分离的形态，从而达到处理的目的，这种方法称为氧化还原法。

化学氧化法

废水处理中常用的氧化剂主要包括空气、臭氧、过氧化氢、高锰酸钾、氯气、液氯、次氯酸钠及漂白粉等。除此之外，近年发展起来的高级氧化技术是以羟基自由基（·OH）作为氧化剂实现有机污染物的降解。常用的还原剂有二氧化硫、亚硫酸钠、亚硫酸氢钠、硫酸亚铁、氯化亚铁、硼氢化钠及铁屑、锌粉等。

一、高级氧化技术

高级氧化技术是运用电、光辐照、催化剂等手段进行氧化，有时还与氧化剂（如 H_2O_2，O_3 等）结合，在反应中产生活性极强的自由基（如·OH），诱发一系列的自由基链反应，通过自由基与有机化合物之间的加合、取代、电子转移、断键等，使水体中的大分子难降解有机物氧化降解成低毒或无毒的小分子物质，甚至直接降解成为 CO_2 和 H_2O，接近完全矿化。

常用的高级氧化技术见图 3-40。

高级氧化技术
- 光化学氧化技术
- 电化学氧化技术
- 催化氧化技术
- 湿式氧化技术
- 超临界水氧化技术
- 光催化氧化技术
- 超声波氧化技术
- 微波氧化技术
- 辐照技术
- Fenton(芬顿)氧化技术

图 3-40　常用的高级氧化技术

二、 Fenton（芬顿）氧化技术

Fenton（芬顿）氧化技术在众多相关的污水处理技术中被认为是最有效、最简单且经济的方法之一。1894 年，芬顿在研究酒石酸分解时发现：加入亚铁离子（Fe^{2+}）可加强 H_2O_2 的氧化能力，可氧化许多种有机物，因此便将此两种试剂合称为 Fenton 试剂，并在实际中得到应用，形成一种处理污水的工艺。

典型的 Fenton 试剂是由 Fe^{2+} 催化 H_2O_2 分解产生·OH，从而引发有机物的氧化降解反应。同时，Fe^{2+} 离子氧化成 Fe^{3+}，Fe^{3+} 有混凝作用，也可去除部分有机物。因此，Fenton 氧化技术在水处理中的主要作用包括对有机物的氧化和混凝两种作用，其被认为是相关污水处理技术中最有效、最简单经济的方法之一。

Fenton 法反应条件温和，设备也较为简单，适用范围比较广，既可作为单独处理技术应用，也可与其他处理过程（如生物法、混凝法等）相结合。

1. 基本原理

Fenton 法的基本反应可分为以下三个阶段。

（1）第一阶段：过氧化氢与亚铁离子的接触反应　该阶段产生羟基自由基，最佳的操作条件为酸性。反应式如下：

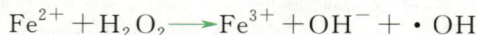

$$Fe^{2+} + H_2O_2 \longrightarrow Fe^{3+} + OH^- + \cdot OH$$

（2）第二阶段：过氧化氢、亚铁离子、有机物与羟基自由基的竞争阶段　大部分有机物

对羟基自由基竞争强于亚铁离子，而亚铁离子又强于过氧化氢。但三者会因其本身浓度高低改变其竞争强度，因此需控制添加的浓度比例。

（3）第三阶段：H_2O_2-Fe^{2+} 和 H_2O_2-Fe^{3+} 两系统转换阶段　该阶段可调控过氧化氢与亚铁离子添加比例，使有机物能在两系统转换被分解，其关键是通过 Fe^{2+} 在反应中起激发和传递作用，使链反应能持续进行直至 H_2O_2 耗尽。

2. 类 Fenton 法

普通 Fenton 法存在两个致命的缺点：一是不能充分矿化有机物；二是 H_2O_2 的利用率不高，致使处理成本很高。针对上述问题，人们把紫外线、电化学甚至超声波引入到 Fenton 反应体系中，并研究采用其他过渡金属替代 Fe^{2+}，这些方法可显著增强 Fenton 试剂对有机物的氧化降解能力，并可减少 Fenton 试剂的用量，降低处理成本，被统称为类 Fenton 法。

芬顿反应原理

（1）UV-Fenton 法　UV-Fenton 法实际是 Fe^{2-}/H_2O_2 与 UV/H_2O_2 两种系统的结合，该体系中紫外线和亚铁离子对 H_2O_2 的催化分解存在协同效应，可降低 Fe^{2+} 的用量，提高 H_2O_2 利用率，而且有机物在紫外线作用下也可部分降解。在氧化剂投加量相同的条件下处理难降解有机物，该体系的处理效果明显优于普通 Fenton 法。

UV-Fenton 法的基本原理类似于 Fenton 试剂，所不同的是反应体系在紫外线的照射下 Fe^{3+} 与水中 OH^- 的复合离子可以直接产生·OH 并产生 Fe^{2+}，Fe^{2+} 可与 H_2O_2 进一步反应生成·OH，从而加速水中有机污染物的降解速度。

此方法的优点是：在系统中引入可见光或紫外线，可以提高对有机污染物的处理效率和降解程度，提高 H_2O_2 的利用率，减少铁离子的流失；提高了有机物的矿化程度；紫外线和 Fe^{2+} 对 H_2O_2 的催化分解存在着协同效应，分解速率加大；在紫外线的照射下，Fe^{2+} 和 Fe^{3+} 能持续保持着高效良好的循环反应，提高了反应速率。该法存在的主要问题是太阳能利用率不高，能耗大，设备费用高，一般只适宜于处理中低浓度的有机废水。

（2）电-Fenton 法　电-Fenton 法的实质是将用电化学法产生的 Fe^{2+} 与 H_2O_2 作为 Fenton 试剂的持续来源，可以分为两种形式：一种是在微酸性溶液中利用阴极上生成的 H_2O_2 与投入的可溶性亚铁盐进行 Fenton 反应，从而实现了电化学与 Fenton 试剂的结合，这种方法所用的电极多为石墨、网状玻璃碳、碳-聚四氟乙烯等；另一种是在阳极生成亚铁离子（Fe^{2+}），然后投放 H_2O_2 进行 Fenton 反应。

电-Fenton 法较光-Fenton 法具有自动产生 H_2O_2 的机制、H_2O_2 利用率高、有机物降解因素较多（除羟基自由基的氧化作用外，还有阳极氧化、电吸附）、不易产生中间毒害物等优点；但电-Fenton 法的电流效率较低，这限制了它的广泛应用。

（3）超声-Fenton 法　超声-Fenton 法作用机理一方面是超声波的空化作用产生的局部高温高压，对水中污染物直接产生热解作用；另一方面是在高温高压环境下产生的强氧化电位羟基自由基，对水中污染物有氧化作用。通常单独使用超声波对污染物的降解和矿化作用有限，利用超声波强化 Fenton 反应可提高对有机污染物的去除效果。超声波与 Fenton 体系耦合的主要优势有：①提高·OH 的生成速率；②强化传质效率；③强化 Fe^{2+} 生成速率。

超声-Fenton 法具有操作过程简单、反应物易得、处理成本低等优点，在去除有毒有害及难降解有机废水方面具有极大潜力。但由于能量转化效率和能耗的关系，去除有机物的能耗较高，还未在实际中大规模应用。

(4) 改性 Fenton 法　在研究 Fenton 法中发现，除了 Fe^{2+} 能催化 H_2O_2 分解产生出·OH 外，其他的一些过渡金属离子如 Mn^{2+}、Cu^{2+}、Co^{2+} 等也可以加速或替代 Fe^{2+} 起到这种催化作用，从而实现氧化并去除有机污染物；金属离子能促进 H_2O_2 的分解反应是因为产生了高活性的游离基。

同时，针对常规 Fenton 法 H_2O_2 消耗大、Fe^{2+} 易流失的问题，用活性炭、沸石等吸附剂作为催化剂 Fe^{2+} 的载体，将具有催化功能的 Fe^{2+} 负载并固定于这些多孔介质载体上，使 Fe^{2+} 不会过多地随水流失，提高其重复利用率，同时 H_2O_2 的用量有所降低，进一步加强常规 Fenton 法的经济性及实用性。

Fenton 工艺作为一种高级氧化技术，在焦化废水、垃圾渗滤液、印染废水和农药污水等高浓度、难降解和有毒有害工业有机废水的处理中被广泛应用。另外，一些工业废水经物化、生化处理后，水中仍残留少量的生物难降解的有机物，当水质不能满足排放要求时，可采用 Fenton 法对其进行深度处理。

3. Fenton 法的优点

① 亚铁盐和过氧化氢具有水溶性，反应快且成本较低；

② 过氧化氢会自行分解成 H_2O 与 O_2，其对环境造成的次生危害不大；

③ 能处理微生物难以分解的有机毒物，可以作为预处理过程，提高污水的可生化性。

芬顿氧化技术

4. Fenton 法在废水处理实际工程中的应用

Fenton 法在废水处理实际工程中的应用方法一般有两种：一种是把 Fenton 法单独作为一种工艺方法应用到有机废水处理当中，发挥其具有的极强氧化能力去除废水中的难降解物质，达到去除 COD、色度及其他污染物指标的目的；另一种是将 Fenton 法和其他处理方法联用，利用 Fenotn 法先将难降解有机物中有毒性物质氧化成完全的或部分的产物，即便不能完全氧化，但其产物相比最初时的毒性已经降低，可生化性也有所提升，更有利于下个阶段的处理。在实际工程中运用比较多的是将 Fenton 法和其他工艺处理方法联合使用，应用在废水的深度处理和预处理单元。一些工业废水经物化、生化两级处理后，水中的生物难降解有机物仍不能被去除，水质无法满足排放要求，这时便可采用 Fenton 法对其进行深度处理。当 Fenton 法被应用于废水预处理单元时，即向废水中投加适量的 Fenton 试剂，使难降解的大分子有机物发生部分氧化，转化成分子量较小的中间产物，从而可以提高废水生化性，再通过生化法或混凝沉淀法加以去除，以达到净化水质和达标排放的目的。

能力要求

一、Fenton 工艺对操作条件的要求

① pH 值 2～4 为 Fenton 工艺反应的最佳范围。

② 在反应过程中，需加入过氧化氢，若 pH 值太高，Fe^{2+} 会变成 $Fe(OH)_3$ 而沉淀。而 $Fe(OH)_3$ 催化 H_2O_2 在反应过程中分解成 O_2，若 O_2 浓度过高，可能会产生危险。

③ 反应速率随温度上升而增加，但是温度高于 40～50 ℃之后，H_2O_2 会加速分解为 O_2 和 H_2O。Fenton 工艺多控制温度在 20～40 ℃。

④ 一般情况下，铁在水中的浓度通常为 Fe^{2+} ：H_2O_2 =1：(5～10)（质量比），若铁离

子的浓度小于 25～50 mg/L，则其反应所需时间较长，需要 10～24 h。

二、影响 Fenton 工艺的因素

1. 亚铁离子浓度

在 Fenton 氧化工艺的反应中，Fe^{2+} 主要是扮演着催化过氧化氢的角色。若溶液中没有 Fe^{2+} 当触媒，就没有羟基自由基的生成。一般分解反应会随亚铁离子的浓度增加而加快，Fe^{2+} 浓度应维持在亚铁离子与其反应物的质量比为 1∶(10～50)。同时 Fe^{2+} 在 Fenton 氧化中亦具有混凝的功能，因此过量的 Fe^{2+} 加入将会造成过度的混凝，降低氧化处理的效果。反应式为：

$$Fe^{2+} + \cdot OH \longrightarrow Fe^{3+} + OH^-$$

2. 过氧化氢浓度

随着过氧化氢添加量的增加，有机物的氧化效果亦将随之提高，并且过氧化氢的添加浓度不同，分解生成的产物将会有所差异。在过氧化氢浓度较高的情况下，其氧化反应产物更接近于最终产物；但过氧化氢浓度过高时，反而会使过氧化氢与有机物竞争羟基自由基，造成反应速率可能不如预期。

当 Fenton 氧化工艺系统中过氧化氢浓度远高于亚铁离子浓度时，Fenton 法所产生的羟基自由基会与过氧化氢自由基（$HO_2\cdot$）反应产生系列反应，且三价铁离子会与 $HO_2\cdot$ 进行氧化还原反应，生成 O· 自由基。

自由基达到稳定浓度所需反应时间随加药量的增加而增加。若以连续的方式加入低浓度的过氧化氢，减少因为过氧化氢初始浓度过高所导致的抑制效应，也可得到较好的氧化效果。

3. 反应温度

反应温度在 20 ℃以下时，有机物的氧化速率将会随温度升高而加快。但反应的温度升高至 40～50 ℃时，Fenton 反应速率减慢可能是因为过氧化氢的自行分解作用。当过氧化氢浓度超过 10～20 g/L 时，应综合考虑经济与安全因素，谨慎选择适当的温度。一般工业应用通常设定反应温度为 20～40 ℃。

4. 污水 pH 值

pH 值在 2～4 的范围内时，有机物分解速率较快。当 pH 值大于 4 时，形成三价铁复合物，会妨碍 Fe^{2+} 催化过氧化氢生成羟基自由基的反应，影响后续生成的 Fe^{3+} 与 H_2O_2 反应生成 Fe^{2+}，因此有机物的分解速率明显减慢。pH 值小于 2 时，Fe^{2+} 与 H_2O_2 作用生成羟基自由基的反应减弱，而进行 $H_2O_2 + H^+ \longrightarrow H_3O_2$ 的反应，因此 pH 值小于 2 时难以进行有机物的分解反应。

5. 反应时间

在反应的初始阶段，反应时间越长，COD 和色度的去除效率越高，达到一定时间后 COD 的去除率和色度去除率逐渐趋于一个稳定的值，直至反应最后结束。

流化床-Fenton 法深度处理造纸废水工程应用

三、 Fenton 法技术参数

有关资料给出有机精细化工废水的一些 Fenton 工艺处理污水的设计参数或运行参数，见表 3-7。

表 3-7　Fenton 工艺处理污水的设计参数或运行参数

应用形式	水量与水质	参数
预处理	污水量为 100 m^3/d，COD 为 6000 mg/L、BOD_5 为 2500～3000 mg/L、pH 为 2～3、废油为 2～5 g/L	有效容积 20 m^3，停留时间 3 h，试剂按 Fe^{2+} ∶ H_2O_2（物质量比）＝1∶20～30 配比；Fe^{2+} 浓度在 75～150 mg/L，pH 值控制在 2～3，反应器采用穿孔管曝气，双氧水浓度＜0.1%
预处理	污水量为 1000 m^3/d，含有苯系列物质、氯甲烷系列物质	$L\times B\times H=6.0\ m\times5.5\ m\times4.5\ m$，钢混凝土结构，停留时间 2.5 h（含 pH 调整区），采用穿孔管曝气
后处理	污水量约为 800 m^3/d，处理站改造后的设计水量按 960 m^3/d 考虑	Fenton 反应池为钢筋混凝土结构，内壁涂专用防腐涂料；平面尺寸 6 m×6 m，池深 5 m，有效水深 4.5 m，有效容积 162 m^3，水力停留时间 4.1 h；鼓风机供气，进行气体搅拌混合，同时充氧；鼓风机供气量为 80 m^3/h，气水比为 2∶1，主要用于色度的去除
预处理	高浓度污水量约为 18 m^3/d，低浓度污水量约为 1200 m^3/d，污水的总量约为 1380 m^3/d；水中污染物主要是多环芳烃等难以降解的大分子物质	半地上式，钢筋混凝土结构，分为 pH 调节区、芬顿氧化槽和中和区，尺寸为 8.8 m×2.0 m×4.5 m，设置回流泵
后处理	污水量约为 480 m^3/d，进水 COD 为 25000 mg/L，难生化处理	Fenton 池 1 座，玻璃钢结构，有效容积 40 m^3，HRT 为 2 h，设有顶装式搅拌机和在线 pH 仪以及 ORP 控制仪，保持 pH 为 3.5 左右
预处理	380 m^3/d，进水 COD 为 6000 mg/L，色度 1500 倍	3 座 3.2 m×3.2 m×2.5 m，串联使用，防腐采用 3 层环氧树脂和两层玻璃布交替处理；上设搅拌装置，转速 1～2 r/s

四、 Fenton 氧化安全操作规程（以传统 Fenton 法为例）

Fenton 法应用案例

（一）运行前的检查

① 按照各设备的操作规程检查硫酸、硫酸亚铁、双氧水、熟石灰等加药系统是否正常，药液是否充足；

② 检查 Fenton 池搅拌机是否正常；

③ 检查各仪表是否正常；

④ 检查电控系统是否正常。

（二）运行中的注意事项

① 现场各加药系统手动阀门处于开启状态；

② 按照工艺要求设置好各搅拌机运行频率、加酸 pH 值、出水 pH 值；

③ 依次启动搅拌机，并达到设定频率；

④ 开启浓硫酸加药泵，使该泵根据设置的加酸 pH 值自动运行，熟石灰投加螺杆泵则根据出水 pH 值自动运行和调整频率；

⑤ pH 值达到设定值后，按工艺要求开启双氧水和硫酸亚铁加药泵。

（三）停机

① 停止浓硫酸加药泵；

② 停止浓硫酸投加后，pH 值为 7 左右时停止投加双氧水、硫酸亚铁；

③ 等各加药系统停止运行后及时关闭各药品储罐、溶药池的出口阀门，硫酸亚铁、熟石灰投加系统的管路要用清水冲洗 30 min 左右，以免药液沉淀造成管路堵塞。

巩固与拓展

巩固知识：

芬顿氧化系统运维操作练习题

拓展训练：分析芬顿氧化工艺处理工业废水的效率

以小组为单位，分别收集不同行业使用芬顿氧化工艺处理废水的工程案例，分析芬顿氧化工艺在整个废水处理工艺流程中的位置和作用，并对其处理效率进行汇总分析，小组讨论后汇总结论，形成总结报告。

任务二　臭氧氧化系统运维操作

任务描述

通过知识明晰部分的学习，了解臭氧氧化的机理和工艺系统，熟悉臭氧的反应特性和联用技术；在能力要求部分，进一步掌握臭氧发生器的日常维护保养和臭氧化系统的主要操作参数；在巩固与拓展中，通过小组任务，完成臭氧氧化处理工艺的工业废水处理效率分析，总结出臭氧氧化工艺在不同类型工业废水处理工艺流程中的位置和作用，完成知识与技能的融合。

学习本任务可以采取线上、线下相结合的形式，通过理论知识学习强化必备知识掌握，通过数据的收集、整理和分析，提升实践动手能力。

知识明晰

一、臭氧氧化法

臭氧，分子式为 O_3，氧的同素异形体，是一种带有刺激性特殊臭味的气体，常温下呈淡蓝色。臭氧化学性质活泼，非常不稳定，在常温下即可分解成氧气，接触到热、光、水、有机物等容易分解。在含有杂质的水溶液中能快速分解，而在纯水状态下分解速度较慢。

臭氧及其在水中分解的中间产物羟基有很强的氧化性，可分解一般氧化剂难以破坏的有机物，而且反应完全、速率快，可达到降低COD浓度、杀菌、增加溶解氧、脱色除臭、降低浊度等多个目的，在水处理中应用广泛。

（一）臭氧的氧化机理

臭氧和废水中的有机物以直接和间接两种方式进行反应。直接反应指的是臭氧分子直接和有机物分子进行反应，间接反应是指臭氧分子先分解，产生自由基后再与有机物进行反应。因此，液相溶解臭氧有三种去向，第一是直接从溶液里逸出，第二是分解产生自由基，第三是和溶液里的有机物污染物发生氧化反应。臭氧在水中发生的反应为：

$$O_3+2H^++2e^-\longrightarrow O_2+H_2O$$

$$O_3+H_2O+e^-\longrightarrow O_2+2OH^-$$

由以上可知，pH 值的大小对臭氧的还原反应影响很大。一般在酸性环境下臭氧的直接氧化反应占主导地位，而在碱性条件下间接反应占主导地位，而在中性条件下两种途径都会产生作用。

臭氧氧化法

（二）臭氧的反应特性

1. 不稳定性

臭氧不稳定，在空气中容易缓慢连续自行分解成氧气并释放热量。臭氧在空气中的分解速度与臭氧浓度、温度和催化剂等因素有关。浓度为 1%以下的臭氧，在常温常压的空气中分解半衰期为 16 h 左右。随着温度的升高，分解速率加快。臭氧浓度越高，分解也越快。臭氧在水中的分解比在空气中快得多。MnO_2、PbO_2、Pt、C 等催化剂的存在或经紫外线辐射都会促使臭氧分解。

2. 氧化特性

臭氧的氧化还原电位为 2.07 V，是一种仅次于氟（氧化还原电位 2.87 V）的强氧化剂，可以和许多物质进行作用。在工业废水处理中，臭氧可氧化多种污染物质，将其分解成无害物质，如分解二噁英、有机氯化物（PCB）、酚、氯氟烃及 BOD、COD 等污染物，生成碳、氮、硝酸、硫酸等无害物质；也可将水中 Fe^{2+}、Mn^{2+} 等无机物质氧化成不溶于水的氧化物后去除。

3. 脱色特性

有机色团多为双键结合的不饱和化合物，水中的 O_3 极易双键断裂后脱去颜色，因此臭氧具有极强的脱色能力。

4. 杀菌特性

臭氧与细胞膜接触时，破坏了细胞膜上酶的功能，使膜的选择透过性变差，进而使细胞膜受损伤，促使其死亡。臭氧对氯产生抗药性的过滤病原体及原生动物等有着广谱性杀菌作用，又不会使细菌产生耐药性。

5. 除臭特性

水处理过程中常伴有恶臭产生，恶臭的分子结构中常有—SH、═S、—NH_2、—OH、—CHO 等官能团。臭氧易与这些物质反应，具有较强的除臭特性。

（三）臭氧的制备

由于臭氧不稳定，通常在现场随制随用。制备臭氧的方法较多，有化学法、电解法、紫外光法、介质阻挡放电法等。工业化应用的臭氧制备方法主要是介质阻挡放电法。

介质阻挡放电法，也称无声放电法（简称 DBD 法），具有能耗相对较低，单机臭氧产量大，气源可用干燥空气、氧气或含氧浓度较高的富氧气体等优点。

湿式氧化法

DBD 法产生臭氧的原理结构及装置如图 3-41 和图 3-42 所示。

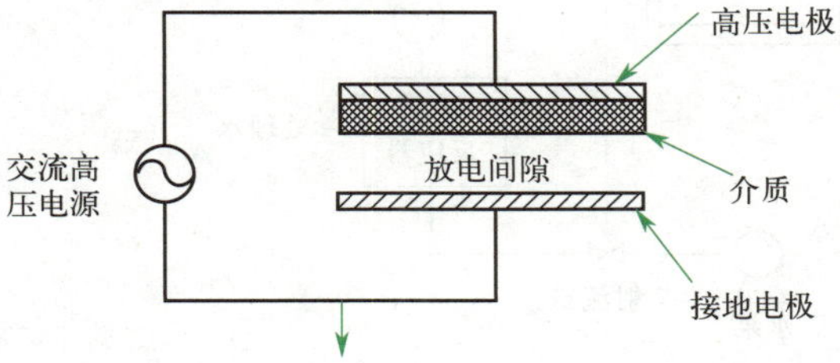

图 3-41 介质阻挡放电电极结构图

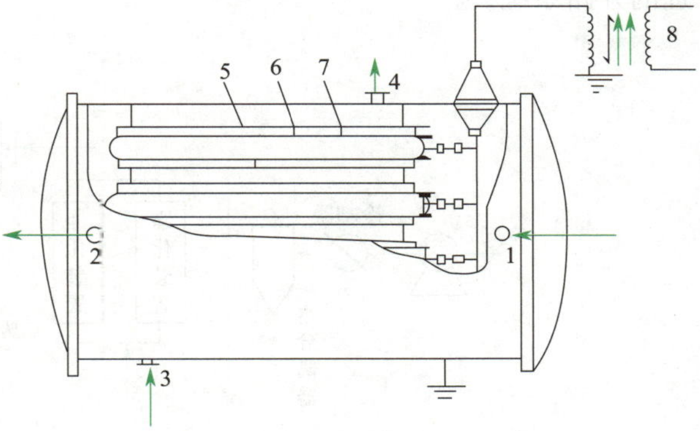

图 3-42 管式（卧式）臭氧发生器

1—空气或氧气进口；2—臭氧气体出口；
3—冷却水进口；4—冷却水出口；5—不锈钢管；
6—放电间隙；7—玻璃管；8—变压器

DBD 法指在一对高频高压交流电之间（间隙 1～3 mm）形成放电电场，由于介电体的阻碍，只有极小的电流通过电场，即在介电体表面的凸点上发生局部放电。因不能形成电弧，只能形成电晕，因此又称电晕放电法或无声放电法。当氧气或空气通过放电间隙时，电晕中的自由高能离子离解为 O_2 分子，经碰撞聚合为 O_3 分子。其反应如下：

$$O_2+e^- \longrightarrow 2O+e^-$$

$$3O \longrightarrow O_3$$

$$O_2+O \rightleftharpoons O_3$$

上述可逆反应表示生成的臭氧又会分解为氧气，分解反应也可能按下式进行：

$$O_3+O \longrightarrow 2O_2$$

分解速率随臭氧浓度增大和温度升高而加快。在一定浓度和温度下，生成和分解会达到动态平衡。

采用空气制得的臭氧气体中的臭氧浓度一般为 2%～3%（质量分数），且臭氧浓度调节较困难；而用氧气制得的臭氧气体中的臭氧浓度一般为 6%～14%（质量分数），且臭氧浓度调节非常容易。

用 DBD 法制备臭氧的理论比电耗为 0.95 kW·h/kg O_3，而实际电耗大得多。单位电耗的臭氧产率，实际值仅为理论值的 10%左右，其余能量均变为热量，使电极温度升高。为了保证臭氧发生器能正常工作和抑制臭氧热分解，必须对电极进行冷却，常用水作为冷却剂。

实际工程应用中，DBD 臭氧发生装置主要由气源系统、电源系统、冷却系统和控制系统组成。

二、臭氧处理工艺系统

污水的臭氧处理工艺主要有两类。一类是以空气或富氧空气为原料气的开路系统，把污水与臭氧气体送入接触反应器进行氧化，在处理过程中产生的废气可直接释放，系统流程简单。另一类是以纯氧或富氧空气为原料气的闭路系统。在闭路系统中，把接触反应器产生的废气又返回到臭氧制取设备，这样可提高原料气的含氧率，降低生产成本。但是废气在循环回用过程中，其氮含量将越来越高，为此可采取压力转换氮分离器来降低氮含量。图为 3-43 为臭氧处理的开路系统。

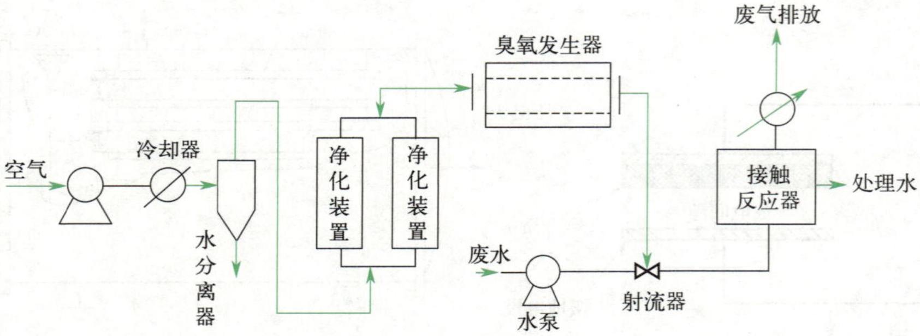

图 3-43 臭氧处理的开路系统

臭氧处理系统中最主要设施是接触反应器，它是臭氧与水中还原性污染物质进行反应的场所，其作用是促进气、水扩散混合，使气、水充分接触，迅速反应。应根据臭氧分子在水中的扩散速度以及污染物的反应速率来选择相应的形式。根据臭氧化空气与水的接触方式分类，臭氧接触反应器主要分为气泡式、水膜式和水滴式三类，此外还有机械搅拌式、喷射式等多种。

臭氧接触氧化设备-机械式

微孔扩散板式鼓泡塔如图 3-44 所示。臭氧化气从塔底的微孔扩散板喷出，以微小气泡上升，与污水逆流接触，塔中可装填改善水气接触条件的填料。该设备的特点是接触时间长，可较长时间保持一定的臭氧浓度，水力阻力小，气量容易调节，适合于处理含有烷基苯磺酸钠、焦油、COD、BOD_5、污泥、氨氮等污染物的废水。

臭氧接触氧化设备-扩散板式和喷射式

水膜式臭氧接触反应设备常用的是填料塔，如图 3-45 所示。液体的接触面积可达 200～250 m^2/m^3。废水的配水装置分布到拉西环和鞍状填料上，形成水膜沿填料表面向下流动，挟带臭氧的上升气流在填料间通过，并和废水进行逆向接触。填料塔设备小，且不论臭氧和水中杂质的反应快慢都能适应，但填料空隙较小，污水含悬浮物时易堵塞。

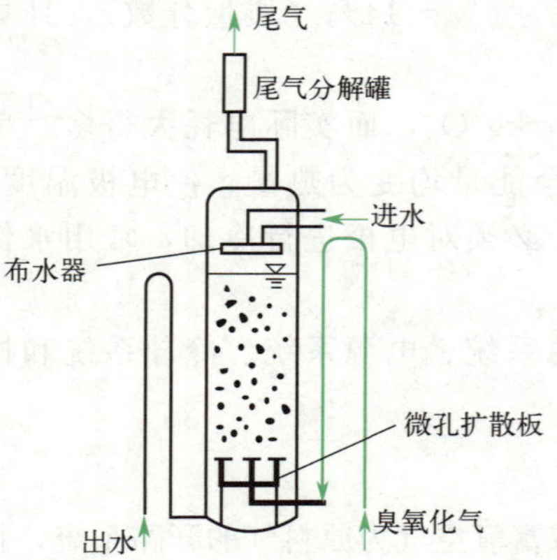

图 3-44 微孔扩散板式鼓泡塔示意图

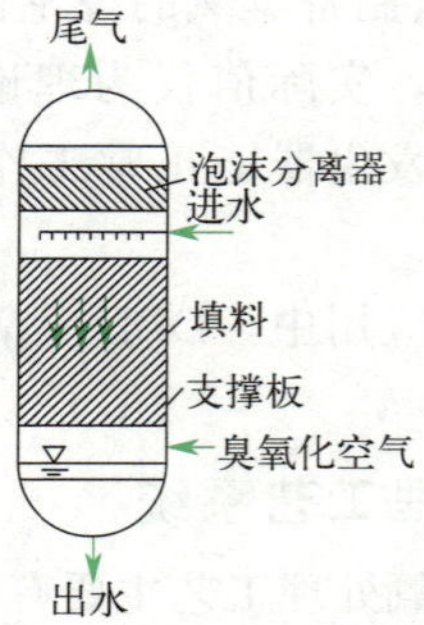

图 3-45 填料塔接触反应器示意图

水滴式臭氧接触反应设备常用的是喷雾塔，如图 3-46 所示。废水由喷雾头分散成细小水珠，水珠在下落过程中同上升的臭氧化空气接触，在塔底聚集流出，尾气从塔顶排出。这种设备结构简单，造价低，但对臭氧的吸收能力也低。另外喷头易堵塞，预处理要求高。

部分喷射式接触反应器如图 3-47 所示。反应器中高压污水通过水射器将臭氧吸入水中。该设备的特点是混合充分，但接触时间短，适合于处理含铁（Ⅱ）、锰（Ⅱ）、氰、酚、亲水性染料、细菌等污染物的废水。

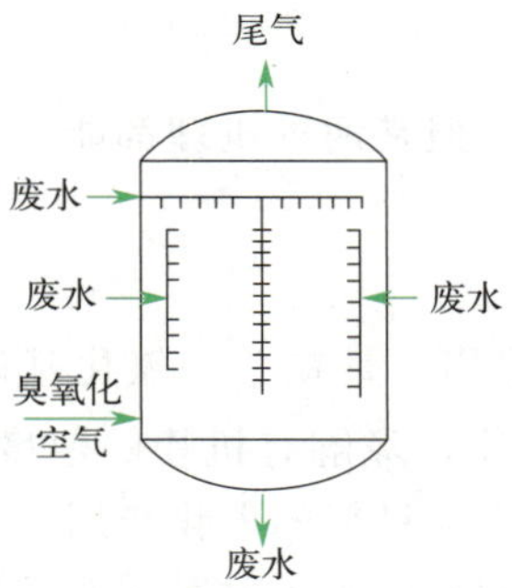

图 3-46　喷雾塔接触反应器示意图

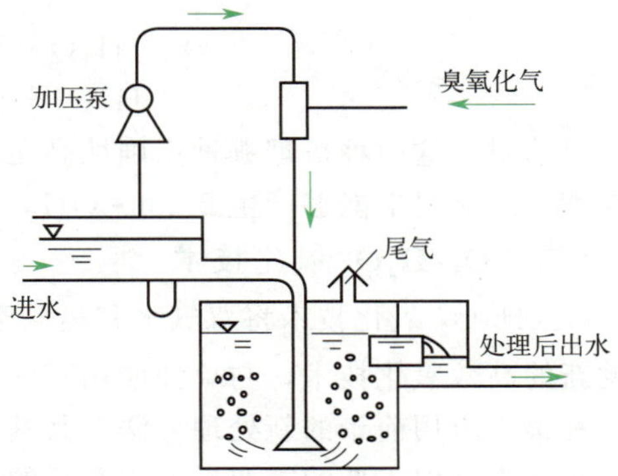

图 3-47　部分喷射式接触反应器示意图

三、臭氧的工艺应用

臭氧在水处理中具有多重作用，主要包括：消毒、杀菌、去除饮用水中微污染物；预氧化，提高水质生化性；去除色度和气味；深度处理废水，氧化有机物/无机物；水质调节等。

臭氧在工业废水处理中应用十分普遍，可用于含酚、含氰及印染等废水的处理。臭氧能使氰络盐中的氰迅速分解，其反应分为两步，先将剧毒的 CN^- 氧化为 CNO^-，之后再进一步氧化为 CO_2 和 N_2，这样能使有毒废水的毒性大幅度降低。臭氧对酚类化合物也有很好的处理效果，臭氧能快速氧化煤化工废水中所含有的酚和氰，降低 COD，提高可生化性，同时能够起到去除色度的作用。臭氧对除分散染料以外的所有染料废水都有脱色能力，可以破坏染料中的发色或助色基因，达到脱色效果。

臭氧应用于污水处理领域的最重要的方式是生物处理与臭氧工艺的结合。这种工艺组合的协同作用可以提高难降解有机物的可生物降解性，通过臭氧工艺与生物处理的结合，即使是污染度高的废水，如垃圾渗滤液或高负荷工业生产废水也可得到有效净化。

将混凝法或活性污泥法与臭氧化法联合，可以有效地去除色度和难降解有机物，紫外线照射可以激活 O_3 分子和污染物分子，加快反应速率，增强氧化能力，降低臭氧消耗量。

四、臭氧联用技术

目前各种高级氧化工艺都已在实际工程中应用开来，由于其处理各种废水时的显著效果，某逐渐成为国内外研究的热点之一。过去传统单一的氧化方法对有机污染物选择性太强，处理速度偏慢，若能将单一的氧化工艺和其他工艺结合起来使用，就可以产生高浓度的羟基自由基，提高有机物污染分解速率，进而加快氧化效率。比较常见的组合工艺有 UV/O_3、O_3/H_2O_2、$Ti/O_3/UV$ 和超声/O_3 等。当然，这些技术也有其各自的优缺点，联用技术会使操作复杂程度加大，提高了处理成本，而且对于不同的氧化工艺组合，去除效果也不一样，因此在使用时需要根据实际情况选择合适的工艺方法。

（一）UV/O_3 氧化技术

UV/O_3 氧化技术指的是把紫外线和臭氧结合在一起使用的一种新的工艺方法，在投加臭氧的同时伴随着紫外线的照射。此法的反应机理是利用臭氧在紫外线的照射下能够快速分解，产生活泼性极强的次生氧化剂跟有机物发生氧化反应，目前就自由基的产生机理问题有以下两种说法：

$$O_3 + h\nu \longrightarrow O\cdot + O_2$$
$$O\cdot + H_2O \longrightarrow 2\cdot OH$$

和

$$O_3 + H_2O + h\nu \longrightarrow H_2O_2 + O_2$$
$$H_2O_2 + h\nu \longrightarrow 2\cdot OH$$

目前对于这两种机理哪种正确性高还没有准确的定论，但是两种机理都能证明 1 mol 臭氧在紫外线照射下能够产生 2mol·OH。

（二）O_3/H_2O_2 氧化技术

O_3/H_2O_2 氧化技术将双氧水和臭氧两种氧化剂结合使用，是在单一氧化基础上发展起来的新的高效氧化技术，与单独使用其中一种氧化过程相比，降解有机物的速度显著提高，是一种很有应用前景的新处理方法。其基本原理是由双氧水与臭氧的催化作用产生羟基自由基，具有不会引入新的需要后处理杂质的优点，该方法起初被应用于对水质要求比较高的场景，如给水工艺，后来逐渐应用到高浓度工业废水的处理中。

（三）$Ti/O_3/UV$ 氧化技术

$Ti/O_3/UV$ 氧化技术利用紫外线照射作用于一些半导体光催化剂，比如用 UV 灯辐射 TiO_2、ZnO、CdS 等，诱发它们产生·OH，加强处理效果。若在此催化过程中加入 O_3，它们之间就会发生协同催化氧化作用，显著提升有机物的分解速率。TiO_2/UV 和臭氧联合作用时，臭氧有很强的亲电性，能够捕获到 TiO_2/UV 反应过程中所产生的光致电子（e），生成更多的·OH。

$Ti/O_3/UV$ 是一种新型的化学氧化技术，具有氧化能力强、处理成本低等优点，是目前国内外研究的热门。一般的氧化技术主要破坏具有生物毒性的芳香化合物结构，此法不仅提高了对芳香化合物的去除效果，处理饱和有机化合物时降解效果也十分理想。

（四）超声波/O_3 氧化技术

超声波通过超声空化作用可以强化臭氧氧化能力，提高臭氧利用率。主要有以下两个方面：

① 超声分散作用，水里的臭氧泡在超声波作用下破碎，这样就增加了比表面积，使其和废水的接触面积变大，氧化效果更强；

② 超声空化作用，超声波辐射水溶液时会产生大量气泡，这是因为液体内局部出现拉应力而形成负压，压强的降低使原来溶于液体的气体过饱和，变成小气泡从水溶液逸出。另一个原因是强大的拉应力把液体“撕开”成一空洞，称为“空化”。在液体中进行的超声处理技术大多与空化作用有关。

能力要求

一、臭氧发生器

（一）臭氧发生器的日常维护保养

光化学氧化法和光催化氧化法

① 臭氧发生器应始终置于干燥和通风良好的洁净环境内，并使外壳可靠

接地。环境温度：4～35 ℃；相对湿度：50%～85%（无冷凝状态）。

② 臭氧发生器的维护、保养必须在无电、无压力的情况下进行。

③ 定期检查各电气部分是否受潮，绝缘是否良好（尤其是高压部分），接地是否良好。

④ 如发现或怀疑臭氧发生器受潮，应对机器进行绝缘测试，采取干燥措施。必须在保证绝缘良好的状况下才能启动电源按钮。

⑤ 定期检查通风口是否通畅，有无覆盖现象。切勿堵塞或遮盖通风口。

⑥ 长期停机请切断电源。

⑦ 易燃易爆场所慎用。

（二）影响臭氧发生的主要因素

① 对单位电极表面积来说，臭氧产率与电极电压的平方成正比，因此，电压愈高，产率愈高；但电压过高很容易造成介电体击穿以及电极表面损伤，故一般采用15～20 kV的电压。

② 生产臭氧的浓度随电极温度升高而明显下降。为提高臭氧的浓度，必须采用低温水冷电极。

③ 提高交流电的频率可以增加单位电极表面积的臭氧产率，而且对介电体的损伤较小。一般采用50～500 Hz的频率。

④ 单位电极表面积的臭氧产率与介电体的介电常数成正比，与介电体厚度成反比。因此应采用介电常数大、厚度薄的介电体。一般采用1～3 mm厚的硼玻璃作为介电体。

⑤ 原料气体的含氧量若高，制备臭氧所需的动力则少，用空气和用氧气制备同样数量的臭氧所消耗的动力相比，前者要高出后者一倍左右。原料选用空气或氧气，需作经济比较决定。

⑥ 原料气中的水分和尘粒对过程不利，当以空气为原料时，在进入臭氧发生器之前必须进行干燥和除尘预处理。空压机采用无油润滑型，防止油滴带入。干燥可采用硅酸、分子筛吸附脱水，除尘可用过滤器。

（三）臭氧发生器操作规范

运行臭氧发生器应按照正确的操作规范进行。

1. 开机

① 首先检查电器线路是否可靠，高压接地装置是否完好，以防止触电事故发生。

② 将冷却水阀打开，适当调整流量。发生器在高压运行时，冷却水出口温度要控制在20 ℃以下。

③ 接通电源，控制柜电源指示灯亮；接通低压，空气干燥系统各电器元件开始工作。将调压变压器手轮按逆时针方向调至零位，为送高压做好准备。

④ 打开空气进口阀、空气流量控制阀、臭氧出口阀、开动空压机（空压机一般都要采用无油润滑空压机）。空气进口压力要求在4～6 kg、出口压力0.5 kg左右，要使出口压力稳定，先将减压阀压力调节在1 kg左右，后调整需要的空气流量和出口压力。调节时，应按逆时针方向缓缓旋动，开始工作时，空气流量可放大一些，用洁净的干空气吹10 min，将发生器放电单元里的灰尘及湿空气吹除（大中型臭氧发生器先要开启冷冻机）。

⑤ 接通高压，按顺时针方向缓缓旋转调压器的手轮，升压时要密切注视辉光情况和各仪器仪表的工作状况，每10 min电压提升一级。切不可将中压从零位迅速提至高位，按常规设计，一般不宜超过16000 V。

⑥ 每半小时后将各出水阀打开，让空气吹跑积水。

2. 停机

（1）暂时停机　将调压器手轮按逆时针方向调至零位，切断高压电源即可。

(2) 长时间停机(两小时以上) 按上述规定把高压降下来，维持低压系统工作10min，将残存在发生器放电单元里的微量臭氧化气体消除干净，关上循环冷却水，停止空压机工作，切断电源，各部位压力表指示到零时关闭好空气进口、臭氧出口阀，特别是冬天，要将冷却水和其他各部位的积水全部排空，防止结冰，冻坏部件。

(四) 臭氧发生器使用注意事项

① 臭氧发生器运行时，操作人员应该思想集中，认真观察各仪器仪表是否稳定在确定的数值上，如有变化，应立即调整或采取措施。要密切注视辉光情况，紫蓝色为正常现象，火花放电为异常现象，操作时不可靠近高压区。同时，还要做好运行期间的记录，以便分析和了解运行期间的规律情况。

② 在臭氧发生器操作规范里，严禁将压力一下子升得过高，这直接涉及到臭氧发生器的寿命。逐步提高电压的目的主要是与臭氧发生单元的空气密度、电离速度相适应。电压高，能够增加空气的电离速度，臭氧的产量、浓度会提高。不过，这对电极和介电体的要求也相应提高，就目前国内生产的臭氧发生器而言，由于受各种材料的限制以及试验范围不宽，电压一般都不宜超过16000 V，否则，臭氧的产量、浓度随着电压的升高而下降。

③ 切记设备保养或维修时一定要把电源断掉，并在臭氧泄气完全的状态下进行，确保人员安全。

④ 如发生臭氧泄漏的情况需要第一时间关闭臭氧发生器，并开启通风设备进行通风处理，之后及时退出臭氧发生器使用空间，等空间残余臭氧降至安全范围再进入。

(五) 使用臭氧时的注意事项

① 臭氧是一种有毒气体，对眼和呼吸器官有强烈的刺激作用。臭氧的嗅阈值为0.02 mL/m^3，如果浓度达到0.1 mL/m^3 时，就会刺激黏膜，浓度达到2 mL/m^3 时会引起中枢神经障碍。《工业场所有害因素职业接触限值 第1部分：化学有害因素》(GBZ 2.1—2019) 中规定 O_3 的最高允许浓度为0.3 mg/m^3。

② 臭氧极不稳定，在常温常压下容易自行分解成氧气并放出热量。在空气中，臭氧的分解速率与温度和臭氧浓度有关，温度越高，分解越快。臭氧在水中的分解速率比在空气中的分解速率要快得多，水中的羟基对其分解有强烈的催化作用，所以pH值越高，臭氧分解越快。因此臭氧不能储存和运输，必须在使用现场制备。

③ 臭氧具有强烈的腐蚀性，除铂、金、铱、氟以外，臭氧几乎可与元素周期表中的所有元素反应。因此凡与其接触的容器、管道、扩散器均要采用钛、不锈钢、陶瓷、聚氯乙烯塑料等耐腐蚀材料或做防腐处理。

④ 臭氧在水中的溶解度只有100 mg/L，因此通入污水中的臭氧往往不能被全部利用，为了提高臭氧的利用率，接触反应池最好建成5～6 m的深水池，或建成封闭的多格串联式接触池，并设置管式或板式微孔扩散器释放臭氧。

⑤ 臭氧投加时，臭氧出口阻力不能太大，否则会造成臭氧发生系统内压力过大，不仅易发生放电管破裂事故，也影响臭氧产生的效率。实际操作过程中应注意防止臭氧出口堵塞，尤其是采用臭氧接触塔的处理工艺，须定期检查布气板的工作情况。

二、臭氧氧化系统

(一) 臭氧氧化过程中的主要参数

1. 反应温度

反应温度的变化会促进或阻碍臭氧催化氧化进程，温度升高使化学反应速率提高，但温度过高也会降低臭氧在水溶液中的半衰期和溶解度。总的来说，温度越高，传质速率越快，反应速率越快；但是当温度过高时，臭氧的分解速率过快，反而会导致可用的臭氧减少，降低催化氧化效果。

2. pH

O_3 分子可直接“攻击”或者通过反应性强的·OH 来氧化有机物，反应类型取决于反应体系的 pH 值。溶液 pH 值的变化会显著影响臭氧的分解速率、催化剂的表面性质和羟基自由基的生成。许多研究表明，随着溶液 pH 值的增加，臭氧的分解速率也增加，从而产生更多的·OH。酸性条件下，H^+ 的大量存在使反应体系以臭氧直接氧化为主，其氧化能力较弱；碱性条件下，OH^- 会引发臭氧发生反应生成·OH，加速臭氧催化氧化速率，而当 OH^- 浓度过高时，自身又会发生猝灭反应，不利于氧化反应的进行。

（二）臭氧接触反应设备的运行与维护

① 将设备安装在干燥宽敞的地方，便于散热和维护。

② 臭氧输送管道及臭氧设备必须密闭，防止泄漏。在设备运行之前应检查其是否漏气，运行中一旦发生泄漏应立即关掉臭氧发生器电源，打开排风扇排出臭氧，再进行维修。

③ 臭氧接触塔在寒冷地区应设在室内，尾气处理后经排气管排出室外。

④ 应绝对防止臭氧接触塔的污水通过臭氧管回流到臭氧发生器。

巩固与拓展

巩固知识：

臭氧氧化系统运维操作练习题

拓展训练：臭氧氧化处理工业废水效率分析

以小组为单位，分别收集不同类型废水采用臭氧氧化工艺处理的工程案例，分析臭氧氧化工艺在整个废水处理工艺流程中的位置和作用，并对其处理效率进行汇总分析，小组讨论后汇总结论，形成总结报告。

任务三　活性炭滤池运维操作

任务描述

通过知识明晰部分的学习，了解吸附法的基本原理、分类及影响吸附效果的因素，掌握不同吸附类型在实际应用中的优劣；在能力要求部分，能够评估吸附效果，能够对活性炭滤池的运行状态进行监测和维护，及时发现并处理潜在问题，确保系统的稳定运行和高效处理；通过巩固与拓展，加深对活性炭吸附相关内容的理解和应用，提升实践操作能力。

知识明晰

一、吸附原理与类型

（一）吸附机理

吸附是利用多孔性固体材料将水中的一种或多种溶解及胶体物质富集在固体物质表面而使其去除的方法。具有一定吸附能力的固体材料称为吸附剂，被吸附的物质称为吸附质。吸附过程主要利用吸附剂对吸附质的高度亲和力和吸附质对水的疏水特性，其次是由于吸附质与吸附剂之间存在静电引力、范德华引力或化学键力。

吸附法

活性炭吸附原理图

（二）吸附类型

根据吸附质与吸附剂之间作用力的不同，液相吸附可分为三种类型：物理吸附、化学吸附和交换吸附（即离子交换）。

1. 物理吸附

物理吸附是吸附质与吸附剂之间通过分子引力（即范德华力）所产生的吸附，其主要特点有：

① 吸附反应不需要较高的活化能，因而可在低温下进行；

② 吸附可以呈单分子形式，也可以呈多分子形式；

③ 吸附一般没有选择性，同一种吸附剂可同时对多种物质产生吸附作用；

④ 吸附是可逆的，在吸附的同时，吸附质分子会因热运动而离开吸附剂表面，因此物理吸附饱和后的吸附剂容易再生。

2. 化学吸附

化学吸附是指吸附质与吸附剂之间通过化学键力所产生的吸附，其主要特点有：

① 吸附反应需要较高的活化能，因而要在较高温度下进行；

② 吸附只能是单分子层的；

③ 选择性较强，一种吸附剂只能对某种或某几种特定物质有吸附作用；

④ 吸附后吸附质与吸附剂之间结合较为牢固，不易脱附，吸附剂的再生比较困难。

3. 交换吸附

交换吸附是指离子态的吸附质与吸附剂表面的带电点之间通过静电引力而产生的吸附。在交换吸附过程中，吸附质离子先将原先固定在带电点上的离子（可交换离子）等量地置换出来，因此这一过程又称为离子交换过程。

在水或废水处理中，绝大多数吸附现象通常是上述三种吸附协同作用的结果，只不过由于吸附质和吸附剂性质不同，其中某种吸附起主要作用。

二、吸附平衡与速率

1. 吸附平衡

在一定温度条件下，将一定量的吸附剂与一定体积初始浓度已知的吸附质溶液混合，并使吸附剂与吸附质充分接触。经过一段时间后，吸附质在吸附剂表面上的吸附速率与已被吸附的吸附质从吸附剂表面脱附的速率相等，固体吸附剂表面及溶液中的吸附质的量不再发生变化，吸附过程达到了动态平衡，这种动态平衡称为吸附平衡。

达到吸附平衡时，吸附质在溶液中的浓度，称为平衡浓度。单位质量的吸附剂上所吸附的吸附质的量，称为平衡吸附量。平衡吸附量是衡量吸附剂对吸附质吸附效果的重要指标之一，平衡吸附量越大，吸附剂对吸附质的吸附效果越好。

2. 吸附速率

吸附速率是指单位质量的吸附剂在单位时间内所吸附的吸附质的量。它因吸附质、吸附剂的种类以及吸附剂表面状况的不同而异。在废水处理中，吸附速率决定了废水和吸附剂的接触时间，吸附速率越快，废水与吸附剂所需的接触时间越短，吸附装置的体积就越小。

3. 吸附等温式

描述平衡吸附量随吸附质的平衡浓度变化规律的曲线，称为吸附等温线。液相吸附等温线通常有四种类型，如图 3-48 所示。

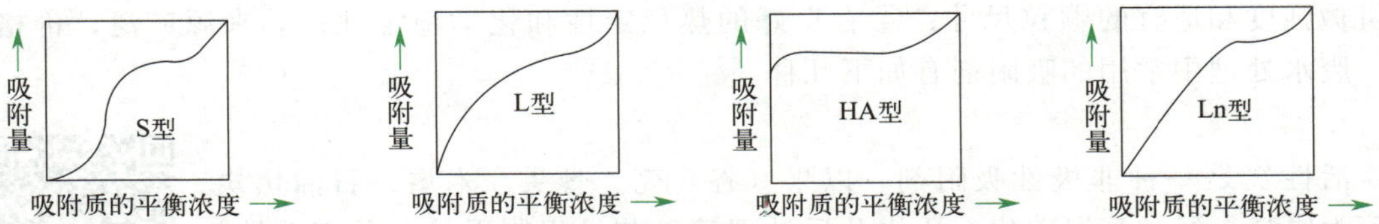

图 3-48　液相吸附等温线的类型

S 型吸附等温线反映出在低浓度时，吸附质不易被吸附，提高吸附质浓度后吸附易于进行，这说明吸附剂对吸附质的吸附能力较差。L 型吸附等温线是典型的 Langmuir（朗格缪尔）吸附等温线，它表明吸附质在吸附剂表面的吸附能力较强，并且吸附质容易取代吸附剂表面吸附的溶剂。HA 型（强吸附型）等温线表明在稀溶液中，吸附质能完全被吸附，反映出吸附剂对吸附质的吸附能力很强，而对溶剂的吸附能力很弱。Ln 型（直线型）等温线说明吸附质容易进入吸附剂内部结构中，吸附过程即为吸附质在吸附剂表面与溶剂之间的分配过程。

在以上四种形式中，S 型和 L 型最常见，而 Ln 型和 HA 型比较少。

三、影响吸附的因素

影响吸附的因素主要包括吸附剂结构、吸附质性质、吸附过程的操作条件等。

（一）吸附剂结构

吸附剂的物理化学性质影响吸附效果，极性分子（或离子）型的吸附剂易吸附极性分子；非极性分子型吸附剂易吸附非极性分子。吸附剂的比表面积越大，吸附能力越强，吸附容量也越大。吸附剂的颗粒大小主要影响它的吸附速率，小粒径的吸附剂具有较高的吸附速率。吸附剂内孔的大小和分布对吸附性能影响很大。孔径太大，表面积小，吸附能力差；孔径太小，则不利于溶质扩散，并对直径较大的分子起屏蔽作用。

（二）吸附质的性质

对于一定的吸附剂来说，由于吸附质性质的差异，吸附效果也不一样。吸附质在污（废）水中的溶解度对吸附有较大的影响。一般地，吸附质的溶解度越低，越容易被吸附，而不容易被解吸。吸附质浓度增加，吸附量也随之增加。

活性炭的吸附量随着有机物分子量的增大而增加。活性炭处理废水时，对芳香族化合物的吸附效果较脂肪族化合物好，不饱和链有机物较饱和链有机物好，非极性或极性小的吸附质较极性强的吸附质好。

（三）吸附过程的操作条件

（1）温度 吸附是放热过程，低温有利于吸附，升温有利于脱附。

（2）pH 值 溶液的 pH 值影响到溶质的存在状态（分子、离子、络合物），也影响到吸附剂表面的电荷特性和化学特性，进而影响到吸附效果。

（3）接触时间 在吸附操作中，应保证吸附剂与吸附质有足够的接触时间。一般接触时间为 0.5～1.0 h。

四、吸附剂及其再生

（一）吸附剂

凡是具有较大比表面积的多孔性物质都可作为吸附剂，但是符合工业应用要求的吸附剂还应具备如下特征：①吸附容量大，吸附选择性好；②容易再生，再生活性稳定；③有足够的机械强度和适宜的颗粒尺寸；④有良好的热稳定性和化学稳定性；⑤来源广泛，价格低廉。废水处理中常用的吸附剂有如下几种。

1. 活性炭

活性炭是一种非极性吸附剂，以果（谷）壳、骨头、木屑、石油焦炭、煤等为原料，经过高温碳化、活化及后处理等工艺过程制得的一种多孔性物质。其外观为暗黑色，有粒状和粉状两种。粉状活性炭吸附能力强、制备容易、成本低廉，但再生困难、不易重复使用；粒状活性炭吸附能力比粉状的低一些，生产成本较高，但再生后可重复使用，且操作管理方便。

活性炭图片

与其他吸附剂相比，活性炭具有巨大的比表面积和特别发达的微孔，其比表面积可高达 500～1700 m^2/g，所以活性炭的吸附能力强，吸附容量大。但是比表面积相同的活性炭，对同一物质的吸附容量有时也不同，这与活性炭内部结构和孔径分布有关，一般将孔径半径小于 2 nm 的称作微孔，2～50 nm 的称作过渡孔，大于 50 nm 的称为大孔。活性炭的微孔所占容积大约为 0.15～0.90 mL/g，表面积占总表面积的 95%以上；过渡孔容积大约为 0.02～0.10mL/g，表面积小于总表面积的 5%；大孔容积为 0.2～0.5 mL/g，而表面积仅为 0.2～0.5 m^2/g，对吸附的贡献微不足道，只起着为吸附剂的扩散提供通道的作用。活性炭的吸附容量主要受微孔控制，但在废水处理中，通常吸附质的直径较大，如某些着色物质分子直径在 3 nm 以上，这时微孔几乎不起作用，吸附容量主要取决于过渡孔。

2. 活性炭纤维

活性炭纤维（ACF）是继粉末状、粒状活性炭之后于 20 世纪 60 年代至 20 世纪 70 年代发展起来的第三代新型功能吸附材料。它是由 C、H、O 三种元素组成，主要成分是碳。碳原子以类似石墨微晶片层形式存在，约占总数的 60%。活性炭纤维具有含碳量高、比表面积大、微孔丰富且分布窄、吸附速率快、吸附容量大、再生容易等优异的吸附脱附性能。活性炭纤维的比表面积一般可达 1000～1600 m^2/g，微孔体积占总体积的 90%左右，其微孔直径为 10～40 μm。

3. 吸附树脂

吸附树脂是一种合成有机吸附剂，坚硬、呈透明或半透明的球状，具有立体网状结构，表面积达 800 m^2/g，不溶于一般溶剂及酸、碱，可在 150℃下使用。

树脂的极性一般分为非极性、中等极性和强极性三种。非极性吸附树脂系列是由苯乙烯和二乙烯苯聚合而成的，中等极性的吸附树脂具有甲基丙烯酸酯的结构，而强极性吸附树脂内主要含有硫氧基、酰胺、N—O 基以及磺酸等官能团。目前常用的产品主要有美国罗姆-哈斯公司生产的 Amerblite XAD 系列、日本的 HP 系列。国内一些单位研制的大孔吸附树脂，如国产的 TXF 型吸附树脂（炭质吸附树脂），比表面积为 35～350m^2/g，它是含氯有机化合物的特效吸附剂，它的吸附能力接近活性炭，但比活性炭容易再生。

由于吸附树脂的极性、空隙结构容易人为控制，因而它的适应性大、应用范围广、吸附选择性强、稳定性好，并且易于通过溶剂进行再生。吸附树脂最适合用于吸附废水中微溶于水、极易溶于甲醇和丙酮等有机溶剂、分子量略大且带有极性的有机物，例如用于脱酚、除油、脱色等处理过程。如处理 TNT 炸药废水，Amerblite XAD-2 树脂作吸附剂，丙酮作再生剂，TNT 浓度为 34 mg/L 时，每个循环可处理 500 倍树脂体积的废水，TNT 回收率可达 80%。

4. 其他吸附剂

除了活性炭、活性炭纤维和大孔吸附树脂外，水或废水处理中常用的吸附剂还有分子筛、硅胶、活性氧化铝、腐殖酸类（如风化煤、泥煤、褐煤）、磺化煤、煤渣、高炉渣、焦炭、椰壳等。

（二）吸附剂的再生

吸附饱和后的吸附剂，须经过再生后重复使用。目前常用的吸附剂再生方法有溶剂再生法、加热再生法、臭氧氧化再生法、湿式氧化再生法、电解氧化再生法和生物氧化再生法。

1. 溶剂再生

选择适当的有机溶剂，使吸附质在溶剂中的溶解能力超过吸附剂对吸附质的亲和力，从而使吸附质溶解进入溶剂中；或者采用酸、碱溶液使吸附质强离子化或形成盐类物质而脱附。常用的溶剂有酸、碱、苯、丙酮、甲醇及乙醇等有机溶剂。溶剂再生可直接在原来的吸附装置中进行，不必另设再生设备，并能回收利用吸附质，但是再生效率较低，再生不完全。

2. 加热再生

加热再生是目前废水处理中最常用的吸附剂再生方法，绝大多数吸附剂都可以通过加热再生恢复吸附能力。

加热再生有低温加热再生和高温加热再生两种。对于吸附了高浓度的小分子碳氢化合物和芳香族化合物等低沸点有机物的饱和吸附剂，可采用低温加热再生，直接在含饱和吸附剂的吸附装置中通入水蒸气，将温度控制在 100～200 ℃，吸附质因挥发而脱附，随水蒸气被带出，经冷却后回收利用。若废水中的污染物与吸附剂结合比较牢固，则需要采用高温加热再生法。高温再生先将吸附剂加热至 100～150 ℃，使吸附剂内部空隙中的水分蒸发，再将干燥后的吸附剂加热至 700 ℃，使低沸点有机物挥发，高沸点有机物分解为低分子有机物而脱附，最后在炭化后的吸附剂中通入水蒸气、二氧化碳等活化气体，使残留在吸附剂微孔中的碳化物分解为 CO_2 和 H_2O 等，以便重新造孔。

加热再生，不能直接在吸附装置中进行，需要有专门的再生装置，设备造价高、能耗大、不能回收利用吸附质，但再生效率高，再生吸附能力可恢复到 95%以上，吸附剂的损失量在5%以下，且不产生废液。

3. 臭氧氧化再生

臭氧氧化再生是在常温下用臭氧氧化分解吸附在吸附剂上的有机物，从而使炭恢复吸附能力。

4. 湿式氧化再生

湿式氧化再生是在高温加压条件下，利用空气中的氧将吸附在吸附剂上的有机物氧化分解，使活性炭得到再生。一般反应温度在180～220 ℃，压力在3.5 MPa左右，反应时间为30～60 min，在此条件下，活性炭的吸附能力可恢复90%以上。

5. 电解氧化再生

电解氧化再生是用饱和炭作阳极，对水进行电解，在活性炭表面产生的氧，可将吸附在活性炭上的吸附质氧化分解。

6. 生物氧化再生

生物氧化再生是利用微生物将被活性炭吸附的有机物氧化分解，操作简单，再生成本低，但一般不单独使用，而是与生物处理法结合使用。如粉末炭-活性污泥法，将粉末活性炭投入活性污泥曝气池中，废水中污染物被吸附在活性炭上，同时微生物附着生长在活性炭上，微生物将吸附在活性炭上的污染物氧化分解，活性炭得到再生，可继续吸附污染物。

活性炭滤池在工业废水处理中的应用

能力要求

一、吸附操作方式

吸附和再生操作均可分成间歇式和连续式两大类。

（一）间歇式操作

间歇式操作是将一定量的活性炭投加到要处理的废水中，经过一定时间的混合搅拌，使吸附达到平衡，然后用沉降或过滤的方法使污水与炭分离。间歇式操作主要用于处理量小和使用细小颗粒吸附剂（如粉末状活性炭）的操作过程，一般由单个固定床吸附器或多个固定床吸附器串联组成。固定床吸附塔的构造示意如图3-49。单个吸附器适用于污水排量较小，污染物浓度较低，间歇式排放污水的净化。多塔串联的吸附系统具有阻力小、动力小，吸附效果好的特点，多应用于废水深度处理中。

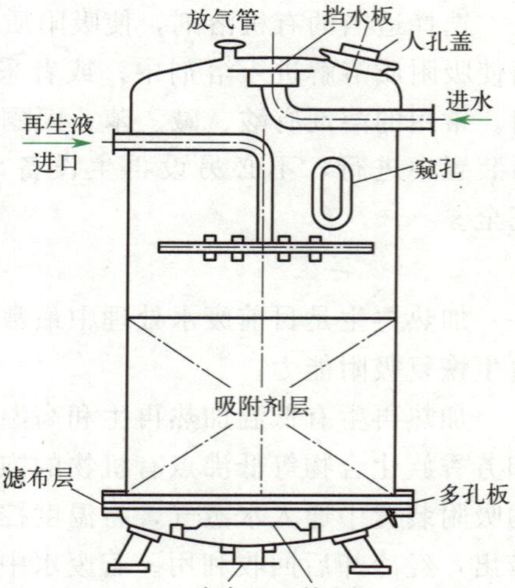

图3-49 固定床吸附塔构造示意图

（二）连续式操作

连续式操作是指废水随着时间的延续不断在流动的条件下进行的吸附，主要用于废水连续排放且水量较大，和使用颗粒状吸附剂（如圆柱状活性炭和分子筛、大孔吸附树脂等）的操作过程。该流程一般由连续性操作的流化床吸附或移动床吸附器组成，其特点是吸附过程与吸附剂再生同时进行。移动床吸附塔构造示意如图3-50。多层流化床吸附塔构造示意如图3-51。

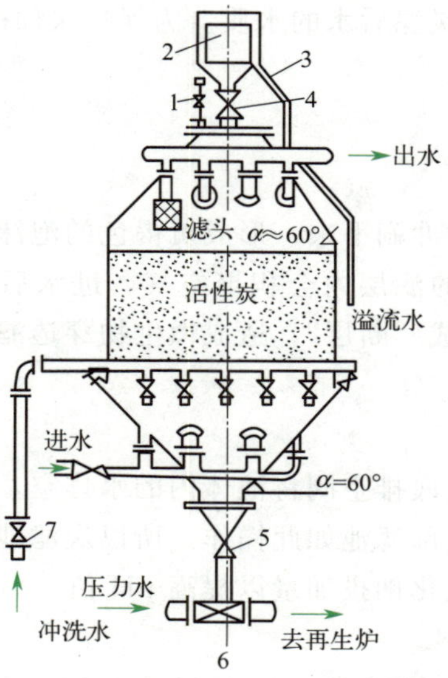

图 3-50　移动床吸附塔构造示意图

1—通气阀；2—进料斗；3—溢流管；
4，5—直流式衬胶阀；6—水射器；7—截止阀

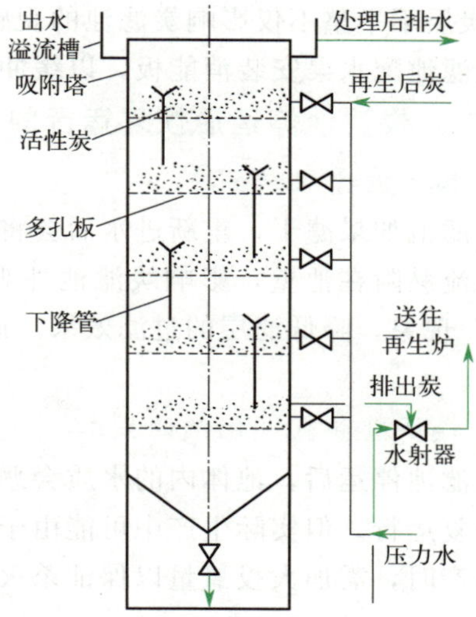

图 3-51　多层流化床吸附塔构造示意图

二、吸附操作的运行控制

（一）颗粒活性炭滤池

采用活性炭处理的目的是更有效地去除有机物，而不是截留悬浮固体。一般应控制炭滤池的进水浊度小于 3 NTU，否则易造成炭床堵塞并缩短工作周期的状况。

活性炭滤池在使用一段时间后须将炭层表面耙平，以保证活性炭吸附饱和程度的相对均匀。

反冲洗是保证活性炭滤池成功运行的重要环节，如反冲洗时炭层膨胀率不足，则下层的炭粒悬浮不起来，炭层就冲洗不干净；但冲洗强度过大会造成炭粒的流失，并扰动承托层，使炭层和承托层卵石混杂在一起，既不利于活性炭再生，又影响出水水质。应保证冲洗用水具有较低的浊度和较好的水质，这样既可以使冲洗后的炭层比较洁净，又避免了炭层在冲洗过程中的无效吸附。以冲洗结束时排出水的浊度作为衡量冲洗效果好坏的标准，一般以反冲洗废水浊度小于等于 5 NTU 作为反冲洗结束的前提，比较合理的膨胀率为 25%～30%。

（二）粉末炭吸附工艺

粉末活性炭对三氯苯酚、二氯苯酚、农药、卤代烃消毒副产物等均有很好的吸附效果，对色、嗅、味的去除效果显著，同时具有设备投资省、吸附速率快的特点，对短期及突发性水质污染适应能力强。

粉末活性炭一般采用负压配制投加方式，但在搬运、拆包过程中应注意粉尘飞扬等问题。

为进一步降低粉状活性炭投加设备的操作强度，应加强自动化操作，并根据水质变化情况自动追踪调整，以满足稳定出水水质的要求。

三、常见故障及维护

（一）炭滤池炭面在运行中出现不平整现象

炭滤池在运行过程中，炭层表面通常会出现起伏。原因是炭滤池进水时，水流会在配水渠尽头受到阻挡形成漩流，带动炭层表面约 20 cm 的炭形成凹陷的“炭谷”和隆起的“炭丘”。炭层不平整不仅影响炭滤池的观感，还直接影响炭滤后水的水质。为保持炭面的平整，可在炭滤池配水渠安装消能板，以缓冲水流的冲力。

（二）炭滤池停运后恢复运行的注意事项

1. 出现滤干现象

炭滤池如果滤干，重新进水后会将炭面吸附的物质冲刷下来，形成黄褐色的泡沫，泡沫会随水流黏附在池壁，影响炭滤池外观。此外，滤干的滤层内会积聚空气，进水后会造成“气阻”现象，降低滤层的过滤效果。而滤层积气会形成“断层”，造成微生物穿透滤池进入清水区。

2. 提高氯和氢氧化钠的投加

炭滤池停运后，池体内的水质会恶化，最好打开池底排空阀将池体内的水排空，反冲洗后再恢复运行。但实际生产中可能由于各种原因不能全部滤池如此操作。所以炭滤池停运后恢复生产时，需加大投氯量以保证杀灭细菌，提高氢氧化钠投加量以提高 pH 值。

3. 普通电动蝶阀关闭不严

活性炭滤池采用了普通的电动蝶阀，运行一段时间后常发生阀门关不到位的情况，使冲洗强度较原定值有所改变，达不到准确控制的目的，因此在选用蝶阀时应特别注意。

4. 敞开式滤池更适宜

活性炭滤池采用敞开式时，由于受阳光的照射，池内极易滋生藻类，椎实螺也较多，给清洗带来极大的困难。观察发现，南侧滤池的藻类及椎实螺数量多于北侧，东侧的多于西侧，说明藻类、椎实螺的生长与水温、阳光密切相关。国外一般都采用建成封闭式的结构，避免了该类问题的发生，但管理较繁琐。

巩固与拓展

巩固知识：

活性炭滤池运维操作练习题

拓展训练：吸附法处理工业废水

以团队合作形式完成采用吸附法进行印染废水脱色处理的实验，并提交工作计划和实验报告。

新时代智水之行

黑臭水体整治，以老百姓满意度为标准

黑臭水体是一种严重的水污染现象。是否是黑臭水体以百姓的感观判断为主要依

据；黑臭水体整治效果，也以百姓的满意度为标准。

2018年5月，全国生态环境保护大会强调，要把解决突出生态环境问题作为民生优先领域，基本消灭城市黑臭水体，还给老百姓清水绿岸、鱼翔浅底的景象。为贯彻落实党中央、国务院关于深入打好城市黑臭水体治理攻坚战的决策部署，2018年以来，生态环境部、住建部等有关部门印发实施城市黑臭水本治理攻坚战实施方案、城市黑臭水体整治环境保护行动方案等政策文件，督促各地以提升城镇污水垃圾收集处理效能为重点，强化各类污染源治理，加快补齐城市环境基础设施短板，努力从根本上消除城镇黑臭水体。

汕头市星湖沟黑臭水体综合治理是近年来我国城市水环境治理的典范。星湖沟位于龙湖区核心区域，曾是城市排洪纳污的主要通道，因城市化进程中管网建设滞后、雨污混接严重，加之底泥淤积、水体流动性差，长期处于劣Ⅴ类黑臭状态，夏季异味刺鼻，周边居民饱受困扰。2019年，汕头市被列为全国黑臭水体治理示范城市后，累计投入超20亿元，以“控源截污、内源治理、生态修复、活水保质”为核心，系统性推进治理。2020年启动的控源截污工程，从源头阻断污染。2021年开展内源治理，清除黑臭底泥，采用“原位固化＋资源化利用”技术避免二次污染，进行生态补水3×10^4t/d，提升水体自净能力。生态修复阶段拆除硬质驳岸，恢复自然河床，种植沉水植物$3.6\times10^5m^2$，建设透水驳岸及湿地公园，打造3.2km生态景观走廊和8处亲水平台。截至2023年，星湖沟水质稳定达到地表Ⅳ类标准，溶解氧浓度从1.5 mg/L提升至5.0 mg/L，氨氮浓度下降85%，周边居民满意度达95%。治理过程中创新构建“厂—网—河”一体化智慧监测平台，通过动态管理“一张图”实时调度管网运行，并推行“河长制＋网格化”管理模式，发动市民参与河道保洁，形成共建共治格局。

作为汕头市38条黑臭水体治理的代表性项目，该工程不仅实现“水清岸绿、鱼翔浅底”的生态目标，更带动全域海绵城市建设，入选全国黑臭水体创新实践典范，为跨境流域综合治理提供了可复制的“汕头模式”。

据报道，截至2024年6月底，全国地级及以上城市黑臭水体整治完成比例98.4%。2024年上半年，县级城市黑臭水体消除比例超过70%，其中长江流域接近80%。

民生为本，治水为要。党的十八大以来，我国水环境质量发生转折性的变化。监测数据显示，新时代十年，我国地表水优良水质断面比例提高23.8个百分点，2022年达到87.9%，已接近发达国家水平。2024年1月至2024年3月，这一指标再提升至89.1%。坚持水资源保障、水环境治理、水生态修复“三水统筹”，持续深入打好碧水保卫战，我国水生态环境质量得到持续改善，人们身边的清水绿岸明显增多，人们的生态环境获得感、幸福感、安全感不断提升。

模块四

污水再生利用

导读 污水再生处理及资源化利用

污水资源化利用是指污水经无害化处理达到特定水质标准，作为再生水替代常规水资源，用于工业生产、市政杂用、居民生活、生态补水、农业灌溉、回灌地下水等，以及从污水中提取其他资源和能源的过程。在全球性水危机的大背景下，作为非常规水源，再生水越来越成为现代水资源安全管理和可持续发展中不可或缺的重要水源，对优化供水结构、增加水资源供给、缓解供需矛盾和减少水污染、保障水生态安全具有重要意义。

党的二十大报告提出，“积极稳妥推进碳达峰碳中和”。推动形成绿色生产生活方式，从源头破解资源环境约束突出问题，实现经济社会的可持续发展，为全面建成社会主义现代化强国提供坚实的资源环境保障。牢牢抓住“城市供水、节水、水污染防治和城市水资源开发、利用、保护”的“牛鼻子”，将污水资源再生利用发展成为城市的“第二水源”正日益成为我国“双碳”战略的重要组成部分。

一、再生水利用途径与利用现状

1. 再生水利用主要途径

城镇污水再生利用主要途径包括工业、景观环境、绿地灌溉、农田灌溉、城市杂用和地下水回灌等。在工业用水中的主要用途包括冷却用水、洗涤用水、锅炉补给水、工艺与产品用水，水质应满足《城市污水再生利用 工业用水水质》（GB/T 19923—2024）要求；景观环境水体补水可分为观赏性景观环境用水和娱乐性景观环境用水两大类，水质应满足《城市污水再生利用 景观环境用水水质》（GB/T 18921—2019）要求；用于绿地灌溉时，根据与公众接触程度不同分为非限制性绿地和限制性绿地，水质应满足《城市污水再生利用 绿地灌溉水质》（GB/T 25499—2010）要求；用于农田灌溉时可按照作物直接食用、间接食用和非食用等不同情况进行工艺选择，水质应满足《城市污水再生利用 农田灌溉用水水质》（GB/T 20922—2007）要求；城市杂用等主要用途包括冲厕、道路清扫、车辆冲洗等，应满足《污水再生利用 城市杂用水水质》（GB/T 18920—2020）要求；再生水回灌到地下含水层，主要目的是补充地下水，防止因过量开采地下水而造成的地面沉降和海水入侵，包括地表回灌和井灌两种回灌方式，水质应满足《城市污水再生利用 地下水回灌水质》（GB/T 19772—2005）要求。

2. 再生水利用现状

根据住建部统计数据，我国城市再生水利用规模持续扩大，2023 年全国再生水利用量已突破 $1.8\times10^{10}\,m^3$，利用率提升至 29%。从区域分布来看，北京、广东、山东、江苏、河南、河北为再生水利用主力直辖市和省份。例如，山东省淄博市通过实施《淄博市再生水利用专项规划（2023—2035 年）》，已实现日配置再生水 $6.685\times10^5\,m^3$，工程投资达 17.59 亿元，展现出显著的示范效应。

污水再生利用各类水质标准

在缺水地区再生水战略推进方面，北京市持续深化水资源管理创新，将再生水纳入全市水资源统一配置体系。通过分质供水、梯级利用模式，全市再生水在工业、市政及生态补水领域应用占比持续提升，2025 年政策要求京津冀地区再生水利用率达到 35% 以上。

根据《推进重点城市再生水利用三年行动实施方案》要求，到 2026 年再生水利用率低于 30%的城市需提升 20 个百分点，高于 30%的城市提升 10 个百分点。国家发展和改革委员会等七部委已将非常规水源纳入水资源统一配置体系，重点推进 50 个试点城市建设再生水循环利用系统，通过完善价格机制、拓展应用场景等创新举措，推动形成经济高效的再生水利用格局。

二、污水再生利用技术及常用工艺

1. 污水再生利用技术

（1）常规处理技术　常规处理主要包括一级处理、二级处理和二级强化处理；主要功能为去除 SS、溶解性有机物和营养盐（氮、磷）；主要处理单元包括格栅、沉砂池、沉淀池、生物处理单元，以及强化氮、磷或同时强化氮、磷去除为主要目的的生物处理单元等。该部分内容已经在模块二中进行介绍，本模块不再赘述。

（2）深度处理技术　深度处理的目的是进一步去除二级（强化）处理未能完全去除的有机污染物、SS、色度、嗅、味和矿化物等。常见的深度处理技术包括混凝沉淀、介质过滤（含生物过滤）、膜处理、氧化、生态处理等。其中氧化技术在模块三中已经进行介绍，本模块内容不再赘述。

（3）消毒技术　消毒是再生水生产环节的必备单元，可采用液氯、氯气、次氯酸盐、二氧化氯、紫外线、臭氧等技术或组合技术。

2. 污水再生处理常用工艺

城镇污水再生处理工艺方案应根据再生水的用途选择不同的单元技术进行组合，并考虑工艺的可行性、整体流程的合理性、工程投资与运行成本以及运行管理方便程度等多方面因素，同时宜具有一定的前瞻性。通常使用的工艺流程有以下几种：

① 二级处理出水→介质过滤→消毒；

② 二级处理出水→微絮凝→介质过滤→消毒；

③ 二级处理出水→混凝→沉淀（澄清、气浮）→介质过滤→消毒；

④ 二级处理出水→混凝→沉淀（澄清、气浮）→膜分离→消毒；

⑤ 污水→二级处理（或预处理）→曝气生物滤池→消毒；

⑥ 污水→预处理→膜生物反应器→消毒；

城镇污水再生利用技术指南

⑦ 深度处理出水（或二级处理出水）→人工湿地→消毒。

不同再生利用途径推荐有相应的主要组合工艺方案，可以参见《城镇污水再生利用技术指南（试行）》。

三、污水再生利用安全风险与标准体系

1. 安全风险

城镇污水再生利用风险管理主要包括生产风险管理和终端用户风险管理。

(1) 生产风险管理 城镇污水再生利用必须保证再生水水源水质、水量的可靠、稳定与安全，水源宜优先选用生活污水或不包含重污染工业废水在内的城镇污水。

城镇污水再生利用工程的新建、改建、扩建工程应确保设施规模与布局合理，遵守国家标准进行施工建设。

污水再生处理、存储及输配设施运营单位应具备相应的水质检测能力，按照国家和行业相关标准的要求对水源水质和产品水质进行检测，并定期对设施的稳定性进行评价，确保水源水质和产品水质均符合相关标准要求。

污水再生处理、存储及输配设施运营单位应制定针对重大事故和突发事件的应急预案，建立相应的应急管理体系，并按规定定期开展培训和演练。

(2) 终端用户风险管理 再生水用于工业时，应考虑再生水对产品质量和生产过程的影响。用于循环冷却水时，用户应采取适宜的防腐、防垢措施；用于锅炉补给水时，应根据锅炉工况，对其进行进一步的软化、除盐等处理；再生水用于工业生产过程时，用户应进行再生水水质对产品质量的影响评价。

再生水用于景观环境时，应考虑再生水中的污染物和病原微生物对水体美学价值、水生生物生长和人体健康的危害。再生水用于河流补给时，应根据河流水体的功能定位和维持河流中水生生物生长的要求，确定其水质需求。再生水用于娱乐和景观等人工水体时，要严格控制再生水中营养盐的含量以控制藻类的生长。再生水用于自然和人工湿地时，应考虑盐度对湿地植物生长的影响，可选择耐盐植物或选择盐分低的再生水。随着水体与人体发生接触可能性的增加，再生水的水质要求也要相应提高。

再生水用于绿地灌溉时，应考虑对公众及从业人员的健康风险以及对土壤、植物以及地下水环境的影响。灌溉作业应尽量安排在公众暴露少的时间段，并在显著位置进行清晰的标识；宜采用滴灌或微喷灌，若采用普通喷灌方式应设有缓冲距离；可适当调整园林景观结构，采取相关管理措施，降低再生水盐分的危害。

再生水用于农田灌溉时，应充分考虑再生水灌溉对食物安全和土壤质量的影响。应依据土壤特征、气候条件和植被类型等确定合理的灌溉量。为最大程度利用再生水中的营养盐，并避免其负面效应，应根据实际情况调整其肥料管理策略。为防止再生水中的盐分在土壤中的累积与危害，应综合考虑管理策略，包括：将再生水与含盐量较低的水混合使用或者用两种水进行轮灌；增加灌溉量以洗去过量的盐分；采取措施增加土壤淋溶潜力；选择种植耐盐植物。应依据实际情况选择合适的再生水灌溉系统，当灌溉植被叶片对再生水敏感时，宜采用滴灌或植被底部直接灌溉等方式；当灌溉可生食作物时，禁止使用喷洒方式，避免再生水与作物直接接触。应建立末端水回流设施以防止再生水外排，减少面源污染。可采取缩短灌溉时间、增加灌溉频率的灌溉方式以减少地表径流。灌溉区要远离饮用水井和饮用水源地。

再生水用于城市杂用时，应考虑再生水对公众和从业人员的健康风险。再生水用于街道清扫时，清洁车辆应清楚地标识使用的是再生水，作业应尽量安排在公众暴露少的时间段，工作人员应采取必要的防护措施以保证其身体健康不会受到不必要的影响。再生水用于洗车、冲厕等用途时，应标识明确，严禁私自改建管线和更改供水设备位置，严防交叉连接和误用；洗车宜采用隧道式洗车机，若采用龙门式洗车机洗车或手工洗车时，洗车工人应采取必要的防护措施。

再生水用于地下水回灌时，应强化污染物的去除，避免污染地下水。回灌位置应设在各级地下水饮用水源保护区外，并应结合实际情况选择合适的回灌方式，经过详细的环境风险评估，经有关管理部门审核合格后方可进行。回灌工程应布设监测井，监测地下水水质本底值；回灌过程中应动态监测回灌水水质，发现异常应立即停止回灌。回灌水在被抽取利用前，应在地下停留足够的时间，以保证卫生安全；采用地表或井灌方式进行回灌的，回灌水在被抽取利用前应分别停留 6 个月以上和 12 个月以上。

2. 标准体系

再生水利用发展是以低能耗低污染为基础的发展，包含节能减排技术和可再生能源等特点，但目前我国在再生水利用的法律法规、激励制度、管理体系、监督和应急制度等方面还需要不断完善。《关于推进污水资源化利用的指导意见》（发改环资〔2021〕13 号）显示，到 2035 年，我国将形成系统、安全、环保、经济的污水资源化利用格局，其中健全污水资源化利用体制机制是重点任务之一，主要包括：

① 健全法规标准，即推进制定节约用水条例，加快完善相关政策标准，将再生水纳入城市供水体系；抓紧制定再生水用于生态补水的技术规范和管控要求，适时修订其他用途的污水资源化利用分级分质系列标准；制修订污水资源化利用相关装备、工程、运行等标准。

② 构建政策体系，即研究污水资源化利用统计方法与制度，建立科学统一的统计体系。

③ 健全价格机制，即建立使用者付费制度，开放再生水政府定价，由再生水供应企业和用户按照优质优价的原则自主协商定价。对于提供公共生态环境服务功能的河湖湿地生态补水、景观环境用水使用再生水的，鼓励采用政府购买服务的方式推动污水资源化利用。

学习目标

知识目标

1. 熟悉混凝机理，常用的混凝剂与助凝剂，影响混凝效果的因素；

2. 熟悉混凝工艺形式、常用设备，掌握混凝沉淀系统的运行控制技术，能够进行相关设备维护和故障处理；

3. 了解常规滤池的构造、常见类型及影响过滤效果的因素，掌握过滤运行程序、滤速及工作周期要求；

4. 了解常规污水消毒方法及影响消毒效果的因素，掌握污水消毒系统配置；

5. 熟悉超滤原理、超滤膜组件类型及特点，了解超滤膜系统运行效能的影响因素；

6. 熟悉反渗透原理、常见的反渗透膜类型及特点，了解反渗透工艺流程及类型。

能力目标

1. 能够进行滤池运行控制，能够处理滤池运行过程中的常见问题；

2. 能够进行消毒池运行控制；

3. 能够进行超滤单元运行控制、常见故障的分析及处理；

4. 能够进行反渗透及其预处理单元的运行控制、常见故障分析及处理。

素质目标

1. 树立节约用水和环境保护的意识，理解污水再生利用对水资源可持续利用的重要性，具备基本的职业责任感；

2. 培养严谨的工作态度和规范操作习惯，能够严格按照技术标准和操作规程完成污水再生利用的各项工作；

3. 具备基本的安全生产意识，能够识别和规避污水再生利用过程中的安全隐患，确保工作安全。

单元一　生产一般品质再生水

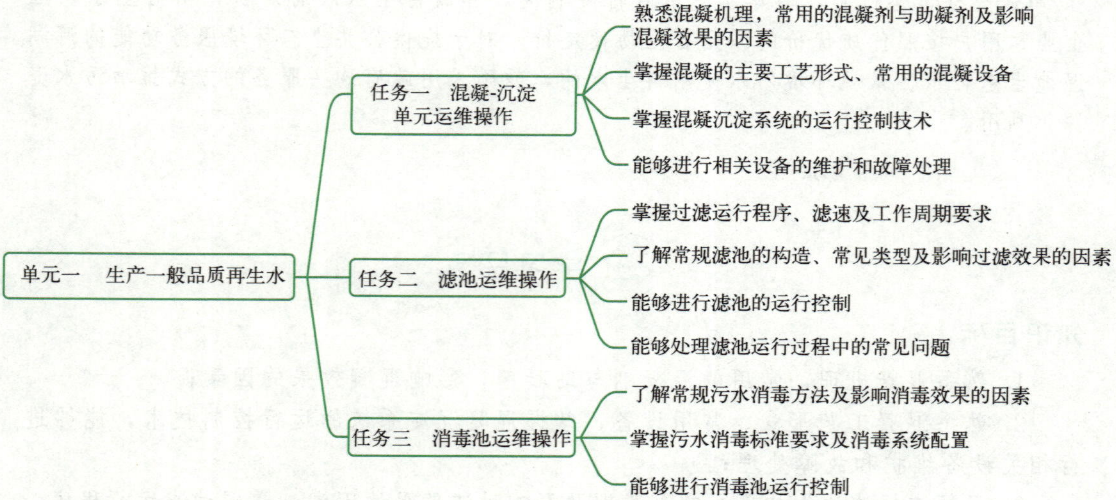
单元一　生产一般品质再生水
任务一　混凝-沉淀单元运维操作
熟悉混凝机理，常用的混凝剂与助凝剂及影响混凝效果的因素
掌握混凝的主要工艺形式、常用的混凝设备
掌握混凝沉淀系统的运行控制技术
能够进行相关设备的维护和故障处理
任务二　滤池运维操作
掌握过滤运行程序、滤速及工作周期要求
了解常规滤池的构造、常见类型及影响过滤效果的因素
能够进行滤池的运行控制
能够处理滤池运行过程中的常见问题
任务三　消毒池运维操作
了解常规污水消毒方法及影响消毒效果的因素
掌握污水消毒标准要求及消毒系统配置
能够进行消毒池运行控制

工程案例

某再生水厂工艺单元介绍

某公司将传统再生水厂全面升级为新型地下再生水厂，并取得了良好成效。下沉式再生水厂占地面积仅为传统地面建厂的1/3，有效节约了土地。充分考虑技术的可靠性，经济的合理性，对污水水质、水量、设施布置的适应性等各种因素，该厂地下污水处理工艺路线采用预处理＋二级生物处理＋混凝沉淀＋反硝化过滤工艺。

1. 预处理单元

增设了初沉池，当进水SS浓度较高时可截留部分悬浮物，保证后续生物处理设施的正常运行；当进水SS浓度较低时，可直接超越。

2. 二级生物处理单元

选用常规AAO工艺，通过调整生物反应池进水点、内回流点以及各点之间进水比例，可对具体池型分区进行设计，实现常规AAO、倒置AAO和两段式AAO三种模式间的切换运行；二沉池采用矩形周边进水、周边出水沉淀池，其设计表面负荷取值1.18 $m^3/(m^2 \cdot h)$，而一般设计表面负荷为0.9 $m^3/(m^2 \cdot h)$，因此比常规的平流式沉淀池可节约土地约30%。

3. 深度处理单元

为确保污水厂出水稳定达到优于一级A的排放标准，深度处理环节近期需考虑强化对SS、氨氮和总磷的去除效果，远期还要考虑出水进一步提标的可能，需对总氮有进一步降解。针对上述需求，结合地下式污水厂的特点，该厂深度处理采用“高效沉淀池＋深床反硝化滤池”工艺，具有水力负荷高、处理效率优、出水稳定、布置集约等特点，且不同运行模式可应对工艺需求的转换。

4. 消毒处理单元

采用紫外线消毒为主、次氯酸钠消毒为辅的消毒方式，保证消毒效果。

下沉式再生水厂具有土地集约型、环境友好型、资源节约型的特点，对于节约土地、改善周边水体环境、治理水污染、污水资源化及实现水资源循环利用等方面有重要意义。

任务一 混凝-沉淀单元运维操作

任务描述

通过知识明晰部分的学习，了解混凝原理及其工艺形式，混凝剂与助凝剂的种类及特性，混凝工艺设备的类型与使用等；在能力要求部分，充分熟悉混凝-沉淀工艺的运行控制，熟悉混凝-沉淀操作流程及规范，了解混凝-沉淀工艺过程中的常见问题及维护等；在巩固与拓展中，通过小组任务，完成混凝实验方案及步骤设计，完成知识与技能的融合。

学习本任务可以采用线上、线下相结合的学习方式，借助动画演示、现场观摩等方式辅助理解，全方面、多角度理解生产一般品质再生水流程中混凝-沉淀单元的运维操作。

知识明晰

一、混凝的概述

混凝是指通过向污水中投加药剂，使细小悬浮颗粒和胶体微粒聚集成较大的颗粒而沉淀，使污水得到净化的过程。混凝主要用于去除污水中的微小悬浮物和胶体杂质，通常与沉淀法、过滤法联合使用。此外，混凝法还能改善污泥的脱水性能。

污水处理的混凝过程在混凝沉淀池中进行，混凝沉淀池是给排水沉淀池中的一种。混凝是工业废水和生活污水处理中极为重要的处理过程，通过向水中投加混凝剂及助凝剂，使水中难沉淀的细小颗粒相互聚合形成胶体，然后与水中的杂质结合形成更大的絮凝体。絮凝体吸附力极强，可以吸附悬浮物、部分细菌及溶解性物质。通过吸附，絮凝体体积增大而下沉，沉淀到池底与水分离，从而实现水的净化。

混凝-沉淀工艺在水处理中的应用已有几百年的历史，与其他物理化学方法相比具有设备简单、处理效果好、工艺运行稳定可靠、间歇或连续运行都可以等优点；缺点是由于不断向污水中投药，运行费用较高，沉渣量大且脱水较困难。

混凝法介绍

二、混凝机理与工艺形式

（一）混凝机理

1. 胶体的“双电层结构”

据研究，胶体微粒都带有电荷，胶体的中心称为胶核。胶体表面选择性吸附一层离子，这些离子可以是胶核的组成物直接电离而产生的，也可以是从水中选择吸附 H^+ 或 OH^- 离子而形成的。这层离子称为胶体微粒的电位离子，它决定了胶粒电荷的大小和符号。由于电位离子的静电引力，在其周围又吸附了大量的异号离子，形成了所谓“双电层”（图 4-1）。这些异号离子中紧靠电位离子的部分被牢固地吸引着，当胶核运行时，它也随着一起运动，形成固定离子层。而其他的异号离子，离电位离子较远，受到的吸引力较弱，不随胶核一起运动，并有向水中扩散的趋势，形成了扩散层。固定的离子层与扩散层之间的交界面称为滑动面。滑动面以内的部分为胶粒，胶粒与扩散层之间有一个电位差称为胶体的电动电位，胶体表面的电位离子与溶液之间的电位差称为总电位。

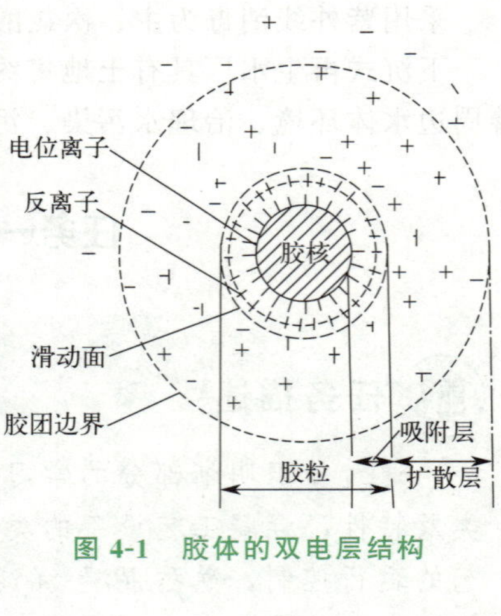

图 4-1　胶体的双电层结构

2. 混凝作用机理

混凝的原理归纳起来主要涉及三方面的作用：压缩双电层、吸附架桥、网捕或卷扫。

(1) 压缩双电层　胶体之所以能够维持稳定的分散悬浮状态，是因为存在电动电位。如果胶粒的电动电位消除或者降低，就可能使胶体失去稳定性。通过向水体中添加电解质可达到压缩双电层的目的，如天然水体中的黏土胶粒带负电荷，投入铁盐或铝盐后，提供的大量正离子会涌入胶体的扩散层或吸附层，使得扩散层变薄，电动电位降低。当电动电位降低至某一程度而使胶粒间排斥的能量小于胶粒布朗运动的动能时，胶粒会开始产生明显的聚集。当正离子达到一定量时，扩散层完全消失。胶粒间的静电斥力消失，此时胶粒最易发生聚集。一般把胶体失去稳定性的过程称为脱稳，失去稳定性的胶体相互聚集的过程称为凝聚。

混凝工作原理

(2) 吸附架桥　吸附架桥作用也可以使得胶粒聚集，主要是指高分子物质与胶粒的吸附与桥连作用。三价铝盐或铁盐以及其他高分子混凝剂溶于水后，经水解和缩聚反应形成高分子聚合物，具有线性结构。聚合物的链状分子可以在胶粒之间起到桥梁和纽带的作用，使相距较远的两胶粒间进行吸附、架桥。这样高分子聚合物就起了架桥连接的作用，使胶体颗粒逐渐增大，形成肉眼可见的粗大絮凝体。高分子聚合物在胶粒表面的吸附来源于各种物理化学作用，如静电引力、范德华引力、氢键、配位键等。

吸附架桥作用

(3) 网捕　能够使微粒凝结的第三个作用称为网捕或卷扫作用。铁盐或聚合氯化铝等絮凝剂投加到水体中进行絮凝时，可以产生水解沉淀物。这些沉淀物在沉降过程中，能够卷扫、网捕水中的胶粒，使胶粒黏结。

（二）工艺形式

混凝沉淀法主要由投药、混合、反应、沉淀等环节组成，其处理工艺流程如图 4-2 所示。

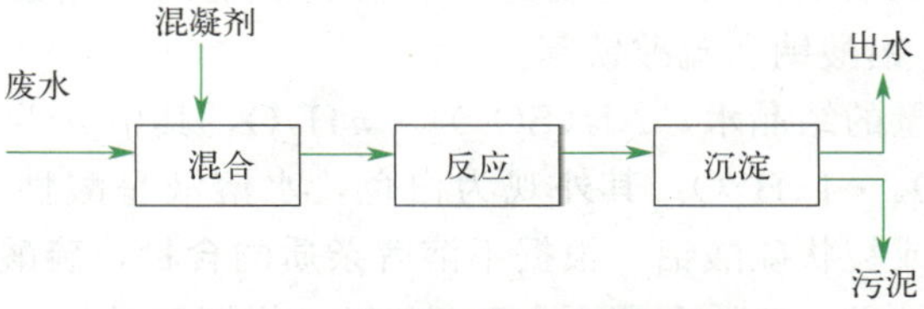

图 4-2　混凝沉淀法工艺流程

1. 投药

混凝剂的配制与投加方法可分为干法投加和湿法投加两种。

(1) 干法投加　干法投加是指把经过破碎易于溶解的固体药剂直接投放到被处理的水中。其优点是占地面积少，但对药剂的粒度要求较高，且劳动强度大，投配量控制较难，对机械设备要求较高，而且劳动条件也较差。目前，国内较少使用这种方法。

(2) 湿法投加　湿法投加指先把药剂配成一定浓度的溶液，再投入被处理污水中。湿法投加工艺容易控制，投药均匀性也较好，可采用计量泵、水射器、虹吸定量投药设备等进行投加。湿法投加是目前应用较多的一种方法。

2. 混合

混合是指混凝剂等药剂向水中迅速扩散，并与全部水接触的过程。混合的目的是使混凝剂尽快与水混匀，混合过程大约在 10～30 s 内完成。这一阶段需要短时间高强度搅拌动力，搅拌动力可采用水力搅拌和机械搅拌两种。水力搅拌常用管道式、穿孔板式、涡流式混合等方法；机械搅拌可采用变速搅拌和水泵混合槽等装置。

3. 反应

药剂投入污水后水解并产生异电荷胶体与水中胶体和悬浮物接触形成细小的絮凝体（俗称矾花）。当在混合反应设备内完成混合后，水中已经产生细小絮体，但还未达到自然沉降的粒度，反应阶段的目的就是使混凝剂与水中的细小颗粒或胶体物质作用生成尽可能大的絮体，为沉降分离创造条件，这一阶段需要低强度、较长时间搅拌。反应设备控制一定的停留时间和适当的搅拌强度，既能使小絮体相互碰撞，又可以防止生成的大絮体沉淀。如果搅拌器强度太大，会使生成的絮体破碎，且絮体越大，越易破碎。因此在反应设备中，沿着水流入方向的搅拌强度越来越小。所以，反应池内水流特点是流速由大到小，在较大的流速时，使水中的胶体颗粒发生碰撞吸附；在较小的流速时，使碰撞吸附后的颗粒结成更大的絮体，同时防止絮体被打碎。

4. 沉淀

沉淀的目的是使所生成的絮体与水分离，完成净化过程。污水经过加药、混合、反应后，完成絮凝过程，进入沉淀池进行泥水分离。沉淀池可采用平流、辐流、竖流、斜板等形式。斜板沉淀池因其良好的沉淀效果和沉淀效率，加之占地小，应用较广泛。

三、混凝剂与助凝剂

（一）混凝剂

习惯上把能起凝聚和絮凝作用的药剂统称混凝剂。混凝剂的种类繁多，主要可以分为以下两大类：无机混凝剂和有机混凝剂。

1. 无机混凝剂

无机混凝剂品种较少，但在水处理中应用较普遍，主要是水溶性的两价或三价金属盐，如铁盐和铝盐及其水解聚合物。可以选用的无机盐类混凝剂有硫酸铝、三氯化铁、硫酸亚铁、硫酸铝钾（明矾）、铝酸钠和硫酸铁等。

硫酸铝含有不同数量的结晶水，$Al_2(SO_4)_3 \cdot nH_2O$，其中 n 为 6、10、14、16、18 和 27，常用的是 $Al_2(SO_4)_3 \cdot 18H_2O$，其外观为白色，水溶液呈酸性。硫酸铝在我国使用较为普遍，大都使用块状或粒状硫酸铝。根据不溶解杂质的含量，硫酸铝可分为精制和粗制两种。精制硫酸铝的价格较贵，杂质含量不大于 0.5%；粗制硫酸铝的价格较低，杂质含量不大于 2.4%。硫酸铝易溶于水，可干式或湿式投加。硫酸铝使用时水的有效 pH 值范围较窄，约在 5.5～8 之间，其有效 pH 值随原水的硬度含量而异：对于软水，pH 值在 5.7～6.6 为宜；中等硬度的水 pH 为 6.6～7.2；硬度较高的水 pH 则为 7.2～7.8。在控制硫酸铝剂量时应考虑上述特性。有时加入过量硫酸铝，会使水的 pH 值降至铝盐混凝有效 pH 值以下，既浪费了药剂，又使处理后的水变浑浊。

采用硫酸铝作混凝剂时，运输方便，操作简单，混凝效果好，但水温低时，硫酸铝水解困难，形成的絮凝体较松散，混凝效果变差。粗制硫酸铝由于不溶性杂质含量高，使用时废渣较多，这带来排除废渣方面的操作麻烦，而且因酸度较高，腐蚀性较强，溶解与投加设备需考虑防腐。

三氯化铁（$FeCl_3 \cdot 6H_2O$）是一种常用的混凝剂，是黑褐色的结晶体，有强烈吸水性，极易溶于水，矾花沉淀性能好，处理低温水或低浊水效果比铝盐好。市售无水三氯化铁产品中 $FeCl_3$ 含量可达 92%以上，不溶性杂质小于 4%。三氯化铁适合于干投或浓溶液投加，液体、晶体物质或受潮的无水物质腐蚀性极大，调制和加药设备必须考虑用耐腐蚀器材。三氯化铁加入水后与天然水中的碱起反应，当被处理水的碱度低或其投加量较大时，在水中应先加适量的石灰。水处理中配制的三氯化铁溶液浓度宜高，可达46%。采用三氯化铁做混凝剂时，其优点是易溶解，形成的絮凝体比铝盐絮凝体密实，沉降速度快，处理低温、低浊水时效果优于硫酸铝，适用的pH值范围较宽，投加量比硫酸铝小。其缺点是三氯化铁固体产品极易吸水潮解，不易保管，腐蚀性较强，对金属、混凝土、塑料等均有腐蚀性，处理后色度比铝盐处理水高，最佳投加范围较窄，不易控制等。

硫酸亚铁（$FeSO_4 \cdot 7H_2O$）也是一种铁盐混凝剂，为透明绿色结晶体，俗称绿矾，易溶于水，在水温20℃时溶解度为21%。固体硫酸亚铁需溶解投加，一般配制成质量分数10%左右使用。当硫酸亚铁投加到水中时，离解出的二价铁离子只能生成简单的单核络合物，因此，不如三价铁盐那样有良好的混凝效果。残留于水中的Fe^{2+}会使处理后的水带有颜色，当水中色度较高时，Fe^{2+}与水中有色物质反应，将生成颜色更深的不易沉淀的物质(但可用三价铁盐除色)。根据以上所述，使用硫酸亚铁时应将二价铁先氧化为三价铁，然后再进行混凝。通常情况下，可采用调节pH值、加入氯、曝气等方法使二价铁快速氧化。

镁盐也是一类无机盐混凝剂。而碳酸镁在水中会产生$Mg(OH)_2$胶体，和铝盐、铁盐产生的$Al(OH)_3$与$Fe(OH)_3$胶体类似，可以起到澄清水的作用，且可以再次回收利用。石灰苏打法软化水站的污泥中除碳酸钙外，还有氢氧化镁，利用二氧化碳气体可以溶解污泥中的氢氧化镁，从而回收碳酸镁。

聚合氯化铝是一种无机高分子混凝剂。化学式表示为$[Al_2(OH)_nCl_{16-n}]_m$，其中n可取1到5中间的任何整数，m为小于等于10的整数。这个化学式指m个$Al_2(OH)_nCl_{16-n}$(称羟基氯化铝）单体的聚合物。聚合氯化铝中OH^-与Al^{3+}的比值与混凝效果有很大关系，一般可用碱化度B表示。一般要求碱化度B为40%～60%。

聚合氯化铝作为混凝剂处理水时，有下列优点：

① 对污染严重或低浊度、高浊度、高色度的原水都可达到好的混凝效果；

② 水温低时，仍可保持稳定的混凝效果，因此在我国北方地区更适用；

③ 矾花形成快，颗粒大而重，沉淀性能好，投药量一般比硫酸铝低；

④ 适宜的pH值范围较宽，在5～9间，当过量投加时也不会像硫酸铝那样造成水浑浊的反效果；

⑤ 其碱化度比其他铝盐、铁盐高，因此药液对设备的侵蚀作用小，且处理后水的pH值和碱度下降较小。

使用聚合氯化铝作混凝剂时需要注意的事项是：

① 每次配制的水溶液不可放置时间过长，以免降低使用效果；

② 产品有效贮存期：液体半年，固体一年；

③ 不同厂家或不同牌号的水处理药剂不能混合使用，并且不得与其他化学药品混存，应防水防潮。

聚合氯化铝的混凝机理与硫酸铝相同，硫酸铝的混凝机理包括了初期的铝离子、后期的氢氧化铝胶体和其中间产物（即各种形态的水解聚合物）的作用。但硫酸铝的化学反应甚为复杂，不可能根据不同水质人为地来控制水解聚合物的形态。聚合氯化铝则可根据原水水质的特点来控制反应条件，制取所需要的最适宜的聚合物，当投入水中水解后即可直接提供高价聚合离子，达到优异的混凝效果。

聚合硫酸铁是另一种无机高分子混凝剂，其形态性状是淡黄色无定型粉状固体，极易溶于水，10%（质量分数）的水溶液为红棕色透明溶液。聚合硫酸铁广泛应用于饮用水净化、城镇污水处理、污泥脱水等领域。

2. 有机混凝剂

有机混凝剂种类较多，主要是有机高分子混凝剂。有机高分子混凝剂有天然和人工合成两类，目前应用较多的主要为人工合成有机混凝剂。有机高分子混凝剂一般具有巨大的线性分子，其分子上的链节与水中胶体微粒有极强的吸附作用，混凝效果显著。常用的主要是聚丙烯酰胺、聚丙烯酸钠、聚氧化乙烯等人工的合成高分子混凝剂。这类混凝剂只需投加少量，便可获得较佳的混凝效果，而且污泥量也较少。

以聚丙烯酰胺为例，聚丙烯酰胺是水溶性高分子聚合物，对胶粒表面有强烈的吸附作用，具有凝聚速度快、混凝效果优异等特点。聚丙烯酰胺常作为助凝剂与其他混凝剂一起使用，可产生较好的混凝效果。聚丙烯酰胺的投加次序与污水水质有关。当污水浊度低时，宜先投加其他混凝剂，再投加聚丙烯酰胺，使胶体颗粒先脱稳到一定程度，为聚丙烯酰胺的混凝作用创造有利条件。当污水浊度高时，应先投加聚丙烯酰胺，再投加其他混凝剂，让聚丙烯酰胺先在高浊度水中充分发挥作用，吸附部分胶粒，使浊度下降，其余胶粒由其他混凝剂脱稳，再由聚丙烯酰胺吸附，这样可降低其他混凝剂的用量。

在应用有机高分子混凝剂的同时，其毒性也是引起人们关注的地方。聚丙烯酰胺的毒性主要在于其单体，所以应重视单体的残留。

（二）助凝剂

当单用混凝剂不能取得良好效果时，可投加某些辅助药剂提高混凝效果，这类辅助药剂即为助凝剂。助凝剂可以参加混凝，也可不参加混凝。从一定意义上讲，凡是不能在某一特定的水处理工艺中单独作混凝剂但可以与混凝剂配合使用而提高或改善凝聚和絮凝效果的化学药剂均可称为助凝剂。助凝剂可以是调整水 pH 的酸碱类物质，如石灰、硫酸等；也可以是加大矾花的粒度和结实性的物质，如活化硅酸（$SiO_2 \cdot nH_2O$）、骨胶等；还可以是用来破坏混凝干扰物质的氧化剂类物质，如 Cl_2、O_3 等。

四、混凝工艺设备

（一）投药设备

混凝的投药设备包括计量设备、投药箱等，根据投药方式或控制系统的不同，投药设备也有所不同。

1. 计量设备

计量设备种类很多，有计量泵（图 4-3）、转子流量计（图 4-4）、苗嘴等。

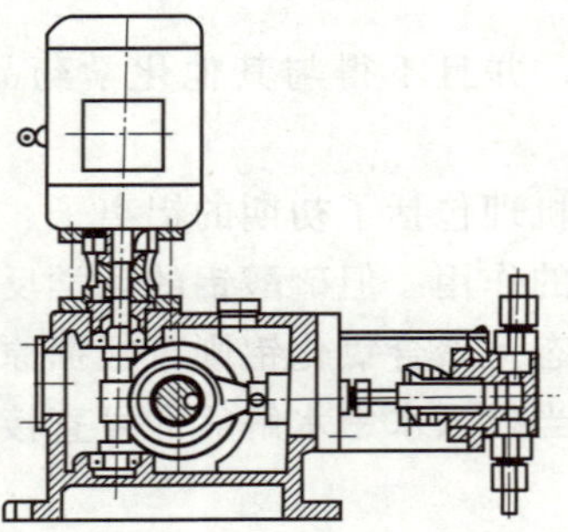

图 4-3 计量泵

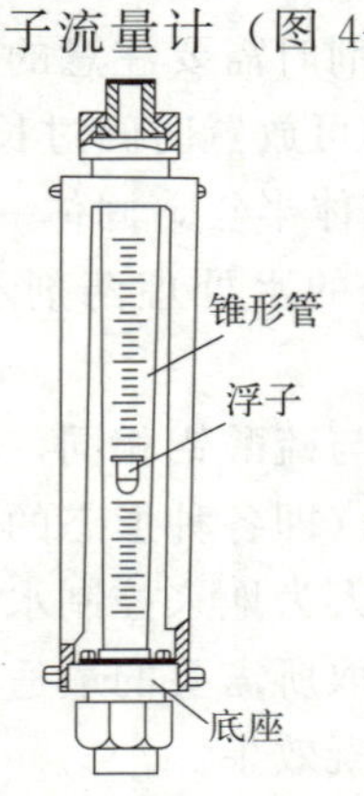

图 4-4 转子流量计

苗嘴

计量泵也称定量泵或比例泵，是一种可以满足各种严格的工艺流程需要，流量可以在0～100%范围内无级调节，用来输送液体的特殊容积泵。

转子流量计是根据节流原理测量流体流量的，但它是通过改变流体的流通面积来保持转子上下的差压恒定，故又称为变流通面积恒差压流量计，也称为浮子流量计。

2. 投药设备

混凝剂的投加有重力投加、虹吸投加、泵投加、水射器投加等。重力投加（图 4-5）包括流量计、溶液池、水箱、提升泵等，利用重力直接将药液投入水管内。重力投加有泵前重力投加和高位溶液池重力投加两种类型。前者的药液投加在水泵吸水口或管口，混合效果好，常用于取水泵房靠近水厂处理构筑物的情况；后者适用于泵房与水厂构筑物距离较远的场合。

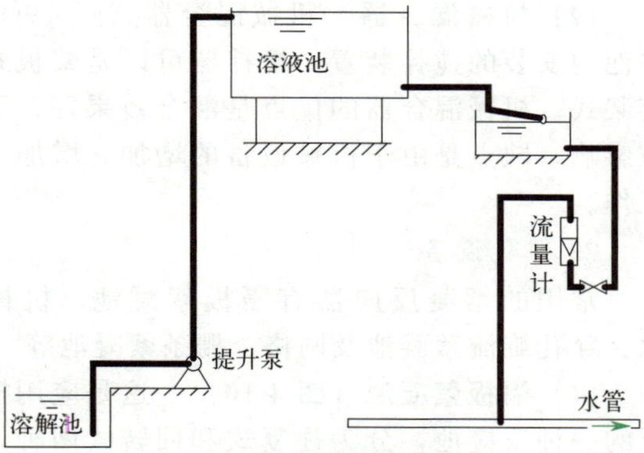

图 4-5　重力投加投药设备

虹吸定量投药利用的是空气管末端与虹吸管出口间的水位差不变，而使投药量恒定的投配设备。

泵投加采用计量加药泵（图 4-6）将混凝剂药液压入管道的方式，主要包括溶液池、计量泵等设备，这种方式一般用于大型水处理厂。

水射器由喷嘴和喉管等构成，投加时喷嘴和喉管之间因高压水通过而产生真空抽吸作用，将药液吸入并在喉管内强烈混合，同时在压力作用下将混凝剂药液注入水管中。投加设备如图 4-7 所示。该法设备简单、使用方便，但水射器易腐损。

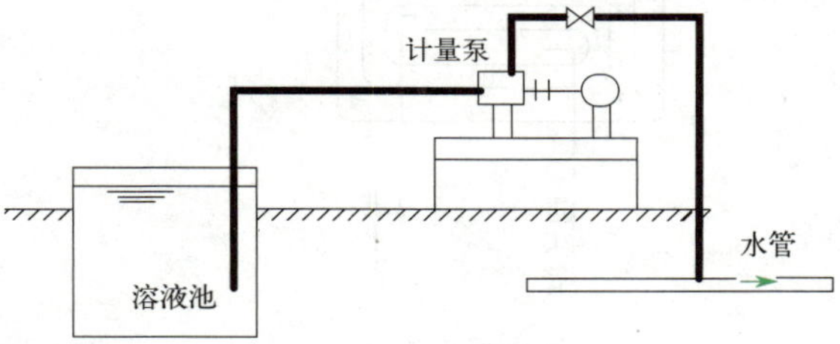

图 4-6　计量泵投加投药设备

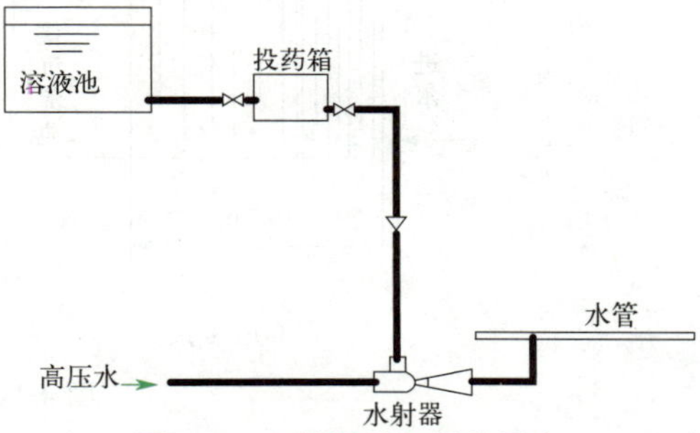

图 4-7　水射器投加投药设备

（二）混合与絮凝设备

1. 混合设备

（1）管式混合器　管式静态混合器（图 4-8）一般由三节组成，也可根据混合介质的性

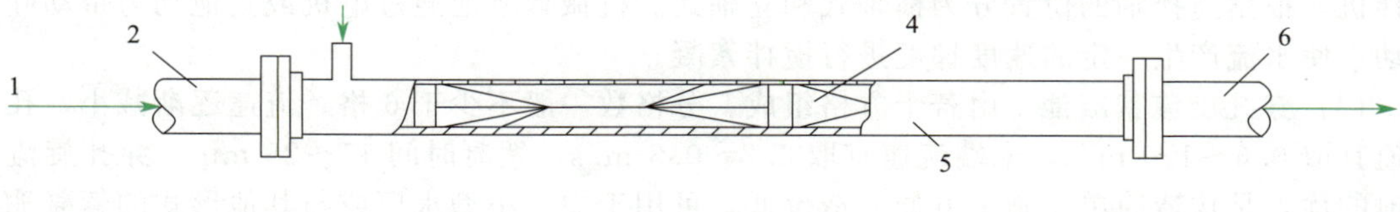

图 4-8　管式混合器

1—原水；2—管道；3—药剂；4—单元混合体；5—静态混合器；6—管道

能增加节数。每节混合器有一个180°扭曲的固定螺旋叶片，分左旋和右旋两种；相邻两节中的螺旋叶片旋转方向相反，并相错90°。混合器的螺旋叶片不动，仅是被混合的物料或介质运动，流体通过它产生压降，不使用外部能源，通过流动分割、径向混合、反向旋转，使两种介质不断激烈掺混扩散，从而达到混合目的。

(2) 机械混合器 机械混合器（图4-9）是指在池内安装的搅拌装置，搅拌器可以是桨板式或螺旋桨式。机械混合器的优点是混合效果好，不受水质影响，缺点是由于机械设备的增加，增加了维修工作。

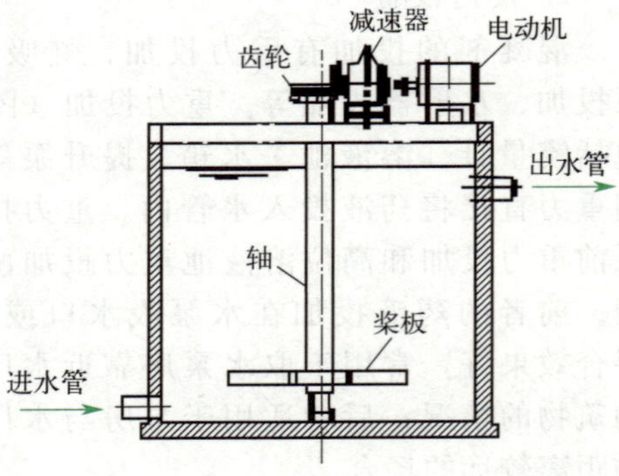

图4-9 机械混合器

2. 絮凝设备

常用的絮凝反应器有隔板絮凝池、机械絮凝池、穿孔旋流絮凝池及网格、栅条絮凝池等。

(1) 隔板絮凝池（图4-10） 这是应用极为广泛的一种反应池，分为往复式和回转式两种，池中设多道隔板，形成狭长回转的廊道，水流在廊道中曲折前进，水流转向的角度为：往复式180°，回转式90°，由水流转向产生主要的搅拌作用。隔板絮凝池的特点是构造简单、管理方便，但絮凝效果不稳定，池子大，适用于大型污水处理厂。

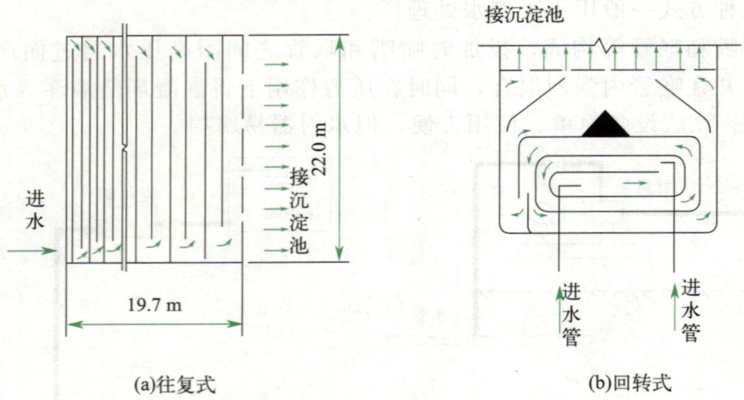

图4-10 隔板絮凝池

隔板絮凝池的设计参数如下。

① 流速：起端0.5～0.6 m/s，末端0.2～0.3 m/s；②段数：4～6段；③转弯处过水断面积：为廊道过水断面积的1.2～1.5倍；④絮凝时间：20～30 min；⑤隔板间距：宜大于0.5 m，池底应有0.02～0.03坡度直径和不小于150 mm的排泥管。

(2) 机械絮凝池 是通过机械带动叶片使液体搅动完成絮凝的絮凝池。主要设备为桨式搅拌机，根据搅拌轴的位置分为横轴式和立轴式。机械絮凝池通过电机或其他动力带动叶片搅动，使水流产生一定的速度梯度进行搅拌絮凝。

(3) 穿孔旋流絮凝池 由若干方格组成。分格数一般不少于6格。流速逐渐减小，孔口流速宜取0.6～1.0 m/s，末端流速宜取0.2～0.3 m/s，絮凝时间15～25 min。穿孔旋流絮凝池的优点是构造简单、施工方便、造价低，可用于中、小型水厂或与其他形式的絮凝池组合应用。

(4) 网格、栅条絮凝池 该池设计成多格竖井回流式。每个竖井安装若干层网格或栅条，各竖井间的隔墙上、下交错开孔，进水端至出水端逐渐减少，一般分 3 段控制。前段为密网或密栅，中段为疏网或疏栅，末段不安装网、栅条。

3. 澄清池

澄清与沉淀是有区别的。澄清是指利用原水中加入的混凝剂和池中积聚的活性泥渣相互碰撞接触、吸附，将固体颗粒从水中分离出来，使原水得到净化的过程；而沉淀指的是水中固体物依靠重力作用，从水中分离出来的过程。澄清池可以同时完成混合、反应、沉淀分离三个过程，是用于混凝处理的一种设备。澄清池具有占地面积小、处理效果好、生产效率高、节省药剂用量等优点，缺点是对进水水质要求严格、设备结构复杂。

澄清池中起到截留分离杂质颗粒作用的介质是呈悬浮状的泥渣。在澄清池中，沉泥被提升起来并使之处于均匀分布的悬浮状态，在池中形成高浓度的稳定活性泥渣层，该层悬浮物浓度约在 3～10 g/L。原水在澄清池中由下向上流动，泥渣层由于重力作用可在上升水流中处于动态平衡状态。当原水通过泥渣悬浮层时，利用接触絮凝原理，原水中的悬浮物便被泥渣悬浮层阻留下来，使水获得澄清。清水在澄清池上部被收集。

泥渣悬浮层上升流速与泥渣的体积、浓度有关，因此，正确选用上升流速，保持良好稳定的泥渣悬浮层，是澄清池取得较好处理效果的基本条件。

澄清池的类型从基本原理上分为泥渣悬浮型和泥渣循环型澄清池两大类。在废水的处理中常用的澄清池有机械加速澄清池、水力循环澄清池、悬浮澄清池、脉冲澄清池。

（1）机械加速澄清池 机械加速澄清池的构造如图 4-11 所示。

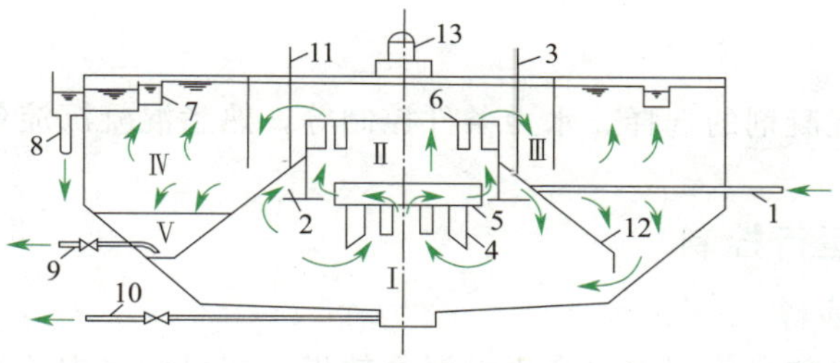

图 4-11 机械加速澄清池构造示意图

Ⅰ—第一反应室；Ⅱ—第二反应室；Ⅲ—导流室；Ⅳ—分离室；Ⅴ—泥渣浓缩室

1—进水管；2—配水三角槽；3—加药管；4—搅拌叶轮；5—提升叶轮；6—导流板；7—集水槽；8—出水管；9—排水管；10—放空管；11—排气管；12—伞形罩；13—动力装置

机械加速澄清池主要是由第一反应室、第二反应室及分离室所组成。此外，还有进水系统、加药系统、排泥系统以及机械搅拌提升系统，大的加速澄清池还有刮泥装置。其中，第二反应室、第一反应室与分离室之间的容积比为 1∶3∶7。

机械加速澄清池是将混凝、反应和澄清的过程建在同一个构筑物内，利用悬浮状态的泥渣层作为接触介质，增加颗粒的碰撞机会，提高混凝效果。经过加药的污水进入三角形分配槽，从底边的调节缝流入第一反应室。水中的空气从三角槽顶部伸出水面的放空管排走。进入第一反应室的水，经过搅拌提升至第二反应室，在此进一步进行混凝反应，以便聚结成更大的颗粒，然后从四周进入导流室而流向分离室。由于进入分离室时，横断面积突然扩大，水体因此流速骤降，泥渣下沉，清水以 1.0～1.4 mm/s 的上升速度向上经集水槽流出。下沉的泥渣从回流缝进入第一反应室，再与从三角槽出来的原水相互混合。在分离室里，部分泥渣进入泥渣浓缩斗，应定期予以排除。池底有排泥阀，以调整泥渣的含量。提升循环回流的水量是处理水量的 3～5 倍。经一定循环之后，泥渣量会不断增加，应进行排放，以控制一定的沉降比。在第二反应室和导流室内部装有导流板，目的是改善水力条件，既利于混合反应，又利于泥渣与水的分离。在处理高浊度的水和池体直径较大时，有的澄清池池底还设有刮泥机装置，以便把池底的沉泥刮至池子中央，从排污管排放。

(2) 水力循环澄清池 水力循环澄清池（图4-12）是利用水的动能，在水射器的作用下，将池中的活性泥渣吸入和原水充分混合，从而加强了水中固体颗粒间的接触和吸附作用，形成良好的絮凝，加速了沉降速度，使水得到澄清。加了混凝剂的原水从进水管道进入喷嘴，以高速喷入喉管，在喉管的喇叭口周围形成真空，吸入大约3倍于原水的泥渣量。经过泥渣与原水的迅速混合，混合液进入渐扩管形的第一反应室以及第二反应室中进行混凝处理。喉管可以上、下移动以调节喷嘴和喉管的间距，使其等于喷嘴直径的1～2倍，并借此控制回流的泥渣量。水流从第二反应室进入分离室，由于横断面积的突然扩大，流速降低，泥渣就沉下来，其中一部分泥渣进入泥渣浓缩斗定期排出，而大部分泥渣被吸入喉管进行回流，清水上升从集水槽流出。

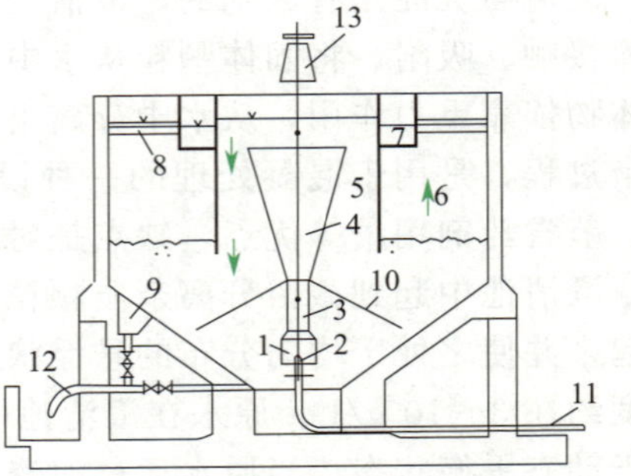

图4-12 水力循环澄清池构造示意图

1—混合室；2—喷嘴；3—喉管；4—第一反应室；5—第二反应室；6—分离室；7—环形集水槽；8—穿孔集水管；9—污泥斗；10—伞形罩；11—进水管；12—排泥管；13—间距调节装置

能力要求

通过学习，了解混凝剂的选择、水力条件控制等，熟悉混凝沉淀单元运行中的常见问题及维护。

一、混凝沉淀工艺运行控制

（一）混凝剂的选择

混凝剂的种类、投加量等因素也会影响混凝效果。如果污水中的污染物呈胶体状态，应使用无机混凝剂使其失去稳定性、凝聚。如果生成的絮体较小，则还需配合使用高分子混凝剂。一般情况下，将无机混凝剂与高分子混凝剂配合使用，可以明显提高混凝效果。任何混凝过程，都存在最佳混凝剂与最佳投药量，需经试验确定。另外，多种混凝剂并用时，其投加顺序也会对混凝效果产生影响。如无机混凝剂及有机混凝剂并用时，一般按先无机、后有机的顺序投加。

（二）水力条件控制

混凝过程中的水力条件对混凝效果影响较大，其中两个重要的指标包括搅拌强度及搅拌时间。搅拌速度常用速度梯度 G 表示，搅拌时间则用 T 表示。在混合阶段，快速搅拌的目的是使混凝剂快速、均匀地与污水混合，避免混凝剂分散不均匀、局部浓度过高，从而影响混凝剂自身水解及其与水中胶体或杂质微粒的凝聚作用。在反应阶段，慢速搅拌是为了使生成的絮体进一步长大、密实，同时防止已生成的絮体被打碎。所以，只有将搅拌强度及搅拌时间控制到最佳状态，才能得到理想的混凝效果。通常，混合阶段的 G 值控制在 500～900 s^{-1}，搅拌时间控制在 10～30 s；而反应阶段的 G 值控制在 20～70 s^{-1}，T 值则控制在 15～30 min。

（三）pH、水温等的控制

水的pH值对混凝效果的影响，依混凝剂的种类及处理对象的不同而异。如选用硫酸铝做混凝剂去除浊度时，最佳 pH 值范围是 6.5～7.5；去除色度时，水的 pH 值则应偏低，在 4.5～5.5 之间较好。三价铁盐做混凝剂对水的 pH 值适应范围较宽，去除水的浊度时，要求水的浊度在 6.0～8.4 之间；去除水的色度时，pH 在 3.5～5.0 之间为宜。高分子絮凝剂受水 pH 值的影响较小，适应性较强。

水温对混凝效果的影响很大。水温低时，无机盐类混凝剂水解速度慢，且水温低时，胶粒水化作用增强，凝聚效果下降。但水温并非越高越好，温度过高时，高分子絮凝剂易老化。

二、混凝沉淀单元运行维护

（一）混凝沉淀单元运行常见问题及对策

运行过程中，运行管理人员应观察并记录反应池矾花的生长情况，如发现异常应及时分析原因，并采取相应对策。常见问题有以下几种。

第一，混凝池末端矾花颗粒状况良好，水的浊变低，但沉淀池中矾花颗粒细小，出水携带矾花。出现该现象的原因有两个：一是混凝池末端积泥，堵塞了进水穿孔墙上的部分孔口，使孔口流速过大，打碎矾花，使之不易沉降；二是沉淀池内有积泥，降低了有效池容，使沉淀池内流速过大。这两种情况的处理方法是停池清泥。

第二，混凝池末端矾花状况良好，水的浊度低，但沉淀池出水携带矾花。出现这种情况的原因是：一是沉淀池超负荷，解决方法是增加沉淀池投运数量，降低沉淀池的水力表面负荷；二是沉淀池内存在短流，解决方法是如果由堰板不平整所致，则应调平堰板，如果是由温度变化所致，则应在沉淀池进水口采取有效的整流措施。

第三，混凝池末端矾花颗粒细小，水体浑浊，且沉淀池出水浊度过高。出现这种情况的原因是：一是混凝剂投加量不足，应及时增加投药量；二是进水碱度不足，应及时投加石灰，补充碱度不足；三是水温降低，应该用无机高分子混凝剂等受水温影响小的混凝剂，也可采用加助凝剂的方法；四是混凝强度不足，应加强运行的合理调度，尽量保证混合区内有充分的流速。

第四，混凝池末端矾花大而松散，沉淀池出水异常清澈，但出水中携带大量矾花。出现这种情况的原因是混凝剂投加过量，使矾花颗粒异常长大，但不密实、不易沉淀，此时应降低投药量。

第五，混凝池末端絮体碎小，水体浑浊，沉淀出水浊度偏高。出现这种情况的原因是混凝剂投加大大超量，应降低投药量。

（二）混凝沉淀单元运行其他注意事项

1. 药剂种类与投加量及时调整

为保证水净化效率，应加强入流污水水质检验，混凝剂或助凝剂的种类、投药量需根据进水水质的不同进行调整，以使投药量适应水质变化和出水要求。应定期检验进水水质，进行烧杯搅拌试验，通过改变混凝剂或助凝剂种类，改变混凝剂投药量，改变混合过程的搅拌强度等，来确定最佳混凝条件。例如：当水量或水中 SS 浓度发生变化时，应适当调整混凝剂投药量；当入流污水水温或 pH 值发生变化时，可改变混凝剂或助凝剂来提高混凝效果；当入水中有机性胶体颗粒含量变化时，也应及时调整混凝剂或助凝剂；无论使用何种混凝药剂或投药设备，均须记录清楚储药池、投药池浓度。

2. 积泥及时清除

混凝沉淀池内积泥过多会使反应区容积减少，池内流速增加使时间缩短，导致混凝效果下降。应定期清除反应池内的积泥，可以通过机械排泥或清池实现。反应池末端和沉淀池进水配水墙之间大量积泥，会堵塞部分配水孔口，使孔口流速过大，打碎矾花，造成沉淀困难。出现这种情况应停止运行、清除积泥。混凝沉淀池刮泥时，沉积污泥停留时间过长会造成浮泥，刮泥过于频繁或刮泥过快则会扰动已下沉的污泥。因此，须合理确定刮泥周期的长短。

3. 卫生安全事项

定期清洗加药设备，保持清洁卫生；定期清扫池壁，防止藻类滋生。配药时要严格执行卫生安全制度，戴胶皮手套以及其他劳动保护措施。

4. 运行中及时观察工况

运行过程中应注意观察混凝沉淀池的出水量及出水堰出流是否均匀，堰口是否被浮渣封堵，出现异常应及时调整修复。运行过程中应经常观察混合、反应排泥或投药设备的运行状况，及时进行维护，发生故障及时更换报修。

（三）混凝沉淀单元维护要求

① 定期校正投药设备的计量装置，必要时应予以更换，以保证计量准确，药剂投入量符合工艺要求。保证各加药设备的运行完好，各药剂的充足。保证药剂符合工艺要求的质量标准。

② 经常检查投药管路，防止管道阻塞或断裂，保证抽升系统正常运行。出现断流现象时，应尽快检查维修。

③ 排泥管道至少每月冲洗一次，防止泥沙、油脂等在管道内尤其是阀门处造成淤塞，冬季还应增加冲洗次数，按一定周期将池体排空，如每年一次进行彻底清理检查及维修维护。

④ 定期检修刮泥机电刷、橡胶板等易损件，应根据实际运行情况确定更换周期。

⑤ 定期检修管路、电气设备，并测试其各项技术性能。保证刮泥机械设备的正常运转，定期检修其他电气设备，使其接触牢固、安全可靠、绝缘良好。

混凝工程应用

巩固与拓展

巩固知识：

混凝-沉淀单元运维操作练习题

拓展训练：采用混凝实验处理某污水处理厂异常问题

某曝气池中出现了一定数量的浮渣。在过去的3天，曝气池溶解氧水平从2.6 mg/L缓慢下降到了1.5 mg/L，在昨天污泥镜检中发现有丝状菌的出现，一张镜检中显示有气泡存在。从在线监测数据来看，污染物去除效率尤其是化学需氧量去除率开始下降。

混凝实验方案

请以团队合作形式设计实验方案及步骤，完成混凝实验，测定原水特性，确定最佳混凝剂投加量、最佳pH。

任务二　滤池运维操作

任务描述

通过知识明晰部分的学习，了解过滤运行程序，滤速、滤池的工作周期等；在能力要求部分，充分掌握普通快滤池、V型滤池及高效纤维滤池等常用滤池的结构与特点，熟悉滤池运行、冲洗等操作，了解滤池运行过程中的常见问题及其解决方法等；在巩固与拓展中，通过小组任务，设计合理的实验步骤，完成酸性废水中和过滤实训任务，测定升流式石灰石滤池在不同过滤速度时的处理效率，完成知识与技能的融合。

学习本任务可以采用线上线下相结合的学习方式，借助动画演示、现场观摩等方式辅助理解，全方面、多角度理解一般品质再生水生产过程中过滤单元的运维操作要点。

巩固与拓展

一、过滤工艺概述

（一）过滤运行程序

过滤作为最常用的水处理工艺之一，在给水和废水处理中都有着广泛的应用。在给水处理中，过滤工艺在原水浊度较高和较低的情况下均可以适用，在去除浊度的同时，还可以去除部分细菌和病毒，剩余残留裸露的细菌也很容易在后续的消毒工艺中被杀灭，为消毒工艺创造良好的条件。在废水处理中，过滤可以进一步地去除二级生物处理出水中残存的悬浮物、部分有机物和磷等污染物，使出水达到废水排放或回用标准。过滤工艺既可以作为深度处理流程中的主要处理环节，也可以作为最后一个处理单元，它是污水深度处理必不可少的处理单元。

过滤一般是利用石英砂、无烟煤等粒状滤料截留水中的悬浮物等杂质，从而使水获得澄清。过滤工艺过程（图4-13）包括过滤、反冲洗和正洗等步骤。当粒状滤料工作到已截留一定量泥渣时，运行阻力也会增加，为了恢复其过滤能力，需要对滤层进行清洗。反冲洗是

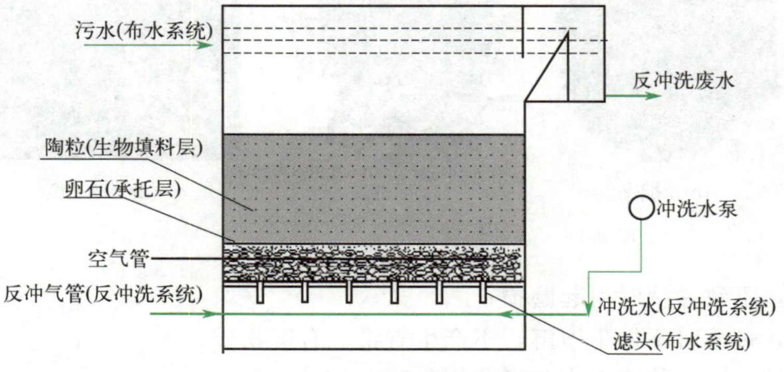

图4-13　过滤工艺过程简图

过滤原理

指利用流速较大的反向水流冲洗滤层，使滤料呈流化状态，将截留在滤层中的污染物从滤料表面分离，随冲洗水流出滤池。正洗是指在反冲洗结束后投入运行时，按与过滤运行相同的方法通水，将浊度不合格的初滤水排走；待正洗至出水合格时，便可投入过滤运行。根据具体状况，有时正洗可以省略。

（二）滤速

滤速是指单位时间、单位过滤面积上的过滤水量，单位为$m^3/(m^2 \cdot h)$或m/h。水流通过滤层的真流速应该是水在滤料颗粒与颗粒之间的孔隙中的流速。然而，这样的流速无法求得，因为在同一滤层中，不同颗粒间孔隙的大小是不均匀的，水流在各个孔道中的流速不会相同，所以只能估算某一滤层中真流速的平均值。滤速是根据过滤器中没有滤料的假设条件计算出来的，其计算式如式(4-1)：

$$v=Q/F \tag{4-1}$$

式中　v——滤速，m/h；

Q——过滤器的出水，m^3/h；

F——过滤器的过滤截面，m^2。

过滤器的滤速不宜过慢或过快。滤速慢意味着单位过滤面积的产水量小，因此，为了达到一定的产水量，必须增大过滤面积。这样不仅要增加投资，而且会使设备变得庞大。滤速太快不仅加大了运行时的水头损失，过滤周期也会缩短，使出水水质下降。

（三）工作周期

从过滤开始到冲洗结束的一段时间称为滤池的运行工作周期。通常根据运行中允许水头损失与滤层的截污能力来确定工作周期T（h）。为了保证滤池正常运行，操作中可根据具体情况规定时间（如8～12 h左右），或规定滤池进出口压力差超过0.03 MPa时反冲洗一次。

二、滤池构造

（一）滤料层

滤料层是滤池的核心部分。滤池滤料一般采用石英砂、无烟煤、活性炭、大理石粒、磁铁矿粒以及人造轻质滤料等（图4-14），其中以石英砂应用最为广泛。无论采用哪种滤料，均须满足以下要求：

(a)石英砂　(b)无烟煤　(c)活性炭　(d)大理石粒

图4-14　滤池滤料

① 有足够的机械强度，不致冲洗时引起磨损；

② 化学性质足够稳定，过滤时不发生溶解，不产生有毒、有害物质；

③ 具有一定的颗粒级配、适当的孔隙率和形状均匀度；

④ 要有较大的表面积，常以圆形为好；

⑤ 价廉易得。

滤料的粒径直接影响过滤的效果和滤层的反冲洗效果，描述滤池滤料粒径分布的两个主要参数是有效直径（d_{10}）和均匀系数（uniformity coefficient，UC）。一般 UC 用 K_{60} 来表示，如式(4-2)：

$$K_{60}=d_{60}/d_{10} \tag{4-2}$$

式中　d_{10}——筛分曲线中通过质量分数 10%的滤料的筛孔孔径，mm；

d_{60}——筛分曲线中通过质量分数 60%的滤料的筛孔孔径，mm。

UC 越大，说明粗细颗粒尺寸相差越大。颗粒不均匀会影响过滤效果，因此理论上 UC 小一些好。煤滤料是无烟煤磨碎筛分而成，也不容易筛分得太细，且筛分得过细会损失煤料太多。陶粒滤料也是如此，这些滤料 UC 最大限度也只能到 1.3。要想使 UC 再减少，甚至到达 1.0，可用塑料制造。但是，如果滤料粒径完全均匀，对拦阻浊质上可能有影响，会造成浊质易于穿透滤层。

（二）承托层

承托层也称垫层，设置在滤层和配水系统之间，其作用是过滤时防止滤料进入配水系统，在反冲洗时也可起到均匀布水的作用。承托层应能在高速水流反冲洗的情况下保持不被冲动，且能形成均匀的空隙以保证冲洗水的均匀分布，同时材料应坚固、不溶于水。一般采用卵石或碎石，按颗粒大小分层铺设。承托层的粒径一般不小于 2 mm，以同滤料的粒径相配合。

（三）排水系统

排水系统的作用是均匀收集滤后水，更重要的是均匀分配反冲洗水，亦称配水系统。排水系统分为两类，即大阻力排水系统和小阻力排水系统。普通快滤池大多采用穿孔管式大阻力排水系统。

三、常见滤池类型

滤池有很多不同的分类：根据操作方式不同可分为交替和连续性滤池；根据滤床厚度不同可分为浅层、常规和深层滤池；根据使用的滤料不同可分为单层滤料池、双层滤料池和三层滤料滤池，后两种滤池是为了提高滤层的截污能力。单层滤料池的构造简单，操作也简便，因而应用广泛。双层滤料池是在石英砂滤层上加一层无烟煤滤层，三层滤料是由石英砂、无烟煤、磁铁矿等的颗粒组成。再生水的深度处理常用双层或三层滤料。

（一）普通快滤池

普通快滤池指的是传统的快滤池布置形式，滤池种类虽然很多，但其基本构造是相似的，污水深度处理中的各种滤池都是在普通快滤池（图 4-15）的基础上改进设计来的。

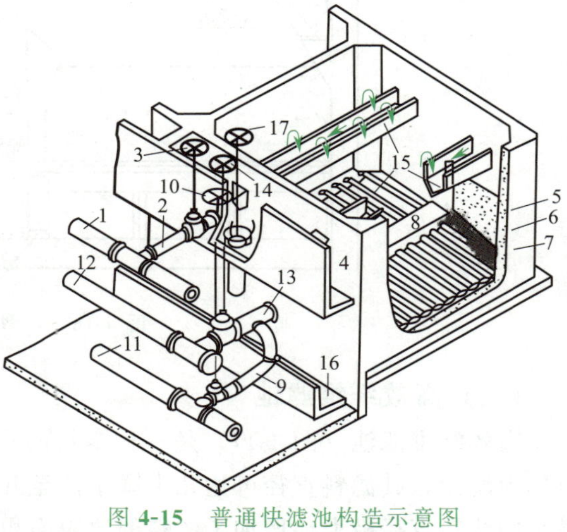

图 4-15　普通快滤池构造示意图

1—进水总管；2—进水支管；3—进水阀；4—浑水渠；5—滤料层；6—承托层；7—配水系统支管；8—配水干渠；9—清水支管；10—出水阀；11—清水总管；12—冲洗水总管；13—冲洗支管；14—冲洗水阀；15—排水槽；16—废水渠；17—排水阀

普通快速滤池主要由滤池池体、管廊、冲洗设施等几个部分组成。滤池池体主要包括进水管渠、排水槽、滤料层、承托层和配（排）水系统。管廊主要设置有五种管或渠，即原水进水管、清水出水管、冲洗进水管、冲洗排水管及初滤排水管，以及相应的阀门等。冲洗设施包括冲洗水泵、水塔及辅助冲洗设施等。

滤料层一般为石英砂、无烟煤等单层滤料，或底层为石英砂、上层为陶粒的双层滤料。承托层通常采用卵石或砾石，其作用是承托滤料，防止滤料被水流冲出，也保证冲洗水均匀地分布在滤池断面上。普通快滤池的冲洗采用单水冲洗，冲洗水由水塔或水泵供给。

过滤过程一般为：原水从进水总管、进水支管，经过水渠流入浑水渠进入滤池，水经过滤料层后水变清成为洁净的过滤水，经底部配水支管汇集，再经配水干管、清水支管、清水总管流往清水池。

（二）V 型滤池

V 型滤池是在普通快滤池的基础上发展起来的一种重力式快滤池，是由法国得利满公司在 70 年代发展起来的。V 型滤池用较粗、较厚的均匀石英砂颗粒做滤层，采用了避免滤层膨胀的气、水同时反冲洗技术，并通过待滤水的表面扫洗进行排污，也采用了气垫分布空气及使用长柄滤头进行气、水分配等工艺。V 型滤池具有出水水质好、滤速高、运行周期长、反冲洗效果好、节能和便于自动化管理等特点。20 世纪八九十年代即在我国给水厂中广泛应用，随着污水深度处理需求的不断增加，这种滤池形式也在污水厂中开始采用。

V 型滤池的得名来自于其独特的 V 字形进水槽（图 4-16）。它采用不同于普通快滤池的气-水联合反冲洗和表面扫洗技术进行滤池过滤能力再生，比单纯水冲洗滤池可延长 75%的过滤周期，截污水量可提高 118%，而反冲洗的耗水量却减少 40%以上。

V 型滤池

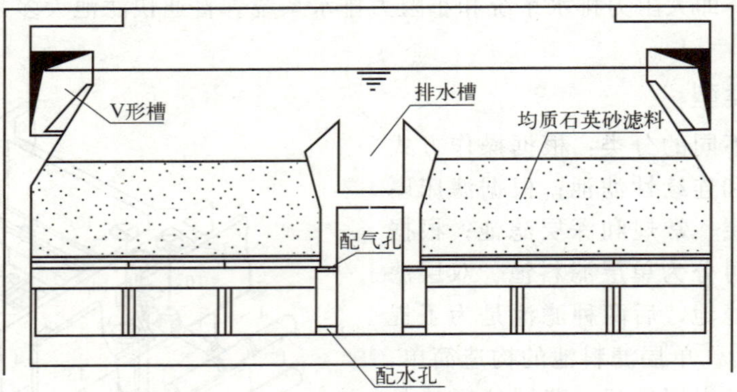

图 4-16　V 型滤池结构简图

（三）高效纤维滤池

高效纤维滤池（图 4-17）是一种全新的重力式滤池，它采用了一种新型的纤维束软填料作为滤元，其滤料直径可达几十微米甚至几微米，具有比表面积大、过滤阻力小等优点。微小的滤料直径极大地增加了滤料的比表面积和表面自由能，增加了水中杂质颗粒与滤料的接触机会和滤料的吸附能力，从而提高了过滤效率和截污容量。

四、影响因素

（一）滤料的影响

（1）粒度　粒度是指颗粒的大小，过滤效率与滤料的粒度成反比。即粒度越小，过滤效

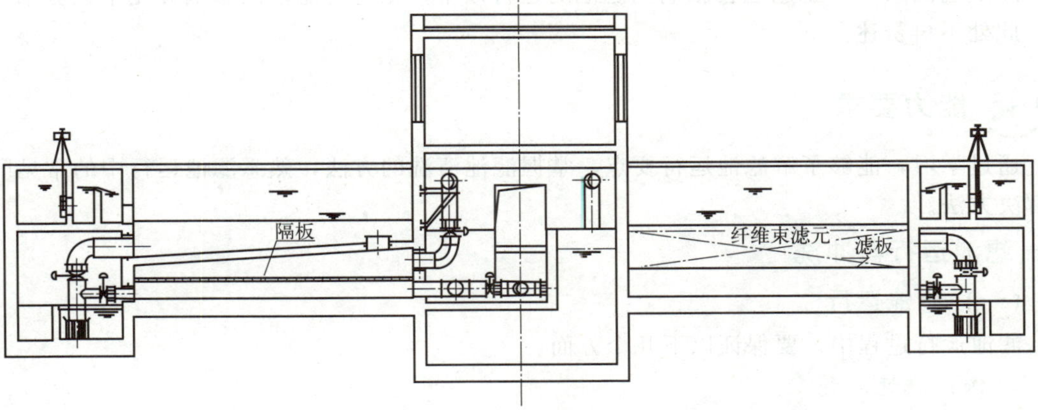

图 4-17 高效纤维滤池

率越高，但水头损失也增加越快。

(2) 形状 角形滤料的表面积比同体积的球形滤料的表面积大，因此，当孔隙率相同时，角形滤料过滤效率高。

(3) 孔隙率 球形滤料孔隙率与粒径关系不大，一般都在 0.43 左右。但角形滤料的孔隙率取决于粒径及其分布，一般约为 0.48～0.55。较小的孔隙率会产生较高的水头损失和过滤效率，而较大的孔隙率提供较大的纳污空间和较长的过滤时间，但悬浮物容易穿透。

(4) 滤床厚度 滤床越厚，滤液越清，但操作周期越长。

(5) 滤料的表面性质 滤料表面不带电荷或者带有与悬浮颗粒表面电荷相反的电荷，有利于悬浮颗粒在其表面上吸附和接触凝聚。通过投加电解质或调节 pH 值可改变滤料表面的电动电位。

(二) 悬浮物的影响

(1) 悬浮物粒度 悬浮物粒度越大，通过筛滤去除越容易。向原水投加混凝剂，待其生成适当粒度的絮体后进行过滤，可以提高过滤效果。

(2) 悬浮物浓度 过滤效率随原水浓度升高而降低，浓度越高，穿透越易，水头损失增加越快。

(3) 温度 温度影响密度及黏度，进而通过沉淀和附着机理影响过滤效率，降低温度对过滤的不利影响。

(4) 表面性质 悬浮物的絮凝特性、电动电位等主要取决于悬浮物的表面性质，凝聚过滤法就是在原水加药脱稳后，尚未形成微絮体时进行过滤。这种方法投药量少，过滤效果好。

(三) 反洗

反洗是用以除去滤出的泥渣，以恢复滤料的过滤能力。为了把泥渣冲洗干净，必须要有一定的反冲洗速度和时间。这与滤料大小及密度、膨胀率及水温都有关系。滤料用石英砂时，反冲洗强度为 15 L/(s·m^2)；而用相对密度小的无烟煤时，反冲洗强度为 10～12 L/(s·m^2)。反冲洗时，滤层的膨胀率为 25%～50%。反冲洗效果好是滤池运行良好的必要条件。

滤池反洗

除上述因素外，滤速也会影响到滤池的运行效率，滤速对滤池的影响详见本任务第一部分，此处不再赘述。

能力要求

通过学习，能够了解滤池运行要点，掌握滤池清洗的方法，熟悉滤池运行中的常见问题及解决方法。

一、滤池运行与冲洗

（一）滤池运行

滤池运行过程中，要保证以下几个方面。

1. 保证滤速的稳定

在运行中突然提高滤速时，水流剪切力会相应提高，易把吸附在滤料上的污染物质重新冲刷下来，使水质变坏。滤速控制设施控制不稳或出水阀门操作过快都可引起滤速变动。在运行中应定时测定滤速，并严格控制，避免滤速突然变化。

2. 定期检查滤料

需要定期检测滤料表面高度，是否存在跑砂、漏砂，滤料表面是否结泥球等问题。滤料结泥球或滤料表面不平会导致滤层堵塞、过滤不均匀，影响过滤出水水质。滤池出现跑砂、漏砂现象会影响滤池的正常工作，导致出水中带砂。如滤层高度降低量超过滤层厚度的10%，应补充滤料。

3. 水质的观测

定时测定初滤水浊度与滤后水浊度的变化值，观测过滤水水质的变化，了解过滤效果。

4. 仪表设备定期维护

定期检查各自动仪表、阀门，对机电设备进行检查维修，维持设备的正常运行。对金属设备、围栏等也要定期检修、维护。

（二）滤池冲洗

冲洗效果是滤池正常运行的保证，当滤池滤料已截留到一定量泥渣时，需要对滤池进行冲洗。滤池冲洗分为反冲洗和正洗两部分，根据具体情况，一般正洗可以省略，滤池的冲洗主要是指反冲洗。

反冲洗时，冲洗水的流向与过滤相反，是从滤池的底部向滤池上部流动（图 4-18）。冲洗水首先进入配水系统，向上流过承托层和滤料层，冲走沉积于滤层中的污物，并夹带着污物进入反冲洗水排水槽，由此经闸门排出池外。

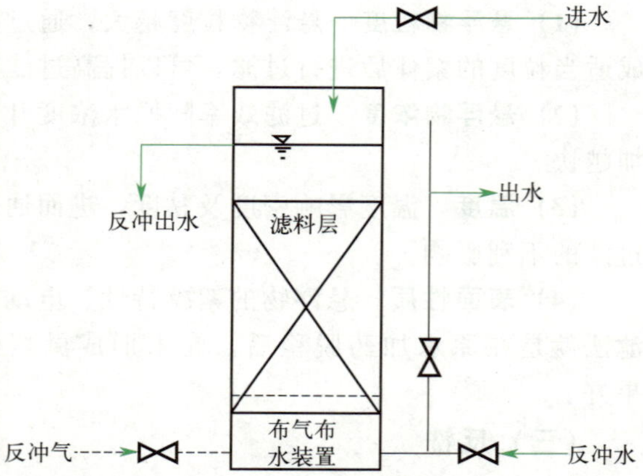

图 4-18 滤池反冲洗

目前滤池反冲洗的方法主要有三种：一是单纯用水反冲洗；二是用水反冲洗，并辅以表面冲洗；三是气水反冲洗。其中，气水反冲洗有三种运行方式：

① 先单独用气冲，然后再用水单独冲洗；

② 先用气水同时冲洗，然后再用水单独冲洗；

③ 先用气冲，然后气水同时冲洗，最后再单独用水冲洗。

关于气、水冲洗效果，分析认为吸附在滤料上的污泥分为两种，一种是滤料直接吸着而不易脱落的污泥，称作一次污泥；另一种是积滞在沙粒间隙中的污泥，比一次污泥易于去除，称作二次污泥。在反冲洗时去除二次污泥主要是由水流剪切力来完成，而去除一次污泥必须依靠颗粒间的摩擦碰撞作用。因此，采用气洗或气、水同时冲洗，可以增加滤料颗粒间的相互摩擦作用，有利于一次污泥的清洗。

反冲洗时，单位面积滤层通过反冲洗用的水和空气的流量称为反冲洗强度，单位为 $L/(m^2 \cdot s)$，也可直接采用流速（m/h）计算水和空气的流量。反冲洗强度与滤层膨胀度有关系。通常高强度的水冲洗依靠的主要是水流的剪切作用或者滤料颗粒间的摩擦碰撞作用，可使得颗粒表面的杂质脱落，因而冲洗过程中滤层处于膨胀状态是必需的，而滤层膨胀会使得冲洗后形成由细到粗的滤层水力自然分级。与此同时，膨胀的滤层会在冲洗过程中产生对流，进而会在滤层中形成硬实的泥球。

（三）运行监控项目

滤池的运行监控项目主要有以下几个方面：①水头损失；②出水水质；③自动反洗时的起始状态与运行周期；④滤速；⑤反冲洗强度、反冲洗持续时间等。

二、滤池运行中常见问题及解决措施

操作不当等会导致滤池运行中出现问题，从而影响出水水质。滤池运行中的常见问题及解决方法如下。

（一）滤池表面阻塞、开裂

滤池表面阻塞和开裂，通常是由于杂质在细滤料的顶层表面上迅速积累造成，这在双层滤料和多层滤料中不是问题，因为它们顶层的孔隙率比砂子大。此外，可在双层或多层滤料中投加助凝剂，投加量可根据需要确定，这使得微粒可以进入床层较深。

滤料阻塞增加了水流通过滤层的阻力，使得水头损失增长加快，进而导致过滤周期短。双层和多层滤料滤池在整个滤床深度截流杂质，不像表面型滤池主要依靠滤床表面截流杂质，因此受滤池表面阻塞问题的影响较小。在过滤化学处理的污水时，可用聚合物作为助凝剂，调整其用量，可以控制水头损失的增长。过滤二级出水时，细滤料应采用偏粗的颗粒，以延长滤池过滤时间。

（二）由于絮凝穿透，出水浊度过高

采用多重滤料可以避免由于絮凝穿透造成的过滤周期过短，这是由于多重滤料的表面积远比双层滤料的大。多层滤料还有一个优点，在相同体积的滤床中，所含滤料颗粒总数较多。这就大大增加了水中胶体和滤料接触的次数，从而大大提高了这些胶体的去除率。

（三）滤料膨胀、滤床收缩以及滤料脱离侧壁

滤料膨胀、滤床收缩以及滤料脱离侧壁等问题是相互关联的问题。关键措施是进行充分的反冲洗，包括表面冲洗。滤料表面由于过滤、沉积或吸附了水中杂质，形成厚层，因而具有可压缩性，可通过适当的反冲洗解决。

（四）滤料流失

反冲洗时滤料的流失，特别是无烟煤的流失，是一项无法完全解决的问题。加大最大反

冲洗流量时膨胀床顶和反冲洗出水槽之间的距离，可减少滤料流失。对反冲管道中的空气释放设施精心设计，也有助于尽量减少滤料流失。

巩固与拓展

巩固知识：

滤池运维操作练习题

拓展训练：酸性废水中和过滤

以团队合作的形式，设计合理的实验步骤，完成酸性废水中和过滤实训任务，测定升流式石灰石滤池在不同过滤速度时的处理效率。

酸性废水中和过滤实验方案

任务三 消毒池运维操作

任务描述

通过知识明晰部分的学习，了解污水深度处理中消毒单元的基础知识及运维控制；在能力要求部分，掌握氯和二氧化氯消毒、紫外线消毒及臭氧消毒等常用消毒方法的作用原理、影响因素及其特点，充分了解不同消毒工艺系统的设备组成、作用及运行注意事项等；在巩固与拓展中，通过小组任务，设计恰当的实验方案，完成臭氧用于水消毒的效果评价，完成知识与技能的融合。

学习本任务可以采用线上线下相结合的学习方式，借助动画演示、视频展演、现场观摩等方式辅助理解，全方面、多角度理解水处理过程中消毒单元的操作要点。

知识明晰

生活污水、畜禽饲养场污水以及制革、洗毛、屠宰业和医院等排出的废水，常含有各种病原体，如病毒、病菌、寄生虫。水体受到病原体的污染会传播疾病，如血吸虫病、霍乱、伤寒、痢疾、病毒性肝炎等。病原体污染的特点是数量大、分布广、存活时间较长、繁殖速度快、易产生抗药性，很难绝灭。因此，一般市政污水处理厂都设有污水消毒设施，在污水深度处理中，消毒单元更是不可或缺的安全屏障之一。常用消毒方法包括氯和二氧化氯消毒、紫外线消毒及臭氧消毒等。

一、氯和二氧化氯消毒

（一）氯及氯化物的消毒作用

在所有的化学消毒剂中，氯是世界范围内普遍使用的一种。氯以液体或气体的形式存在，氯气是黄绿色的气体，液氯是棕黄色液体。

由于氯消毒的操作简单，便于控制，消毒持续性好，并且氯消毒的价格不高，所以在饮用水及废水处理行业应用较广。然而，氯在水中的作用相当复杂，它不仅可以起到杀菌作用，还可与水中天然存在的有机物起取代或加成反应而生成各种卤代物。这些卤代有机化合物有许多是致癌物或诱变剂，而常规处理工艺对于氯化产生的副产物不能有效去除，使得氯化的常规处理工艺出水中卤代物数量增多。另外，加氯量包括需氯量和余氯量两部分，需氯量是指用于杀死细菌和氧化水中还原性物质及有机物所需要的氯量，余氯量是指为维持水中的消毒效果（即不出现细菌的再繁殖）所多加的氯量。消毒后水中会维持一定的余氯，对生物也存在毒害作用。因此，关于氯消毒及其副产物与公众健康的关系及其影响是水处理领域的热点问题。

氯的消毒作用在于其溶于水后产生的次氯酸。次氯酸是很小的中性分子，能扩散到带负电的细菌表面，次氯酸在杀菌、杀病毒过程中，不仅可作用于细胞壁、病毒外壳，而且因次氯酸分子小，不带电荷，易穿过微生物外壁到达其内部；并且次氯酸是一种强氧化剂，能损害细胞膜，与微生物体内的蛋白质、核酸和酶等物质发生氧化反应，从而杀死微生物。同时，氯还能显著改变细菌和病毒体内的渗透压使其丧失活性而死亡。

考虑到液氯的储存安全性等问题，许多城镇污水厂中采用次氯酸钠进行消毒，次氯酸钠可水解形成次氯酸。次氯酸钠同水的亲和性很好，能与水任意比互溶，其消毒效果与氯气相当，而且不存在液氯的安全隐患，操作安全，使用方便，易于储存。

（二）影响因素

1. 投加量

氯及含氯化合物进行消毒时，氯不仅与水中细菌作用，还可氧化水中的有机物和还原性无机物，其需要的氯的总量称为需氯量。为保证消毒效果，加氯量必须超过水的需氯量。

2. 污水的性质

污水的化学性质会对氯消毒的效果产生影响。如污水中带有不饱和基团的化合物会直接和氯发生反应，需要增加额外的氯或者延长接触时间才能保证消毒效果。在脱氮较完全的污水中，氯以游离氯状态为主，需氯量会有所减少。

3. 微生物的性质

微生物的性质也是影响氯消毒过程的重要因素。同样浓度的氯对不同生长年龄的微生物要达到相同的杀灭效果，所需的反应时间不同。微生物的生长年龄越短，杀灭所需的时间也越短。细菌在生长到一定年龄后会长出一种由多糖构成的鞘，这种鞘对消毒剂有抵抗作用。

（三）二氧化氯的消毒作用

二氧化氯的分子式是 ClO_2，高于 11℃时，二氧化氯是一种黄绿色气体。它是一种极活泼的化合物，稍经受热，就会迅速地爆炸性分解为氯气和氧气。二氧化氯具有比氯气更大的刺激性和毒性。二氧化氯极强的化学腐蚀性几乎同氯气一样，而且它的毒性还是氯气的四十倍。

二氧化氯作为一种强氧化剂，具有与氯相似的杀菌能力，其消毒机理是其氧化作用能较好杀灭细菌和病毒，且不对动植物产生损伤，杀菌作用持续时间长、受影响小，并可同时除臭、去色。二氧化氯对细菌的细胞壁有较好的吸附和穿透性能，可以有效地氧化细胞酶系统，快速地控制细胞酶蛋白质的合成，因此在同样条件下，对大多数细菌表现出比氯更高的灭菌效率，是一种较理想的消毒剂。二氧化氯具有广谱杀菌性，对一般的细菌杀灭作用不差于氯甚至比氯更强，对很多病毒的杀灭作用强于氯。二氧化氯可以与多种无机离子和有机物发生作用，在消毒的同时，还可以去除水中的多种有害物质，如可将水中溶解的还原态铁、锰氧化，同时对于硫化物、氰化物和亚硝酸盐也有一定的氧化去除效果。二氧化氯消毒具有高选择性，几乎不与水中的有机物作用生成有害的卤代有机物。

在欧洲和北美的许多城市，二氧化氯已广泛用于饮用水和废水的消毒处理。使用二氧化氯消毒的缺点是会产生次氯酸根离子，本身有害，且不能贮存，需现场制备。与所有消毒剂一样，二氧化氯在净水过程中也会产生副产物。它的副产物包括两部分，一部分是被其氧化而生成的有机副产物，另一部分是本身被还原以及其他原因而生成的无机副产物。与氯相比，二氧化氯净化的有机副产物较少。二氧化氯主要的消毒副产物为次氯酸盐和氯酸盐，对人体健康有潜在的危害。

二、紫外线消毒

（一）概述

紫外线是电磁波的一种，原子中的电子从高能阶跃迁到低能阶时，会把多余能量以电磁波形式释放。电磁波的能量越强，则频率越高，波长越短。人类肉眼能看见的可见光的波长为 400～780 nm，对肉眼来说 400 nm 的电磁波显示成蓝色、紫色，780 nm 的电磁波显示成橙色、红色。紫外线是指波长 100～400 nm 的电磁波，因其光谱在紫色区之外，故名为紫外线（UV）。紫外线消毒技术是一种物理消毒方式，具有广谱杀菌能力，且设备简单、不产生有毒副产物、无二次污染，已经成为成熟可靠、高效环保的污水消毒技术。

（二）紫外线消毒原理与特点

紫外线能穿透细菌等微生物的外层并被核酸物质吸收，可阻止细胞的繁殖甚至导致其死亡。细胞繁殖时 DNA 中的长链打开，打开后每条长链上的 A 单元会寻找 T 单元结合，每条长链都可复制出与刚分离的另一条长链同样的链条，恢复原来分裂前的完整 DNA，成为新生细胞的基础。波长在 240～270 nm 的紫外线能打破 DNA 产生蛋白质及复制的能力。细胞或病毒的 DNA、RNA 受破坏后其生产蛋白质的能力和繁殖能力均会丧失，从而迅速死亡。

紫外线消毒具有以下特点：

① 紫外线消毒无需化学药品，不会产生卤代化合物等消毒副产物；

② 杀菌作用快，效果好；

③ 无臭味，无噪声，不影响水的口感；

④ 容易操作，管理简单，运行费用低。

（三）紫外线消毒影响因素

1. 颗粒物

水中颗粒物会影响紫外线的分布强度，对微生物起到屏蔽作用。如当大肠杆菌附着于污水中的颗粒物上时，颗粒物会为大肠杆菌遮挡紫外线，避免了紫外线与大肠杆菌的直接接触，导致处理后的水中仍有一定浓度大肠杆菌的存在，降低了消毒效果。

2. 废水化学性质

污水中的一些化学物质可以吸收紫外线，另外污水中的化学物质也会污染紫外灯，造成紫外线强度分布不均匀，这些都会影响紫外线的消毒效果。污水中通常含有金属离子、复杂有机物等，这些物质可以导致污水处理构筑物中紫外线投射能力的变动，是污水紫外线消毒工艺中的一大难题。此外，暴雨溢流也会引起紫外线穿透能力的变化，特别是在存在腐殖质的情况下。

另外，微生物种类也是紫外线消毒的影响因素之一。紫外线对于不同微生物有不同的消毒效果。针对不同的微生物，其提供的紫外线剂量也需变化。

三、臭氧消毒

（一）臭氧消毒原理

臭氧是一种强氧化剂，在水中易快速分解，其灭菌过程属生物化学氧化反应。臭氧分子小，能迅速扩散和渗透到水中的细菌、芽孢、病毒中，强力有效地氧化分解细菌、病毒、藻类物质的各种组织物质。同时，臭氧消毒还可在气味、颜色等方面改善污水水质。

O_3 灭菌机理可概括为以下 3 种：

① 臭氧能氧化分解细菌内部葡萄糖所需的酶，使细菌灭活死亡；

② 直接与细菌、病毒作用，破坏它们的细胞器管和 DNA、RNA，使细菌的新陈代谢受到破坏，导致细菌死亡；

③ 透过细胞膜组织，侵入细胞内，作用于外膜的脂蛋白和内部的脂多糖，使细菌发生通透性畸变而溶解死亡。

（二）臭氧消毒特点

臭氧灭菌为溶菌级方法，杀菌彻底、无残留，具有广谱性，可杀灭细菌繁殖体和芽孢、病毒、真菌等，并可破坏肉毒杆菌毒素。另外，O_3 对霉菌也有极强的杀灭作用。臭氧由于不稳定，会快速自行分解为氧气和单个氧原子，不存在任何有毒残留物。

臭氧消毒的缺点是：投资大，费用较含氯药剂消毒高；水中臭氧不稳定，控制和检测臭氧需一定的技术；消毒后对管道有一定的腐蚀作用；由于臭氧的快速分解，不能持久杀毒消毒，往往需要第二消毒剂保证管网要求；易与铁、锰、有机物等反应，可产生微絮凝作用，使水的浊度提高。

（三）应用

臭氧具有比氯更强的氧化消毒能力，不但可以较彻底地杀菌消毒，而且可以降解水中含有的有害成分，去除重金属离子以及多种有机物等杂质，如铁、锰、硫化物、苯、酚、有机磷、有机氯、氰化物等，还可以使水除臭脱色，从而达到净化水的目的。臭氧消毒适应范围广，不受菌种限制，杀菌效果比氯消毒和紫外线消毒效果好。世界范围内，20 世纪 80 年代，臭氧消毒曾在发达国家如美国等地大量兴起，但由于运行管理不善、运行费用较高以及更加低廉方便的消毒技术的出现，臭氧应用于污水消毒中的案例越来越少。近年来，随着人们对污水深度处理要求的提高，以及对水中微量有机污染物的逐渐重视，臭氧由于其强氧化性和强消毒效果，在污水深度处理中的应用正逐渐增加。

能力要求

通过学习，了解各消毒工艺系统的设备组成、作用及控制要点，掌握消毒池的运行注意事项。

一、消毒标准要求

根据国家发布的《城市污水处理及污染防治技术政策》规定，为保证公共卫生安全，防止传染性疾病传播，城镇污水处理应设置消毒设施。城镇污水经过一级或二级处理后，水质得到改善，细菌含量也大幅度减少，但其绝对值仍很客观，并有存在病原菌的可能。因此，污水排入水体前应进行消毒。

《城镇污水处理厂污染物排放标准》（GB 18918—2002）对污水厂出水消毒要求城镇污水处理厂出水一级 B、二级排放标准的粪大肠菌群数指标应小于 10000 个/L，二氧化氯或氯消毒的接触时间不应小于 30 min。《室外排水设计标准》（GB 50014—2021）对消毒的相关要求为：污水厂出水可采用紫外线、二氧化氯、次氯酸钠和液氯消毒，也可采用上述方法的联合消毒方式；污水厂出水的加氯量应根据试验资料或类似运行经验确定，当无试验资料时，可采用 5～15mg/L，再生水的加氯量应按卫生学指标和余氯量确定。

二、消毒工艺系统配置

目前常用的消毒方式为在前序构筑物的出水中投加消毒剂，然后在接触消毒池中停留一定的时间，从而达到消毒的目的。接触消毒池指的是使消毒剂与污水混合，进行消毒的构筑物。

（一）液氯消毒

1. 投加要点

① 投加氯气装置必须注意安全，不允许水体与氯瓶直接相连，必须设加氯机；

② 液氯汽化成氯气的过程需要吸热，可采用淋水管喷淋；

③ 瓶内液氯的汽化及用量需要监测，除采用自动计量外，较为简便的办法是将氯瓶放置在磅秤上。

2. 加氯量计算

（1）一般加氯量计算　加氯量应根据试验或相似条件下水厂的运行经验，按最大用量确定，并应使余氯量符合《生活饮用水卫生标准》（GB 5749—2022）的要求。投加氯量取决于氯化的目的，并随水中氯氨比、pH 值、水温和接触时间等变化。

一般加氯量 Q 计算如式(4-3)：

$$Q=0.001aQ_1 \tag{4-3}$$

式中，Q 为加氯量，kg/h；a 为目标浓度，即水中氯化物浓度，mg/L；Q_1 为需消毒水量，h。

（2）折点加氯　饮用水氯化的首要目的是为消毒，但氯具有较强的氧化能力，能与水中氨、氨基酸、蛋白质、含碳物质、亚硝酸盐、铁、锰、硫化氢及氰化物等起氧化作用，消耗水中氯量而影响到水的氯化消毒。有时亦利用氯的氧化作用来控制嗅味、除藻、除铁、除锰及去色等。当水中氨氮等含量较高时，可采用折点投加。

当水中含有无机氮时，pH 为 7～8，氯与氨质量比随着氯投加而不断增加，氯、氨的质量比大于等于 15∶1 后，水中自由氯含量越来越高。水中含有有机氮时，水中的氯化反应极为复杂，会生成各种有机氯化物，因此余氯值稳定需要很长时间，且其的稳定取决于水中有机氮的复杂程度及有机氮浓度。

3. 加氯设备

加氯设备包括加氯机、液氯蒸发器和氯气吸收装置。

加氯机是液氯投加设备。液氯蒸发成氯气，通过加氯机减压、过滤、计量并与水充分混合后投加至加注口。加氯机由分离器、气体流量计、控制网、测压表和水射器等组成。生产运行中，操作人员可根据生产要求，在不使用自动控制器时调节加氯量。为保证液氯消毒时的安全和计量正确，须使用加氯机投加液氯。

液氯蒸发器是一种提升液氯产氯量的装置（实现液氯向氯气的高效转化），包括管道系统、电气及仪表控制系统等。为了提高氯瓶出氯量，并保证加氯系统均衡投加，须使用液氯蒸发器。

氯气吸收装置是为了保证加氯间内发生重大事故时泄漏的氯气可被迅速吸收，以保证安全操作而设置的装置设备。

液氯消毒工艺

加氯设备的维护要点包括：

① 加氯机的维护保养应由专人负责；

② 氯瓶入库贮存前应对其仔细检查，发现有漏氯的可疑部位应妥善处理后，方可入库；

③ 入库的氯瓶应放置整齐，留有通道，并做到先入库先使用；

④ 氯瓶应每两年进行一次技术鉴定；

⑤ 使用完毕的隔离式防毒面具应清洗、消毒、晾干，放回原处，并对使用情况详细记录；

⑥ 加氯间的所有金属部件都应定期做防腐处理；

⑦ 加氯间的各种管道闸阀应有专人维护，发现漏气应及时更换；

⑧ 余氯检测仪除应做好防腐、防晒和干燥处理外，日常维护中还应对稳压电源进行检查。

（二）二氧化氯消毒系统

二氧化氯消毒系统包括原料调制供应，二氧化氯发生、投加的成套设备，并必须有相应有效的各种安全设施。二氧化氯与水充分混合，有效接触时间不应少于 30 min。二氧化氯的制备、贮存、投加设备及管道、管配件必须有良好的密封性和耐腐蚀性；其操作台、操作梯及地面均应有耐腐蚀的表层处理；其设备间内应有每小时换气 8～12 次的通风设施，并应配备二氧化氯泄漏检测仪和报警设施及稀释泄漏溶液的快速水冲洗设施。二氧化氯的原材料库房贮存量可按不大于最大用量 10 d 计算。二氧化氯消毒系统的设计应执行相关规范的防毒、防火、防爆要求。

1. 二氧化氯消毒设备

（1）化学法二氧化氯消毒设备　国内主要以次氯酸钠和氯酸钠为原料，故设备主要分为二氧化氯消毒剂发生器和二氧化氯复合消毒剂发生器两种。二氧化氯消毒剂发生器主要有 HTSC-Y、HSB 型等；二氧化氯负荷消毒发生器有 HTSC、华特 908、华特 909E、CPF 型等。

（2）电解法二氧化氯消毒设备　主要有电解法二氧化氯复合消毒剂发生器。

2. 二氧化氯系统的维护与保养

（1）清洗发生器

① 清洗周期。每周清洗一次发生器的反应釜，两周清洗发生器管线上的过滤网及用碱液清洗一次发生器的反应釜。氯酸钠投加泵出口两周清洗一次，配套管路、进料计量泵泵头、出口逆止阀、安全塞、进气口管路、管道过滤器等部位进行全方位的彻底冲洗，保证发生器的平稳安全运行。

② 清洗过程。停计量泵电源，用水射器带走反应釜内反应液，同时从加水口向反应釜加水，冲淡反应液，再从进气口、安全塞口分别加水，一直到反应釜内液体没有颜色。

③ 碱液清洗：将进气口用胶皮堵死，将发生器注满水，浸泡二十分钟，在排污阀将水排净。如果原料杂质较多，可用5%氢氧化钠溶液浸泡，确保发生器内部清洗干净，管路畅通无阻。

(2) 计量泵的维护

① 计量泵在使用或冲洗设备时一定要防水。原料罐加完料后应检查计量泵输料管中是否有气体进入，如果有，应及时排掉。

② 将进出口的单向阀拆下，清洗干净，如小球损坏或底座破损应及时更换，以免因单向阀不严造成计量不准，膜片每8000 h更换一次。

③ 应经常检查计量泵有无泄漏，如有泄漏，查明原因及时进行维修。

(三) 紫外线消毒系统

紫外线消毒系统的主要组成部分包括灯管架、紫外线杀菌模块、电控中心、自动水位控制装置、电源分配中心、清洗装置。每个紫外线消毒模块由一个不锈钢灯架、紫外线灯管、石英套管、清洗结构、配电系统及数据采集系统组成，整个紫外线消毒系统可由若干紫外线消毒模块组成，便于安装运行及维护。系统控制中心一般采用不锈钢结构，用于控制紫外线消毒系统故障，包括操作页面、流量及反应时间、模块工作状态监控、报警系统、在线检测、杀菌剂量控制、自动清洁控制等。

紫外线消毒系统可根据所布设的水流渠道分为明渠和暗渠两类：明渠消毒系统中，紫外线灯与水流平行、水平放置或者垂直、竖直放置都可以，几条明渠中的水流流速应相等，每条明渠上都有两个以上紫外线消毒装置平台，每个平台由特殊数量的模块组成；暗渠中一般应用低压高强度和中压高强度的紫外线消毒系统。紫外线消毒灯多与水流方向垂直，也有平行的设计。

三、投药消毒池运行注意事项

(一) 实际消毒接触时间的控制

在实际运行管理、控制过程中，由于出水粪大肠菌群的检测结果滞后于生产过程控制，检测结果不能及时用于调整消毒剂的投加量以确保消毒效果，因此出水余氯的检测成为重要的现场检测项目。在投氯量一定的情况下，接触时间越长，消毒效果越好，但出水余氯会随着接触时间的延长而降低。消毒池的实际接触消毒时间偏长，会导致出水余氯的检测结果低甚至检测困难。在这种情况下，要保证一定的出水余氯量，只能是加大消毒剂投药量。但需注意的是，加大投药量不但降低污水厂出水水质指标，同时也增加了处理成本特别是会加重对排放水体的二次污染。

(二) 处理水量的控制

如果实际处理水量未达到消毒池设计处理规模，也会导致接触消毒时间偏长。

(三) 投药量的控制

消毒池的投药量需根据进水水质的不同适时调整。进水中的碱性物质会与Cl_2发生中和反应（例如NH_3-N等），碱性物质多时，需加大投氯量以保证消毒效果；在投氯量不变的情况下，进水中碱性物质（如NH_3-N）的变化会导致出水余氯量也发生变化。此外，消毒池进水中的还原性物质会与Cl_2发生氧化还原反应。进水中还原性物质多时，需加大投氯量以保证消毒效果；在投氯量不变的情况下，进水还原性物质多会导致出水余氯降低、消毒效果减弱。消毒池进水中的有机物质、SS等也会消耗氯。

巩固与拓展

巩固知识：

消毒池运维操作练习题

拓展训练：臭氧消毒效果评价实验

借助水处理用臭氧消毒设备，以小组协作形式，设计恰当的实验方案，完成臭氧用于水消毒的效果评价活动。

臭氧消毒水处理效果评价实验方案

单元二　生产高品质再生水

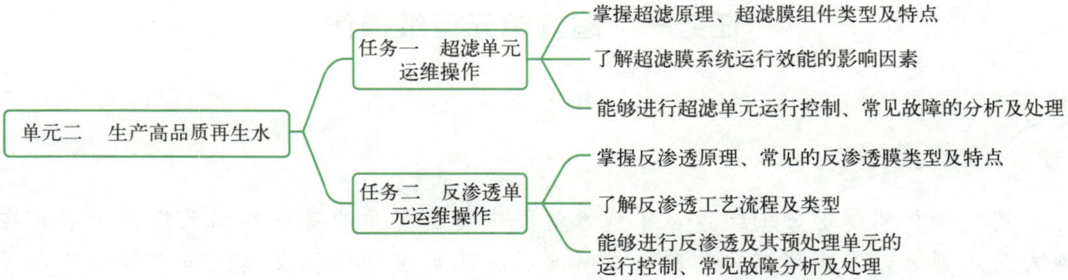

单元二　生产高品质再生水
任务一　超滤单元运维操作
掌握超滤原理、超滤膜组件类型及特点
了解超滤膜系统运行效能的影响因素
能够进行超滤单元运行控制、常见故障的分析及处理
任务二　反渗透单元运维操作
掌握反渗透原理、常见的反渗透膜类型及特点
了解反渗透工艺流程及类型
能够进行反渗透及其预处理单元的运行控制、常见故障分析及处理

工程案例

浙江省舟山市海水淡化工程案例

浙江省舟山市曾是全国缺水较为严重的城市之一，而六横岛也是资源型缺水最严重的地区之一，同时也是工程型缺水、水质型缺水的地区。为解决水资源紧缺的问题，经国家发改委立项，在六横岛建设了一个 10^5 t/d 海水淡化工程，向大海要淡水，彻底解决淡水缺乏的问题。

六横万吨级反渗透海水淡化示范工程项目于 2008 年 9 月奠基开工，2011 年完成一期 2 万吨海水淡化系统的考核运行。舟山六横反渗透海水淡化工程采用“取水-预处理-反渗透海水淡化-后处理和供水”工艺路线。

（1）海水取水　在离海岸线最近距离约 150m 的海域设取水口，海水经由取水泵增压后，通过海底埋藏的管道，抽送到海水预处理系统。

(2) 海水预处理　海水预处理部分由混凝沉淀池、无阀滤池、自动加药装置、多介质过滤器及其反冲洗设备组成。混凝沉淀池的进水管道内投加絮凝剂（$FeCl_3$）和助凝剂（骨胶），以去除海水中的悬浮物和泥沙等。混凝沉淀出水经无阀滤池和多介质过滤器得到进一步净化，保证出水水质SDI小于4，在反渗透进水管道内加入还原剂（$NaHSO_3$）和阻垢剂（H_2SO_4），使预处理出水达到反渗透膜的进水水质要求。

(3) 反渗透海水淡化　反渗透海水淡化系统由精密过滤器、高压泵、反渗透装置、能量回收装置、压力提升泵、辅助设备等组成。反渗透是海水淡化工艺程序中最核心的技术环节，反渗透膜组是整个脱盐系统的核心，是一种借助于选择透过（半透过）性膜的功能，以压力差为推动力的膜分离技术该法能使水分子不断地透过膜，将水中的杂质如可溶性盐分、离子、有机物、细菌、病毒等物质截留，从而达到淡化净化目的。在反渗透海水淡化系统中采用变频设备控制高压给水的启动、运行、停止，同时配合使用能量回收装置，使整个系统能够适应由于海域水温季节性波动引起的变化，减少单位产水能耗。

(4) 后处理和供水　后处理和供水设备包括二氧化碳投加系统、矿化池、杀菌装置、供水泵等。

反渗透产水硬度、碱度及pH值偏小，化学稳定性较差。在反渗透系统后增加矿化处理，在反渗透出水中投加适量CO_2，再通过碳酸钙料床层，通过对碳酸钙粒料的溶解显著增加反渗透产水的硬度、碱度和pH值，最终使水质达到饮用水的要求，同时也解决了海水淡化水对后续供水管道的腐蚀问题。

在产水输送中投加二氧化氯杀菌剂，可保证管网供水卫生要求；供水水泵配置变频器，可实现变频供水。

任务一　超滤单元运维操作

任务描述

通过知识明晰部分的学习，了解水处理中超滤单元的基础知识及组件设备；在能力要求部分，掌握超滤膜处理技术原理、超滤膜组件类型及超滤技术特点等，了解超滤膜处理单元的操作流程，掌握超滤膜处理技术工艺运行中常见故障及其分析；在巩固与拓展中，通过小组任务，分析膜的透水速率下降的原因，找到恢复膜通量的解决方案，确定清洗流程，实现理论与实践的结合。

学习本任务可以采用线上线下相结合的学习方式，借助动画演示、视频展演、现场观摩等方式辅助理解，全方面、多角度理解高品质再生水生产过程中超滤单元的运维操作要点。

知识明晰

一、超滤原理

超滤是一种低压膜分离技术，在一定的压力下，小分子溶质和溶剂穿过一定孔径的特制薄膜，大分子溶质不能透过，留在膜的一边，使得大分子物质得到了部分的提纯（图4-

19)。超滤截留大分子物质和微粒的机理是膜表面孔径机械筛分作用，膜孔阻塞、阻滞作用和膜表面及膜孔对杂质的吸附作用，一般认为以筛分机理为主。超滤可截留分子量为30000～100000道尔顿的物质。

超滤技术介绍

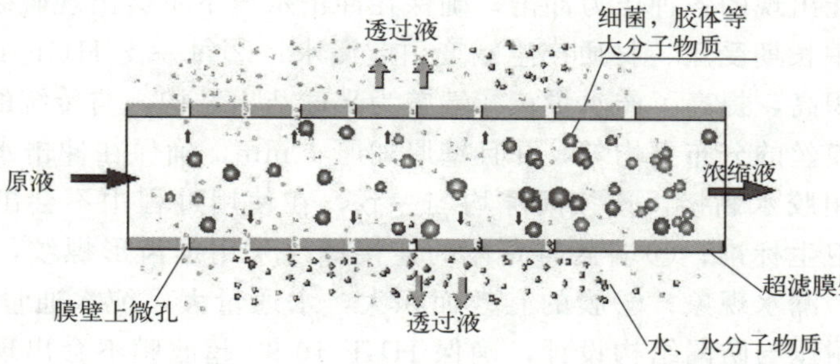

图 4-19　超滤示意图

超滤技术具有以下特点：

① 超滤过程是在常温下进行的，条件温和无成分破坏，因而特别适宜对热敏感的物质，如药物、酶、果汁等的分离、分级、浓缩与富集；

② 超滤过程不发生相变化，无需加热，能耗低，无需添加化学试剂，无污染，是一种节能环保的分离技术；

③ 超滤技术分离效率高，对稀溶液中微量成分的回收、低浓度溶液的浓缩均非常有效；

④ 超滤过程仅采用压力作为膜分离的动力，因此分离装置简单、流程短、操作简便、易于控制和维护。

二、超滤膜组件

（一）超滤膜组件类型

超滤膜的分类

超滤膜是以压力为推动力的膜分离技术，一般额定孔径范围为0.005～0.1 μm，操作压力在0.1～0.5 MPa。超滤技术主要去除颗粒物、大分子有机物、细菌、病毒等。可以制作超滤膜的材料很多，膜有各种不同的类型和规格。按超滤膜的材质，超滤膜可以分为聚砜类［如聚砜（PSF）、磺化聚砜（SPSF）、聚醚砜（PESF）等］、聚烯烃类［如聚丙烯（PP）、聚丙烯腈（PAN）］、氟材料超滤膜［如聚偏氟乙烯（PVDF）、聚四氟乙烯（PTFE）、聚氯乙烯（PVC）］等。氟材料超滤膜具有非常优良的机械强度和耐高温、耐化学侵蚀性的性能，目前聚偏氟乙烯（PVDF）膜已成为超滤的主流材质。

超滤膜组件从结构单元上可分为管状膜组件（管式、毛细管式和中空纤维式）及板式膜组件（平板式、卷式）两大类。各种不同膜组件的特征及优缺点见表4-1。

表 4-1　不同膜组件的特征及优缺点

膜组件类型	膜的使用侧	膜装填密度	支撑体结构	易堵塞程度	易清洗程度
平板型	—	中	复杂	易堵	容易
管型	管内	小	简单	不易堵	很容易
	管外	小	较复杂	不易堵	较复杂
螺旋卷型	—	较大	简单	易堵	较复杂
中空纤维型	管内	很大	不需要	非常易堵	相当复杂
	管外			易堵	较容易

（二）超滤膜组件特点

以 HUF10-90 中空超滤膜组件（图 4-20）为例，介绍超滤膜组件的性能特点。主要包括：①壳体采用抗冲击的 ABS 料（丙烯腈-丁二烯-苯乙烯共聚物），承压能力在 16 kg 以上，完全可承受进水可能出现的各种压力冲击，确保在冲击水压下不会出现破裂现象，避免了超滤膜在使用的过程中长期受压、材质产生蠕变引起漏水；②每一支 HUF 10-90 膜装填 1400 根膜丝，有效膜面积高，提高了产水量；③端盖为半球凸出结构，与传统的端面平面结构相比，使进水在端面膜丝的分布更均匀，并且壁厚加厚 1 mm，确保在冲击水压下不破裂；④壳体与螺纹套之间用胶水黏接，连接间隙均匀一致，在使用过程中不会出现漏水、脱胶现象，并且完全达到卫生标准；⑤端盖与壳体的连接螺纹采用锯齿形螺纹，增大了扭矩和负载，不会出现滑牙、漏水现象；⑥膜的有效面积大，水通量大，纯水通量 1800 L，远高于同种规格产品；⑦耐压与防漏结构设计，确保 HUF 10-90 超滤膜不会出现漏水、脱胶、滑牙、暴胶等现象；⑧进出水口为国标通用的直径为 45 mm 螺纹的活接套，可直接与 1 寸的 ABS 或 PVC 饮水管黏接，无需另外安装活接头，更换 HUF 10-90 超滤膜组件时只需将进出水口的 4 个标准直径为 45mm 的活接套拧下，即可将整个超滤膜取下，再换上新的 HUF 10-90 超滤膜组件即可。

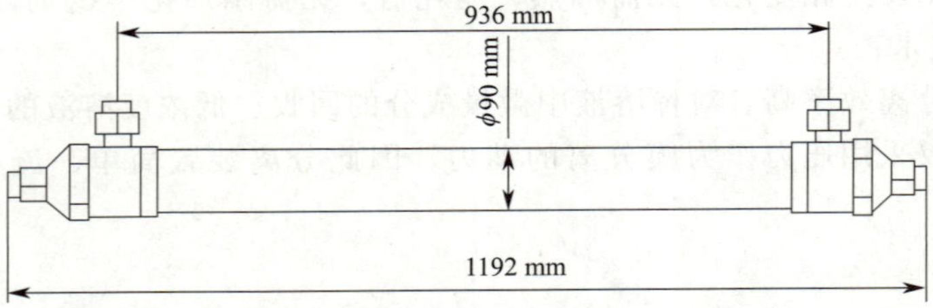

图 4-20　HUF 10-90 中空超滤膜组件

能力要求

通过学习，了解超滤单元开、停车等操作流程及要求，熟悉超滤运行的常见故障及解决方法。

一、超滤单元操作流程及要求

以某污水处理公司的超滤处理单元为例来说明超滤单元的操作流程及要求。该厂工艺简介如下。

该厂的超滤膜设备为 40 支做一组，两组为一套，两套并列使用。基本工艺流程为二次沉淀池出水由砂滤给水泵送入砂滤罐，砂滤罐出水经超滤膜保安过滤器过滤后，进入超滤膜设备，超滤膜产水率为 80%～90%，根据水质情况将浓水产率在 10%～20%之间进行调整。超滤膜产水一部分自流入膜反冲洗水储罐，作为反冲洗水使用，另一部分自流入反渗透清水池，进入反渗透膜处理工序，或直接进入外排水管线外排。砂滤设备反冲洗水自流进入二次沉淀池入水口。超滤膜浓水自流进入二次沉淀池入水口。反冲洗水通过调整可自流进入浓水池、二次沉淀池入水口、事故调节池和均和调节池。

（一）开车准备

① 接到开车指令后，检查确认所属设备完好，管道畅通，阀门开关灵活，各仪表齐全

完好；

② 检查确认电机接地线、防护罩齐全完好，各处照明设施齐全完好，各池走台、扶手、护栏牢固可靠；

③ 检查各电气控制柜处于送电状态，开关处于手动位置，检查砂滤设备间内空气压缩机处于启动状态，检查压缩空气储罐内空气压力满足生产条件；

④ 检查试验各气动阀门开启、关闭灵活好用，手动阀门开、关状态处于正确位置；

⑤ 开启超滤膜精密过滤器进水阀门，开启超滤膜设施进水阀门、反冲洗上排阀、反冲洗水箱进水阀，检查确认各阀门正常开启。

（二）开车

① 检查二次沉淀池水位满足开车条件后，开启砂滤给水泵入口管线放空阀，完全出水后关闭放空阀，开启砂滤给水泵放空阀，完全出水后，关闭放空阀；

② 开启砂滤罐进水阀门、产水阀门、排空气阀门，检查确认阀门正常开启；

③ 启动砂滤给水泵向砂滤罐送水，砂滤罐排空气管线出水后，关闭排空气阀门，检查砂滤罐进出水压力正常；

④ 开启超滤膜精密过滤器排空气阀，完全出水后，关闭排空气阀，检查超滤膜进水量，防止二次沉淀池溢流或抽空，反渗透设备开启后，注意观察浓水池水位，防止浓水池溢流；

⑤ 做好开车记录及记事。

（三）停车

① 接到停车指令后，开启二次沉淀池溢流阀门；

② 进行超滤膜反冲洗操作；

③ 超滤膜反冲洗完成后，停止超滤膜运行；

④ 做好停车记录及记事。

（四）注意事项

① 随时检查二次沉淀池液位，防止二次沉淀池溢流；

② 随时检查浓水池液位，防止浓水池溢流；

③ 随时检查超滤膜反冲洗水箱液位，保证反冲洗水充足；

④ 超滤膜进水压力大于 0.2 MPa 时，进行反冲洗操作；

⑤ 检查空气压缩机运行状况，发现问题及时通知有关人员进行检修。

超滤膜的清洗

二、超滤运行中故障及分析

（一）泵前压力数值降低，接近为零

在超滤运行中如果发现超滤进口无流量，首先检查是否是清水泵发生了故障。出现清水泵故障的危害会导致超滤产水不足，超滤水箱液位快速下降，无法满足反渗透用水，严重时造成反渗透升压泵跳闸。如果超滤膜元件污堵或结垢，也会导致泵前压力数值降低，接近为零。此时应采取的方法为增加超滤膜清洗次数，如不起作用应对其进行化学清洗或更换超滤膜。

（二）超滤设备产水量显著减少

超滤设备产水流量减少 30%左右，或者出水口水质不符合要求时，可能出现的原因有

超滤膜污染、原水的水质恶化、供水不足或设备维护不当导致设备出现故障等。

可以采取以下措施：

① 对设备进行清洗以及加药杀菌解决污染，可以用含杀菌剂的水反冲洗、用清洗液清洗、水气合洗，清洗无法取得明显效果时，更换滤元；

② 重新分析原水的水质，重新设定设备并且增加或更换预处理装置。

（三）超滤压力数值降低，流量下降

在超滤运行中如果发现超滤进水流量低或无流量，考虑是否超滤进水手动阀发生故障。发生这种故障的危害是导致超滤产水不足，超滤水箱液位快速下降，无法满足反渗透用水，严重时造成反渗透升压泵跳闸。此时应就地检查阀门，可能出现的情况有：第一，阀门没有开到位或没开；第二，阀杆断裂。处理措施：停运故障超滤，投运另一套超滤，等制水完成后联系检修进行处理。

如果出现截留物堵塞、滤层阻力增加、滤层板结失效等状况，也会导致超滤压力数值降低，流量下降。此时的解决方法应为缩短反冲洗周期，延长反冲洗时间，增加反冲洗次数。

（四）超滤进气阀内漏

在超滤运行过程中，如果出现以下两种现象，考虑是否发生了超滤进气阀内漏故障：第一，超滤在停运时进水侧有压力为 80 KPa，可听到漏气声音；第二，超滤在运行时进水流量逐渐降低且进水侧压力逐渐升高。超滤进气阀内漏故障的危害是会造成超滤憋压，损坏超滤膜元件，工艺用压缩空气罐进水。此时应采用的处理方法为：①首先打开反排、正排阀进行泄压，其次关闭工艺用压缩空气罐出口门，联系检修处理；②停运故障超滤，打开故障超滤反排、正排阀进行泄压，在保证另一套超滤正常运行时，在故障超滤进气阀处加堵，保证正常供水。

巩固与拓展

巩固知识：

超滤单元运维操作练习题

拓展训练：超滤膜组件清洗实验

随着膜组件工作时间的延长，膜污染会不断加重，膜的透水速率会下降，为了恢复膜的通量，需要定期对膜组件进行清洗。请以小组为单位，确定清洗流程，完成超滤膜组件的清洗工作。

超滤系统清洗方案

任务二　反渗透单元运维操作

任务描述

通过知识明晰部分的学习，了解水处理中反渗透单元的基础知识及组件设备；在能力要求部分，掌握反渗透处理技术原理、主要反渗透膜组件及反渗透技术特点等，了解反渗透处理单元运行前的准备、反渗透膜元件的化学清洗与水冲洗等，掌握反渗透工艺运行中常见故障及其解决方法；在巩固与拓展中，通过小组任务，了解现有的反渗透处理装置，查阅资料，明确操作步骤，体验反渗透纯水装置的运行操作，学会将理论知识应用于实践。

学习本任务可以采用线上线下相结合的学习方式，借助动画演示、视频展演、现场观摩等方式辅助理解，全方面、多角度理解高品质再生水生产过程中反渗透单元的运维操作要点。

知识明晰

一、反渗透原理

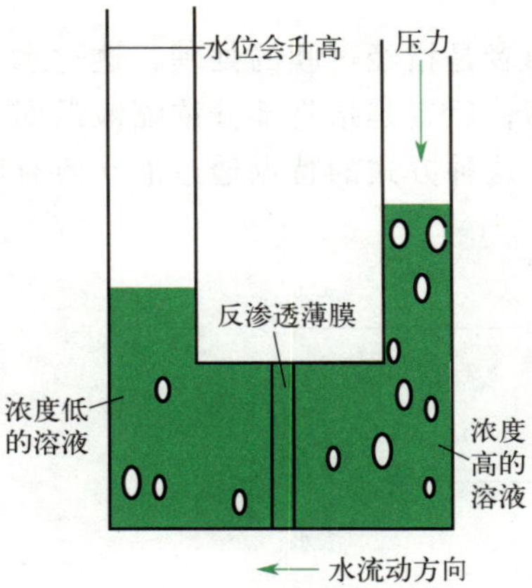

图 4-21　反渗透原理

反渗透又称逆渗透，是一种以压力差为推动力，从溶液中分离出溶剂的膜分离操作。因为它和自然渗透的方向相反，故称反渗透。反渗透技术原理是在高于溶液渗透压的作用下，依据某些溶质不能透过半透膜的性质而将这些物质和水分离开来（图 4-21）。在反渗透膜组件中，在原水中施以比自然渗透压力更大的压力，可使渗透向相反方向进行，把原水中的水分子压到反渗透膜的另一边，变成洁净的水，从而达到去除原水中的杂质、盐分的目的。

二、反渗透膜

反渗透技术原理

反渗透膜是一种模拟生物半透膜制成的具有一定特性的人工半透膜。反渗透膜孔径小至纳米级，过滤精度在 0.0001 μm 左右，是极精细的一种膜分离产品。其能有效截留所有溶解盐分及分子量大于 100 的有机物，同时允许水分子通过。反渗透膜主要是非对称膜，膜材料主要为醋酸纤维素和芳香族聚酰胺类，如醋酸纤维素膜、芳香族聚酰胺膜。

工业用反渗透膜组件形式有板框式、管式、中空纤维式、螺旋卷式、毛细管式及槽条式六种类型。其中，螺旋卷式反渗透膜是目前应用最为广泛的膜组件形式，其结构见图 4-22。

螺旋卷式反渗透膜为双层结构，中间为多孔支撑材料，两边是膜。膜的三边被密封黏结形成膜袋状，另一个开放边与一根多孔中心渗透物收集管连接；在膜袋外部原水侧再垫一层网眼型间隔材料（膜原料侧间隔器）。膜-多孔渗透物收集管-原料侧间隔器各层材料依次叠合，并围绕中心管紧密地卷起来形成一个膜卷，再装入圆柱形压力容器中，就成为一个螺旋卷式组件。

三、反渗透工艺

（一）膜组件排列方式

反渗透膜组件在实际生产中对溶液的分离有不同的质量要求，如果制备纯水，要求透过液达到相应使用标准要求；污水的处理，则需要考虑处理后能否达到排放标准，浓缩液有无回用价值等两个方面。为此，可以通过反渗透膜组件的不同配置方式达到要求。反渗透膜组件的排列组合也会影响到反渗透膜元件的寿命。如果排列组合不合理，可能造成某一段的反渗透膜元件水通量过大，而另一段的反渗透膜元件水通量过小，不能充分发挥其作用。这样，水通量超过反渗透膜元件的标准通量时，污染速度会加快，导致进行频繁的反渗透膜元件清洗，有损反渗透膜元件的使用寿命，造成经济损失。对于大规模的系统来说，这种损失是非常巨大的，所以对于反渗透膜元件数量的选择和排列组合的设计至关重要。

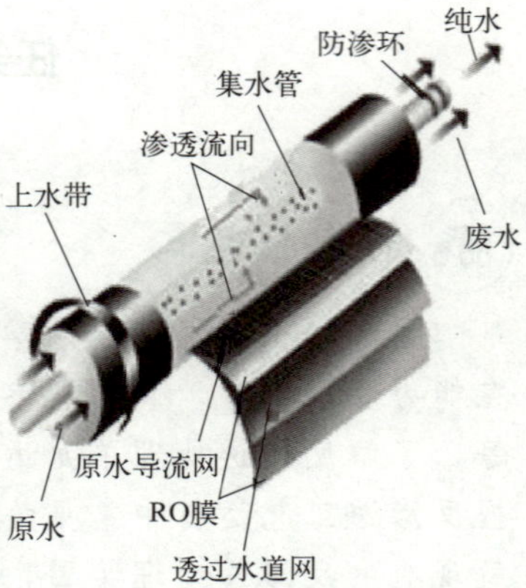

图 4-22　反渗透膜构造示意图

反渗透工艺流程中常用“级”与“段”的概念。组件的组合方式有一级和多级。“级”是指膜组件的产品水经泵到下一组膜组件处理；一级是指一次加压的膜分离过程，多级是指进料必须经过多次加压的膜分离过程，膜组件的产品水经 n 次膜组件处理，称为 n 级。在各个级别中又分为一段和多段。“段”是指膜组件的浓水不经泵自动流到下一组膜组件处理；流经 n 组膜组件，即称为 n 段。反渗透工艺流程中膜组件的常见排列方式包括以下几种。

1. 一级一段

一级一段又分为一级一段连续式和一级一段循环式，前者是指经过膜的处理，透过水和浓缩液被连续引出系统，这种方式的特点是水的回收率不高；后者是指将部分浓缩液返回进料液储槽与原料液混合，再次通过反渗透膜组件进行分离，这种方式的特点透过液水质有所下降。一级一段反渗透系统如图 4-23 所示。

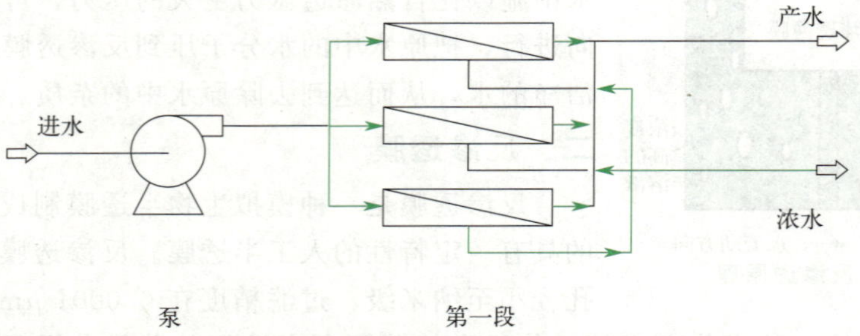

图 4-23　一级一段反渗透系统

2. 一级多段

一级多段又分为一级多段连续式和一级多段循环式，前者是指把前一段的浓缩液作为下一段的原料液，各段的透过水连续排出。这种排列方式适合水处理量大的场合，回收率较高，浓缩液数量减少，但是浓缩液溶质所占比例较高。后者是指将下一段的透过水作为上一段的原料液，再进行分离。这样浓缩液能获得更高的浓缩度，适用于以浓缩为主要目的的分离。一级多段反渗透系统如图 4-24 所示。

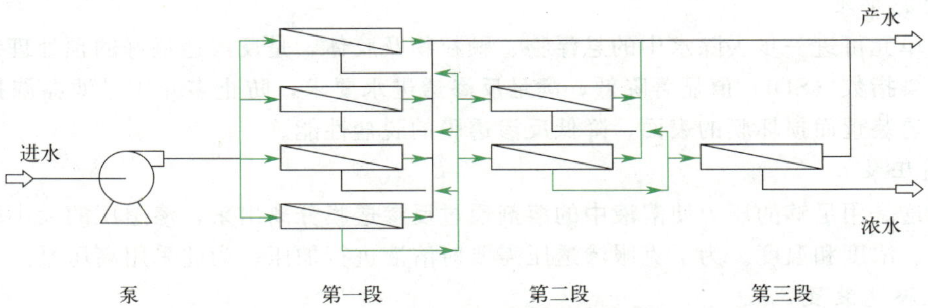

图 4-24　一级多段反渗透系统

3. 多段锥形排列

多段锥形排列即是段内并联，段间串联，这样既能够满足反渗透系统水的回收率要求，又保证在装置内的每个组件中有大致相同的流动状态。这种排列方式需借助高压泵，以防止生产效率下降。

4. 多级多段

反渗透膜组件的多级多段配置也有循环式，将第一级的透过水作为下一级的进料水再次进行分离，如此连续，将最后一级的透过水引出系统。浓缩液从后一级向前一级的进料液进行混合，再进行分离。这种方式可提高回收率和水质，但是泵的能耗增大。

（二）系统回收率

系统回收率是指反渗透装置在实际使用时总的回收率，它受到给水水质、膜元件的数量及排列方式等多种因素的影响。通常，小型反渗透装置由于膜元件的数量少、给水流程短，因而系统回收率普遍偏低，而大型反渗透装置由于膜元件的数量多、给水流程长，所以实际系统回收率一般均在 75%以上，有时甚至可以达到 90%。为避免造成水资源的浪费，有时对小型反渗透装置也要求较高的系统回收率，此时在设计反渗透装置时就需要采取一些不同的对策，最常见的方法是将浓水部分循环，即反渗透装置的浓水只排放一部分，其余部分循环进入给水泵入口，此时既可保证膜元件表面维持一定的横向流速，又可以达到所需的系统回收率，但切不可通过直接调整给水/浓水进出口阀门来提高系统回收率，如果这样操作，就会造成膜元件的污染速度加快，导致严重后果。

一般情况下，系统回收率越高则消耗的水量越少，但过高会发生以下问题：①产品水的脱盐率下降；②可能发生微溶盐的沉淀；③浓水的渗透压过高，元件的产水量降低。一般苦咸水脱盐系统回收率多控制在 75%，即浓水浓缩了 4 倍，当原水含盐量较低时，有时也可控制在 80%，如原水中某种微溶盐含量高，有时也采用较低的系统回收率以防止结垢。

（三）反渗透工艺流程

反渗透的工艺流程一般包括以下几部分。

1. 原水池储水

原水池储存原水，用于沉淀水中的大泥沙颗粒及其他可沉淀物质，同时缓冲原水管中水压不稳定对水处理系统造成的冲击。原水进入原水泵加压，主要为满足多介质过滤器及超滤的进水流量的要求。

2. 多介质过滤器过滤

采用多次过滤层的过滤器，主要目的是去除原水中含有的泥沙、铁锈、胶体物质、悬浮物等物质，降低水的浊度色度。保证后续设备的产水质量，延长设备的使用寿命。

3. 超滤单元

超滤单元可进一步去除水中的悬浮物、颗粒物及胶体，是反渗透最好的预处理装置，可使水的污染指数（SDI）值显著降低，满足反渗透进水要求，防止多介质过滤器漏掉的杂质进入反渗透装置而损坏膜的表面，降低反渗透膜的脱盐性能。

4. 高压泵

反渗透是用足够的压力使溶液中的溶剂通过反渗透膜分离出来，渗透压的大小取决于溶液的种类、浓度和温度。为了克服渗透压需要对溶液进行加压，为此采用高压泵。

5. 反渗透装置

反渗透装置的“心脏”部分为反渗透膜组件，单膜的脱盐率为99%。反渗透设计水温为25℃。反渗透装置在去除无机物的同时，也将大部分细菌、胶体及大分子量的有机物去除。

能力要求

通过学习，能够掌握反渗透膜元件的清洗步骤，熟悉反渗透系统的常见故障及其解决方法。

一、反渗透预处理及设备运行前准备

（一）预处理方法

① 根据反渗透膜允许使用的温度和 pH 值范围，调整和控制 pH 值及进水温度；

② 用混凝沉淀和精密过滤相结合的工艺，去除水中 0.3～1.0 μm 以上的悬浮固体及胶体，用 5～25 μm 的过滤介质，去除水中悬浮固体；

③ 采用氯或次氯酸钠氧化可有效去除可溶性、胶体状和悬浮性有机物，也可根据有机物种类采用活性炭吸附去除；

④ 反渗透分离过程中，可溶性无机物同时被浓缩。当可溶性无机物的浓度超出了其溶解度范围后，就会在水中沉淀并被截留在膜表面形成污垢，因此要控制水的回收率，同时可将进水 pH 值调整在 5～6，以控制水中碳酸钙及磷酸钙的形成，亦可采用石灰法去除水中的钙盐，可借助投加六偏磷酸钠防止硫酸钙沉淀；

⑤ 细菌、藻类、微生物易使膜表面产生污垢，可采用消毒法抑制其生长；

⑥ 超滤也可作为反渗透的预处理法以去除水中的油、胶体、微生物等物质。

（二）运行前准备

反渗透（RO）系统作为高压运行设备，在运行前为保护设备及仪表和安全，应严格按照操作程序确认并调整好阀门的开启状态，具体操作如下：

① 完全打开精密过滤器进水阀门和打开高压泵进水阀门；

② 打开高压泵出水阀门一圈；

③ 打开 RO 入口阀一圈；

④ 将浓水管上针阀旋转三圈半；

⑤ 完全打开产水出口阀及浓水出口阀；

⑥ 将所有取样阀和清洗阀门关闭；

⑦ 将所有压力显示阀打开至半开状态。

二、反渗透膜元件的化学清洗与水冲洗

反渗透膜被污染后，会造成透水量降低及进水侧与浓盐水侧的压降增加。当达到下列条

件之一时，就应对反渗透设备进行清洗：①透水量下降10%；②出水中盐浓度增加10%；③进水侧与浓盐水侧的压降值增加15%（与参考值相比，参考值是指开始运行的24～48 h内的压降值）。

膜的清洗工艺分为物理法和化学法两大类。物理法又可分为水力清洗、水气混合冲洗、逆流清洗及海绵球清洗。其中水力清洗主要采用减压后高速的水力冲洗以去除膜表面污染物。化学清洗是采用清洗溶液对膜表面进行清洗的方法，其方法为：去除膜面的氢氧化铁污染多采用1%～2%的柠檬酸铵水溶液；柠檬酸钠水溶液用盐酸将pH值调至4～5，用于去除无机沉垢；高浓度盐水常被用于胶体污染体系；加酶洗剂对蛋白质、多糖类及胶体污染物有较好的清洗效果。

清洗前先确定污染物的类型是清洗的关键。不同类型的污染物应用不同类型的化学药品进行清洗。在实际中可根据下列要点分析污染物的类型：①分析进水水质及浓盐水中各种离子成分；②分析运行数据；③与上次清洗的目标进行比较；④用污染指数（SDI）值判断膜上的沉积物；⑤分析精密过滤器的沉积物；⑥检查容器的内壁，若发现红褐色，则可能是铁锈。

反渗透装置的保养很重要。当反渗透装置停运4h以上，应当先低压运行几分钟，将反渗透的浓水置换。当设备停运时间超过48h，需要对反渗透膜进行保养，防止因细菌、微生物的生长对膜造成破坏。通常用的保养液有：亚硫酸氢钠或甲醛溶液。当停运时间低于5 d，取亚硫酸氢钠的质量分数为0.5%即可，直接在运行中由加药泵加入，当RO完成"运行后冲洗"步骤后关闭所有进、出水阀门；若停运时间高于5 d，则应在清洗箱中配药，亚硫酸氢钠的质量分数为2%～3%。配好后利用清洗泵将药液慢慢循环注满RO容器内，然后关闭所有进、出水阀门。

清洗时将清洗溶液以低压大流量在膜的高压侧循环，此时膜元件仍装在压力容器内而且需要用专门的清洗装置来完成该工作。

清洗反渗透膜元件的一般步骤：

① 用泵将干净、无游离氯的反渗透产品水从清洗箱（或相应水源）打入压力容器中并排放几分钟；

② 用干净的产品水在清洗箱中配制清洗液；

③ 将清洗液在压力容器中循环；

④ 清洗完成以后，排净清洗箱并进行冲洗，然后向清洗箱中充满干净的产品水以备下一步冲洗；

⑤ 用泵将干净、无游离氯的产品水从清洗箱（或相应水源）打入压力容器中并排放几分钟；

⑥ 在冲洗反渗透系统后，在产品水排放阀打开状态下运行反渗透系统，直到产品水清洁、无泡沫或无清洗剂。

三、反渗透装置使用注意事项

① 水处理间应保持适宜的温度，冬季室温不应低于10 ℃；

② 设备开启以前应先检查各阀门是否处于准备工作状态；

③ 设备开启以前应检查电控柜内各空气开关是否处于工作位置；

④ 设备在运行时操作，人员应定期检查设备运行是否正常并对设备运行数据进行详细认真的记录；

⑤ 在运行过程中，对膜影响最大的是碳酸钙结晶，因此在进入反渗透装置前的预处理

系统中，阻垢剂的添加至关重要，其目的是减少沉淀物形成；

⑥ 如原水浊度过高或连续工作时间过长，过滤器应增加清洗次数；

⑦ 预处理设备反冲洗过程中（如进水压力上升出水量减少），应先将过滤器转为正洗2～5min，再转为反冲洗状态，以保证过滤器的反洗效果；

⑧ 反渗透运行一段时间后在水温变化不大的情况下（如发生运行压力升高、产水量下降的情况）应及时对反渗透装置进行化学清洗，否则将使反渗透膜元件的透水量、脱盐率等性能指标造成不可逆的损坏；

⑨ 系统内各水泵禁止无水运行，操作人员应注意水箱液位变化，如发现缺水情况应立即停泵，避免泵受到损坏。

四、反渗透常见故障现象及解决方法

（一）多介质过滤器反冲洗时排水量很小或没有

故障原因：滤料堵塞多介质过滤器内部的布水器。

解决方法：先正洗 2～5 min 后再进行反冲洗让正洗、反冲洗多次交替进行。

（二）反渗透浓水压力数值升高，产水量下降

故障原因：在进水温度不变的情况下，此现象为反渗透膜元件污堵或结垢造成。

解决方法：根据不同污染类型选用不同药剂对反渗透膜进行化学清洗或更换反渗透膜。

（三）反渗透装置产水电导率上升，进水压力降低

故障原因：反渗透膜元件连接头密封不严，反渗透系统内浓水串至淡水侧。

解决方法：将反渗透膜元件拆下，检查并更换连接头密封圈。

五、设备停机保养

设备如停止运行，膜元件表面易发生细菌滋生等情况，如处理不善会对膜元件造成不可修复的损坏，应采取适当的方法妥善保存膜元件。以下提供一种保存方法，此方法适用于停止运行 5 天以上、膜元件仍安装在设备上的情况。具体操作如下：向反渗透膜元件内加入1%～3%的亚硫酸氢钠溶液作防腐处理，再次运行时应将药液从系统中冲洗干净。注：此保存方法同样适用于超滤膜。

巩固与拓展

巩固知识：

反渗透单元运维操作练习题

拓展训练：反渗透纯水装置运行

结合现有的反渗透处理装置，查阅资料，明确运行操作步骤，以小组为单位，体验反渗透纯水装置的运行操作。

反渗透纯水装置的运行操作

新时代智水之行

再生水成为北京"第二水源"

作为一座超大城市，污水再生利用是北京"精打细算"解决水资源短缺问题的有效途径。从2018年到2020年，北京再生水年利用量分别为10.7亿立方米、11.5亿立方米和12.01亿立方米，连续三年全国第一。2023年，北京再生水利用量已达到12.77亿立方米，创历史新高，再生水已成为北京稳定可靠的"第二水源"。

北京小红门再生水厂

再生水厂出来的水，只有充分地用起来，才能实现精打细算有效节水。近年来，北京市持续推进再生水在工业生产、城市环卫、园林绿化、服务业利用、河湖生态补水等方面替代自来水使用，在城市总体用水量保持不变的情况下，实现再生水利用量的逐步增加。

以北京碧水再生水厂为例，该厂目前处理规模为1.8×10^5t/d，承担着北京市通州区建成区84%的生活污水处理任务，服务70余万人口。该水厂的污水处理设施全部置于地下，污水先后经过预处理、生化处理、深度处理等一系列工艺流程后，最终成为高品质再生水。这些再生水应用于环球影城景观用水、市政绿化、道路浇洒、三河电厂冷却水以及通州区玉带河的生态补水，可实现100%利用，每年为北京节约自来水约6500万吨。

2023年10月，中国传媒大学与北京市水务部门深度合作，率先完成校内补水管线升级改造工程，将高品质再生水引入明德湖、钗琴湖两处景观水系，以生态活水取代传统自来水。这一创新实践不仅使校园水体焕发生机，更标志着再生水利用从单一景观补水向综合应用迈进。目前北校区已实现绿化灌溉、景观补水的全面水源替代。

中国传媒大学利用再生水构建校园水景观

随着81座再生水厂构建的"城市水脉"持续延伸，京城已有超三成用水来自这个稳定可靠的"第二水源"。汩汩再生的清流正以润物无声的方式重塑着首都的水生态格局，书写着人水和谐的新篇章。

参考文献

[1] 李亚峰，晋文学，陈立杰，等．城市污水处理厂运行管理［M］．3版．北京：化学工业出版社，2020.

[2] 王金梅，薛叙明．水污染控制技术［M］．3版．北京：化学工业出版社，2021.

[3] 高廷耀，顾国维，周琪．水污染控制工程（下册）［M］．5版．北京：高等教育出版社，2023.

[4] 蒋克彬．污水处理工艺与应用［M］．北京：中国石化出版社，2014.

[5] 李亚峰，马学文，李倩倩，等．小城镇污水处理厂的运行管理［M］．2版．北京：化学工业出版社，2017.

[6] 丁成，杨百忍，金建祥．污废水治理设施运营与管理［M］．北京：化学工业出版社，2019.

[7] 陈剑，李玉庆．天津津南污泥处理工程整体工艺设计与调试［J］．给水排水，52（04）：34-36，2016.

[8] 王湛，王志，高学里，等．膜分离技术基础［M］．3版．北京：化学工业出版社，2019.

[9] 杭世珺，张大群，宋桂杰．净水厂、污水厂工艺与设备手册［M］．2版．北京：化学工业出版社，2020.

扫码可查看本书“巩固与拓展”中“巩固知识”部分参考答案。

巩固知识参考答案